전문가를 위한

건설안전혁신론

안홍섭 지음

진인진

일러두기

- 독자의 편의를 위하여 주요 문장을 굵게 강조하였음
- 독자의 이해를 돕기 위하여 일부 용어에 한자와 영어를 함께 적었음
- 각주에는 공통적으로 사용된 용어에 대하여 이 책에서 사용한 의미를 해당 쪽에 1, 2, 3으로 설명하였음
- 미주에는 본문이나 그림 등 인용 자료의 출전을 뒤에 장별로 모아 1), 2), 3)으로 밝혔음

전문가를 위한 건설안전혁신론

초판 1쇄 발행 | 2021년 8월 25일
개정판 1쇄 발행 | 2025년 11월 30일

지은이 | 안홍섭
발행인 | 김영진
발행처 | 진인진
등   록 | 제25100-2005-000003호
주   소 | 경기도 과천시 관문로92, 101-1818
전   화 | 02-507-3077-8
팩   스 | 02-507-3079
홈페이지 | http://www.zininzin.co.kr
이메일 | pub@zininzin.co.kr

ⓒ 안홍섭 2025
ISBN 978-89-6347-658-2 93540

* 책값은 표지 뒤에 있습니다.
* 이 교재는 행정안전부의 방재안전분야 전문인력 양성사업의 지원을 받아 제작되었습니다.

추천사

오늘날 대한민국이 세계경제 10대 대국으로서 위상을 떨치고 있지만 국내 곳곳에서 반복되는 안전사고는 여전히 우리 사회를 '안전 후진국'의 굴레 속에 머물게 하고 있다. 매년 수많은 산업재해가 발생하는데 특히 건설현장은 여전히 '가장 안전하지 않은 작업장'으로 인식되고 있다.

대한민국 조선산업이 기술력과 생산성 측면에서 세계 최고 수준의 경쟁력을 증명하고 있는 반면, 건설산업은 안전과 생산성 모두에서 OECD 최하위를 기록하고 있다. 왜 한국에서는 건설산업만 이토록 뒤처져 있는가?

그 근본 원인은 단순한 기술력 부족 때문이 아니라 복합적이고 구조적인 문제에서 기인한다. 한국의 건설산업은 여전히 글로벌 스탠다드에서 벗어난 '갈라파고스 규제'에 묶여 있다. 설계자가 시공단계에 참여할 수 없도록 하는 설계와 시공의 법적 단절 구조, 업역 이기주의로 인한 전기, 통신, 소방 공사의 강제 분리발주 제도 등이 건설 생산체계를 파편화, 분절화했으며 비효율과 낭비를 고착시켜 왔다. 그 결과, 한국의 건설산업은 선진국의 50% 수준에 불과한 낮은 생산성을 보이는 것이다. 또한, 안전 측면에서도 구조적 한계 속에서 각 참여 주체가 본연의 역할보다도 사고 발생 시 "누가 잘못했는가"를 따지는 책임회피를 우선시하고 있다.

건설안전의 주무 행정기관이 고용노동부인지, 국토교통부인지조차 모호한 다원적 관리체계 역시 문제이다. 책임 주체가 불분명하니 행정의 전문성과 일관성이 약화되고, 현장에서는 실질적 안전조치보다 사후 처벌에 대비한 문서 작성에 치중하게 된다. 이러한 현실은 2022년 1월 27일 시행된 중대재해처벌법 이후에도 중대사고가 감소되지 않고 있는 원인 중 하나이기도 하다.

이 구조적 취약성은 인력 문제에서도 원인을 찾을 수 있다. 한국의 건설업은 여전히 '3D 업종(Dirty, Difficult, Dangerous)'으로 인식되며, 건설산업의 비전과 매력도의 부족으로 젊은 세대의 이탈이 가속화되고 신규 유입은 단절되고 있다. 이에 따라 한국의 건설현장에서는 노령근로자와 언어 장벽을 지닌 외국인 근로자의 비율이 높아졌으며, 이들이 위험한 현장에 무방비로 투입되는 현상이 고착되고 있다. 결국 이러한 구조적 취약성 속에서 발생하는 중대사고는 필연적인 결과일 수밖에 없다. 건설 안전의 주요 주체인 근로자가 안전사고 예방에 주체적으로 참여하지 않으며, 안전하지 않은 행위에 대한 책임도 묻지 않는다.

한국 건설산업의 중대재해율은 안전 선진국인 영국의 약 10배에 달한다. 이는 단순한 현장 관리 소홀의 문제가 아니라 한국 건설산업을 규율하는 법과 제도의 근본적인 설계와 안전을 위해하는 핵심을 놓친 결과이다.

최근 통계에 따르면 전체 건설 중대재해의 60% 이상이 20억 원 미만의 소규모 현장, 80% 이상이 120억 미만의 중소규모 현장에서 발생했다. 그러나 정부의 주된 관리 감독은 대형 건설사의 대형 현장에 집중되어 있으며, 정작 사고가 빈번한 중소규모 현장은 여전히 사각지대로 남아 있다. 건설 현장에서 중대재해가 발생하면 고용노동부, 산업안전보건공단, 국토교통부, 국토안전관리원, 지방국토관리청, 지자체 인허가청, 경찰 등 다양한 기관이 각각 별도의 점검을 실시한다. 그러나 이러한 점검은 실질적인 예방보다 사후 제재와 '보여주기식 대응'으로 귀결되는 경우가 많다.

정부가 하고 있는 대형현장 중심의 '형식적 점검'과 '처벌 강화' 위주의 접근으로는 중대재해를 줄일 수 없다. 동일 사고의 재발을 막기 위해서는 사고 '이후'의 처벌이 아니라 동일 사고가 반복되지 않도록 예방 중심의 재발 방지 대책을 수립하여 모든 건설 현장에서 실행하는 것에 정책의 초점을 맞춰야 한다. 현재처럼 사후 책임 추궁에 집중하는 방식은 오히려 현장을 위축시키고, 안전관리의 본질을 서류상 관리로 전락시키는 역효과를 낳는다.

안홍섭 교수의 『건설안전혁신론』은 단순히 건설안전 지식을 집대성한 도서가 아니라 한국 건설산업이 직면한 근본 문제를 진단하고, 건설 생산시스템을 재설계하는 전략서이다. 이 책은 건설사고 방지를 넘어 건설산업 혁신의 본질적 해법을 제시한다. 건설안전의 핵심은 기술이 아니라 책임져야 할 사람이 책임을 지는 '안전 책임구조'의 정착에 있다. 정부, 발주자, PM/CM, 설계자, 시공자, 감리자, 근로자 각자가 자기 위치에서 책임을 다하는 구조가 구축될 때 비로소 실질적인 안전이 확보될 것이다.

『건설안전혁신론』은 그 변화를 위한 지적 나침반이다. 현장의 실태와 정책, 제도의 한계를 짚으며 시스템, 문화, 시장 기능의 혁신을 통한 패러다임 전환을 제안한다. 그 방향은 명확하다. 결국 글로벌 스탠다드에 부합하는 안전관리 체계의 제도화이다.

한국에서 지속가능한 건설은 '안전에서 출발한다'는 인식 전환이 필요하다. 안전은 단지 생명을 지키는 것뿐만이 아니라 산업의 품격과 국가 경쟁력을 세우는 기본 토대이다. 이 책이 바로 그 품격 회복의 첫걸음이 될 것이다.

2025.11

한미글로벌 회장 김종훈

개정판을 내면서

초판이 조기에 소진되고 4년이 지났다. 당시 문재인 정부에서는 '국민생명 지키기 3대 프로젝트'로 노동안전에 심혈을 기울이던 시기였다. 성과는 차치하고 산업안전보건법의 전부 개정, 중대재해처벌법 제정 등 큰 노력이 있었다. 중도에 하차한 윤석열 정부에서는 '중대재해 감축 로드맵' 등을 시행했으나 상대적으로 소극적이었다. 이태원 참사와 채상병 순직 사고 처리 과정에 드러난 바와 같이 윤석열 정부의 안전정책은 문재인 정부의 '국민생명 지키기' 노력에는 크게 미치지 못했다.

예기치 않게 야당이 여당으로 복귀하면서 이재명 대통령의 관심과 강력한 주문으로 '노동안전 종합대책'이 공표되었다. 서두른 감이 있지만, 이 대책에는 문재인 정부에서 제정하고자 했던 건설안전특별법이 다시 포함되었다. 건설안전특별법안은 종합대책 이전에 발의되었으며 종합대책 직후 의견수렴을 거쳐 수정된 법안이 다시 발의되었다. 이제까지 좋은 취지에서 제정된 법률임에도 본래의 의도를 살리지 못한 경우가 많았다. 안전 법제에서도 기존의 건설사고 방지를 위한 접근 방식은 근본적인 문제는 남겨둔 채 실효성이 부족한 문서 생산 의무만 더하기를 반복했다. 노력해도 성과가 부진했던 전철을 밟지 않기 위해 지난 4년의 성과와 이재명 정부에서 시작한 건설안전 정책을 짚어보고 바람직한 방안을 제안하고자 개정판을 내게 되었다.

중대재해처벌법 시행 4년째를 맞으면서 증명되었듯이, 외형적으로는 자기규율 안전을 표방하면서도 실제 정책은 여전히 일차원의 점검·단속·처벌에 치우쳐 이행 여건이 열악한 건설기업과 현장 기술자의 부담만 증가시키는 부작용이 컸다. 강화되었다고 하는 기존의 안전 법제와 정책은 건설사업 참여자의 실질적인 유해위험 제거 활동보다는 법률가에 의존하여 사후 처벌에 대비한 증빙 만들기에 치중하게 했다. 불공정한 책임체제로 근본적인 이행 여건의 개선이 없었기에 상위 건설기업들은 치열한 노력에도 불구하고 상시로 중대재해에 노출되어 있으며, 중소건설기업은 이행을 주저하거나 엄두도 내지 못하고 있다.

책임체제가 공정하지 않으면서 실질적인 이행 장치가 미비하면 안전 정책은 구호에 머무를 수밖에 없다. 건설산업에서 책임체제는 중대재해처벌법이나 산업안전보건법에서 규율하는 개별 조직 내부의 체계가 아니라 단위 건설사업 차원에서 모든 참여자의 역할·책임·권한에 관한 것이어야 한다.

건설산업이 오늘의 질곡에 처한 것은 국가가 건설사업의 안전에 책임을 회피해왔기 때문이다. 본서에서 일관되게 주장하는 핵심 명제는 국가가 건설사업 참여자의 안전책무를 공정하게 분담시키고 이행 여부를 제삼자 감시체제로 감시해야 건설사고를 방지할 수 있다는 것이다. 하지만 최근에 다시 발의되어 초미의 관심사가 된 건설안전특별법은 문재인 정부에서 두 번의 발의와 화정동 붕괴사고에도 불구하고 건설단체의 반대로 제정이 무산된 바 있다.

건설산업이 하방형 악순환으로 구조적 위기에 처한 근본 원인은 책임 체제의 불공정에 있었다. 이를 개선하기 위한 것이 건설안전특별법임에도 처음 발의 시 업계에서는 호소문으로 제정을 무산시켰다. 이재명 정부의 재발의 시는 상위 건설사의 반복된 중대재해 발생으로 생계에 무리라는 반대의 명분은 퇴색하고 벌칙인 과징금에 관심이 쏠려 발주자를 비롯한 건설사업 참여자 사이의 안전 책무 공정화라는 제정 취지가 희석되고 있다. 법안이 제정과정에 있어 아직 속단하기는 이르지만 긴 흐름에서 본다면 일차 발의안이 폐기됨으로써 재발의 시에는 면허취소, 여신 제재 등 일차 발의 시보다 가중된 벌칙을 눈앞에 두고 있어 소탐대실한 것으로 보인다.

건설안전특별법의 제정이 국정과제로 채택되는 데는 큰 노력과 시간이 들었다. 이 법의 제정을 국가가 정책 목표로 천명한 것은 이제까지 회피해왔던 발주자의 책임을 국가가 인정한 획기적 사건이었다. 이 법이 줄곧 하방형 악순환에 빠져 신음해온 건설산업을 바로 세울 수 있는 유일한 길임에도 불구하고 벌칙에 매몰된 세간에서는 그 의미와 중요성이 간과되고 있다.

권한에 따른 책임이 불합리하고 산업 차원의 이행 여건을 갖추지 못한 상태에서의 벌칙은 형평성이 모자란 것이다. 명칭에 상관없이 건설안전특별법은 건설사업 참여자 사이의 불공정한 책임체제를 합리적으로 바로잡고자 한 것이다. 외부자의 지나친 개입과 감독은 안전수준의 개선보다 비용과 공기에 부담을 더하는 역기능을 해왔음에도 더 강화되는 추세다.

인명을 담보로 한 건설은 절대로 용납될 수 없는 만큼 건설기업에도 적정한 이행 여건이 제공돼야 한다. 대책을 마련하는 데는 관점의 전환이 필요하다. 국정 수반의 강력한 독려가 중장기적으로 실질적인 성과를 거두기 위해서는 좀 더 심층적인 진단과 대책 마련이 필요하기에 향후 건설안전 정책에 고려해야 할 주제를 다음과 같이 제안하며 요지는 '제7장 국가의 책무' 후반에, 구체적인 내용은 본문의 각 장에서 다루었다.

첫째, 국가 차원의 노력이 실질적 효과를 거두기 위해서는 건설사고의 근본 원인에 대한 올바른 진단이 선행돼야 한다.

둘째, 건설사업의 소유자이자 최고 의사결정권자인 발주자에게도 권한에 합당한 책임을 분담시켜 수급인과 시공자에게 쏠린 책임 체제를 바로잡아야 한다.

셋째, 발주자의 안전책무 이행을 위한 장치가 제공되어야 한다.

넷째, 산업안전보건법 중 건설업 관련 조문은 사고방지원칙에 따라 다시 정비하여 작동성과 실효성을 확보해야 한다.

다섯째, 안전 활동을 수행할 수 있는 이행 여건을 먼저 개선하고, 현장에 불편을 주는 점검 등 외부의 개입을 최소화하되, 점검자는 충분한 역량을 갖추게 해야 한다.

여섯째, 정무적 판단으로 기술이 실종되지 않도록 건설기술자의 의사결정권을 보장하고 공학윤리를 강화해야 한다.

일곱째, 중장기적 차원에서 고용의 질을 높이는 건설산업의 인프라 강화가 추진되어야 한다.

여덟째, 여러 부처에 걸쳐있는 건설산업 진흥과 안전 정책은 대통령실이 주관해야 한다.

필자는 건설사고 방지를 넘어 건설산업 혁신의 궁극적 해결책으로 연구해왔다. 건설안전특별법안의 준비 과정에도 참여하였기에 본서가 건설안전 법제를 합리화하여 상생협력을 넘어 동반성장의 건설산업으로 거듭나는 데 도움이 되기를 바란다.

머리말

산재 사고사망자 천여 명 중 절반인 500여 명은 건설업에서 차지하고 있다. 건설 근로자수는 전체 근로자수의 7% 정도에 불과하나 건설업의 사고사망률은 일반산업보다 10배 이상 높다. 다행스럽게도 세월호의 아픔을 안고 출범한 문재인 정부에서는 국민생명 지키기를 국정 과제 중의 하나로 삼아 생산현장에서 사고사망자를 임기 안에 절반으로 줄인다는 도전적인 목표를 설정하였다. 건설업에서는 사고사망자수를 499명(2016)에서 250명(2022)으로 줄이는 것이다. 하지만 지난 4년의 성과는 노력에 한참 못 미치고 있다.

입장에 따라 차이는 있겠지만, 필자의 시각으로 우리 건설산업은 최악의 구조적 위기에 처해 있다고 본다. 경영자는 경영자대로, 구성원은 구성원대로 '탈건脫建'을 바라고 있다. 이는 그간의 정책적, 제도적 노력에도 불구하고 건설산업이 악순환의 고리 속에서 유지되어 왔기 때문으로 본다. 필자의 추적에 의하면 기존의 노력에서 유일하게 누락된 것은 건축주를 포함한 발주자의 안전책무를 법적 책임의 사각지대에 방치한 데 있었다. 건설산업이 오늘의 질곡에서 헤어나려면 발주자도 사회적 가치인 안전책무를 함께 나누어야 한다.

저자는 30여 년 전부터 제조업 방식의 안전관리체제가 다수 이해당사자가 참여하는 건설사업에는 적합하지 않으므로 안전감리 기능을 중심으로 건설사업 이해당사자 모두가 의사결정권한에 따라 책임을 합리적으로 분담하는 안전관리체제로 전환할 것을 꾸준히 연구하고 제안해 왔다. 최근에 산업안전보건법과 건설기술진흥법 등에서 부분적으로 반영이 되고는 있지만 아직 완전하지 못하다. 먼 길을 돌아서 이제야 발주자 안전책무의 합리화가 마무리 단계에 접어들었다. 앞서가는 영국에서도 발주자 안전책무 합리화가 건설산업의 지각변동으로 받아들여졌듯이, 건설안전특별법 제정의 노력이 건설산업이 악순환에서 선순환의 구조로 패러다임을 바꾸는 전기가 될 것이다.

우리의 노력에도 불구하고 적절한 해결책을 구하지 못한 이유 중의 하나는 기존의 것들을 당연한 것으로 받아들여 해결책의 전제前提에 대한 검토가 소홀했기 때문이라고 본다. 전제를 확인하기 위해서는 다음과 같은 질문들이 필요할 것이다. 문제 해결자로서 필요한 역량은 구비하였는가? 문제는 제대로 설정되었는가? 진짜 문제를 문제로 보고 있는가? 문제에 대한 접근 방법은 타당한가? 기존의 전제는 타당한가? 기존 대책이 해결책이 되지 못하는 이유는 무엇인가? 문제에 적용할 원칙은 정립되었는가? 차원과 경계 측면에서 해결책은 어느 수준의 대책인가?

이러한 관점에서 이 책에는 독자에게 불편한 이야기가 많을 수 있다. 현명한 필자는 독자의 감수성을 잘 고려해야 한다고 하는데, 불편한 이야기를 할 수밖에 없음에 두 가지 측면에서 양해를 구한다. 첫째는 '잘한 일'도 많은데 '더 잘할 일'만 얘기한다는 것이고, 둘째는 잘 모르기 때문에 맹인모상盲人摸象을 전제로 하며 제시한 내용은 저자의 수준에서 현재까지 파악한 최선의 결과라는 점이다. 입장에 따라 관점이 정해지고 관점에 따라 결론이 도출되므로 입장에 따라 결과가 얼마든지 달라질 수 있기에, 동의는 못하더라도 최소한 기존의 대책들을 이전과는 다른 관점에서 들여다볼 수 있는 계기가 되기를 기대한다.

아울러 본서에서는 사고와 사고를 유발할 수 있는 비정상 상황을 논의의 대상과 범위로 하기에, 논의의 대상이 될 수 없는 안전을 절대가치로 여기고 묵묵히 최선을 다하는 대다수의 직간접 참여자들의 양해가 있기를 바란다. 원하지 않은 사상事象인 사고事故와 손실이 대상으로서 정상적인 다수 상황에 대한 논의가 배제될 수밖에 없기 때문이다.

이 책의 제목을 '건설안전혁신론'으로 정한 이유는 '혁신革新'이란 용어는 이미 많이 사용되어 이에 대한 피로감이 상당함에도 불구하고 건설안전은 개선改善을 넘어 기존의 관행과 틀을 깨는 글자 그대로의 개혁改革이 필요하기 때문이다. 국가 차원에서 총력을 다했음에도 2020년 건설업 사고사망자자수는 458명으로 지난 4년 동안 8.2% 감소에 그쳤으며, 사고사망만인율은 1.58‰에서 2.0‰으로 증가하였다. 건설안전의 혁신이 필요한 이유이다.

책의 제목 앞에 '전문가를 위한'이라는 수식어를 붙인 이유는 현장실무 차원을 넘어 건설안전 분야의 제도와 정책에 직간접으로 참여하고 영향을 미칠 수 있는 분들을 위하여 기획하였기 때문이다. 안전한 건설로 가기 위해서는 관련 정책 담당 공무원과 공공과 민간을 불문하고 여러 조직 속에서 건설안전을 더 높은 수준으로 견인해야 할 건설안전 전문가부터 기존의 비효과적인 접근방법에서 벗어나야 하기 때문이다. 또한 안전을 책임져야 할 건설기술인도 건설안전의 원리와 원칙을 쉽게 체득하여 각자의 역할과 책임을 다하는 데 도움이 되고자 함이다.

본서의 집필에는 다음 두 가지를 염두에 두었다. 첫째, 가능한 한 건설의 부실과 사고를 유발하는 요인들의 전체상全體象을 제시하고자 하였다. 건설사고는 건설생산과정에 내재한 비리와 부조리가 증상으로 나타난 것이지만 산업의 분절된 특성으로 전체상을 조망하고 요인들 사이의 인과관계를 명확하게 정리하기는 쉽지 않다. 의사결정의 오류는 일차적으로 다양한 편견을 유발하는 인간 본연의 속성 탓으로 본다. 특정 사안에 대한 해결책을 모색할 경우 전체상을 보지 못하고 각자가 자신의 입장에서 부분만 볼 때 올바른 해결책을 찾지 못하고 지엽적인 대책을 반복하는 경우가 많다. 전체상에 대한 이해를 돕기 위해 요인들 사이의 인과관계, 위계, 구성 요소 등을 가능하면 그림으로 표현하였다. 건설사업의 직간접 참여자가 자신의 위치와 역할을 넘어 건설사업과 건설안전을 큰 그림으로 보고 다른 참여자들의 역할도 함께 시정해갈 수 있기를 기대한다.

둘째, 국가에서 핵심지표로 삼고 있는 건설업의 사망사고자수를 넘어 기존의 제도와 정책이 실효성을 발휘하지 못하는 근본적인 원인을 분석하고, 원리와 원칙에 부합하는 해결책을 제시하고자 하였다. 기존의 건설사고 예방을 위한 제도나 대책들이 실효성을 확보하지 못한 근본적인 이유 중의 하나는 보편적으로 검증된 사고방지원리와 원칙을 충분하게 구현하지 못했기 때문이다. 나아가서 실무에서 안전지식의 활용 수준이 대부분 노동안전의 1세대인 과거의 하인리히 수준의 지식에 머무르고 있어 최근의 진보된 이론과 도구도 반영하고자 하였다.

본서의 1부, 2부와 4부는 건설사업 직간접 참여자 모두에게 공통된 내용으로 공유하고자 하며, 3부는 참여자별로 기술하여 각자의 입장에서 역할, 책임 그리고 권한에 대하여 생각해볼 수 있도록 하였다. 내용을 개괄하면 다음과 같다. 1부에서는 안전의 전제가 되는 가치 인식의 문제로서 건설산업에서 안전의 가치와 사고방식에 대하여 기술하였다. 사고의 결과는 사고방식에 좌우되나 보통의 경우 생각은 하지만 생각하는 방법이나 전제는 무시되거나 간과되는 경우가 많기 때문이다. 이는 ISO 45001 등에서 안전방침 즉, 철학이 우선하는 맥락과 같다.

2부에서는 건설안전에 대한 접근방법으로서 건설생산방식을 안전의 관점에서 기존의 건설안전관리체제에 어떤 한계가 있는지를 분석하였다. 이러한 한계의 해결방안으로서 외국의 사례를 소개하고, 이상의 내용을 건설안전 혁신의 전제 조건으로 제시하였다.

3부에서는 건설사업 참여자별 역할과 책임에 관한 내용이다. 국가, 전문기관, 발주자, 감리/CM, 설계자, 종합건설사, 전문건설사, 건설기술인 등 주체별 역할과 책임에 대하여 현행 제도의 한계를 도출하고 이의 개선 방안을 제시하고자 하였다. 궁극적으로 국가 기능을 포함한 전체상 속에서 참여자가 자신의 역할을 이해하고 이행하는 데 도움이 되고자 하였다.

제4부에서는 사고방지의 기초 요소인 사고통계, 안전기준, 안전문화 등 당면 과제에 대하여 과제별로 해결 방안을 제시하였다. 마지막으로 건설안전 전문가의 역할과 건설산업의 이상향을 그려보고자 하였다. 부록에는 실무에 참고할 수 있도록 본문에서 언급한 자료의 내용을 추가하였다.

건설인 모두가 초심으로 돌아가, '발주자'와 '안전'이라는 키워드를 중심으로 우리가 건설을 왜 하는지, 어떻게 하는지를 돌아볼 때라고 본다. 이제까지 수단으로만 여겨왔던 건설기능인,

설계자 및 건설기술자와 경영자 모두가 서로를 진정한 동료이자 일하는 목적으로 대우할 때, 우리는 건설의 이상에 부합하는 행복한 건설산업을 다음 세대에 물려줄 수 있을 것이다.

안전에는 우리가 아직 깨닫지 못한 부조리를 치유하는 특별한 기능이 있으며, 건설산업 혁신의 주역인 발주자를 바로 세울 수 있는 유일한 키워드이기도 하다. 외람되지만 행복한 건설, 정의로운 건설, 신뢰받는 건설, 지속가능한 건설은 '안전'으로만이 달성이 가능할 것으로 본다.

목차

2부 건설안전 혁신 방안

3부 건설사업 참여자의 역할 · 책임 · 권한

4부 당면 과제별 해법과 안전의 힘

표목차

그림목차

건설산업의 현실과 안전의 가치

1장
건설산업의 현실

"당신들이 금에 열광하는 이유가 무엇인가?"

"나와 내 동료들은 금으로만 나을 수 있는 마음의 병을 앓고 있기 때문이다

(에르난 코르테스, 1519)." - 유발 하라리, 호모 사피엔스 -

1. 건설의 사명과 이상

건설의 사명과 가치

건설에 대한 전문적인 정의는 "건설이란 시설물facility이나 그에 관련된 서비스service를 생산해 내는 데 필요한 사업의 계획, 설계·엔지니어링, 구매, 시공 및 시운전을 통합하는 서비스를 말한다."[1] 건설산업기본법에서는 건설을 '건설공사'와 '건설용역'으로 구분하여 정의하고 있다. 여기서는 인공적인 구조물을 건설하거나 자연환경을 변화시키는 모든 활동으로서 건조환경建造環境을 조성하는 활동을 통칭하는 것으로 한다. '건설'이라는 용어는 지칭하는 범위와 대상에 따라 '건설사업', '건설산업' 등으로도 불린다. 여기서 주의할 용어는 '건설사업'으로서, 단위 건설을 지칭하는 '사업project'과 경제활동으로서 건설산업에서 이익을 취하려는 '사업bussiness'은 구별이 필요하다. 건설 관련 제도에서 이 두 가지 의미의 혼선으로 야기될 수 있는 문제가 많기 때문이다. '사업project'은 과학적이고 논리적 이어야 하지만 '사업bussiness'은 사회적·경제적 접근이 필요한 영역이기 때문이다.* 이러한 정의가 적용되어야 할 건설사업

---

* 이 책에서는 '사업'의 두 가지 의미를 구별하기 위하여 '사업'은 가능한 한 '건설사업'으로 표기하였다. '건설사

에는 발주자/건축주/개발사업자, 엔지니어링사. 종합건설사, 전문건설사, 건축사사무소 등이 직접적으로 참여하지만, 금융기관, 건설자재, 장비 등 연관 산업은 일일이 열거할 수 없을 정도로 많다. 건설시장은 건설비를 조달하는 발주자의 유형에 따라 공공부문과 민간부문으로 구분되며, 공공부문의 경우는 국가 조달제도에 따라 건설사업이 시행되기 때문에 복잡한 절차를 거쳐야 한다. 공공부문이 건설산업의 건전한 발전에 모범이 되어야 하는 이유이다.

우리 나라의 건설산업은 표지에 소개한 경부고속도로의 건설을 시작으로 최근에 준공된 롯데 월드 타워에 이르기까지 기념비적인 시설을 국내외에 건설해왔다. 주택을 비롯한 건축물, 도로, 공항, 철도 등 국가의 인프라, 생산시설 등 우리가 향유하는 유형의 문명은 대부분 건설산업에서 만들어 낸 것이다. 건설산업은 GDP의 10% 이상을 차지하여 기간산업으로서 역할을 해왔으며 국가적으로 곤궁할 때도 해외건설 등을 통하여 국가 발전에 기여해왔다. 취업자도 200만 명 수준으로 고용에도 크게 기여하고 있다. 하지만 높은 국가 발전과 시민 복지에 기여에도 불구하고 건설인은 공헌한 만큼 대우받지 못하고 있다. 산재 통계와 거의 매일 보도되는 사망사고 소식에서 드러난 바와 같이 건설산업 종사자의 복지는 고사하고 생명이 위태로운 실정이다.

건설의 이상

건설의 이상은 건축물에 요구되는 조건처럼 시민에게 안전하고 편리하며 아름다운 시설과 환경을 시민에게 제공하는 것이다. 하지만 이러한 기본적인 사명을 다하지 못해 사회적 물의까지 일으킨 부실과 사고도 많았다. 2년 반 정도의 짧은 기간이 소요된 경부고속도로 건설에만 77명의 건설기능인이 희생되었다. 건설업에서는 최근까지도 매년 500여 명 이상이 목숨을 잃어 최근 30년 동안 2만 명 이상이 시설물의 건설에 희생되었다.

과거에는 기술이 부족해서 어쩔 수 없었다는 변명이 가능할 수도 있었겠으나 기술이 발전한

업'을 이야기 할 때 특히 안전분야에서는 공사단계를 지칭하는 '건설공사'라는 용어가 사용되고 있다. 하지만 '건설공사'라는 표현은 공사 착공 이전단계의 기획-타당성 검토-기본설계-실시설계-발주 등 건설사업의 성패를 결정하는 상류 단계 생산활동의 중요성을 희석시키고 있다고 본다. 따라서 안전관리 활동도 건설사업관리의 다른 영역과 마찬가지로 건설사업의 기획 단계부터 이루어져야 함에도, 안전관리는 공사단계의 현장활동으로 간주되어 왔다. 또한 안전이 대상이 현장 작업자를 위한 안전에 국한되어 현장 밖 공중, 시설물의 유지관리자, 건설기술자 등의 안전은 안전관리 영역에서 벗어나 있었다. 이러한 용어 사용의 부정적 영향을 줄이고자 안전관리 전반을 지칭할 때는 '건설공사'는 '건설사업'으로, '건설안전'은 작업자 안전이 아닌 생애주기 모두의 안전을 포괄하는 개념으로 사용하고자 한다.

오늘날에는 생명을 담보로 한 건설은 더 이상 용납되기 어렵다. 기록에 의하면 오래된 건설물의 건조과정에서도 훌륭한 기술자는 완벽한 가설설비를 갖추어 결코 작업자를 희생시켜가며 일하지 않았다. 성경에서도 난간과 같은 안전시설로 사람이 다치지 않아야 한다고 했다. **건설의 이상을 실현하기 위해서는 먼저 건설인의 안전이 보장되어야 한다.** 그래야 부실과 사고를 방지할 수 있다. 시설물은 이용자가 공중이기 때문에 건설산업은 여타 산업보다 규제가 가장 강한 산업임에도 건설인의 안전은 보장되지 못하고 있다. 건설인을 위한 안전이 없는 올바른 건조환경은 기대하기 어렵다.

건설의 사명은 더 나은 건조환경을 제공하여 국가경제와 시민의 복지에 공헌하는 것이지만, 건설업 종사자의 삶과 복지도 똑같이 중요하다. **노동의 목적이 더 나은 삶을 위한 것이기에 미래의 건조물 이용자보다 오늘을 사는 건설인의 복지가 우선하여야 한다. 건설인의 복지가 고려되지 않은 건설은 의미가 없다고 할 것이다.**

건설인에게는 개척자 정신이 요구되었으며, 이러한 의식이 있었기에 중동과 같은 어려운 환경에서도 긍지를 가지고 일할 수 있었다. 하지만 건설산업의 화려한 발전과 양적 성장에도 불구하고 건설기술자와 건설기능인은 여전히 수단으로만 여겨져 왔다. 부적절한 대우로 생계유지에 급급하다 보니 건설인에게 필요한 긍지와 자부심은 사라졌다. 건설의 이상에는 건조환경의 이용자보다 건설인의 행복이 먼저 고려되어야 한다. 초심으로 돌아가 건설의 이상과 현실을 돌아볼 때이다.

2. 구조적 위기의 건설산업

화려한 건설산업의 이면

건설산업은 지난 70여 년간 국가 발전의 견인차로서 괄목할 성장을 해왔으며, 최근에도 주택경기의 호황으로 비교적 양호한 실적을 거두고 있다. 그러나 건설산업의 이면을 들여다보면 공공과 민간의 차이는 있지만 최악의 구조적 위기가 아닐 수 없다. 건설업은 수요에 따른 계절적 영향이 큰 데다가 동절기, 장마철 등으로 작업가능 일수도 적어서 고정적으로 사람이나 장비를 모아두는 데는 제약이 많아 더 신중한 관리가 필요한 산업임에도 이러한 산업적 특성에 대한 고려나 대비에는 소홀하였다. 필자는 근본 원인을 제도와 건설산업이 도리어 건설산업의 이러한 약점을 강화시키는 쪽으로 변해간 결과로 진단한다. 건설산업 혁신방안 등의 논의에서 결정적으로 간과되고 있는 것은 종사자의 행복지수이다. 논의의 틀에도 고객이자 최고 의사결정권자인 발주자가 빠져있다. 건설기술자와 건설기능인 등 건설산업 종사자의 복지가 배제된 논의가 무슨 의미가 있는가?

불합리한 제도로부터 비롯된 구조적 문제는 건설업의 이면 질서가 된 불공정 관행을 지속시켜 왔다. 사회는 두 가지 질서로 움직인다. 하나는 눈에 보이는 공식적 표면 질서이며, 다른 하나는 눈에 보이지 않는 비공식적인 이면 질서이다. 당연히 둘 사이의 거리가 좁을수록 신뢰할 수 있는 산업이고 사회이다. 불합리한 제도로부터 비롯된 구조적 문제는 건설업의 이면 질서가 된 불공정 관행을 지속시킨다. 건설산업을 대변하는 일간지 '건설경제'에서는 건설업이 짝퉁 자격증, 안전무시(불감)증, 담합, 갑질, 검은 돈 등 속칭 5대 암으로 불리는 중병을 앓고 있다고 진단하였는데, 이는 이면 질서가 지배하는 건설산업의 구조적 문제를 제기한 것으로 볼 수 있다. 불합리한 제도에서 비롯된 구조적 문제는 건설업의 이면 질서가 된 불공정 관행을 지속시키고 강화시켜 왔다.

건설산업 내부의 현실을 하나씩 살펴보면, 산업의 기초가 되는 기능인력의 경우 외국인 근로자가 없으면 공사를 수행하기 어려우며, 마감공사의 경우는 더욱 인력난이 심각한데, 내국인 신규인력의 유입은 갈수록 어려워져 얼마 남지 않은 고령근로자마저 은퇴하면 산업의 기반이 사라질 위기에 있다. 공공부문의 누적된 실적공사비와 최저가 낙찰제, 총사업비관리제도 등 불합리한 제도의 마지막 재물인 협력업체의 경우도 부족한 공사비로 인한 타절打節과 도산으로 역량있는 전문건설업체가 사라지고 있다. 중소건설사로 갈수록 건설의 주역인 현장소장이나 팀장 조차 거의 모두가 계약직이며, 기능인의 경우는 거의 다 일용직 신분이다.

설계와 엔지니어링 분야 기술자도 저임금과 과로에 시달리고 있다. 감리 기술자의 경우도 대다수가 저임금의 일회용 계약직 신분으로 언제 집에서 대기해야 할지 모르는 불안한 상황에서 격무에 시달리고 있으며, 강화된 부실 벌점으로 처벌을 받으면 재취업까지 어려운 심각한 상황이다. 종합건설사의 경우도 최고의 사회적 불안요인인 계약직이 더 많으며, 이중 안전의 파수꾼으로 책임감이 요구되는 안전관리자의 정규직의 비율은 평균적으로 3할에 못 미치는 것으로 알려지고 있다. 최근 자료에 의하면 건설업의 임금은 전산업 평균의 90% 수준에 불과하다.

종합건설업체의 정규직조차 기술자가 아닌 예산만 관리하는 공무원 역할로 기울어 기술력의 퇴보가 우려된다. 건설기업의 상급 기술자들은 기술영업이라는 미명 아래 기술력 향상보다는 관행적인 관계 맺기에 몰두하고 있다. 건설기술자라면 누구나 되고 싶어하는 현장소장의 경우도 기피의 대상이 되어가고 있다. 안전의 파수꾼 역할을 맡고 있는 안전직의 경우도 정규직은 열 명 중 세 명 정도에 불과하여 책임 있는 안전관리를 기대하기 어려운 실정이다.

과연 이러한 상황은 누가 만들었으며, 근본 원인은 무엇인가? 그리고 과거의 전철을 벗어날 수 있는 방안은 있는 것인가? 최근에 건설산업 혁신 방안, 가격경쟁 중심에서 종합심사제 등으로 입낙찰 제도의 개선, 건설기능인력의 육성 방안 등이 별개로 논의되고 있다. 과연 실효성이 미흡했던 과거의 노력과 다른 성과를 거둘 수 있을 것인가?

누구를 위한 건설인가?

건설종사자의 삶의 질과 경제적 고통은 차치하고라도, 산재로 신고된 재해자 수는 2024년에도 3만 명이 넘는다. 미신고된 건수를 감안하면 실제는 이보다 두서너 배는 많을 것으로 추정되고 있으며, 사망자수도 10여 년 이상 600여 명을 상회하였으며 최근에야 500명 이하로 떨어졌다. 건설인 38명이 사망한 이천물류센터 공사장 화재사고(2020.4.29.)는 12년전(2008.1.7.)에 이 지역에서 발생하여 40명이 사망한 사고의 재현이었다. 산재통계에 의하면 건설업에서는 지난 33년(1987-2019) 동안 사고로 20,433명이 사망하여 연평균 619명이 사고로 목숨을 잃었다. 전체 근로자의 7%에 불과한 건설근로자가 사고사망자수에서는 변함없이 절반을 차지하여 일반산업보다 사망률이 10배 이상 높으며 영국의 20배 수준이다.

내일의 시설물 이용자를 위해 오늘을 사는 사람들의 생명이나 고통을 담보로 하는 것이 건설인가? 오늘의 건설시장은 과당 경쟁을 부추겨 실력자가 살아남기 어렵고, 원청사부터 공사는 하면 할수록 적자여서 하도급자는 부족한 실비에 도중 하차하고, 건설기능인은 말이 안 통하는 외국인 근로자와 섞여 저임금에 내몰리고 있다.

공사현장의 실상을 말로만 들어오다가 우연히 공영방송에서 나오는 4대강 사업의 실상을 시청한 적이 있다. 덤프트럭 운전기사가 자기 차를 가지고 공사에 참여하고 있는데 단가가 실비에 훨씬 못 미쳐 유류비, 차량유지비, 차량 감가상각비 등의 기본비용도 감당하지 못하여 속칭 탕뛰기를 하면 할수록 손해보는 일을 하고있다며 한숨을 쉬었다. 극단적인 예이기를 바라지만 벼룩의 간을 내먹는 일이 아닐는지?

대형건설사마저도 최저가만을 고집하여 하도급업체들이 공사를 중도에 포기하여 기존 업체를 청산하고 다시 시작하는데 곤욕을 치르는 현장을 자주 보아왔다. 우리 건설업이 말단 근로자의 생계를 말아먹기 위한 산업인가? 물론 극단적인 사례라고 생각하지만 산업 전반에 걸쳐 근로자나 하도급자를 동반자로 대접하지 못하고 있으며, 발주자의 권한 남용과 원가 이하의 수주로 이러한 고통은 하수급자에게 대물림되고 있다.

일만 하면 된다는 낡은 패러다임을 탈피해야 한다. 소득이 일정 수준에 이르면 일 자체보다는 의미를 추구하는 단계로 성숙하며, 자신이 하는 일에 가치를 찾지 못하면 아무리 중요한 일을 하더라도 행복한 삶이 되기 어렵다. 물질적인 욕구 충족이 더 이상 행복지수와 비례하지 않는 전환점을 국민소득 15,000달러 수준으로 보고 있다. 우리나라의 경우는 1982년에 15,720 달러로 이 수준을 넘어섰다. 이 해는 서울지하철 4호선과 1호선이 경부선의 천안 구간까지 개통되고 서울도시철도공사가 설립된 해이기도 하다. **건설업은 국민소득이 전환점을 돌파하는 데 기여하였지만, 정작 건설인들의 안전이나 복지는 개선되지 않고 있다.**

건설산업의 존재 이유; 국민의 한사람으로서 건설인의 행복

우리나라의 행복지수는 경제협력개발기구(OECD) 국가 중 최하위 수준이다.[2] 2018~2020년 평균 국가 행복지수는 10점 만점에 5.85점으로 OECD 37개 국가 중 35위로 최하위다. 세계 10위 경제 대국인 우리나라 국민의 삶의 만족도도 유사하게 낮아서 근무환경이나 생활환경 측면에서 개선의 여지가 매우 크다. 사고통계가 말해주듯이 건설업 종사자의 경우 삶의 질은 낮은 평균보다 훨씬 열악하며, 근무환경 측면에서는 더욱 그렇다.

우리나라는 다방면에서 양극화가 심한 것으로 알려져 있다. 삼풍백화점 붕괴 참사나 세월호 사고처럼 일반 시민이 다수 희생당한 사고가 끊이지 않았으며, 산업현장의 경우도 크게 다르지 않았다. 산업 전반에 걸쳐 대기업일수록 보수와 근무여건이 양호하지만 중소기업으로 갈수록 모든 조건이 열악한 실정이다. 자본주의에 신자유주의의 만연으로 일의 목적이 되어야 할 사람은 수단으로 전락해 왔다. 우리나라의 경우는 뿌리 깊은 사농공상 의식으로 기술과 기능은 여전히 경시되고 있다.

건설도 일차적 목적은 건설하는 사람들의 행복이다. 만리장성의 건설처럼 현재에 살고 있는 사람의 생명이나 고통을 담보로 하는 건설은 더 이상 의미가 없으며 누구도 원하지 않는 일이다. 건설사업 종사자 어느 누구도 행복해 보이지 않는다. 그 근원에는 최저가만을 고집하는 발주자와 이러한 불합리한 주문에 대응하는 건설경영자의 의식, 공정한 규칙을 운영하지 못한 정부 역할이 깔려있다고 생각된다.

건설인이 일하는 목적도 잘 먹고 잘 살기 위해서이다. 공사 현장의 최일선에서 일하는 건설 근로자의 삶을 돌아보자. 원가절감을 이유로 내국인 근로자는 외국인 근로자로 대체되고 있으며, 현장 근로자는 열악한 작업환경에 걸맞은 대우를 받지 못하고 있다. 신규 청년 인력의 유입을 막아 청년 일자리를 몰아냈고, 궁극에는 건설기능 인력의 고령화로 산업이 뿌리째 흔들리고 있음에도 정부나 산업계의 대책은 아직 실효성을 발휘하지 못하고 있다. 현재의 고령자들마저 퇴직하면 어떻게 건설 현장을 꾸려나갈 것인가?

사고사망에 노출된 건설기능인 못지않게 건설의 주체인 건설기술인도 업역業域을 불문하고 대다수가 불안한 비정규직 신분으로 열악한 근무 여건 속에서 격무에 시달리고 있다. 건설기술인은 정부, 지자체, 공공발주기관, 일반 발주자, 엔지니어링사와 건축사사무소, 감리/CM사, 종합건설사, 전문건설사 등 건설산업의 모든 조직에서 중요한 의사결정을 담당하고 있다. 하지만 건설사업의 상위 발주단계부터 전문건설사에 이르기까지 건설기술인의 기술적 의사결정권한은 존중되거나 보장받지 못하고 있다. 제도적 결함에 기인한 측면도 있지만 상류 단계의 건설기술인은 하류 단계의 건설기술인의 입장이나 권한을 고려하지 못한 것이다. 발주 단계부터 건설기술인의 합리적인 의사결정 권한을 존중했다면 오늘과 같이 업무 수행 여건이 열악하지는 않았을 것이다. 건설기술자는 종사 분야를 불문하고 대다수가 불안한 비정규직 신분에서 부족한 인원으로 격무에 시달리고 있다.

소수 상위 건설회사를 제외한 대부분 현장기술자와 감리원의 경우도 상황은 크게 다르지 않다. 시공사의 경우 현장의 건설기술인은 대부분 불안한 비정규직의 신분으로 강화된 벌칙에 노출되어 있다. 감리원의 경우도 역량이 시공사를 주도하기에 충분하다고 볼 수 없으며 보수도 시공사 직원의 존중을 받기에는 미흡하다. 원래 감리원은 실무 전문가로서 외국의 경우 건설기술자 중에서 최고의 대우를 받는 데 반해 우리나라에서는 저임금에다 계약직 신분으로 불안한 생활을 하고 있다.

엔지니어링사나 건축설계사의 경우도 신입직원이 3개월도 버티기 어려울 정도로 열악한 환경이 지속되어 왔다. 설계사의 경우도 신입 사원이 명작을 만들어 보겠다는 부푼 꿈을 안고 회사에 들어가지만, 생활이 어려운 급여와 과로로 직업을 바꿀 것을 고민하는 사례가 적지 않다. 전문건설사에서는 부족한 공사비 만회를 위해 부적격 외국인 근로자를 고용할 수밖에 없어 건설산업의 기반이 황폐해지고 있음에도 실효성 있는 대책은 아직 보이지 않고 있다.

가장 근원적인 문제는 건설기술인의 긍지인 개척자 정신frontiership이 사라졌다는 것이다. 건설기술인은 소속된 업역에 불문하고 건설기능인의 안전을 지켜야 할 책임이 있다. 따라서 건설기술인에게도 이러한 역할을 수행할 역량과 권한을 가지고 있으며 책임을 질 수 있는가에 대한 진지한 성찰이 요구된다.* 가난한 근로자와 기술자의 수당을 깎아서 발주자의 금고를 채워주는 관행은 지양되어야 할 것이다. 적어도 일하는 사람만은 대우를 받고 제값을 받아야 하지 않겠는가. 이제 다시 우리가 건설을 왜 하는지 되돌아 볼 때이다. **건설노동자와 건설기술자의 행복지수를 높이는 것이 진정한 건설산업진흥이다.**

건설산업의 다수 주체는 건설기능인과 건설기술인이며, 오늘의 양적 성장은 건설기술자와

---

* 여기서 건설기술인은 건설분야 전문가를 말하며, 건설사업의 모든 영역, 학자와 연구자를 포괄하는 개념으로 사용한다.

기능인의 희생을 담보로 한 것이다. 줄지 않고 있는 사고사망자수의 이면에는 공사, 감리, 설계 등에 종사하는 건설기술자가 있었다. 하지만 건설발주량 요구에 비해 건설종사자의 복지가 산업의 주요한 과제로 다루어진 적은 거의 없었다. 경기의 부침은 자연스러운 것이다. 하지만 경기가 좋아졌다고 건설기술자나 건설기능인의 대우나 복지가 나아졌다는 얘기는 듣기 어려웠다. 기존 건설산업 관련 논의는 대부분 각자의 입장을 세우고 자신만의 이득을 챙기기 위한 것이었지 시민, 작업자, 발주자의 입장이나 역할은 제대로 반영되지 못하였다. 근본 원인은 발주자를 비롯해 건설산업에 관여하고 참여하는 구성원들이 제 역할을 하지 못하고 제 몫을 찾지 못하였기 때문으로, 이해 당사자 간 책임과 권한의 불합리에 기인한 것이다.

이러한 상황을 자초한 일차적 책임은 올바른 정책을 요구하지 못한 우리 건설인 자신에게 있지만, 산업을 발전시키기 위해 규칙을 만들고 관리하는 국가의 책임이 가장 크다고 생각한다. 국가는 무리한 요구와 책임 회피로 일관하는 발주자부터 바로 세워 공정한 거래 질서를 조성하고, 발주자는 수급인들을, 원청사는 협력사를, 협력사는 근로자를 제대로 챙겨서 상생하는 건설산업이 되어야 한다. 최근의 노력으로 이제까지 안전대책의 사각지대였던 발주자의 공사비, 공사기간 결정 등 공사 조건의 합리적인 주문이 의무화되고 있는 것은 다행스러운 일이다. 10여 년 이상 논의되어 온 내국인 근로자에 대한 적정임금제prevailing wage도 조속히 정착시켜 건설산업의 뿌리인 건설기능인부터 보호하여야 한다.

건설의 일차적 목적은 건설종사자의 행복이 되어야 한다. 우리는 누구나 행복해지기 위해 일하고 있기 때문이다. 궁핍한 건설종사자의 일과 삶의 질을 개선하지 못하는 건설기술이나 건축서비스산업의 진흥은 오늘을 사는 건설기능인의 생명을 담보로 한 건설처럼 무의미하다. 무리한 공사 발주와 수주로 구조적으로 황폐해진 건설산업을 바로 세워야 한다. **건설산업 발전의 진정한 기준은 기존의 양적 성장이 아닌 건설종사자의 삶의 질이 되어야 한다.**

건설사고의 원인에 대한 피상적 인식

사고가 나면 대부분이 사고의 원인으로 안전수칙이나 기준의 미준수 등 기술적인 원인을 먼저 꼽는다. **사고를 유발하는 진짜 위험은 '기술의 부족'이 아니라 소수 권력자가 자신의 이익을 위해 타인에게 위험을 전가하는 '권력'이다.** 이러한 사고발생 상황은 현장 이전 단계의 의사결정 권자들이 정한 것으로서, 사고 상황은 이미 정해진 일이었다. 건설사업에는 다수의 이해당사자가 참여하는 공급사슬 속에서 수행되므로, 권력자가 자신의 권력을 합리적으로 행사하도록 하는 장치가 필요하다. 그러나 산업안전보건법에서는 공급사슬은 외면한 채 사업주와 노동자의 직접적 고용관계만을 고집해왔으며, 건설관련 법령에서도 원청 시공사 중심의 관점을 탈피하지 못하였다.

발주자의 역할과 책임이 없다 보니 역할뿐만 아니라 책임까지 수급인이나 감리자에게 전가되어 왔으며, 공공부문에서 특히 심하였다. 하지만 산업차원에서 이러한 상부구조에서의 불공정성을 개선하기는커녕, 근본 문제인지조차 제대로 인식하지 못하였던 것으로 보인다. 건설산업의 부실과 사고는 부족한 비용과 책정된 비용의 남용으로서, 둘 중의 하나이거나 모두 다이다. 하지만 기존의 대책은 이 두 가지 조건의 통제가 가능한 발주자가 배제된 논의였고 제도였다. 건설사업의 성패는 발주자의 역량에 가장 크게 좌우된다는 것은 상식이다. 하지만 법령 제정 초기부터 발주자의 역할에 따른 책임은 부과하지 못하였으며, 최근에 개정된 건설기술진흥법이나 산업안전보건법에서도 아직 공정하게 규정되지 못하고 있다.

경제적 측면에서 사고事故를 정의한다면 누군가가 타인의 생명을 담보로 비용이 필요한 조치를 생략하거나 누락시켜 부당한 이득을 취한 것이다. 물리적 측면에서 사고를 다시 정의한다면 필요한 기술Engineering & Management이 현장에서 실종된 것이다. 이는 낮은 차원에서는 시공자의 역량 부족이지만, 더 높은 차원에서는 수요자이자 구매자인 발주자가 필요한 기술의 조달에 실패한 것이다. 따라서 근본적인 책임은 발주자에게 있다고 할 것이다. 올바른 조달만이 사고를 예방할 수 있다. 세상은 이익에 따라 움직이며, 인간 본연의 경제적 동기인 발주자/건축주의 과욕을 제어할 수 없는 제도는 탁상공론이 될 수밖에 없다. 중대재해처벌법의 제정으로 진일보하기는 하였지만, 삼풍백화점 붕괴참사나 세월호 참사에서 드러난 바와 같이 사고의 근원은 비리와 부조리에 있음에도 보이는 현상에 급급하여 아직 근본원인까지 치유하지 못하고 있다. 문화는 '관계'를 전제로 한다. 높은 수준의 안전문화도 이해당사자 사이의 공정한 계약관계가 기초가 되어야 한다.

결과적으로 산업차원에서 해결해야 할 비합리적 제도는 방치된 채 각자도생 방식으로 발주자의 무리한 최저가 요구만 따르다 보니 수급인들은 적정한 공사조건을 확보할 수 없었다.

3. 건설산업의 키는 발주자가 쥐고 있다

건설산업 지속가능 발전의 조건

건설산업의 안전을 제약하는 요인들에 대해서는 이미 정리한 바 있다.[3] **건설산업의 발전과 안전을 저해하는 근본 요인은 현장에 있지 않으며 국가 차원의 제도와 산업의 전근대적 관행에 있다.** 건설산업이 지속가능한 발전을 이루기 위해서는 공무원, 건설산업 종사자, 현장 노동자 모두가 동료로서 존중받는 문화여야 한다. 이는 경영의 과제이자 안전의 궁극적 지향점이기도 하다. 우선 핵심 과제를 열거하면 다음과 같으며, 세부 내용은 이후 본문에 기술하였다.

첫째, 건설사고에 대한 최종적인 책임이 누구에게 있는가를 명확히 하는 것이다. 기존의 모든 건설관련 법령의 책임체제는 발주자를 정점으로 한 책임체제로 합리화되어야 한다. 여타는 모두 부수적인 문제라 할 수 있다. 발주자는 건설사업의 소유자이며 이익귀속 주체이자 건설사업의 수행에 대한 모든 권한을 행사하기 때문이다.

둘째, 건설사업의 모든 영역과 단계에 있어서 참여자의 안전책무 이행 여부를 확실하게 감시하는 제3자 감시체제third party inspection의 구축과 운용이다. 안전의 출발점인 '안전조직의 합리화'로 감리조직에서 안전조정자가 발주자를 대신하여 안전문제를 제3자 감시할 수 있는 체제로 건설안전 관련 법령이 정비되어야 한다.

셋째, 가장 상부조직인 정부 직제상 역할 분담 문제로 건설 주무 부처의 기술적 사안에 대한 의사결정권한의 회복이 필요하다. 특히 공공사업의 경우 예산 배당 이전에 공사비와 공사기간 등 기술적인 사항은 전담 부처가 결정할 수 있어야 한다.

마지막으로 정책의 품질과 지속성을 보장할 수 있는 정책 담당자의 전문성 강화에 있다. 결코 공무원 개인의 책임으로 볼 수 없다. 이러한 전문성을 습득하기 어려운 환경에서 고군분투한 공무원은 위로와 격려를 받아야 할 것이다. 이러한 약점은 기존의 인사 제도로는 개선하기 힘든 사안으로서, 이를 보완하기 위해서는 전문 건설기술인이 제도와 정책의 결정 과정에 더 적극적으로 참여할 필요가 있다고 본다.

건설산업 혁신의 관건

건설산업의 비전 세우기와 이미지 개선, 경제 민주화, 경쟁력 강화 등 선순환 건설산업의 발전은 어디에서 오는가? 부실공사, 대형사고, 산업재해 등 건설산업의 불명예는 근절이 가능한가? 필자는 건설산업의 수많은 과제의 해답은 오로지 발주자를 바로 세우는 데 있다고 본다. 이는 최근의 연구와 영국 등 외국의 정책으로도 증명되고 있다.

건설산업의 모든 문제의 근원을 거슬러 올라가면 그 정점에는 발주자가 있다. 공공부문과 민간부문을 막론하고 건설사업의 소유자와 사업의 수행에 따른 최종 이익 귀속주체는 발주자이며, 건설사업은 발주자의 편의와 이익을 위하여 수행된다. 건설사업은 철저히 발주자의 주문에 의하여 수행되며, 발주자의 주문은 공사의 제반 조건을 결정한다. 특히 공사의 품질과 안전을 좌우하는 설계자를 포함한 수급인의 선정, 공사비와 공사기간의 결정 등은 전적으로 발주자의 권한에 속한다는 사실을 모르는 사람이 없음에도 관련 제도와 실무에는 발주자의 역할이 제대로 반영되지 못하였다. 산업안전보건법과 건설기술진흥법을 통해서 개선의 노력은 있었지만 아직 미완성의 상태이다.

그러면 이러한 불합리한 틀을 존재하게 하는 장본인은 누구인가? 필자는 전적으로 문제의 근본원인을 기존의 틀 안에서만 찾는 우리 건설인의 책임으로 생각한다. 우리 건설인이 책임체제를 바로 세우지 않는다면 누가 대신 나서서 바로 세워줄 것인가? 대표적인 예로 성수대교 붕괴사고와 삼풍백화점 붕괴사고는 건설사업의 수행방식과 이로 인한 사고발생 메커니즘의 전형을 보여주었다. 사고발생 이후 20여 년 동안 근본적인 진전이 없었다가 최근에야 진전이 있었다. 사고 발생 후 각 분야의 전문가들이 동원돼 기술적인 사고원인의 분석에는 매우 철저하였다. **그러나 기술적인 결함 외에는 상위 차원의 근본원인을 파헤치지 못하였다.** 따라서 얼마전까지도 방지대책은 진단, 점검 등의 기술적인 대책의 수준에 머물 수밖에 없었다.

주지하다시피 사고의 근본원인은 발주기관의 안이한 유지관리와 건축주의 과욕에서 비롯되었으며, 기술적 결함은 부적절한 상위 의사결정에 따른 필연적인 귀결이었다. 수년 전에 발생한 고속철도 공사에서 터널 내 지반이 함몰되는 사고도 근본원인은 발주자가 지반조사를 제대로 하지 않아 이에 대한 정보를 시공자에게 제공하지 않은 데서 비롯되었다. 물론 근본원인은 갑을 관계, 속칭 '갑질'에 제동장치가 없었기 때문이다. 하지만 오늘까지 우리나라에서 발주자의 무리한 '갑질'로 발생한 부실공사나 사고로 발주자가 책임을 지거나 처벌을 받은 사례가 있었는가?

근본 원인은 죄형법정주의를 원칙으로 하는 우리나라의 법제상 발주자의 권한 행사에 따른 책임을 규정한 법령은 전무하여 실질적 책임을 물을 수 없었기 때문이다. 우리나라의 건설사업이나 안전관련 법령에서는 얼마전까지도 설계자, 감리자, 원도급자, 하도급자 등의 역할에 대해서는 모두 '~하여야 한다'고 규정하여 이행을 하지 않을 경우 처벌받게 하였는데, 발주자의 역할에 대해서만은 '… 노력하여야 한다'고 규정하였다. '노력하여야 한다'는 말은 법적 강제력이 없을 뿐만 아니라 우리 문화에서는 도리어 안해도 된다는 어감을 주는 말이다. 현행 법령과 제도는 권한에 비해 불공정하고 불합리한 주문이 가능한 발주자의 책임에 관한 핵심이 빠진 것이다. 결국 발주자의 무리한 요구에 면죄부를 주고 합리화시키는 역할을 보장해 주는 역기능을 한 셈으로 수급인들에 대한 대책으로는 한계가 있을 수밖에 없었다.

이제까지의 부실방지나 사고예방 등을 위한 대책이나 제도는 문제의 본질을 비켜갔다. 하지만 모두가 이러한 불합리성을 당연한 것으로 여기면서 **불합리한 기존 제도는 제쳐 두고 새로운 예방대책 수립에만 골몰하는 형국이다.** 발주자로부터 말단 일용근로자에 이르기까지 갑을의 역학관계는 대물림되어 최종 폐해는 고스란히 하도급자와 근로자에게 돌아가고 있다. **이러한 모**

든 결과는 결국 발주자의 몫으로 귀결됨에도 발주자조차 자신의 손해를 제대로 인지하지 못하고 있는 것으로 보인다. 이러한 책임의 대물림 관행은 궁극적으로는 산업을 지탱하는 하부구조를 붕괴시켜 건설산업의 기반 자체를 취약하게 만들어 왔다.

문제의 근본 원인에 대한 진단이 부족하면 특정 부위에만 효력을 갖는 지엽적인 대책이 될 수밖에 없다. 따라서 시간이 지나면 또 다른 해결책을 찾게 되며, 이러한 양상이 반복되면 실효성이 부족한 대책들이 늘어나 제도는 복잡해져 갈 수밖에 없다. 최근에야 갑을 관계에 대한 논쟁으로 다양한 대책이 본격적으로 논의되기 시작하였다. 국토교통부에서도 건설안전혁신위원회를 거치면서 건설사고의 근본 원인은 부적절한 공사비와 공사기간으로서 발주자의 역할이 관건임이 부각되었다.

앞에서 제기한 '갑'의 역할과 책임에 대한 합리적인 분담이 없는 여타의 대책은 기존 대책에 더 복잡한 제도와 절차를 추가하여 하위의 힘없는 수급자들에게 '갑'의 부실을 떠맡게 해 궁극적으로는 모두를 피해자로 만드는 길이다. 이제라도 소관 부처와 건설산업이 기존의 비상식적인 제도를 근본적으로 개선한다면 건설산업의 모든 문제는 일거에 해소될 것이다. 이러한 측면에서 건설안전 주무부처가 아닌 기획재정부의 최근 노력과 성과는 갈채를 받을 만하다. 기획재정부는 '공공기관 작업장 안전관리 강화 대책'을 통하여 중대사고 발생시 '기관장의 해임 또는 해임을 건의'할 수 있도록 하여 안전의 제1원칙인 사업주 책임의 원칙을 가장 확실하게 구현하였다. 기관별로 자체 '임원 문책 규정'까지 마련하게 함으로써, 경영의 원칙에 따라 경영진에게 책임을 묻는 체제를 완성하였다. 이러한 노력은 안전등급제 등 평가기능을 통하여 지속적으로 개선되고 있다. 하지만 예산 편성과 집행에서는 여전히 질보다 양을 우선하여 예산절감을 많이 할수록 성과를 인정받는 풍토가 여전하다.

4. 누가 해결해야 하는가?

건설산업은 오래전부터 세월호 사고에서 회자되었던 '모두가 병들었는데 아무도 아프지 않은 산업'이 되었다. 건설업 종사자 중에 과연 행복한 사람이 누가 있는가? 누구를 위한 건설인가? 지금 하고 있는 일에 긍지와 사명감을 가지고 임하는 사람은 얼마나 되는가? 아무리 무한경쟁의 시대라지만 건설인은 건설의 진정한 의미와 가치를 다시 생각해볼 때다.

건설업을 바로 세우기 위한 이제까지의 노력이나 제도가 성공한 것은 찾아보기 힘들다. 한두 가지 시도라도 성공했다면 오늘의 상황은 아닐 것이기 때문이다. 부실공사를 바로 잡고 건설사고를 방지하기 위한 제도와 정책이 시도되었으나, 결과는 악순환의 고리가 강화되어 구조적 위기에 이른 것으로 보인다. 국가도 근시안에서 벗어나 국가의 정책이나 제도가 시민의 삶에 어떤 영향을 미치는지 마지막까지 살필 수 있어야 한다. 건설산업도 화려한 양적 성장을 넘어서 과연 얼마나 종사자의 행복지수를 높이는 질적 성장을 했는지 돌아볼 때이다. 경영의 구루 피터 F. 드러커 교수에 의하면 경영의 첫 번째 원칙은 누구의 책임인가를 명확히 하는 것이라고 한다. 과연 누구의 책임인가?

이제까지 간과된 것은 '안전'이 원가, 공정, 품질 등 다른 세 공사관리 분야와의 차이점이다. 안전은 다른 세 분야와 달리 공사과정에만 존재한다. 이면 질서의 영향을 논외로 한다면, 비즈니스의 성공은 상대보다 더 나은 제품(품질)을 더 빠르게(공정), 더 싸게(원가), 손실 없이(안전) 제공하는 것이다. 돈의 향기로부터 자유로운 개인이나 경제주체는 극히 드물다. 자본주의하에서 경제적 논리에 의해 움직이는 품질, 공정, 원가는 경제주체의 몫으로서 어떠한 제도로도 실질적으로 규제될 수 없다. 실효성이 없었던 기존의 노력들이 이를 증명하고 있다.

절대가치이자 사회적 가치인 안전만이 규제의 대상이 될 수 있으며, 경제적 과욕을 자제시킬 수 있는 유일한 조건이다. 즉, 건설산업을 바로 세울 수 있는 유일한 키워드는 이제까지 책임체제에서 배제되었던 발주자도 의사결정권한에 따라 '안전' 책임을 합리적으로 분담하는 것이다. 이제까지 건설 관련 제도가 실효성이 없었던 근본원인은 건설관련 법령과 산업안전보건법에서 건설사업에서 최고 의사결정권자인 발주자를 제외시킨 책임체제를 고수해왔기 때문이다. 공공부문에서 바로잡지 못한 질서와 부정적 관행은 민간부문도 따라갈 수밖에 없었다.

그 결과 건설업에서는 물적 손실은 고사하고라도 매년 사망자수만 천여 명에 이르고 있으며, 이중 절반은 현장에서 예방이 가능한 사고성 사망자로서, 건설업은 아직도 살아있는 사람들의 생명을 담보로 생존을 이어가고 있다. 최근의 연이은 크레인 사고, 화재, 붕괴사고 등도 이러한 잘못된 제도가 장기간 작용한 결과이다. 관련 법령은 늘었으나 시설물의 질은 이전보다 못해졌으며, 건설산업의 이미지는 추락할 대로 추락했다.

건설상품의 품질은 궁극적으로 건설기능인의 손끝에서 나온다. **작금의 현실에서 보듯이 건설업은 이제까지 각자도생에 급급하여 건설기능인력을 일의 수단으로만 취급하여 제대로 대우하고 보호하고 육성하지 못했기 때문이다. 열악한 대우를 받아 온 건설기능인의 배후에는 역시 도구로만 취급되어온 건설기술자들이 있었다.** 건설기능인을 보호해야 할 직접적 책임이 건설기술자에게 주어져 있지만 건설기술자 또한 물리적 위험에서만 한 발짝 뒤에 있을 뿐 제반 근무 여건은 전혀 안전하지 못하다. 아무도 이들을 돌보는 사람이 없는 실정인데, 과연 우리 건설업이 이대로 계속 갈 수 있을 것인가를 고민해야 한다.

경제는 사회를 떠받치고 있는 하부구조이다. 정치, 경제, 사회, 문화 등 다른 요소에 우선하며 모든 동기 중 경제적 동기가 우선하며 신자유주의로 강화된 자본주의사회에서는 더욱 그렇다. 따라서 사회적 책무로 필요한 모든 의무는 주문자 즉, 발주자가 주문하게 할 때만 실효성이 있다. 여타의 개입은 일시적, 피상적으로 효과를 거둘 수 있겠으나 결코 지속될 수 없다. 기존의 이해관계가 없는 제3자 개입 전략이 실효성이 없는 이유도 여기에 있다. **건설사업에서 필요한 안전조치는 발주자가 주문하게 하여야 한다. 그래야 수급자도 비용을 청구할 명분을 갖게 되며, 비용의 투입으로 실행이 가능해진다. 이것이 국민의 생명과 재산을 보호해야 할 국가가 해야 할 일이다.** 건설기업의 경영자도 현장의 기능인을 제대로 보호하려면 직원인 건설기술자부터 안심하고 일할 수 있도록 챙겨야 할 것이다.

2장
건설안전 혁신의 당위성

"한 사람의 죽음은 비극이고, 백만 명의 죽음은 통계이다." - 이오시프 스탈린 -

1. 건설산업은 사고산업

건설사고의 심각성과 최근 성과

외국에 나가면 상을 받는데 우리나라에서는 상위 건설사도 벌칙을 고민해야 한다. 이는 건설사의 문제이기 전에 제도, 건설업의 환경 문제가 더 크다고 본다. 일부 상위 건설사를 제외하고는 아직 대다수 건설사는 규정 준수에 급급하여 원해서 하는 안전 본연의 가치 추구에는 이르지 못한 것으로 보인다. 하지만 싱가포르에서 공사 중인 우리 건설회사는 기준에 따라 안전하게 공사하는 것이 가장 경제적임을 바로 터득하게 한다

우리 건설산업의 안전수준을 정량적으로 평가하기는 어렵지만 산업재해통계는 건설산업의 질적 수준을 가늠하는 중요한 지표가 될 수 있다. 1987년부터 2016년까지 30년 동안 건설현장에서 사고로 사망한 건설인은 19,041명으로 연평균 645명이 목숨을 잃었는데, 이는 작업가능일수를 기준으로 하면 매일 3명이 30년 동안 사망한 것이다(**그림 2.1**).

불편하게 들릴 수 있겠지만, 건설산업은 살인산업killing industry이다. 매년 500명을 상회하던 건설업의 사고사망자수가 2019년도에 처음으로 428명으로 줄었다. 하지만 내용을 들여다보면 2018년도의 사고사망자수는 485명으로 사망만인률은 1.65‰였으나 2019년도의 사고사망만인율은 1.72‰로 재해율로는 4.2% 정도 증가한 것이다. 이유는 건설물량이 감소하여 평균임금으로 산출된 근로자수가 2,943,742명에서 2,487,807명으로 15.5% 정도 감소한 데 따른 것으로

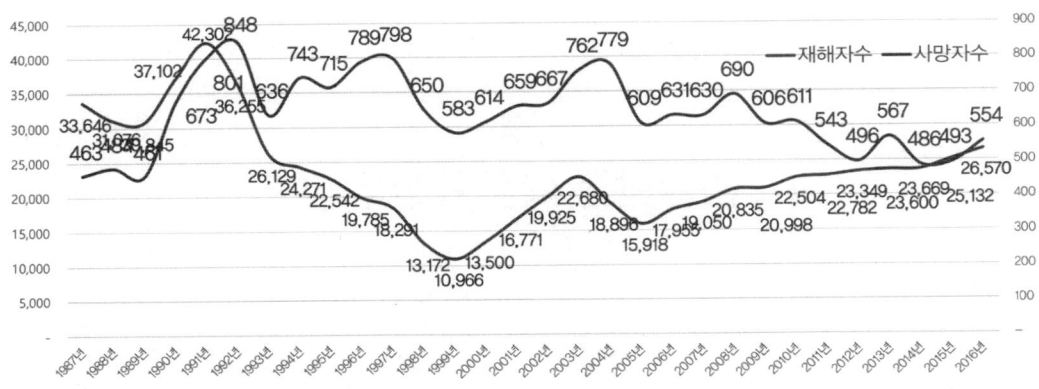

그림 2.1 최근 30년 건설업 사고사망자수 추이

공사현장의 안전수준에는 실질적인 진전이 없었다고 할 수 있다.[1] 연도별로 등락은 있었지만 6년이 지난 2024년 건설업의 사고사망자수는 328명으로 감소하였으나, 사고사망만인율은 1.57로 5.1% 정도 감소하여 연평균 감소율은 1% 정도에 불과하였다.

이제까지 건설업 사고사망자수는 전체 사고사망자수의 절반을 차지해왔으며, 작년의 사고사망자수도 전체 사고사망자수 855명의 절반을 차지하여 일반산업과 비교하여 건설현장의 안전수준이 상대적으로 개선된 징후도 없었다. 적어도 단기적 수치로는 기존의 건설사고예방 노력은 전혀 실효성이 없었음을 증명하고 있다.

그림에서 보는 바와 같이 사망자수와 재해자수는 상관관계가 비례하기는커녕 반비례하는 시기가 더 긴 것으로 나타나고 있다. 이는 일반재해자수나 재해율이 신뢰성이 없음을 의미하는데, 근본원인은 후유장애가 남을 수 있는 중상해만 주로 신고되기 때문이다. 산업과 안전수준에 따라 비율은 어느 정도 달라지겠지만 하인리히의 사고피라미드인 1(중상해):29(경상해):300(무상해) 비율이나 프랭크 E. 버드의 1(중상해):10(경상해):30(물적손실):600(무상해 사고) 비율과 같이 발생 추세는 비례하여야 한다.

이는 산업재해통계가 신뢰성이 거의 없음을 의미한다. 나아가서 건설업의 경우는 재해율 산정에 분모로 적용된 근로자수는 실제 근로자수가 아닌 실제 임금보다 낮게 책정된 평균임금으로 과다 산정하여 재해율이 실제보다 낮아진 점도 감안해야 한다. 통계청의 건설업 고용동향에 의하면 건설업의 취업자수는 전체 취업자수의 7.5% 정도인 200만명 수준이며, 이중 관리감독자 50만명을 제외하면 실제 건설현장의 노동자수는 150만명 수준이다. 따라서 통계상 사고사망만인율은 실제보다 절반 이하로 과소 산정되어 일반산업의 열 배 수준이다. 산재통계는 올바른 대책 선정의 전제 조건으로서 그 중요성에 대해서는 이후에도 여러 측면에서 반복해서 언급

될 것이다.

따라서 사고사망만인율을 비롯한 건설업의 모든 산재지표는 추세 외에는 현실을 반영하고 있다고 볼 수 없다. 이러한 사실은 기존의 건설안전제도와 정책의 접근 방법을 원점에서 총체적으로 재검토해야 함을 시사한다. 지표의 차원도 선진국처럼 십만인율로 산정하여 수치가 과소평가되어 사망사고의 심각성이 희석되지 않도록 할 필요가 있다. 늦었지만 이제 왜 건설업에서는 노력한 만큼 성과가 없었는지 그 근원을 돌아볼 때이다.**2)**

국격에 못 미치는 안전수준

학자들은 우리의 안전수준을 고도의 복잡성을 기반으로 하여 어느 정도 위험을 감수해야 하는 선진국형 위험사회가 아니라 낙후된 안전수준으로 수시로 사고를 마주해야 하는 사고사회로 부르고 있다. 통계청이 발표한 우리나라의 2018년 GDP는 약 1조 7,208달러로 세계 10위, 1인당 GDP는 3만 3,433달러로 세계 24위의 경제대국이 되었다. 하지만 양적 성장에 비해 질적 성장은 지체되고 있다. 2010년부터 2017년까지 36개 OECD 회원국의 전全산업과 건설산업의 사망사고를 비교한 최근 보고서**3)**에 의하면, 건설산업에서 차지하는 사고사망자 비중은 국내가 52.5%(이하 2017년 기준)로 35개국 평균 24.6% 보다 약 2.1배 높은 것으로 나타났다. 국내 건설산업 근로자 10만 명당 사고사망자수는 25.45로 OECD 35개 회원국(평균 8.29) 중 가장 높았다. 2017년 국내 전체 산업의 GDP 100억 달러당 사고사망자수는 5.94로 OECD 35개 회원국(평균 2.87) 중 7번째로 높았으며, 국내 건설산업의 GDP 100억 달러당 사고사망자 수는 56.52로, 전체 산업의 5.94보다 9.52배(OECD 35개국 평균 차이 5.04배) 높다. 국내 전체 산업의 근로자 1인당 GDP는 6만 760달러로 OECD 35개 회원국(평균 8만 4,700달러) 중 22위이며, 국내 건설산업 근로자의 1인당 GDP는 4만 5,030달러로 전체 산업의 경우와 마찬가지로 OECD 35개 회원국의 건설산업(평균 5만 7,290달러) 가운데 22위였다.

이 보고서는 우리나라 건설산업의 안전수준을 근로자 10만명당 사고사망자수, GDP 100억 달러당 사고사망자수 및 근로자 1인당 GDP 등 세 가지 지표를 중심으로 개선의 정도를 긍정적인 측면에서 가늠해보고자 증가율, 감소율 등을 비교하였다. 이 기간 동안 국내 건설업은 GDP 증가율은 1위, 근로자수 증가율을 4위, 사고사망자수 감소율은 7위로서, 사고사망자수는 4.2%가 감소하여 OECD 평균 5.8에 미치지 못한 것으로 나타났다. 이는 우리 건설산업이 양적 성장에 비해 안전에는 상대적으로 소홀하였음을 의미한다.

건설산업의 안전수준을 대변하는 사고사망자수는 감소율보다는 상대적인 수준이 중요한데, 2017년 기준 국내 건설산업의 근로자 10만명당 사고사망자 수는 35개국 중 가장 높고, GDP

표 2.1 OECD 회원국의 건설산업 사고사망십만인율

국가		2010	2017	증감률(%)	국가		2010	2017	증감률(%)
아시아	**한국**	**29.86**	**25.45**	▽14.8	유럽	스웨덴	4.64	2.05	▽55.8
	일본	7.23	6.49	▽10.3		스위스	6.91	4.50	▽34.8
	터키	33.17	25.01	▽24.6		오스트리아	6.27	6.73	△7.3
	이스라엘	21.05	14.36	▽31.8		네덜란드	3.32	0.98	▽70.5
북미	미국	8.35	9.03	△8.2		룩셈부르크	14.29	7.14	▽50.0
	캐나다	27.99	21.77	▽22.2		이탈리아	9.69	6.29	▽35.1
	멕시코	6.44	4.37	▽32.1		핀란드	4.07	1.07	▽73.7
남미	칠레	15.20	8.73	▽42.6		체코	5.81	4.85	▽16.5
유럽	영국	2.26	2.31	△2.5		헝가리	9.52	7.26	▽23.8
	덴마크	5.06	2.98	▽41.2		폴란드	9.07	4.74	▽47.7
	노르웨이	5.00	3.29	▽34.3		슬로바키아	1.16	3.69	△217.2
	스페인	6.06	6.47	△6.8		슬로베니아	20.69	7.55	▽63.5
	포르투갈	14.35	13.64	▽5.0		에스토니아	8.33	1.75	▽78.9
	프랑스	5.95	6.03	△1.5		라트비아	8.62	7.94	▽7.9
	아일랜드	5.00	3.10	▽38.0		리투아니아	6.90	4.04	▽41.4
	벨기에	6.81	3.77	▽44.6	오세아니아	호주	4.40	2.64	▽40.1
	독일	3.36	3.14	▽6.6		뉴질랜드	4.65	4.12	▽11.5
	그리스	4.06	4.70	△15.6	**35개국 평균**		**9.36**	**8.29**	▽11.4

주 : 터키는 2017년 대신 2016년 자료를, 이스라엘, 칠레, 뉴질랜드는 2010년 대신 각각 2012년, 2013년, 2011년 자료임

표 2.2 OECD 회원국의 전산업 사고사망십만인율

국가		2010	2017	증감률(%)	국가		2010	2017	증감률(%)
아시아	**한국**	**4.64**	**3.61**	▽22.2	유럽	스웨덴	1.19	0.88	▽26.6
	일본	1.90	1.50	▽21.1		스위스	2.16	0.80	▽63.1
	터키	6.39	5.17	▽19.2		오스트리아	4.53	2.25	▽50.3
	이스라엘	1.85	1.31	▽29.2		네덜란드	0.95	0.50	▽47.6
북미	미국	3.37	3.36	▽0.5		룩셈부르크	6.82	3.69	▽45.9
	캐나다	6.88	5.84	▽15.1		이탈리아	3.19	2.10	▽34.0
	멕시코	2.48	1.86	▽25.3		핀란드	1.51	0.93	▽38.5
남미	칠레	5.65	4.04	▽28.5		체코	2.48	1.82	▽26.6
유럽	영국	0.59	0.88	△48.3		헝가리	2.57	1.81	▽29.7
	덴마크	1.52	0.99	▽34.4		폴란드	2.88	1.64	▽43.0
	노르웨이	1.84	1.66	▽9.5		슬로바키아	2.07	1.70	▽18.0
	스페인	1.81	1.68	▽6.7		슬로베니아	2.48	1.67	▽32.8
	포르투갈	4.16	2.94	▽29.3		에스토니아	2.99	1.21	▽59.4
	프랑스	2.09	2.18	△4.3		라트비아	4.01	2.44	▽20.1
	아일랜드	2.18	1.87	▽14.3		리투아니아	6.90	4.04	▽39.2
	벨기에	1.65	1.27	▽22.8	오세아니아	호주	2.03	1.55	▽23.7
	독일	1.49	1.03	▽30.8		뉴질랜드	6.24	3.08	▽50.6
	그리스	0.73	0.85	△17.0	**35개국 평균**		**2.86**	**2.43**	180▽15.1

주 : 앞 표와 동일한 조건임

100만 달러당 사고사망자 수도 2번째로 높은 것은 우리 건설산업이 건설근로자의 보호에는 매우 소극적이었음을 시사한다. 이 보고서의 바람직한 접근은 재해율에서 분모가 되는 건설근로자수를 산재통계가 아닌 실제 고용통계를 적용하여 지표의 왜곡이 없었다는 점이다. 기존의 국내 건설업 산재 통계는 모수가 되는 건설근로자수를 산술적으로 시장 단가와 괴리가 있는 평균임금으로 산정하여 실제 근로자수보다 1.5배 이상 과다산정되다 보니 사고사망만인율 등은 실제보다 낮게 산출되는 불합리한 점을 가지고 있기 때문이다.

2017년 건설산업 근로자 10만 명당 사고사망자수가 가장 많은 국가는 한국(25.45)이며, 가장 낮은 국가는 네덜란드(0.98)로서, 우리나라는 아직도 선진국의 사고사망십만인율 대신에 사고사망만인율을 사용할 정도로 다른 국가와 자리수 이상 격차가 있다(표 2.1). 전체 산업과 비교한 건설산업의 안전수준을 사고사망십만인율로 보면 2017년 기준 OECD 국가의 평균은 전산업 2.43, 건설업 8.29로 3.4배 정도이나, 우리나라의 경우는 전산업 3.61, 건설업 25.45로서 7배에 이르고 있다(표 2.2). 동일한 맥락으로 전산업에서 차지하는 건설산업의 사고사망자수도 OECD 국가의 평균은 24.6%이나 우리나라는 52.5%에 달한다.

건설사고의 근본원인으로서 비리와 부패

국제투명성기구(TI)가 발표한 '2020년 국가별 부패인식지수(CPI)'에서 우리나라는 100점 만점에 61점을 획득하여 180개 국가 중 전년도 39위에서 33위로 상승하였다. 국가청렴도를 가늠하는 부패인식지수는 공공부문의 부패에 대한 전문가 인식을 100점 만점으로 환산한 지표다. 70점대를 '사회가 전반적으로 투명한 상태'로 평가하며, 50점대는 '절대부패로부터 벗어난 정도'로 해석된다. 우리나라는 최근까지 점수는 50점대, 순위도 40~50위 수준에 머물렀는데 최근 3년 51위에서 33위로 상승했으며, OECD 37개국 중에서는 23위로 올라섰다(표 2.3).

2020년 한국의 부패인식지수 상승은 공무원의 사익 목적 지위남용을 막을 수 있는지를 보는 배텔스만재단의 지속가능지수(SGI·62 → 70점), 정경유착 등 정치 부패를 따지는 정치위험관리그룹의 국가위험지수(PRS·54 → 62점), 부패·뇌물 등을 평가하는 국제경영개발원(IMD)의 국제경쟁력지수(54 → 57점) 등 세부지표의 개선 때문이다. 다만 OECD 국가들을 기준으로 하면 전반적인 부패수준(PERC)과 공공자원 관리에서의 뇌물 관행(EIU)은 평균에 한참 못 미치는 것으로 나타났다. PERC는 평균과 13점, EIU는 12.4점의 차이를 보였다. 정치 부패를 보는 PRS는 2012년 이후 정체됐다가 2019년부터 점수가 오르고 있지만 OECD 평균에 비하면 아직 6.1점 낮다. TI 한국지부인 한국투명성기구는 "최근 청렴도 상승이 뚜렷하게 나타나고 있고, 촛불운동 이후 정부와 사회 전반이 노력한 결과로 해석할 수 있다"고 평가하면서도 "일상의 경제활동

표 2.3 국가별 청렴도(2020)

전체순위	OECD 순위	국가	2020 CPI	전체순위	OECD 순위	국가	2020 CPI
1	1	덴마크	88	25	20	미국	67
		뉴질랜드	88			칠레	67
3	3	핀란드	85	32	22	스페인	67
		스웨덴	85	33	23	**대한민국**	**61**
		스위스	85			포르투갈	61
7	6	노르웨이	84	35	25	리투아니아	60
8	7	네덜란드	82			슬로베니아	60
		독일	80			이스라엘	60
9	8	룩셈부르크	80	42	28	라트비아	57
11	10	호주	77	45	29	폴란드	56
		캐나다	77	49	30	체코	54
		영국	77	52	31	이탈리아	53
15	13	오스트리아	76	59	32	그리스	50
		벨기에	76	60	33	슬로바키아	49
17	15	아이슬란드	75	69	34	헝가리	44
		에스토니아	75	86	35	터키	40
19	17	일본	74	92	36	콜롬비아	39
20	18	아일랜드	72	124	37	멕시코	31
23	19	프랑스	69				

주 : 앞 표와 동일한 조건임

과 관련한 공직사회 일선의 부패는 최근 크게 나아지지 못하거나 도리어 나빠진 모습도 보였다"고 밝혔다. 한국투명성기구는 "반부패·청렴정책을 사회 전반으로 확산하는 정부와 사회 전반의 노력이 필요하다"며 "기업 역시 준법·윤리경영 실효성 확보를 위해 지배구조를 개선하고 내부 부패방지제도를 강화해야 한다"고 덧붙였다. 문재인 정부는 2017년 7월 발표한 국정과제에서 5개년 계획으로 '부패인식지수 20위권 도약'을 목표로 하고 있다.[4] 부패는 안전과 대척점에 있으며, 비록 청렴도 순위는 많이 상승하였으나 아직 개선의 여지가 크다. 5대 암을 앓고 있는 건설업의 경우는 비리와 부조리의 척결에 더 적극적일 필요가 있다.

2. 최근의 건설사고 방지 노력과 성과

미래를 알고 싶으면 먼저 과거를 돌아보아야 한다.(欲知未來 先察已然) - 명심보감 -

건설안전 관련 제도와 정책

필자는 지난 30여 년 동안 건설사고 방지, 더 크게는 건설산업의 행복지수를 높이는 방안을 연구해왔다. 나름대로 외국의 바람직한 사례를 참고하여 해결책을 제시하였으나 제도나 정책에 제대로 반영되지 못하였다. 일부 반영된 대책들도 부분적으로 반영되다 보니 본래의 취지를 달성하는 데는 한계가 있었다. 필자가 주력한 부분은 건설사업의 안전관리체제이다. 안전관리 원칙에서도 안전방침 다음으로 안전조직을 꼽고 있다. 안전조직은 참여자의 역할과 책임에 관한 것이다. 나아가서 권한까지 균형을 이루어야 한다.

문재인 정부가 출범하면서 국가적으로 국민생명 지키기 국정 과제인 '2022년까지 산업현장의 사고사망자 절반으로 줄이기' 목표를 달성하기 위하여 범부처 차원에서 지속적으로 다각적인 노력을 경주해왔다. 건설인의 주목을 받지는 못했지만 필자의 숨은 노력으로 **건설업에 지각 변동을 일으키는 계기가 있었다. 건설산업 70여 년 만에 2017년 7월 3일 제50회 산업안전보건 대회에서 문재인 대통령이 동영상 메시지로 '발주자에게도 안전책무 부여'를 공식으로 천명한 것이다.** 국정 수반의 선언으로 기존의 건설정책과 제도에서 금기시하고 회피해왔던 '발주자의 안전 책무 부여'와 '위험의 외주화 방지'를 공식적으로 천명한 것이다. 이어서 8월 17일 총리실에서 6개 부처가 합동으로 발표한 '중대산업사고 예방 대책'으로 관련 부처에서 연내 법령의 개정안을 마련하여 금년 중에 시행한다는 구체적인 로드맵까지 마련되었다. 최근까지의 모든 건설사고예방 관련 대책은 문재인 대통령의 메시지를 구현하기 위한 정책들로 볼 수 있으며, 건설안전특별법 제정의 노력도 발주자 안전책무의 구현을 위한 마지막 노력으로 볼 수 있다.

대통령은 신년사(2018.1.10.)에서도 '국민생명 지키기 3대 프로젝트'를 집중 추진하여 2022년까지 산업안전을 포함한 3대 분야의 사망자를 절반으로 줄이겠다는 의지를 밝혔으며, 이러한 의지를 담은 것이 '산업재해 사망사고 감소대책'[5]이다. 11개 부처가 참여하여 4대 분야 98개 세부과제를 선정하고 '국민생명 지키기 3대 프로젝트'에 포함하여 범정부 추진체계를 구축하는 것이다. 중점 추진과제는 주체별 역할·책임 명확화 및 실천, 高위험 분야 집중관리, 현장 관리·감독 시스템 체계화, 안전인프라 확충 및 안전중시 문화 확산의 4가지였다. 이 중 건설업에서 기존 대책에서 진일보한 과제는 첫째, 주체별 책임에서 고용노동부, 국토교통부, 산업자원부 합동으로 '발주자 안전관리 의무 규정'과 '발주자 가이드라인 적용'으로, 세부 이행계획은 '산업안전보건법 개정'과 '공공발주기관 우선 적용'이다. 세부 과제 중 건설업 관련 내용은 대부분 이행되었지만 가장 중요한 발주자 책임부여에서 안전관리의무 법제화는 아직 완성되지 못하였다(표 2.4).

후속 조치로 산업안전보건법의 전부 개정으로 불완전한 안전보건조정자제도는 그대로 둔 채

표 2.4 산업재해 사망사고 감소대책 중 건설업 발주자 관련 내용

추진과제	관련부처	일정
전략 1. 주체별 역할 · 책임 명확화 및 실천		
1. 발주자 책임 부여		
1 안전관리 의무 법제화	국토부 · 노동부	~'18
1-1 발주자 안전조치 이행의무 신설	노동부	~'18.4분기
1-2 구조물 안전관리 책임 미이행 시 제재 신설	국토부	~'18.4분기
1-3 산업안전보건관리비 고시 개정	노동부	'18.1분기
1-4 건설공사 안전관리업무수행지침 개정	국토부	~'18.3분기
2 공공기관 발주자 책임 선도모델 정립	국토 · 산업 · 노동 · 기재 · 행안부	'18~
2-1 발주자 안전관리 가이드라인 마련	노동부	'18.2분기
2-2 발주자 안전관리 가이드라인 적용 · 이행여부 점검	국토부 · 산업부	'18.2분기~
2-3 사전작업 완료 이후에만 공사에 착수	국토부	'18.2~
2-4 200억 이상 공사 발주자 안전관리활동 평가 · 공개	국토부	'18.1~
2-5 종합심사낙찰제 대상 공사 안전평가 확대	기재부	~'18.3분기
2-6 자치단체 평가지표 신설 · 확대	행안부	~'19.1분기
2-7 지방공기업 평가지표 신설 · 확대	행안부	~'19.1분기
12. 안전 관련 불공정관행 해소		
1 건설공사의 공정한 원 · 하도급 관계 구축	국토부	~'18
1-1 건설산업 혁신방안 마련	국토부	~'18.2분기
1-2 적정성 심사 강화, 입찰정보 공개 의무화	국토부	~'18.4분기
2 불공정 관행 및 불법 재하도급 점검 · 적발	관계기관 합동	'18~
2-1 안전관리비 미지급, 부당특약 요구 점검	공정위	'18.2분기
2-2 재하도급 금지규정 정비 및 조치강화	행안부 · 산업부 · 한경부	~'18

발주자의 안전책무만 일부 반영되었다. 하지만 발주자의 안전책무를 공사대장의 작성과 관리에 국한시켰다. 결국 공사비와 공기 등 안전한 공사 수행에 필요한 여건은 확보하기 어렵게 되었다. 안전보건조정자의 선임 대상공사도 2개 이상의 공사를 도급한 경우로 규정하여 전기통신공사 등을 분리 발주하지 않고 일괄 발주한 공사는 안전보건조정자 선임 의무가 없어 실효성이 매우 제한적일 수밖에 없었다.

건설업에서도 사고사망자의 획기적인 감소를 위하여 고용노동부에는 별도의 T/F를 구성하여 운영하고 있으며, 국토교통부에서는 다양한 분야의 전문가로 구성된 건설안전 혁신위원회를 중심으로 기존 대책의 한계를 극복하기 위한 노력을 경주해 왔다. 그 결과 건설안전특별법 제정을 포함한 '건설안전 혁신방안(2020.4.23.)'을 마련하여 추진하였으나 두 번의 발의에도 불구하고 건설기업 경영자의 반대에 부딪혀 법안은 폐기되었다.

2021년 1월 제정된 중대재해처벌법은 높은 우려의 목소리에도 불구하고 대기업 사업주의 안전에 대한 관심을 환기시키는 데는 크게 기여한 것으로 보인다. 중대재해처벌법에 대해서는 '6장 건설안전제도의 한계와 혁신'에서 좀더 구체적으로 기술하고자 한다.

지체되고 있는 건설업 사고사망자수 감축

이번 정부에서 5년 동안 사망자를 반으로 줄이고자 하는 분야는 사업장, 교통분야, 자살자이다. 이중 사업장은 천여 명 수준을 절반인 500명 이하로 줄이는 것이 목표다. 구체적으로 전산업 목표는 969명('16년)을 500명 이하('22년)로 줄이는 것이며, 사고사망만인율은 0.53‰('16)에서 0.27‰('22)로 낮추는 것이다. 이중 건설업은 499명('16)을 절반인 250명 이하(2022년)로 줄이는 것이다. 도전적인 목표 설정의 배경을 보면 독일 등 주요 선진국보다 2~3배 높은 수준인 우리나라의 사고사망만인율을 통계를 공개하는 OECD 국가 평균('14년 사고사망만인율 통계를 발표한 OECD 15개국 평균: 0.30‰)보다 낮은 수준까지 감축하는 것이다. 이는 사고사망만인율을 절반으로 감축하는데 통상 10여 년 이상이 소요되었던 점을 감안할 때 감축기간을 2배 이상 단축하는 것이기도 하다.[6)]

뒤에서 구체적으로 기술하겠지만 강도 높은 노력에도 불구하고 성과가 미흡했던 근본 원인은 산업안전보건법의 전부 개정을 촉발시킨 건설업 발주자 안전책무가 수급자 역할인 안전대장의 작성 수준에 머물렀으며, 별도의 장으로 독립시켜야 할 건설업을 일반 산업의 도급과 동일시하여 발주자에게 적정한 공사비와 공사기간의 제공 등 핵심 안전책무를 규정하지 못한데 있다. **산업안전보건법에 규정이 가능한 사안을 비켜감으로써 건설안전특별법을 제정할 수밖에 없는 상황을 만든 것이다.**

최근 건설사고 방지 노력의 성과

최근의 건설사고예방 노력을 개괄하면 앞에서 기술한 바와 같이 2017년 제50회 산업안전강조주간에 문재인 대통령이 동영상으로 천명한 '발주자와 원청책임의 강화'를 시작으로 타워크레인 사고. 화재사고 대책 등 전방위적인 제도와 정책의 개선이 있었다. 그러나 이러한 노력에도 불구하고 사고사망자수는 크게 줄지 않았다. 2012년부터 2024년까지 양적 지표인 사고사망만인율은 2021년부터 2024년까지 완만한 감소 추세이나, 질적 지표인 사고사망만인율은 증가와 감소 추세로 2024년은 2016년 수준에 머무르고 있다. 사고사망자수는 전산업의 절반을 차지하고 있으며. 사고사망만인율을 지표상으로는 전산업의 4배 수준이나 추취업작수가 전산업의 7% 수준임을 감안하면 건설업의 사고사망만인율은 전산업의 12배 이상으로 산출되어야 맞다(**그림 2.2**).공사규모별 사고사망만인율을 보면 소규모공사일수록 비율이 높아서 공사금액 120억원 이상 대규모공사는 이하 중소규모 공사의 1/3~1/6 수준으로서 안전수준의 양극화 현상이 심각함을 알 수 있다. 사고사망만인율뿐만 아니라 사고사망자수에 있어서도 50억원 이하 중소규모현장이 7할 이상을 차지하고 있어 대규모공사를 수행하는 상위 건설사를 집중적으로

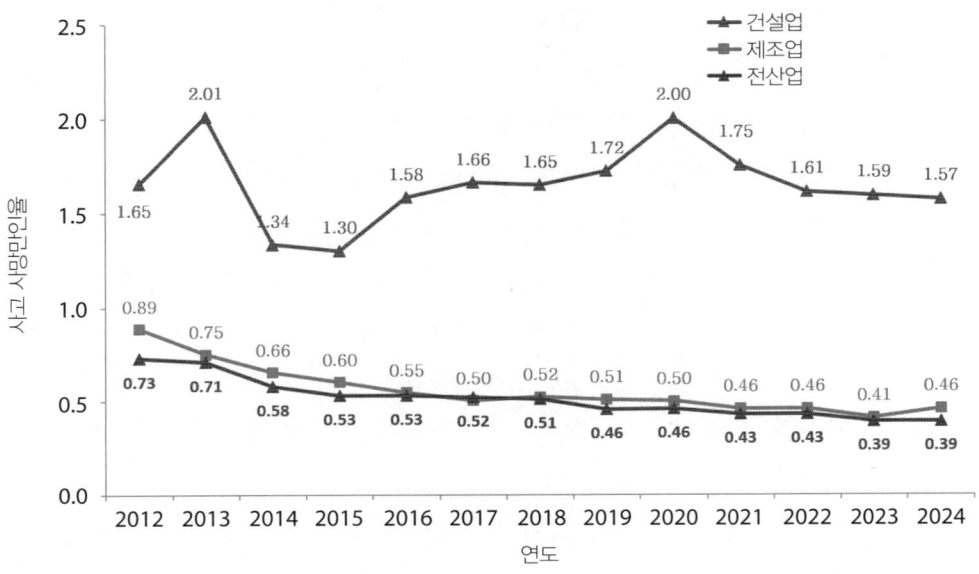

그림 2.2　건설업의 사고사망만인율 추이[7)]

단속하는 것은 국가적 지표 개선에는 효과적이지 못하며 중소건설사의 안전수준 개선을 위한 지원 정책을 펴고 있지만 아직까지 가시적인 개선 효과는 없었다. 소규모공사일수록 공사 개소가 기하급수적으로 늘어나 점검, 기술지도 등과 같은 일회성 대책으로 안전수준을 개선하는 데는 근본적인 한계가 있다. 발주자(건축주)의 주도적인 참여가 필요하며 여기에는 건설에 비전문가인 대다수 발주자를 보좌하는 안전건문가의 선임이 필수적이다. **이는 건설사고 예방을 위한 제도와 정책 전반에 근본적인 혁신이 필요함을 시사한다. EU 국가에서 운용하고 있는 발주자의 대리인인 안전전문가의 상시 감독이 가능하도록 잘못 설계된 안전관리자, 안전보건조정자, 기술지도 제도 등을 혁신할 필요가 있다.**

　최근의 고용노동부 자료에 의하면 정부의 '국민생명 지키기' 노력에도 불구하고 2020년의 사고사망자는 458명으로 전년보다 30명이 증가하였다. 이는 산재통계에서 드러난 바와 같이 극소수의 상위 건설사를 제외한 대다수 건설기업의 안전수준은 별로 개선되지 않았음을 의미한다. 구의역 사고나 태안석탄화력발전소 사고에서는 단 한 명의 희생에도 컸던 사회적 반향에 비해 건설산업에서는 획기적인 변화가 없었다. 누구를 위한 건설인가를 다시 물어야 할 때이다.

　각고의 노력에도 불구하고 건설업에서 500명 수준의 사고사망자를 250명 이하로 반감시킨다는 국정 목표 달성에 접근이 어려운 이유는 **제도와 정책이 사고사망자의 8할을 점유하는 중소규모 건설공사, 더 정확히 표현하면 중소건설사와 발주자의 독려 방법에 근본적 한계가 있기 때문이다.** 구체적인 원인과 해결방안은 뒤에서 기술하기로 한다.

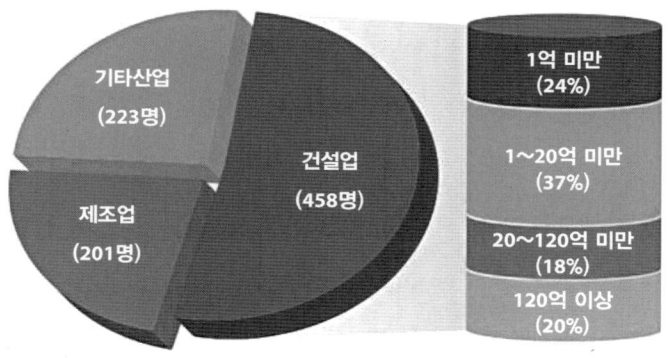

그림 2.3   업종별 사망사고 비중(2020)

이와 같이 각고의 노력에도 불구하고 건설업의 사고사망자수가 줄지 않고 있는 가장 큰 이유는 정책목표 달성의 주요 대상인 중소규모 건설현장에 대한 대책의 실효성이 부족한데 기인한다. 즉, 이제까지 사각지대였던 중소규모현장이 여전히 사각지대로 관리되지 못하고 있기 때문이다.

2020년에도 건설업 사고사망자는 공사금액 20억원 미만에서 전체의 60.7%(278명)가 발생하였으며, 20~120억 원미만이 17.7%(81명), 120억 원 이상이 19.9%(91명)으로 나타났다. 전체적으로 공사금액 120억 원 이하의 현장이 차지하는 비중이 78.4%로서 중소규모 건설현장의 안전수준, 더 정확하게 말하면 중소건설사의 안전관리수준에는 개선이 없었다고 볼 수 있다(**그림 2.3**).

기존 사고사망자수 저감 중심 정책의 득과 실도 점검해 볼 필요가 있다. 우선 결과치인 사후지표만을 관리하는 것은 사고방지를 위해 어떤 노력을 해야 하는지에 대한 정보를 제공해주지 못한다. 또한 중대재해인 사고사망자수에 집착하는 것은 사고피라미드에서 중상해와 경상해의 비율을 무시하는 것이다. 사고 피라미드의 저변의 폭을 줄여야 상부의 중상해도 줄어드는 것이 정상적인 접근 방법이다. 나아가서 뉴욕시에서 강력범죄를 줄이기 위해 지하철 청소부터 시작한 '깨진 유리창' 고치기와 같은 접근법과는 거리가 멀다. 문제의 근원은 사고사망자수 이외에 다른 지표는 신뢰성이 없어 사용할 수 없다는 것이다. 더 근본적인 원인은 기존의 산재예방 정책이 데이터에 기반할 수 있는 기초가 마련되지 못한 데 있다. 하지만 건설업의 경우는 재해자수나 상해 정도별 통계 등 다른 지표의 신뢰성 확보를 위한 실질적인 조치는 아직 이뤄지지 않고 있다.

사망사고는 하위의 여러 계층의 '관리상의 결함'에서 비롯된 것이다. 빙산에서 보이는 부분은 사고로 드러난 부위이며 사고의 원인은 물속에 잠겨 잘 보이지 않는 부분이다. 사고 피라미드

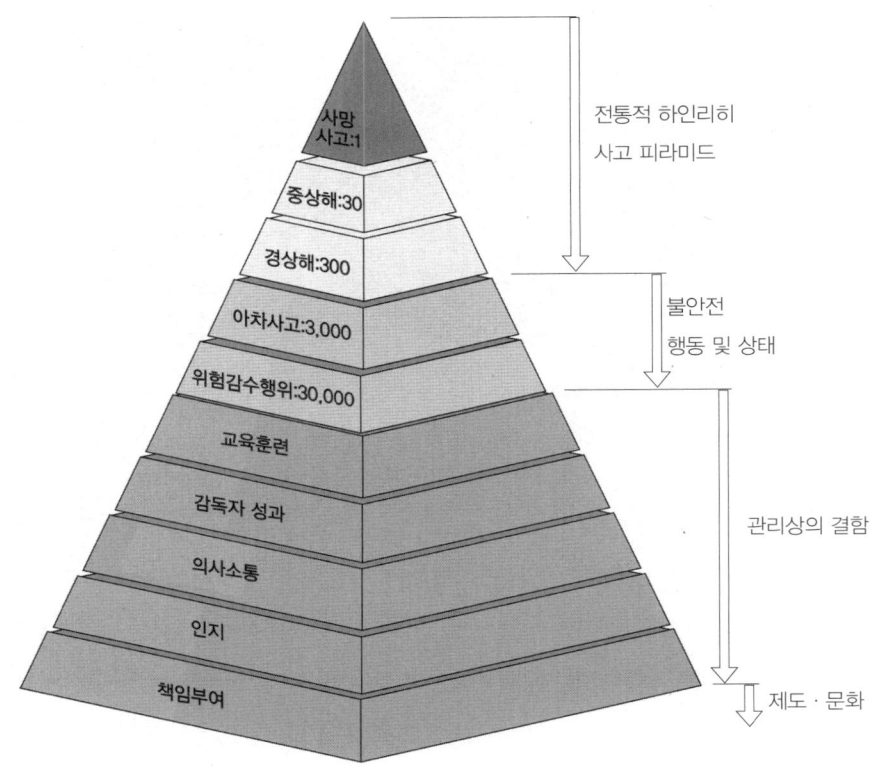

그림 2.4　사고 피라미드 확장

의 하부구조를 더 깊이 들여다볼 필요가 있다**(그림 2.4)**. 그림에서 사망사고부터 위험감수행위 까지는 눈에 보이는 부분으로 빙산으로 치면 수면위의 부분이다. 하지만 교육훈련부터 책임부 여 등은 눈에 보이지 않는 부분으로 빙산 중 물속에 잠겨 있는 부분이다. 눈에 보이지 않는 부 분이 보이는 부분의 10배 정도이므로 안전활동에서도 눈에 보이는 현상을 고치려 하기 보다 눈 에 보이지 않는 요소들의 확실한 이행에 집중해야 한다. **하지만 정책과 실무에서는 눈에 보이는 현상을 고치는데 급급하고 있는 경향이 강한 것으로 보인다.**

　건설업에서 사고 유형별 사고사망자의 분포를 보면[8] 떨어짐이 전체의 절반을 차지하고 있으 며, 물체에 맞음, 부딪힘, 화재, 깔림과 뒤집힘 순으로 발생하였다**(그림 2.5)**. 주요한 기인물로는 가시설인 비계, 구조물, 건설장비 등이다. 사고 형태는 거의가 재래형으로 고도의 기술이 부족 해서 발생하는 사고는 아니다. 이는 기본과 원칙의 문제로서 건설사고를 효과적으로 예방하려 면 기본과 원칙으로 돌아가야 함을 의미한다.

　영국의 경우는 건설업의 사망자수가 30여년 이상 장기적으로 지속적으로 감소하고 있다. 최 근 10년 동안 45%가 감소하였으며, 18/19년도의 전체 사망자는 147명이었으며, 건설업의 경

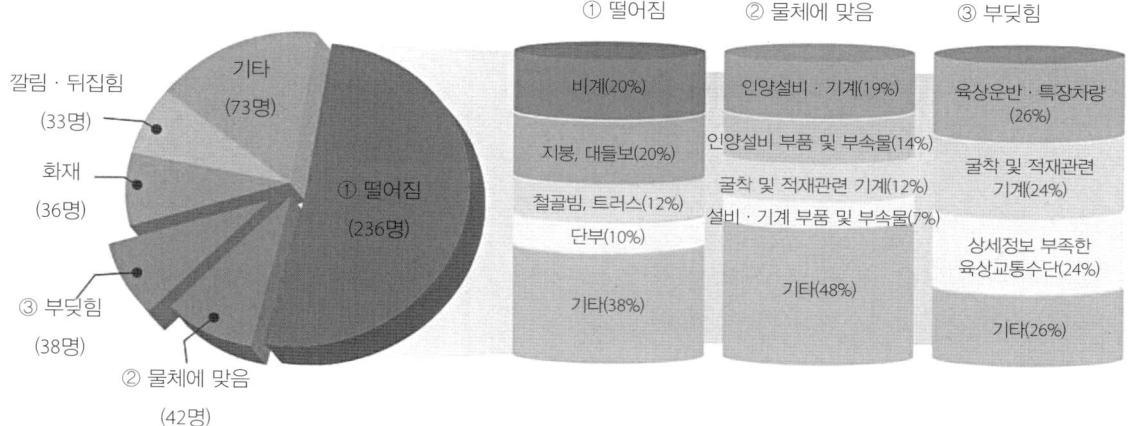

그림 2.5 건설업 사고사망자의 발생 형태와 주요 기인물

우 30명으로 전체의 20%수준에 불과하였다. 영국의 건설업 근로자수는 280만명 수준으로 우리나라의 2배 수준임을 감안하면 그 격차는 매우 큰 것이다. 구체적인 내용은 7장 다른 나라의 사례에서 기술하였다.[9] 우리는 왜 노력한 만큼 성과를 내지 못하는가?

건설사고의 유형

건설사고의 직접원인은 기술적 실패에 있지만 근본원인은 아니다. 하지만 건설사고의 근본원인을 추구할 때는 직접원인부터 시작해야 하기 때문에 기술적 원인을 살펴볼 필요가 있다. 기술적 원인은 안전보건기준과 건설기술에 걸쳐 광범위하기에 여기서는 작업안전 수준에서 사고의 유형만 간략하게 소개한다.

건설사고를 기술적 측면에서 접근하기 위해서는 사고유형과 기인물에 대한 분석이 필요하다. 건설사고의 형태는 다양한 관점에서 분류가 가능한데, 다음은 최근에 한국토지주택공사에서 정리한 자료이다(**표 2.5**). 자료에서는 사고의 유형과 유형별 공종이나 기인물을 빈도순으로 정리하여 중요도를 알기 쉽게 보여주고 있다. 건설업에서는 떨어짐(추락)이 가장 많이 발생하고 있다. 떨어짐이 발생하는 공종은 1순위가 비계작업이다. 떨어짐은 대부분 비계가 필요한 작업발판의 불안전에 기인한다. 표에서 마지막 사고요인으로 도출된 '20. 개인 부주의'는 작업자에 기인한 사고원인을 나타낸다. **하지만 작업자의 부주의는 제공된 작업환경에 대한 작업자의 반응으로서, 작업자의 부주의에 기인한 사고원인을 제거하려면 작업자가 이러한 선택을 하도록 한 제반 조건들에 대한 좀 더 깊은 성찰이 요구된다.** 왜냐하면 실수는 인간 본연의 속성으로 다치거나 죽기 위해 일하는 작업자는 없기 때문이다.

표 2.5 건설사고 유형별 발생원인 및 예방대책

유형		연번	공종	사고원인	예방대책
1	떨어짐	1	비계 (대형사고 위험)	• 초과하중 적재로 비계 붕괴 • 수평버팀대 부족 설치	• 최대 적재하중 준수(구조 확인) • 시공 전 구조안정성 검토 • 시스템 비계 사용 및 시공 철저
		2	갱폼 (대형사고 위험)	• T/C 인양고리 체결 전 볼트 해체 • 작업자 불편으로 안전대 미착용	• T/C 인양고리 체결 후 볼트 해체 • 작업용 안전대 걸이시설 설치
		3	타워크레인 (대형사고 위험)	• 투입인원 부족(6인·5인) • 작업절차 미준수	• 작업기준 인원(6인 이상)준수 • 설치·인상·해체 시 안전원 입회
		4	고소차	• 작업자 안전대 미착용 • 고소차 설치·이동 중 전도 위험	• 작업시 안전대 착용 • 설치·이동 중 전도 방지조치 • 탑승 중 이동 금지
		5	고소작업	• 보호구 미착용 • 추락 안전시설 미설치	• 보호구 착용 및 2인 1조 작업 • 추락 안전시설 설치
		6	리프트	• 비정상적 사용 시도	• 신규·외국인근로자 특별안전교육 실시
2	깔림뒤집힘	7	백호	• 유도자 미배치, 평탄성 미확보	• 유도자 배치, 지반평탄성 확보 • 중량물 운반 시 인양가능 하중 준수 관로공, 수목이식공사 시 특히 주의
		8	지게차	• 운전자 안전띠 미착용 • 단차, 개구부 등 운행경로 위험	• 안전띠 착용, 유자격자 운전 • 평탄성 미확보 시 작업중지
3	질식	9	고소차	• 작업자 안전대 미착용 • 고소차 설치·이동 중 전도 위험	• 작업시 안전대 착용 • 설치·이동 중 전도 방지조치 • 탑승 중 이동 금지
		10	동절기양생 (동절기 주의)	• 밀폐구간 3대 안전수칙 미준수 • 동절기 콘크리트 양생 시 갈탄 사용	• 산소측정, 환기, 보호구 착용 • 급열방식 변경(갈탄사용 금지)
4	무너짐	11	터파기 (대형사고 위험)	• 터파기 안식각 미준수 • 터파기 주변 과다 상재하중	• 터파기 안식각 준수(불가 시 흙막이 설치 검토) • 터파기 주변 과다 적재 금지
		12	동바리 (대형사고 위험)	• 동바리 가설설치물 설치상태 불량 • 동바리 높이 과다 • 콘크리트 타설 순서 미준수	• 시공 전 구조안정성 검토 • 동바리 가설시설물 설치 및 확인 철저 • 동바리 높이 축소 검토 • 콘크리트 타설 순서 준수
5	부딪힘	13	펌프카	• 아웃트리거 버팀목 설치 불량	• 아웃트리거 버팀목 설치 불량
6	절단찔림	14	절단기	• 수평고임목 미설치 • 보호구 착용 미흡	• 수평이 유지되도록 고임목 설치 • 절단작업 시 보호구 착용
		15	철근	• 슬라브 박리제로 인한 미끄러짐 • 철근 찔림 위험 노출	• 안전작업 통로 확보 • 미끄러짐 안전교육 실시
7	기타	16	화재 (대형사고 위험)	• 용접작업 시 불티, 가연성 물질	• 가연물 제거 등 화재예방조치 • 임시 소방시설 설치 및 화재감시자 배치 소화기, 간이소화장치, 경보장치, 피난유도선
		17	감전	• 고압선 충전부 방호조치 미흡 • 절연용 보호구 미착용	• 고압선 충전부 방호조치 철저 • 절연용 보호구 지급 및 착용
		18	온열질환 (혹서기 주의)	• 고온에서 단독작업 • 음주자 및 만성질환자 작업	• 건강확인 및 단독작업 금지 • 폭염경보 시 작업중지 검토 • 무더위쉼터, 물, 휴식 제공
		19	단독작업	• 단독작업에 따른 사고발생 시 응급대처가 불가	• 2인 1조 작업 4대 의무공종 지정 높은 곳, 밀폐공간, 폭염, 건설기계 작업

건설사고는 근본원인이 대부분 작업사고(산업안전보건법 상의 작업관련 안전보건기준의 미준수) 영역에 있지만, 구조물 붕괴와 같은 일부 사고는 기술사고(건설기술진흥법 상의 기술안전)로서 작업안전 대책만으로는 해결될 수 없는 사고가 있다. 이 표는 기술사고는 별로 반영되지 않은 것이다. 이 책에서는 방대한 기술적인 사항을 구체적으로 다루지는 않았지만, 표에서 사고원인과 예방대책에 정리된 바와 같이 건설사고를 예방하려면 산업안전보건규칙에 규정된 거의 모든 기술이 동원되어야 하며, 여기에 본래의 건설기술이 완벽하게 구현되어야 한다.

3. 질곡을 헤맨 건설안전 제도

산업안전보건법이 시행된지 40여 년 동안 건설안전제도는 핵심을 시정하지 못하고 질곡桎梏을 헤매왔다고 본다. 국가 차원의 전방위적 노력에도 불구하고 반복해서 발생하고 있는 중대재해는 기존의 제도나 정책이 잘못되었음을 증명한다. 반복되는 사고를 방지하기 위해 사고 때마다 새로 제정된 제도와 정책에도 불구하고 건설사고가 근절되지 못하는 이유는 무엇인가? 건설사고의 근본원인을 바라보는 관점의 전환이 시급하다. 이제까지의 제도가 실효성이 없었다면 제도를 고치거나 새로 만들기 전에 근본 원인부터 제대로 규명해야 한다. 기존 제도에서 무엇이 빠져서 실효성이 없었는가를 찾아야 한다.[10]

건설사고의 방지를 위한 더 효과적인 해결책이 있었음에도 불구하고 개선이 **지체된 이유는 전제가 원리와 원칙에 맞는지 비판없이 수용하는 기존의 접근방법을 답습하여 비합리적인 이해당사자 사이의 책임과 역할, 권한 분담과 이행 및 감시기구 구축에 실패하였기 때문이다.** 이전에 정부 부처에서도 수많은 부실과 사고방지 대책이 수립되어 시행되었음에도 유사한 대형사고가 반복하여 발생한 데 대하여 이 새로 세운 대책 또한 과거의 전철을 밟을 우려를 표명한 자아비판 수준의 성찰도 있었다. 왜 안전관리책임체제라는 근본적인 문제를 해결하지 못했는지 다음 질문으로 돌이켜 보고자 한다.

첫째, 실효성이 부족한 대책을 답습하는 근본적 원인은 무엇인가?
둘째, 제도의 객체인 건설사업 이해당사자들을 합리적으로 규율하고 있는가?
셋째, 제도의 주체인 정부가 객체를 효과적으로 규율하지 못하는 원인은 어디에 있는가?
넷째, 무엇부터 바로 세워야 하는가?

사고의 근원이 비리와 부조리에 있음은 익히 알려진 사실이다. 발주자로부터 중층하도급 협력업체에 이르는 청산되어야 할 건설산업의 부조리는 산업의 '관행'이자 이면 질서로 공고하게 유지되고 있다. 오래된 삼풍 참사와 최근 광주학동 사고에서도 비리와 부조리가 건설사고의 근원임은 확인되었다. 하지만 안전관리활동만 대책으로 논의되었지 이면의 부조리까지는 주목하지 못하고 있다. 건설사고를 방지하려면 건설사업의 수행과정에 내재된 부조리를 척결해야 한다.

우리가 주목해야 하는 것은 실효성 없는 제도나 정책이 생산되고 있는 환경이다. 요인은 크게 두 가지로 볼 수 있다. 첫 번째 요인은 직접 제도와 정책을 담당하는 정부조직이다. 태안석탄화력발전소 진상규명위원회에서 지적한 바와 같이 공무원의 전문성이 부족한 이유는 순환보직을 원칙으로 하는 인사제도에 있다. 행정부에서는 제도나 정책을 입안할 경우 원칙보다 정무적 고려가 우선하는 경우가 많은데, 국회에서도 원칙보다는 정무적 경향이 더 강한 것으로 보인다. 법률들이 자주 껍데기만 남았다고 비난을 받는 이유일 것이다. 결코 공무원 개인의 문제가 아니다. 이러한 약점을 누군가가 보완해줄 수 있어야 한다.

두 번째 요인은 정책에 간접적으로 참여하는 전문가, 민간기업의 실무자와 단체들이다. 민간기업을 대표하는 사람들은 업역의 이익을 대변해야 한다. 소속된 집단의 경영상의 편의를 추구할 수밖에 없다. 결국 올바른 역할을 해야 할 사람들은 건설안전 전문가이다. 작금의 상황은 건설안전 전문가들의 진단이나 조언이 신통하지 못했거나 정책 입안자들이 제대로 경청하지 않았음을 시사한다.

올바른 제도라면 건설산업의 생산방식에 부합해야 한다. 하지만 기존의 산업안전보건법은 전부 개정에도 불구하고 제조공장용 틀을 벗어나지 못하고 있다. 건설관련 법령에서도 초기에 누락시킨 발주자의 책임을 바로잡지 못하고 있다. 그 이면에는 선진국들이 따로 다루고 있는 건설안전 분야를 제조업틀에 우겨 넣으려는 편협한 제조마인드의 전문가들이 있었다. 사고사망자를 반으로 줄이자고 외치면서 사고사망자의 절반을 차지하는 건설안전분야의 전문성은 취약하기 그지없다. 노동안전 주무 부처나 산하기관에는 있었던 건설안전 전담부서도 장기간 폐지되었다가 최근에야 산업안전보건본부로 격상되면서 과로 복원되었다. 안전보건경영시스템을 거론하지 않더라도 전통적인 하인리히의 사고방지 원칙 5단계에 의하면 '안전조직-사실의 발견-분석-시정책의 선정-실시'의 순환과정이다. 건설사고를 예방하려면 건설안전조직부터 바로 세워야 한다. 실제 근로자수 대비 사고사망자수로 비교하면 산재통계가 보여주는 것처럼 건설사고 방지는 일반산업보다 10배 이상 어렵다.

건설사고의 근본원인은 결코 현장의 안전수칙의 위반이나 기술적인 실수에 있지 않다. 부적격 자원이 투입되지 않도록 적정한 이행 여건을 제공하고 발주자를 정점으로 한 건설사업 이해당사자의 상호 견제로 안전을 담보해야 한다. 공사현장에 이해관계가 없는 제3자의 무분별한 개입은 부족한 공사비와 공기로 신음하는 건설기술자와 작업자에게는 더 무리하게 공사를 강행해야 할 빌미를 제공할 공산이 훨씬 크다.

건설안전제도 밖의 환경

건설산업을 위한 제도에서 간과된 것은 거시적 관점의 건설사업 참여자와 참여자별 책임체제이다. 특히 정부 제도를 이행해야 할 공공부문의 발주자의 역할과 책임이 합리적으로 정립되지 못하였다. 공공부문의 발주자 위에는 업종별 소관 부처가 있으며 가장 상위에는 기획재정부가 위치하고 있다. 결국 건설산업의 절반 가까이 차지하는 공공부문의 건설사업 수행의 조건은 기획재정부가 운용하는 틀로부터 시작되지만 현장 단위의 공사에 비해 이러한 상위의 틀에 대한 문제점이나 이를 개선하려는 시도는 미흡하였다. 시도는 많았는데 수용되지 못했다는 것이 더 적절한 표현일 수도 있을 것이다. 어떤 측면에서는 과거에 공공발주자의 불합리한 요구에도 침묵하여야 했듯이 상위 기관의 역할에 대해서는 더더욱 말을 아껴야 했을 것이다. 공공공사에서 불합리한 제도는 민간부문에도 귀감이 되지 못하여 발주자와 건설사업자 사이는 불신의 늪이 깊었다. **이상한 일은 건설사업에 대한 의사결정권한은 발주자가 쥐고 있는데도 건설산업의 발전이나 혁신의 논의에는 발주자가 참석한 경우를 찾아보기 어렵다는 것이다.**

건설안전제도와 정책의 연혁

사고방지를 위한 안전관리활동의 관건은 누구의 책임인가를 결정하는 안전관리체제*(안전조직)에 있다. 건설안전 제도와 정책의 발전 역사는 건설사업 안전책임체제의 합리화 과정으로 볼 수 있다. 따라서 건설관련 제도의 발전 과정도 안전책임체제의 관점에서 보는 것이 효과적이다. 빙산의 일각이겠지만 필자가 관찰했거나 직접 참여했던 상황을 중심으로 이제까지 안전관리 책임체제가 합리화되지 못한 경위를 짚어보고자 한다. 건설안전 관련 제도는 건설안전특별법(안)이 마련되기 전까지는 줄곧 핵심을 비켜갔다. 건설안전을 담당하는 양부처는 번갈아서 또는 합동으로 핵심을 고치는 것을 회피해왔다.

---

* 안전관리원칙과 안전보건경영시스템에서 조직화 즉, 안전조직은 첫 번째 요소이다. 안전조직은 주직 구성원의 역할·책임·권한에 관한 것으로 지배구조에 가깝다. 통상 체계system와 체제organization를 혼용하는 경향이 있으나, 여기서는 절차 등 활동의 구조를 의미할 때는 '체계'로, 구성원이나 부서의 역할과 책임을 의미할 때는 안전관리 '체제'로 기술하였다.

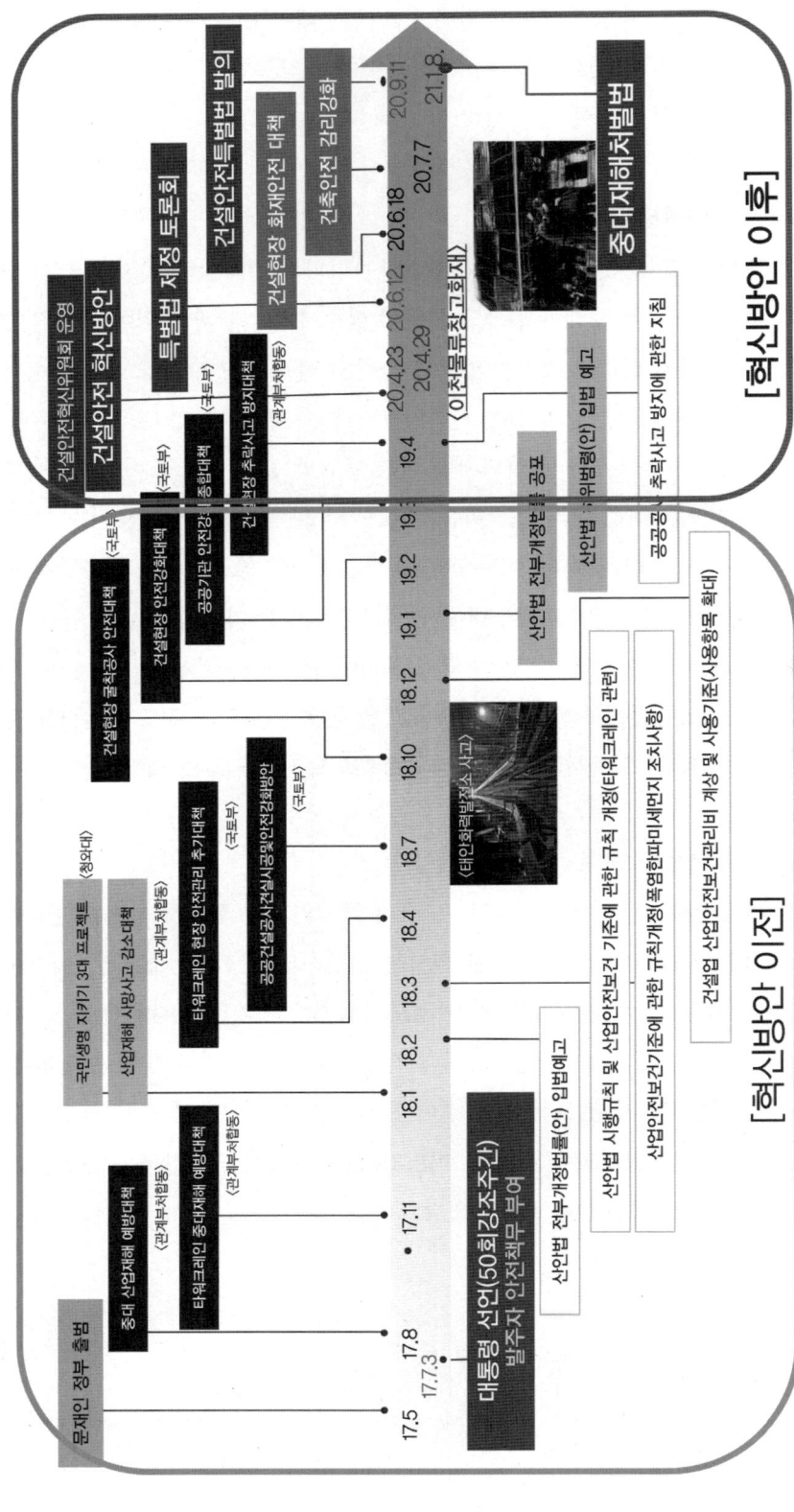

그림 2.6 최근 4년 건설업 사고사망자 감축 정책 동향

건설사업 안전관리 책임체제의 발전 과정은 90년대 초까지 책임체제가 거론되지 못했던 초기, 발주자 중심의 안전관리 책임체제 합리화 방안이 준비된 2016년까지, 2017년 대통령의 선언으로 발주자의 안전책무 부여를 천명하고 구현하려 했으나 구체적 방안을 마련하지 못했던 2019년까지의 노력기, 건설안전 혁신방안을 통하여 발주자를 정점으로 한 건설사업에 적합한 안전관리체제의 구축을 준비한 2020년 이후의 4단계로 구분하고자 한다(그림 2.6). **2020년 이후를 다른 시기로 구분한 이유는 건설산업의 역사 70여 년 만에 무소불위의 권한만 행사했던 발주자에게도 안전책무를 부여할 것을 국가 수반이 공식적으로 언급했기 때문이다.** 이후 건설안전 특별법의 제정으로 가닥이 잡혔으나 두 번의 발의에도 불구하고 건설기업인의 반대로 무산되었다. 건설산업뿐만 아니라 국가적으로 중차대한 산업재해 감축의 관건인 발주자의 안전책무는 3년의 공백기를 거쳐 21대 대통령에게 넘어왔다. 건설안전특별법이 다시 발의되고 '부처합동 노동안전 종합대책'의 핵심 과제에 포함되었다.

2021년 중대재해처벌법 제정 이후의 주요 정책으로는 앞에서 언급한 두 번의 건설안전특별법안의 발의와 폐기, 고용노동부의 '중대재해 감축 로드맵' 시행(2022.11.30.), 검단 아파트 지하주차장 붕괴사고로 건설 카르텔 혁파와 감리제도 강화 등이 추진되었으며, 추락사고 방지대책과 감리제도 개선도 다시 추진되고 있다.

'중대재해 감축 로드맵'은 2026년까지 사고사망만인율을 OECD 평균 수준인 0.29(‰)까지 줄이는 것을 목표로 처벌과 규제 위주에서 벗어나 위험성 평가를 핵심으로 하는 '자기규율 예방체계'를 확립하고, 중소기업을 집중 지원하며, 안전문화 확산과 산업안전 거버넌스 재정비에 중점을 둔 4대 전략과 14개 핵심 과제를 추진하는 것이다. 하지만 바람직한 기본 방향에도 불구하고 사고사망자의 절반을 차지하는 건설업을 별도로 다루지 못하고 있으며, 위험성 평가는 제조업 방식을 벗어나지 못하고, 자기규율도 영국의 로벤스 보고서에서 지적한 엄밀한 외적 압력이 전제되지 않아 감시와 단속의 틀을 벗어나지 못하고 있다. 시행 3년차임에도 최근 3년 건설업의 사고사망만인율은 1.61('22) 1.59('23), 1.57('24)로서 감소율은 1% 정도에 불과하여, 실행 정책들이 추진 방향과는 괴리가 있음을 시사한다.

예기치 않게 정권이 바뀌면서 국정수반의 안전에 대한 독려로 부처 합동 '노동안전 조합대책(2025.9.15.)'이 수립되었다. 이 대책은 영세사업장·취약노동자 사고 예방 지원 집중, 정부·지방자치단체·민간이 함께 예방 주체로 노력, 사고 예방이 노사 모두에게 이익이 되는 구조로 전환 등 세 가지 기본 방향을 제시하고, 사각지대 예방 강화, 안전 주체로서 노사 역할·구조적 취약점 개선, 노동안전 확산을 위한 인프라 확대, 안전 예방을 촉진하는 제재 수단 도입의 네 가지 범주에 구체적 대책을 담고 있다. 이전 대책과의 차이점은 실효성 있는 제재로 강력한 벌칙이 도입될 예정이며, 구조적 취약점 개선을 위해 건설안전특별법을 제정하여 발주자의 책임을 강하여 적정한 공사비와 공기를 확보하기로 하여 이제까지 미루어 온 건설안전특별법의 제정이 가시화되고 있다. 아쉬운 점은 구조적 문제가 있으니 근본 원인을 제대로 규명해야 한다고 전제하였으나 사고의 원인이 체계적으로 제시되지 못하고 있다는 점이다. 여타 대책은 제외하고라도 계획대로 발주자 안전책무를 정상화하는 건설안전특별법이 제정된다면 적정한 공사기간과 공사비의 보장으로 수급인들의 수행 여건이 획기적으로 개선되어 건설산업이 하방형 악순환의 덫에서 벗어날 수 있을 것이다.

건설안전의 근원적 장애는 참여자의 역할과 책임에 따른 합리적인 안전관리체제의 불비로서, 최근까지의 주요한 변화를 관련 보고서와 정책자료를 바탕으로 정리하면 다음과 같다. *기울림체*는 안전관리체제 관련 사항으로서 이하에서 경위와 내용을 좀 더 구체적으로 기술하였다.

- 사업장 안전관리의 효율성 제고를 위한 제도개선 연구(1996), 산업안전보건연구원
- 綜合安全管理者制度 導入方案에 관한 硏究(1997), 산업안전보건연구원
- *건설현장안전관리관련 규제개혁방안 의결(1999.7.2.), 규제개혁위원회 심의 조정('97.6.부터 6회)*
- *중장기적 차원의 건설현장 안전관리 확보방안에 관한 연구(2000) 국토교통부·노동부; 규개위 의결 불이행*
- 발주자를 활용한 건설업 안전관리체계 구축 연구(2006), 산업안전보건연구원
- 삼풍사고10년 교훈과 과제(2006), 한미글로벌(삼풍10주기 연구)
- *종합안전관리자제도 도입 법안 제출(2009), 김재윤의원 외*
- 안전사회로 도약하는 길(2015.7), 한미글로벌(삼풍 20주기 연구)
- *건설현장 안전사고 감소방안 마련을 위한 연구(2013), 국토교통부*
- 건설공사 참여자의 안전역량 평가체계구축 연구(2014), 국토교통부
- 건설공사 안전관리체계 이행력강화 연구(2017), 국토교통부
- *제50회 산업안전보건강조주간 대통령 동영상 메시지(2017.7.3.)*
- 총리실 주관 6개 부처 합동 중대산업사고 예방 대책(2017.8.17.)
- *건설업 발주자 안전보건 책무부여 제도 도입 방안(2017), 고용노동부*
- 부처 합동 산업재해 감축 과제 시행(2018.1.23.)
- *산업안전보건법 전부 개정(2020.1.16.)*
- 건설기술진흥법 일부 개정(2018.12.31.:설계 안전성검토 등 2019.4.30.:안전관리조직 등, 2020.6.9.:소규모건설공사, 2020.6.9.:일요일 건설공사 제한, 2021.3.16.: 스마트 안전관리 보조·지원)

- 공공기관의 안전관리에 관한 지침(2019.3.28.), 기획재정부
- 건설산업 혁신 방안(2018.6.28.)
- 건축물관리법(제정:2019.4.30., 시행: 2020.5.1.)
- 지하안전관리에 관한 특별법(제정: 2016.1.7., 시행: 2018.1.1.)
- 기반시설관리법(2020.1.1.)
- 건설안전 혁신방안(2020.4.23.), 부처합동: 건설안전특별법 제정안 마련
- 건설현장 화재안전 대책(2020.6.18), 부처 합동
- 건축공사 안전감리강화 건축법 개정안(2020.7.7.), 국토교통부
- 건설안전특별법(안) 1차 발의(2020.9.11.) 김교흥의원 등 13인
- 중대재해처벌법(제정:2021.1.26., 시행:2022.1.27.)
- 건설안전특별법(안) 2차 발의(2021.6.16.) 김교흥의원 등 36인
- LH혁신 및 건설 카르텔 혁파 방안(2023.12.12.), 국토교통부
- 중대재해 감축 로드맵(2022.11.30.), 고용노동부
- 감리제도 강화 대책(2025.1.27.), 국토교통부
- 건설현장 추락사고 예방 대책(2025.2.28.), 관계부처 합동
- 건설안전특별법(안) 재발의(2025.6.27.), 문진석 의원 등 11인
- 부처합동 노동안전 종합대책(2025.9.15.)
- 건설안전특별법(안) 보완 발의(2025.9.22.), 문진석 의원 등 19인

기회마다 핵심을 비켜간 건설안전관리체제 개혁

위에서 열거한 건설안전제도와 정책의 발전 과정 중 중요한 단계를 좀더 구체적으로 짚어보고자 한다. **첫번째 실기는 2000년 국토교통부와 노동부가 함께 '제33차 규제개혁위원회(1999.7.2.)'에서 의결한 선진국 방식의 '종합안전관리조정자Safety Coordinator(이하 SC라 함) 제도' 도입을 의도적으로 회피한 것이다.** 규제개혁위원회에서 의결하였다는 것은 건설에 비전문가도 선진국형 SC 제도가 건설업에 합리적임을 인정한 것이다. 하지만 이 의결은 '중장기적 차원의 건설현장 안전관리 확보방안에 관한 연구(2000)' 보고서와 함께 무산되었다.[11] 보고서의 본문에서는 장점과 필요성을 제대로 정리했으나 결론에서는 시기상조 등 본문과는 맞지 않은 이유를 들어 제도를 개선하지 않기로 한 것이다. 보고서의 작성에는 건설교통부와 노동부 주관으로 건설교통부에는 산하 연구원이, 노동부에는 산하 공단이 참여하였다. 필자도 초기에 자문위원으로 참여하였지만 나중에야 폐기되었다는 사실을 알게 되었다. **규제개혁위원회의 의**

결이 중요한 계기였던 이유는 SC 제도가 이원화된 건설안전 관련 제도를 통합적으로 운용할 수 있는 유일한 현실적 대안이며, 정부 부처 간 역할의 협의나 조정은 강력한 제3자 개입이 없는 관련 부처만의 협의로는 기대하기 어렵기 때문이다. 외부자의 개입으로 해결이 가능했던 소중한 기회를 무산시킴으로써 최근까지도 건설안전 책임체제에는 근본적인 진전이 없었다. 현재도 건설안전 관련 제도는 비효율적으로 건설기술진흥법에 의한 기술안전과 산업안전보건법에 의한 노동안전으로 이원화되어 있다. 건설안전 제도는 이원화된 틀 속에서 지속적으로 정교화精巧化 과정을 거치면서 오늘과 같이 복잡해졌다.

위 보고서에서는 SC 제도 도입 시 효과 분석에서 취지의 상당 부분이 국내 제도에 이미 시행되고 있다고 했는데, 제도의 핵심인 발주자 책임의 미비와 제3자 감시자로서 안전전문가의 역할과 위상이 전혀 다른 점을 덮어버린 것이다. 또 하나 정부 차원의 근로감독과 건설사업 참여자 사이의 SC의 제3자 감시 역할은 전혀 다른 차원임에도 SC가 근로감독 업무를 대행시키는 것으로 착각한 것이다. 이는 정부와 민간의 역할과 책임을 구분하지 못했다기 보다는 SC 제도의 도입을 회피하기 위한 구실로 보인다. 건설산업을 미국처럼 국가건설목표(NCG)로 삼아 대통령실에서 주관해야 하는 이유다.

종합의견으로 '건설현장의 지도·감독 체제를 검토한 결과, 제도의 적용효과 보다는 부작용이 크며, 전체적인 안전관리체제상 비효율적인 것'으로 결론지었다. '건설현장의 지도·감독체제 검토'에서는 문제점으로 '규제 신설 및 자율안전관리기능 환경 저해, 안전관리 업무의 중복 및 혼선 야기, 발주자에게 근로자 안전에 대한 감독 권한 위임 무리' 등을 지적하였다. 구체적인 지도·감독체제에 대한 검토의견으로 '기존의 법제가 당초 목적을 어느 정도 달성하고 있어, SC 제도를 법제화 할 경우 막대한 추가비용 부담 및 효과도 전혀 검증되지 않은 새로운 제도를 무리하게 적용함으로써 발생되는 각종 부작용에 비해, 예상되는 효과가 미미하고 비효율적인 안전관리체제로 운영될 수밖에 없으므로 제도적인 접근방법 보다는 감독수행 방법의 검토를 통한 접근 방법이 오히려 효율적인 방안으로 사료된다.'고 하였다.

뒤에서 구체적으로 기술하겠지만 이는 안전의 원리와 원칙을 정립하지 못한 상태에서 SC 제도의 핵심 개념을 제대로 파악하지 못하고, 국가와 민간의 역할조차 구별하지 못한 것이다. 우리가 배워야 할 점은 건설업에 맞지 않는 시공자가 선임하는 안전관리자 제도를 발주자가 선임하는 SC 제도로 바꾸는 것으로서, 방법은 발주자에게도 합리적인 책임을 부여하고 이 책임을 보좌할 건설안전 전문가를 선임하게 하는 것이다. 비용 측면에서도 감리단 안에는 이미 안전관리기능이 있으므로 안전전문가만 시공사에서 감리단으로 이동하면 되기에 추가비용이 소요되지 않는다. 여기에 감리단에 안전전문가를 배치하면 기술안전과 작업안전을 통합적으로 수행할 수 있으므로 역으로 문제점으로 제기한 '안전관리 업무의 중복 및 혼선'이 해소되며, 전담을 고집하지 않아도 되므로 도리어 비용이 절감될 수 있는 것이다.

공동 연구자로 지원 역할을 맡은 두 기관의 연구자는 양 부처의 지시에 따라결론을 낼 수밖에 없었을 것이다. 뒤에서 다루고자 하는 청부과학請負科學과는 차원이 다르지만 정책과제에서 진실을 말하기 어려운 연구자의 한계이다. 하지만 이때 건설사업 안전관리체제가 합리화 되었다면 지난 20여 년간 만여 명 이상의 건설기능인을 희생시키며 건설산업이 질곡을 헤매지는 않았을 것이며 산재왕국의 불명예도 없었을 것이다.

규제개혁위원회의 의결이 무산되면서 국토교통부에 기회가 오는 듯 했다. 박근혜 정부에서도 출범하면서 사고방지를 독려했다. 국토교통부에서도 획기적인 건설사고 감축을 위해 '건설현장 안전사고 감소방안 마련을 위한 연구(2013)'를 통해 지체되었던 발주자 안전책무 부여를 실현할 기회가 있었으나 역시 구현되지 못했다. 발주자 안전책무와 SC 개념을은 이해하고 책임체제에도 공감했으나 산하에 발주청을 거느리고 있는 부처로서 안전책무를 수용하기에는 매우 부담스러웠던 것으로 생각된다.

이어서 '건설공사 참여자의 안전역량 평가체계구축 연구(2014)'로 참여자 안전역량 평가제도가 도입되었다. 이 제도는 보완을 거듭하며 공공기관 안전등급제에도 적용되고 있지만 역시 국가(공공기관)의 역할과 안전인프라 부족으로 아직 핵심 개념을 구현하지 못하고 있다. 안전역량 평가제도는 발주자에 대한 안전책무 부여를 대신하는 방편으로 발주자의 안전역량 평가가 주 목적이 되었는데, 모델은 뒤에서 소개한 싱가폴의 ConSASS였다. ConSASS는 6개월마다 공인을 받은 민간 전문가가 안전보건경영시스템의 모든 요소에 대하여 4 등급(Band)으로 정량화하여 평가한 결과를 데이터 베이스에 입력하게 한 것이다. 공사현장 차원에서는 최소한 6개월 이내에 자율적으로 안전수준을 개선하지 않을 수 없으며, 국가 차원에서는 개선의 정도를 집중 관리하는 도구로 사용한 것이다. 우리의 경우는 ConSASS의 핵심 개념을 구현하지 못해 공공기관이 평가하게 함으로써 인원의 부족으로 대상 현장이 제한적일 수밖에 없으며, 평가 주기도 6개월이 아닌 1년마다 평가하여 자율적 개선의 동력이 부족하고, 부실한 현장에 대한 선별적 감독에도 활용이 어려운 실정이다. 다른 제도의 사례처럼 외형은 도입했으나 핵심 개념은 구현하지 못한 사례라 할 수 있다. **민간이 스스로 개선하지 않을 수 없게 하는 장치를 마련하여 국가기관의 직접적인 개입을 최소화하는 것이 선진국 방식으로 협력업체용 BizSAFFE도 유사한 기능을 하고 있다. 예외 없이 이행을 독려하는 외부시스템의 작동이 선행해야 내부 체계(시스템)도 실효성을 갖을 수 있으며, 이것이 진정한 자기규율 에방체계이다.** 다시 고용노동부로 기회가 넘어가 문재인 대통령의 선언과 부처합동 과제를 통해 발주자 책무 부여가 추진되었다. 산업안전보건법에 발주자에게 안전책무를 부여하기 위한 방안의 마련에도 연구책임자로서 영국의 CDM 개념을 제안하였다.[12] 하지만 연구과정에서 발주자 안전책무에 대한 대안 요청으로 영국의 CDM 상 책무 외에 2과 3이 추가되었다. 전부 개정 산업안전보건법안이 건설사업을 규정하기 위해 도급사업을 별도의 장으로 신설하는 것까지는 성공적이었으나 발주자의 안전책무로 발주자에게 포괄적 책임을 부여하는 원안이 아니라 시공자 역할인 안전대장을 작성하게 하는 수준의 2안이 반영되어 통과되기에 이르렀다.

이로써 건설사업 안전관리체제의 근본적 혁신은 다시 무산되고, 안전관리체제의 개선 과제는 다시 국토교통부로 넘어가 건설안전혁신위원회의 논의를 거쳐 건설안전특별법의 제정 노력이 시작되었다. 최근까지 경과는 앞에서 기술한 바와 같다. 제정을 서두르다 보니 핵심 개념부터 보완이 필요한 사항들이 있는데 뒤에서 구체적으로 기술하고자 한다.

건설산업 지각변동의 시작

대부분의 안전 전문가조차 그 중요성을 인식하지 못했지만 제50회 산업안전보건강조주간에 대통령 동영상 메시지(2017.7.3.)로 건설산업의 역사 70년만에 처음으로 대통령이 직접 발주자가 책임을 지게하겠다고 천명한 것이다(그림 2.7). 비서관의 이해와 수용이 있어서 가능했지만 30여년 동안 노력해온 결과였다.

이후의 사고방지 대책은 이 선언을 구현하기 위한 것이었다. 2018년 대통령 신년사에서 이러한 내용이 다시 강조되었으며, 2018.1.23에는 9개 부처가 합동으로 4대 추진 전략과 함께 부처별 세부 과제를 발표하였다(그림 2.8).

하지만 앞에서 최근 20여 년의 경과를 기술한 바와 같이 발주자에 대한 안전책무 부여는 국정 과제로 선정되는 데도 오랜 시간이 걸렸을 뿐만 아니라 과제의 구현도 그리 순탄하지 않았다. 우선 국토교통부에서는 여전히 과거의 틀인 원청사의 책임 강화에 주력하였으며, 고용노동부의 산업안전보건법 전부 개정에서도 발주자의 책임을 제대로 구현하지 못하였다. 국토교통부에서 2000년부터 논의된 발주자의 안전책무를 회피해온 것은 산하에 발주자인 지방국토관리청이 있었으며 안전부서의 위상도 개혁 수준으로 안전관리체제를 바로잡기는 어려웠을 것이다. 더구나 건설사업에 대한 공사비와 공기 등 기술 의사결정권을 기획재정부가 갖게 함으로써 발주자로서 스스로 책임을 인정하는 데는 어려움이 있었을 것으로 추측된다.

발주자에 대한 안전책무 부여는 다시 고용노동부 과제가 되었다. 고용노동부에서는 '발주자 안전보건 책무부여 제도 도입 방안(2017)' 과제를 통해 방안을 마련하고자 하였으며, 연구책임자를 맡아 영국의 CDM 개념에 기초한 안전책무 부여 방안을 제안하였다. 발주자에게 적정한

그림 2.7 대통령 동영상 메시지(제50회 산업안전보건강조주간, 2017.7.3.)

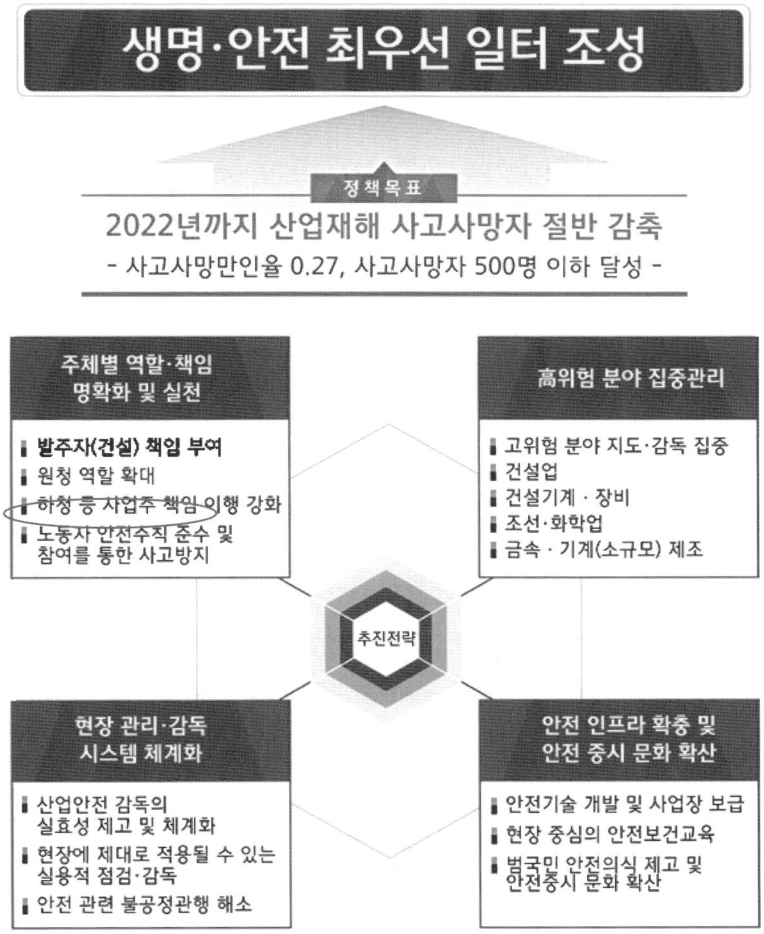

생명·안전 최우선 일터 조성

정책목표

2022년까지 산업재해 사고사망자 절반 감축
- 사고사망만인율 0.27, 사고사망자 500명 이하 달성 -

주체별 역할·책임 명확화 및 실천

▌ **발주자(건설) 책임 부여**
▌ 원청 역할 확대
▌ 하청 등 사업주 책임 이행 강화
▌ 노동자 안전수직 준수 및 참여를 통한 사고방지

高위험 분야 집중관리

▌ 고위험 분야 지도·감독 집중
▌ 건설업
▌ 건설기계 · 장비
▌ 조선·화학업
▌ 금속 · 기계(소규모) 제조

추진전략

현장 관리·감독 시스템 체계화

▌ 산업안전 감독의 실효성 제고 및 체계화
▌ 현장에 제대로 적용될 수 있는 실용적 점검·감독
▌ 안전 관련 불공정관행 해소

안전 인프라 확충 및 안전 중시 문화 확산

▌ 안전기술 개발 및 사업장 보급
▌ 현장 중심의 안전보건교육
▌ 범국민 안전의식 제고 및 안전중시 문화 확산

그림 2.8 부처 합동 산재 사고사망자 반감 계획(2018.1.23)

공사비와 공사기간 제공 등 포괄적 의무를 부여한 원안을 비켜가 전부개정 산업안전보건법에서는 발주자의 책무를 수급자의 역할인 안전보건대장 작성 수준으로 규정하는데 그쳤다. 나중에 발주자의 책무로 공사비와 공사기간의 책정 의무를 추가했지만 벌칙이 없어 실효성을 확보하지 못하고 있다. 전부개정 산업안전보건법의 결정적인 결함은 건설업을 별도의 장으로 분리하지 못하고 여전히 일반산업에 가두었으며, 용어의 정의에서 건설공사 도급(인)에서 건설공사 발주자를 제외함으로써 도급·용역·위탁 시도 안전책무가 부여되는 중대재해처벌법을 비켜가게 한 것이다. 산업안전보건법의 전부개정은 선진국처럼 건설업을 별도의 장으로 독립시켜 건설생산체제를 수용한 법제를 구현함으로써 중대재해처벌법까지 가지 않아도 되는 절호의 기회를 놓친 것으로 볼 수 있다. 산업안전보건법 중 건설사업 관련 규정의 한계는 제4장의 '제조업 방식 건설안전제도의 한계'에서 구체적으로 논의하고자 한다.

여기서 다시 공이 국토교통부로 넘어가 건설안전혁신위원회를 통하여 건설안전특별법 제정을 과제로 채택하게 된다. 법안을 준비 중에 이천물류센터 화재사고가 발생하여 특별법 제정을 서두르게 된다. 건설안전특별법(안)은 2020년 9월 부처간 협의를 거쳐 발의되었다. 이 법안은 2021년 6월 재발의되었고 9월 필자도 진술인으로 참석한 공청회까지 열렸으나 지지부진하다가 국회의 회기 종료로 자동 폐기되었다. 4년 후인 2025년 6월 거의 동일한 법안으로 다시 발의되어 심의를 기다리게 되었다. 구체적인 내용은 제6장 '건설안전특별법 깊이 보기'에서 기술하였다.

건설사업의 합리적인 수행에는 공공부문부터 걸림돌이 많았다. 가장 큰 장애는 2008년에 제정된 기획재정부의 '총사업비 관리지침'이다. 이 지침은 '국가의 예산 또는 기금으로 시행하는 대규모 사업의 총사업비를 사업추진 단계별로 합리적으로 조정·관리함으로써 재정지출의 효율성을 제고한다'는 좋은 취지로 제정되었다. 하지만 공공성, 주문생산, 한시성, 일회성, 다수 이해당사자 등 건설사업의 특성을 고려하지 못하고 오로지 예산절감만을 위한 경직적 운영으로 건설사업의 불확실성, 건설사업 집행 관행, 실무자의 역량 등의 관리에 한계를 드러냈다. 여기에 최저가 낙찰제도와 현실에 맞지 않는 표준시장단가 제도가 맞물려 건설공사비는 건설공사비지수나 물가상 등과는 격차가 계속 커지는 하방형 악순환을 거듭하여 오늘의 구조적 위기에 이르렀다고 본다.

관광 명소가 된 조개껍질 모양의 시드니 오페라 하우스는 1957년 당초 계획으로는 7백만불의 비용으로 1963년에 개관할 예정이었다. 하지만 초기 예상 비용의 무려 14배인 1억2백만불을 들여 계획보다 10년 후인 1973년에 문을 열었다.[13] 계획과 실행의 괴리가 큰 또 하나의 사례는 스코틀랜드 정부가 1997년에 새로 짓기로 한 의회 건물이다. 당초 계획은 공사기간 2년에 공사비는 4,000만 파운드였다. 하지만 실제로는 5년이 걸렸으며 공사비는 예산의 열 배에 달하는 4억 파운드가 소요되었다.[14] 물론 훌륭한 계획으로 공사기간과 예산을 절감한 사례도 많이 있지만, 부실한 사전 계획과 수급인들의 역량을 고려하지 못한 도급은 공사 중에 만회하기는 불가능에 가깝다. **사전에 최선을 계획해야 함에도, 부실한 계획은 제쳐 두고 초기 예산만 고집하는 것은 공사참여자의 불합리한 부담과 함께 부실과 사고의 가능성을 키우는 요소로 작용한다.** 근본적인 이유는 기획과 설계단계의 시간과 역량의 부족에 기인한 것이지만 불가항력적인 요인도 많기에 이러한 요인이 발생하면 합리적으로 공사비나 공사기간을 조정하여야 함에도 예산 내 집행이라는 기준에 묶여 적정한 공사의 집행에 원천적인 장애가 되는 경우가 많았다.

경직된 예산관리 제도에서 보이지 않는 중대한 실수는 기획재정부에서 총사업비 관리제도의 도입 시 기획재정부의 요청에도 불구하고 국토교통부에서 공사비나 공기산정 등 기술적 의사결정권한을 반려한 것이다. 결국 건설에 비전문그룹인 기획재정부가 모든 권한을 행사하다 보니 건설사업도 일반사업처럼 10% 내외의 오차만 허용하게 된 것이다.

일본 건설성에서는 1962년 중앙건설기술심의위원회의 건의로 1964년부터 '시가지 토목공사 공중재해 방지대책 요강'을 제정하였으며, 1992년에는 '공중재해방지대책 요강'으로 발전시켰다. 이 요강은 우리나라의 고시 수준으로 건축공사와 토목공사편으로 나뉘는데, 골자는 공사의 발주단계부터 공사 여건의 변동을 철저히 반영하여 안전을 확보해야 한다는 것으로 설계단계에서 시공방법과 가설계획 충실, 적정한 공사비와 공기산정, 적정한 가설공 및 사공방법 선정, 설계도서에 시공조건 명시, 시공조건의 변화에 적절한 대응 등을 규정하고 있다. 중요한 것은 일본에서는 공사기간보다 훨씬 긴 기간을 설계와 공사준비에 사용하는데도 불구하고 시공조건의 변화에 대응을 적극적으로 주문하고 있다는 것이다.[15] 우리의 경우는 실정보고 등으로 어느 정도는 변화하는 상황에 대처할 수는 있겠지만 설계변경 등이 비리의 온상으로 오용되면서 정상적인 변경도 눈치를 보아야 하는 문화로서 공사조건의 변화를 합리적으로 수용하기 어려운 환경이다.

4. 건설산업 지속발전의 길; 안전

건설산업 혁신의 동인

건설산업 지속발전의 열쇠는 안전에 있다. 이제까지의 경험으로 경제적 명분만으로는 건설산업의 부조리나 불합리를 치유하기 어렵다는 것이 증명되었다. 건설산업은 대표적 3D 산업으로

드높은 건설의 이상과 사회적 기여에도 불구하고 시민의 호감을 사지 못하고 있다. 지금도 건설산업은 소위 5대 암이라 불리는 여러 가지 질병을 앓고 있다. 하지만 이러한 건설산업의 구조적 모순은 건설산업 발전 대책, 입낙찰 제도 개선, 원하도급 합리화 대책, 건설산업 구조 개편, 건설기술자 등급제 등 무수한 대책에도 불구하고 건설의 비리와 부조리는 치유되지 못하고 있다.

앞에서 기술한 바와 같이 건설안전 관련 제도나 정책의 실효성은 이전에도 미흡했지만, 최근 4년간 추진된 '국민생명 지키기' 국정 과제의 수행에도 불구하고 사고사망자수나 사고사망만인율이 정체 상태인 것은 건설안전에 관련된 제도와 정책에 혁신이 필요함을 증명한다. 이후에 개별 제도의 한계와 근본적인 문제점에 대해 기술하겠지만 **새로운 제도나 정책의 도입 이전에 기존 방식의 실효성이 부족한 요인에 대한 면밀한 검토가 전제되어야 한다.** 반복적 개정에도 불구하고 기존의 건설안전 제도가 여전히 문제의 본질을 비켜가고 있는 이유다.

건설사고의 근본 원인은 비리와 부조리에 있음은 삼풍백화점 붕괴사고 10주기[16)]와 20주기[17)] 보고서에 정리한 바 있다. **제대로 된 안전은 사고예방을 넘어 건설산업의 부조리를 치유할 수 있는 신비한 힘이 있다.** 왜냐하면 사고는 생산에 문제가 있다는 것이며, 사고를 예방하려면 생산상의 문제를 해결해야 하기 때문이다. 생산상의 문제는 비리와 부조리에서 발생하며 안전으로 척결될 수 있다. 건설안전 전문가들에게는 이 힘이 잘 발휘되도록 해야 할 의무가 있다.

탁월한 안전을 추구해야 할 이유

탁월함Excellence이란 단기 및 장기적 측면에서 효과있는 목표를 효율적으로 달성하는 것Efficiently meeting effective goals, both short term and long range이다. 효과성Effectiveness은 올바른 일을 하는 것Doing the right things이며, 효율성Efficiency은 올바른 방법으로 하는 것Doing things right이다. 효과성은 일의 질적 성과를, 효율성은 양적 성과를 말하는데, 건설안전에서는 이 두 요소 모두에 개선의 여지가 크다.[18)]

- 효과성effectiveness: 올바른 일을 하는 것Doing the right things
- 효율성efficiency: 올바른 방법으로 하는 것Doing things right
- 우수성excellence: 짧은 기간과 넓은 범위를 효율적인 방법으로 달성하는 것

S&P[19)]에서 13년 동안 '기업안전지수(safe company index)'를 통해 기업의 안전문화와 시장에서의 성과를 분석한 결과를 보면, **안전 리더십이 있는 기업은 약 333%의 이익을 창출하였으나**

우량기업이라 할 수 있는 S&P 500 기업은 105%의 이익만을 창출한 것으로 보고되었다. 안전보건에 투자하는 것이 실제 시장에서 수익을 창출한다는 상관관계를 확인한 것이다.[20] 높은 안전수준은 직접적인 사고로 인한 손실 방지 이상의 보이지 않는 효과가 있음을 시사한다.

듀퐁Dupont, 알코아Alcoa, 쉘Shell, 로레알L'Oréal 등 안전해서 지속가능한 발전을 유지하고 있는 초일류 기업은 많다. 이러한 기업의 성공사례는 안전이 기업의 생존과 경쟁력 강화의 필수 요건임을 증명하고 있다.

건설사고 사례의 시사점

사회적으로 지탄을 받은 건설사고는 헤아릴 수 없이 많다. 더 심각한 것은 유사한 사고가 반복되고 있다는 것이다. 성수대교와 삼풍백화점 붕괴 참사 이후만 보더라도 현장의 기능인뿐만 아니라 일반 시민까지 희생된 것은 건설의 이상에 비추어 변명의 여지가 전혀 없다고 할 것이다. 유기단열재의 연소로 반복해서 발생한 물류창고화재 사고는 아직 근절되었다고 단정짓기 어렵다. 크레인사고도 재발을 거듭해 동영상까지 촬영해두도록 의무가 강화되었지만 사고는 여전히 발생하고 있다.

해체공사 중 사고도 빈발하여 길가던 예비신부가 희생된 잠원동 붕괴사고 이후 건축물안전법이 시행되었음에도 불구하고 2021년에도 장위동 해체건축물 붕괴사고가 있었으며, 광주 학동 재개발단지 붕괴사고에서는 공사장 밖에 정차 중이던 버스 승객 9명이 사망하고 8명이 부상하였다. 더 심각한 문제는 앞의 두 사고의 원청사가 우리나라에서는 상대적으로 안전활동이 양호하다고 평가받는 상위 10대 건설사라는 것이다. 이후에 발생한 검단신도시아파트 지하주차장 붕괴사고('23.4.29), 안성 고속도로현장 교량 붕괴사고('25.2.25)와 광명 신안산선 공사현장 지하터널 붕괴사고('25.4.11)의 공통점은 등은 3대 국가 인프라 건설주체가 발주하고 10위권 내 상위 대형건설사가 시공한 현장이라는 점이다. 이는 처벌의 대상인 건설사나 발주자의 문제가 아니라 국가의 공공발주시스템 문제임을 시사함에도 근본 원인은 규명하지 않고 시공사의 처벌로만 문제를 해결하려 하고 있다. 이들 사고는 우연이 겹쳐 발생한 사고는 아니다. 아직 사고의 근본원인에 대한 이해와 처방이 부족하다는 것이다. 사고의 원인이 결코 사고 발생 현장에 국한된 일시적 문제가 아니라 거의 모든 현장에 작용하고 있는 보편적 문제임을 직시해야 한다. 다방면의 노력에도 불구하고 사고의 근본원인을 거시적 관점으로 원점에서 다시 생각해야 함을 시사한다.

건설사의 경영자뿐만 아니라 건설기술자 모두의 자성이 요구된다. 하지만 산업안전보건법의 전부 개정, 중대재해처벌법 제정, 건설안전특별법안 등에 대해서도 생명 우선의 원칙보다는 여전히 경영상의 편의를 요구하는 경향이 있다. 생명은 다른 어떠한 물질적 가치와도 타협될 수 없는 절대가치이다. 사회가 그렇게 하도록 요구하고 있음에도 건설기업 경영자의 자세는 크게 개선되지 않고 있다. 안전하게 공사가 가능한 비용과 공기를 요구해야 하며, 위험을 무릅써야 한다면 공사를 하지 말아야 한다. 모든 건설사가 이러한 기준으로 공사를 수주하고 이행해야 한다. 나부터 내 회사부터 실천해야 한다.

공공기관의 경우는 이미 중대사고가 발생할 경우 기관장을 해임하도록 기준을 정했다. 이제 민간 건설사도 중대사고를 내면 문을 닫을 각오를 하고 공사를 수주해야 한다. 필자가 30여 년 전에 일본 건설현장을 방문했을 때 부장급 직원으로부터 "사망사고가 나면 회사가 문닫을 각오를 해야 한다."고 들었다. 민간 건설사의 중대재해에 대한 벌칙의 강도와 영향은 아직 공공기관이나 선진국에 미치지 못한다.

사고는 생산방식에 문제가 있으므로 개선이 필요함을 입증하는 증거지만 건설산업에서는 어느 정도의 사고는 당연한 것으로 간주하는 소극적 사고 방식이 근절되지 않고 있다. 건설업에서 거의 모든 중대사고는 사소한 안전수칙을 안 지켜 발생한 것으로서 기술이 부족해서 사고가 발생했다는 평계는 설득력이 없다.

법적 시민으로서 기업의 사회적 책무

기업을 법인法人이라고 한다. 이는 회사에도 인격을 보장한다는 것으로서 회사에도 최소한의 사회적 책무가 있다. 기업의 사회적 책무에 대한 요구가 커져 ESG(환경·사회적 책임·투명경영) 준수가 초미의 관심사로 떠올랐다. 기업의 사회적 책무는 이전에도 CSR(Corporate Social Reponsibility), CSV(Creating Shared Value) 등의 명칭으로 있었다. ESG는 기업의 사회적 책임이 안전문제에서 환경, 지배구조 등으로 확장된 것으로, 가장 기본적인 책무는 종업원과 시민의 안전에 대한 책무이다. ESG의 기본은 안전이며 안전을 제대로 추구하려면 다른 분야에 대한 정비도 불가피하다. ESG를 이행하는 지름길이 안전에 있다. ESG는 근로자와 건설기술인의 생명 존중에서 시작되어야 한다. 내부 사람도 지키지 못하는 ESG는 허구에 가까운 것이다. **ESG의 핵심 개념은 동반성장으로 기존의 상생협력보다 상위개념이다. 발주자, 감리자, 설계자, 원수급자. 협력업체, 근로자 모두가 함께 성장할 수 있어야 한다.** 이제 사회는 회사에게 법인으로 인격을 부여한 것처럼 '영혼이 있는 기업'을 요구하고 있다.[21]

건설산업에서 사회적 책무로서 안전에 대한 인식은 최근에야 많이 개선되었다. 하지만 대소 건설기업의 안전수준의 격차는 크다. 종합건설업체의 경우 상위 대형건설사와 여타 건설사의 격차가 크며, 전문건설사의 경우도 안전보건경영시스템 인증을 받은 소수를 제외하고는 안전관리 역량이 매우 부족한 실정이다.

앞에서 언급한 사고사망자 500여 명의 8할은 공사금액 120억 원 미만의 중소규모 건설현장이며, 공사금액이 작아질수록 사고사망자의 점유비중이 높다. 대기업과 중소건설사의 안전수준의 격차는 너무 커서 빈부격차보다 크다고 본다. 건설산업에서 안전수준의 개선으로 사고사망자를 효과적으로 줄이기 위해서는 중소건설현장에까지 작동이 가능한 안전관리체제의 구축과 운영이 절대적이다. 따라서 건설사업의 안전관리체제는 발주자의 포괄적인 책임을 전제로 한 유럽 방식이어야 한다. 건설사업의 소유자이자 최종이익 귀속 주체인 발주자가 공사단계뿐만 아니라 설계단계부터 안전전문가를 참여시켜 다수 수급자 사이의 안전활동을 조정하고 감시하는 역할을 제대로 수행하게 하여야 한다.

발주자는 계약 건수에 관계없이 모든 건설사업에서 적기에 적격의 건설안전 전문가를 선임하도록 해야 한다. 건설업에서 기존의 안전관리자 선임조항은 감리자 위치의 안전조정자 선임으로 일원화해야 한다. 이중적인 안전관리체제에 따른 불편을 해소할 수 있을 뿐만 아니라, 생산조직에 의한 내재된 안전확보가 가능해질 것이다. 이제 설계자, 감리자, CM, 원하도급 시공사도 사회적 책무를 넘어 자신의 지속가능한 발전을 위해서 발주자의 안전책무 요구에 적극적으로 대비해야 할 때이다.

> "외부에서 볼 때 하나의 죽음은 충분히 진부한 사건이지만 가족과 친척들에게는 하나의 세계가 완전히 무너지는 일입니다. 우리는 결코 한 가족에게 닥친 부고가 정확하게 무엇인지 이해할 수 없습니다." - 클로드 레비스트로스Claud LéviStrauss -

3장
건설안전 혁신의 전제

"늘 해오던 방식을 계속하면서 다른 결과를 기대할 수 없다."

1. 문제 해결의 열쇠; 상자 밖 사고

"의사결정이 실패하는 이유는 전체상全體象을 보지 못하기 때문이다."

전제되고 있는 것을 의심하는 세종의 적솔력

문제는 문제로 볼 때만 문제가 된다. 따라서 문제의 선결 조건은 문제다운 문제여야 한다. 다음으로 제대로 발견된 문제가 해결되지 않았다면 문제의 해결 방법에 문제가 있는 것이다. 문제를 해결하려면 올바른 접근 방법이 전제되어야 한다. 건설사고 방지 대책도 사고의 근본 원인에 대한 올바른 진단이 필요하다. 올바른 진단 없이 효과가 있는 처방이 있을 수 없다.

과거의 전철을 밟지 않기 위해서는 전제되고 있는 것을 의심하는 태도가 필요하다. 대다수는 기존에 주어진 조건 내에서만 해답을 찾는 데 익숙해 있다. 기존의 제도나 전제가 잘못되었음에도 이러한 잘못된 전제를 전제로 새로운 제도를 만들어 온 과정이 실효성 없는 제도를 답습하게 만들었다. 주자의 말이라도 의심하는 세종의 적솔력이 필요하다. 우리는 무의식적으로 기존의 틀을 불변의 것으로 수용하면서 해답을 찾는 습성이 있다.

> 그 둘째로, 내가 연구자로서 세종에게 배운 것은 무엇보다도 '전제前提되고 있는 것을 문제 삼는' 태도다. 세종은 멋진 문장을 구사하는 것에 그치는 게 아니라, 항

상 원점에서 다시 생각해보는 인문학적 태도를 지녔던 인물이었다. 재위 19년이 되는 1437년 가을의 경영 대화가 그 예이다.

세종은 주자에 대해서 "그는 진실로 후세 사람으로서 논의할 대상이 아니지만 그가 잘못을 바로잡은 말에, 또 그 자신이 한 말 역시 의심스러운 곳이 있다(其自爲說者亦有可疑處)"고 말했다. 나아가서 "비록 주자의 말이라 할지라도 다 믿을 수는 없을 듯하다(雖朱子之說疑亦不可盡信也)"고 강조했다.[1]

제도를 만드는 조직에서는 기존 제도의 문제점을 시정하기보다는 제도를 정교화하거나 새로운 제도로 덧씌우는 데 익숙하며, 수범자의 입장에서도 원리나 원칙보다는 영업상의 불편이 주요한 쟁점이 되는 경우가 많았다.

사고방지를 위한 제도가 오래전부터 있었음에도 제대로 이행되지 못하고 실효성이 없었다면 초기의 제도 설계가 잘못되었다는 것이 분명하다. 기존 제도의 전제를 뜯어볼 생각은 거의 없었다고 볼 수 있다. 그래서 옥상옥, 잘못된 제도위에 얹혀진 대책은 초기의 오류를 증폭시켜 현실의 왜곡을 심화시킨다. 결과적으로 치유에는 더 많은 시간과 노력을 필요하게 만들 수밖에 없을 것이다.

대표적인 오류가 제조공장의 산업안전보건법을 그대로 건설공사에 적용한 것, 건설기술진흥법에서 감리제도를 도입한다면서 발주자를 빼고 감리자에게만 권한도 안주면서 책임의 덤터기를 씌운 것, 건축법이나 시특법에서 시설물의 소유주가 관리주체만 선임하면 책임까지 전가되도록 한 것 등이다. 이러한 차이는 자칫 간과되기 쉬운 미묘한 차이지만 결과를 결정적으로 좌우한다. 모든 제도의 목적이 책임의 명확화에 있다고 볼 때, 제도 자체의 근본 취지를 무력화시킬 수 있는 치명적인 구절이다. 명확하게 증거를 제시하기는 어렵지만 어떤 것은 의도적으로 회피한 것도 있으며, 어떤 것은 기존의 불합리한 사고방식을 답습한 무지의 소산으로 판단

그림 3.1 석면 방열복(좌측)과 석면해체작업 보호구(우측)

된다.

그림 3.1의 왼쪽 사진은 과거 고온작업에서 고열로부터 인체를 보호하기 위해 착용했던 석면으로 만든 보호복이며, 오른쪽 사진은 기존 건축물에서 석면 제거작업 시 입는 보호복과 보호구들이다. 극단적인 비유가 될 수도 있겠지만 지금 우리가 내리는 결정이 석면으로 만든 보호복을 입히는 것과 유사하지 않으리라는 보장이 있는 것인가?

새로운 해답을 찾으려면 먼저 기존 사고를 버려야 한다

앨버트 아인슈타인이 말한 것처럼 "문제가 발생했던 당시의 사고방식으로는 중대한 문제를 해결할 수 없다." 가장 큰 안전 저해 요인은 거시적 관점에서 경제와 고용의 동향이 안전과는 반대로 변해가고 있는데 이에 대한 대책의 마련에는 소극적이라는 점이다. 대부분의 안전대책은 직접적인 사고요인의 방지에 급급하여 상위의 간접적인 요인에 대한 관심과 대책은 미흡하였다. 구의역 사고와 태안화력발전소 사고로 위험의 외주화가 핵심 문제로 부각된 것은 매우 다행스러운 일이다. 자본주의하에서 신자유주의의 강화에 따른 사회경제적 변화는 사람을 수단으로 전락시켰다. **다수 학자들은 자본의 효율성을 높여 자본가의 이익을 증대시키기 위한 마른 수건 쥐어짜기 연구로 노동의 강도만 강화시켜왔다.** 결과적으로 비정규직화의 일상화 등 일터 균열은 더욱 심각해져왔으며, 사고 사례에서 보듯이 희생자는 대부분 하청업체 소속이거나 비정규직, 일용직이었다. 건설업의 경우는 극소수 직영 작업자를 제외하고는 대다수가 협력업체 소속으로서 여러 산업 중에서 가장 취약한 고용구조다. 하지만 대책은 실효성이 부족한 하도급거래 공정화 수준에 머무르고 있다.

'위험의 외주화'도 새롭게 정의할 필요가 있다. 위험한 작업일수록 전문가에게 맡기는 것이 더 안전하다. 문제는 도급인이 수급인의 적격성(역량)은 제쳐 두고 싼값에만 하도급을 준다는 데 있다. 따라서 위험의 외주화를 근절하는 방법은 외주화의 금지가 아니라 도급인도 수급인의 수행 여건을 보장할 책임을 함께 지게 하는 것이다.

올바른 대책을 도출하기 위해서는 관점의 재정립이 필요하다

문제에 대한 접근방법이 더 근본적 문제임을 인식할 필요가 있다. 문제를 제대로 풀려면 문제 이전의 문제로 문제에 대한 관점과 접근 방법부터 제대로 정해야 한다. 무엇을 문제로 삼느냐가 문제 해결의 출발점이며, 문제의 원인을 찾는 것은 다음 일이다. **기존의 안전제도에는 이기적인 인간의 본성과 건설산업의 생리에 대한 고려가 미흡하였다. 특히 경제활동의 동기인 이익 추구의 생리를 제어하는 장치가 미흡하였다.**[2]

문제를 해결하려면 사고방식의 전환이 필요하다. **지능이란 '특정한 문제의 맥락을 최적의 수준으로 반영하는 절차와 전략을 식별하는 능력'에서 나온다.** 마음챙김으로 어떤 특정한 상황에서는 절대적인 최적의 행동기준은 없다는 것을 깨닫고 특정한 상황에 대한 반응은 존재하는 선택지 중 최선을 선택하려는 노력이 아니라 선택지를 스스로 만들어 내려는 노력, 최적합이나 정답과 같은 외부의 기준을 찾으려 애쓰는 대신 거미줄처럼 얽혀있는 경험들 속에서 끊임없이 스스로 자라나는 기준을 발견하게 되는 것이다. 이러한 통찰력은 안정 범주에 초점을 맞춘 전문가의 관점(지능)이 아니라 관점을 이동시킴으로써 자신을 통제할 수 있는 배우의 능력(마음챙김)에서 전개된다.[3]

이제는 상자 밖 사고가 필요하다

건설산업이 직면한 문제 해결에는 '상자 밖 사고out of the box thinking'가 절실하다. 건설산업이 부실공사, 사고 등으로 고전하는 이유는 해답을 건설현장 안에서만 찾아왔기 때문이다. 안전관리분야는 필수요소이기는 하지만 여러 경영목표 중의 하나일 뿐이다. 안전보건영시스템도 정확하게 표현하면 경영시스템 중의 하나로 하위시스템subsystems에 불과하다.

최근에 공공부문을 중심으로 개선되고 있기는 하지만 얼마전까지도 건설산업은 건국 이래 최악의 상황으로 인식되어 왔다. 전문가들의 제언도 다양하게 제시되고 있지만 아직 근원적인 해결책으로 보이지는 않는다. 필자의 시각으로 건설산업과 관련된 최근의 문제 상황을 극복하려는 노력의 두드러진 흐름은 크게 두 가지이다. 하나는 반복되는 건설사고를 획기적으로 줄이고자 하는 안전한 건설을 위한 범정부차원의 노력이며, 다른 하나는 위축된 건설산업을 살리고자 하는 경제 측면의 정부, 관련 단체 및 전문가의 노력이다. 이러한 노력에는 과거 어느 때보다도 진지함이 보이지만, 해결책을 찾는 접근 방법이나 우선순위를 결정하는 데는 과거의 한계를 벗어나지 못하고 있는 것으로 보인다. 우물안에 있는 자는 우물안의 물을 바꿀 수 없다.

원칙이 전략에 우선한다

제도나 정책이 소기의 실효성을 거두지 못한 근본 원인은 원리와 원칙의 정립에 소홀했기 때문이다. 마하트마 간디가 지적한 것처럼 '원칙없는 정치Politics without principles'는 첫 번째 사회악에 속한다. 물론 정치가들이 정치적 판단을 하는 것과 실무 공무원의 차원은 다르지만, 두 경우 모두 원칙을 먼저 세우고 세부사항을 결정하는 경우는 보기 힘들었다. 경우에 따라 원칙을 지키기가 어려운 경우도 있겠지만 원칙과 타협하는 것은 실패를 자초하는 것이다. 원칙과 유사한 용어로 '기본'이 있는데, '기본'은 누구나 알지만 아무나 못하는 것으로 정의된 것처럼 원칙의 사수는 어려울 수도 있다. 무슨 일이든 성공하려면 기본으로 돌아가야 한다back to the basics.

사고방지에는 책임의 원칙이 우선한다. 제대로 된 안전관리체제라야 노력한 만큼 성과를 낼 수 있다. 누구의 책임인가를 규정한 안전관리체제는 효과적인 안전관리활동의 관건으로서 사고예방이 제대로 되지 않고 있다면 먼저 안전관리체제부터 점검해야 한다. 건설업의 경우 발주자 안전책무의 이행장치로서 다수 이해당사자를 조정하는 안전전문가로서 안전조정자의 역할과 위상은 매우 중요하며 필수적이다. 하지만 실무에서 안전관리체제는 눈에 보이지 않는 시스템의 일부이기 때문에 안전관리체제에서 비롯된 문제점은 간과되기 쉽다.

국민의 생명 지키기에 국가적 노력이 경주되고 있는 만큼, 실질적인 성과를 거두기 위해서는 아직 미흡한 건설사업 안전관리체제를 제3자 감시의 실효성있는 체제로 개선하여 공사의 규모와 무관하게 모든 건설사업에 적용하여야 한다. 건설기술진흥법 등 건설관련 법령과 개정된 산업안전보건법의 경우도 추가적인 개정으로 이러한 사고예방원리를 조속히 구현할 필요가 있다. 경영의 구루 피터 드러커 교수 말처럼 "첫째는 조직에 있는 사람들의 질이며, 둘째는 그들이 수행해야 할 새로운 과제에 철저히 책임을 부과하는 것이다."

안전보건경영시스템의 원리와 같이 기업에서 실질적인 권한을 행사하는 최고 의사결정권자인 대표이사의 주도적 역할을 촉진할 수 있는 대책이 최상의 사고예방대책이다. 이러한 측면에서 기존의 제도 중 대표이사를 독려하고 자극할 수 있는 정책으로 위험성 평가 등에 경영자 참여시 가점을 부여하여 산재보험료를 인하해주는 것과 최근 개정된 산업안전보건법에서 대표이사의 책임을 강화하기 위해 일정 규모 이상 기업의 경우 이사회에 안전보건계획의 심의를 받게하였다. 하지만 대상이 제한적인 데다가 실질적인 유인 동기가 약해 실효성은 그리 크지 않을 것으로 예상된다. 제대로 된 안전관리체제라야 작동성을 담보할 수 있으며 노력한 만큼 성과를 낼 수 있을 것이다.

건설사고의 근본원인에 대한 관점의 재정립

진짜 문제는 문제 자체가 아니라 '문제를 바라보는 시각'에 있다. 모든 경영은 '누구의 책임인가'부터 시작되며, 최종 결론과 성과는 돌고 도는 '돈(비용)'으로 귀결된다. 최근의 핵심 과제도 '돈' 문제로서, 최저가 낙찰제도의 폐지, 실적공사비제도의 개선, 입낙찰시 종합심사제 도입 등 대다수 개선 대상은 의사결정의 관건인 '돈'에 관한 것이다. 하지만 돈, 바꿔 말하면 적정 공사비 확보 문제는 공사비 자체에 대한 제도로는 해결할 수 없다. 이제까지 공사비를 규제하려는 어떠한 노력도 성공하지 못한 것이 이를 증명하고 있다. 즉, 기존 사고의 틀을 벗어나지 못하는 시각에서의 대책은 과거처럼 건설사업의 절차를 더 복잡하게 하거나 벌칙을 세분하여 강화하는 등 지엽적인 대책으로 귀결될 수밖에 없다. 이러한 옥상옥 방식의 절차를 복잡하게 만드는 폐해는 실제 공사비의 증가로 이어지고, 결국은 발주자가 불필요한 비용을 더 부담해야 하는 결과를 초래한다. 복잡함은 사회적 비용을 증가시킬 뿐만 아니라 피규제자에게는 규정의 준수를 더욱 어렵게 만들 뿐이다.

진실을 가볍게 여기기는 쉽지만 지불해야 할 대가는 크다. 그럼 무엇이 문제인가? 근원은 본말이 전도된 사고방식이다. **사고나 부실 방지의 '기술적인 대책'과 이의 처벌에만 집착하여 공사현장에 근본적인 문제를 야기하는 간접원인을 경시한 탓에, 선행 문제를 해결하지 못하여 이후 대책의 실효성이 잠식되고 있다는 점이다.**

한계는 건설산업에 제반 문제의 간접원인을 제공하며 '상자 밖'의 외부에서 건설산업을 흔드는 더 큰 힘을 경시 또는 외면한데 있다. 그러면 건설산업을 흔드는 실질적인 힘은 어디에서 오는가? 당연히 건설사업의 소유자인 발주자이다. 발주자는 공사비와 공사기간을 결정하고, 설계자, 감리자, 원하도급자 등 수급인을 선정하는 모든 권한을 모두 가지고 있으며, 건설사업의 전 과정에 깊이 관여한다는 사실을 모르는 사람은 없다. 즉, 이제까지 건설산업의 모든 문제의 근본 원인은 발주자가 제공해왔음에도 발주자의 이러한 권한의 남용을 방치한 데 있다. 공정한 규칙 즉, 적정한 공사 수행 조건이 제공되지 못한 상태에서 감리자, 설계자, 현장기술자 등 하수급인들의 책임과 벌칙만 강요하는 불공정한 제도를 방치하는 것은 건설산업을 위축시키고 산업의 종사자 모두를 불행의 나락으로 떨어뜨리는 미필적 고의의 범죄행위와 다를 바 없다. 경영의 기본 원칙이자 모든 문제 해결의 열쇠는 '누구의 책임인가'를 명확히 규정하는 것이다.

본말에 집중하면, 겉으로는 복잡해 보이지만 건설산업의 모든 문제해결의 열쇠는 지극히 단순하다. 발주자가 주도하는 건설시장의 생리에 맞게 발주자만 역할을 제대로 하게 하면 해결될 일이다. 건설사업관리의 4대 목표인 공정(공사기간), 품질, 원가(공사비), 안전(사고방지) 중 사회적 책임으로 발주자에게 물을 수 있는 것은 '안전'뿐이다. 나머지 세 가지는 외부의 감시나 독려가 없어도 기업의 본래 생리로 추구되는 가치로서, 자유시장경제 하에서 외부에서 간섭할 수 없는 사안이다. 민간과 공공을 막론하고 발주자가 행사하는 역할과 권한에 상당하는 책임을 불이행 시의 벌칙과 함께 명확히 규정하는 것이다. 여기서 '품질'은 준공 후 '사용자의 안전'을 확보하기 위한 것으로서, 당연히 발주자(건축주, 유지관리주체)의 사회적 안전책무에 포함된다. 이와 같이 **'안전'만이 발주자를 바로 세울 수 있는 유일한 관건으로서, 핵심 과제는 지극히 상식적인 발주자의 안전책무를 명확히 하는 것이다.**

영국 등 선진국의 예를 들어 발주자의 기본적 안전책무를 열거하면, 첫째, 설계자, 감리자, 도급자 등 선정 시 안전하게 공사를 수행할 능력이 있는 수급인을 선정하고 적정한 공사비와 공사기간을 제공할 의무, 둘째, 수급인들에게 주변 건물 현황, 교통상황, 지질상황 등 공사에 대한 충분한 정보제공(현장조사)의 의무, 셋째, 공사초기에 발주자를 대신하여 공사전반에 걸쳐 자신을 위하여 안전을 종합적으로 감독할 수 있는 유능한 안전전문가 임명, 넷째, 시설물의 유지관리단계까지 안전전문가를 통하여 공사안전대장을 기록 및 관리할 의무 등이다.

모든 발주자에게 사고로 인한 손실이 자신의 손실로 귀결되므로 이러한 자신의 책임을 시스템으로 인지하게 한다면 발주자는 최저가로 역량이 부족한 수급인을 선정하는 대신 스스로 우수한 수급인을 선정하기 위해 입낙찰 기준을 가격 우선에서 역량 중심으로 바꿀 것이다. 당연히 무리한 공사비 삭감이나 돌관공사를 자제하게 될 것이다.

위에 열거한 발주자의 포괄적 안전책무 이외의 모든 절차는 발주자가 알아서 할 일로서 경직된 제도로 묶어둘 필요가 없다. 발주자의 지위에 있지 않은 외부 조직이 직접 간여하고 감시에 나서는 것은 건설산업의 생리에 맞지 않으며 일시성과 변동성을 특성으로 하는 건설현장에 결코 도움이 되지 못한다. 발주자가 자체 조직으로 단위사업 내부에서 스스로 감시할 수 있도록 하되, 발주자가 역량이 부족한 경우는 감리자와 같은 대리인을 선임하여 감시하도록 하면 그만이다.

다행히 최근의 건설사고를 줄이기 위한 범부처 차원의 T/F에서 발주자의 안전책임 강화 방안이 심도있게 논의되고 있는 것으로 알고 있다. 이제 더 이상 답이 없는 '상자 속' 들추기보다 '상자 밖out of the box'의 발주자 바로 세우기 하나를 바로 해야 할 때이다. 오늘의 노력으로 본말을 바로 보고 핵심을 고치지 못한다면, 어제 잘못 만든 제도를 고치기 위해 오늘 헛수고를 하듯이, 똑같은 노력을 2, 3년 후에 다시 해야 한다는 것은 불 보듯 뻔한 일이다. 아인시타인도 '문제가 발생한 상황의 시각으로는 문제를 해결할 수 없다'고 했지 않는가? 발주자의 안전책무 이행만이 유일한 정답이다.

'상자 밖 사고'가 필요한 대표적 과제로는 종합심사제나 관련된 제도의 개선을 통한 최저가 낙찰제와 실적공사비제도 등 입낙찰 제도의 개선을 통한 적정 공사비 확보다. 건설근로자공제 회에서 추진하고 있는 적정임금제, 기능인력 등급제 등도 직접적인 사고방지정책에 못지 않게 안전확보에 기여할 것이다. 뉴욕시에서 강력범죄를 줄이기 위해 '깨진 유리창의 이론'에 따라 범죄와는 관련이 먼 사소한 지하철 청소부터 시작하여 중대범죄 감소 성과를 거둔 사례를 상기할 필요가 있다.

이제까지 답습한 상자 안 사고의 유형을 돌아볼 필요가 있다. 건설사업의 소유자인 발주자의 역할을 제대로 인식하고 대책에 포함시키지 못하였으며, 논의의 장에도 참여시키지 않았다. 기술자의 시각으로만 문제를 해결하려 했다. 사고사례나 사고조사보고서에는 대부분 기술적인 원인만 기록되어 있지 관리상의 결함이나 관리상의 결함을 유발한 근원적인 문제에 대해서는 언급이 없다. 사고현장에서 기술이 실종된 것은 맞지만 현장에 필요한 기술을 조달하려는 대책은 없었다. 기술적 대책은 필요성을 느끼는 사용자가 없을 때는 죽은 지식이다. **기술은 저절로 살아서 움직이지 못한다. 기술적 대책은 현장에 배치된 건설기술자의 머리 속에 있어야 한다.**

엔지니어의 편협한 사고의 틀을 벗어나야 한다. 여기서 우리 건설기술자의 엔지니어로서의 한계를 보게 된다. 기술적인 대책의 필요성을 전혀 알지 못하는 사람들에게 첨단의 기술적 정보는 죽은 지식에 불과한 것이다. 하도급 합리화, 건설산업혁신 대책, 엔지니어링산업 육성 방안 등 거의 모든 대책에는 고객인 발주자에 대한 대책이 없으며, 산업의 생리에 대한 고려도 부족하였다. 결국 반복되는 대책에도 불구하고 실질적 효과는 거두기 어려웠다.

사고발생 모형과 건설사고 모형

사고의 발생 과정을 설명하기 위한 사고발생모형에는 전통적인 하인리히의 연쇄모형(도미노 이론)과 버드의 수정된 연쇄모형, 스위스치즈 모형, 시스템 모형, 복합원인 모형 등 다양한 모형이 있지만 복잡한 건설사고 발생 과정을 설명하는 데는 한계가 있다. 건설사고에 적합한 가장 최근의 모형은 제약-반응 모형constraint-response model(Suraji et al, 2001)이다. **사고 상황은 구성원이 주어진 여러 가지 제약 속에서 최선을 선택한 결과로서, 상위의 제약 요인은 부적절한 설계, 기획, 외부의 물리적·사업적 환경의 영향을 받은 결과로 본다**(그림 3.2). 이 모형은 기존의 사고모형에서 다루지 못한 건설사업의 수행 과정을 반영한 것이다. 이 모형에서 주목해야 할 부분은 중간의 원수급자와 하수급자에게 주어진 제약조건과 이들의 반응(대응)이다. 건설사고의 근본원인을 추적하려면 개별 건설사업의 수행 방식(반응)을 결정하는 제도적 환경을 반드시 고려해야 함을 시사한다.

건설사고의 근본원인은 공사비와 공기 부족이다

공사비의 부족은 건설사고의 근본원인이다. 건설사업에서 공기는 공사비에 직접적인 영향을 미친다. 공사비가 충분하면 공기의 부족도 어느 정도 해결이 가능하다. 하지만 기존의 건설사고 방지대책은 안전관리활동에 국한되었으며 비용측면에서도 안전관리비의 확보 수준에 머물렀다. 전체 공사비가 부족한데 직접비의 2% 수준에 불과한 안전비를 보전한다고 공사가 안전하게 수행되기를 기대하기는 어렵다. 전체 공사금액에서 소액인 안전비만으로 손실을 줄이려는 급속시공을 억제할 수 없기 때문이다.

우리나라는 '싸게 싸게', '빨리 빨리'만 외치는 발주 문화가 자리잡고 있다. '빨리빨리' 문화는

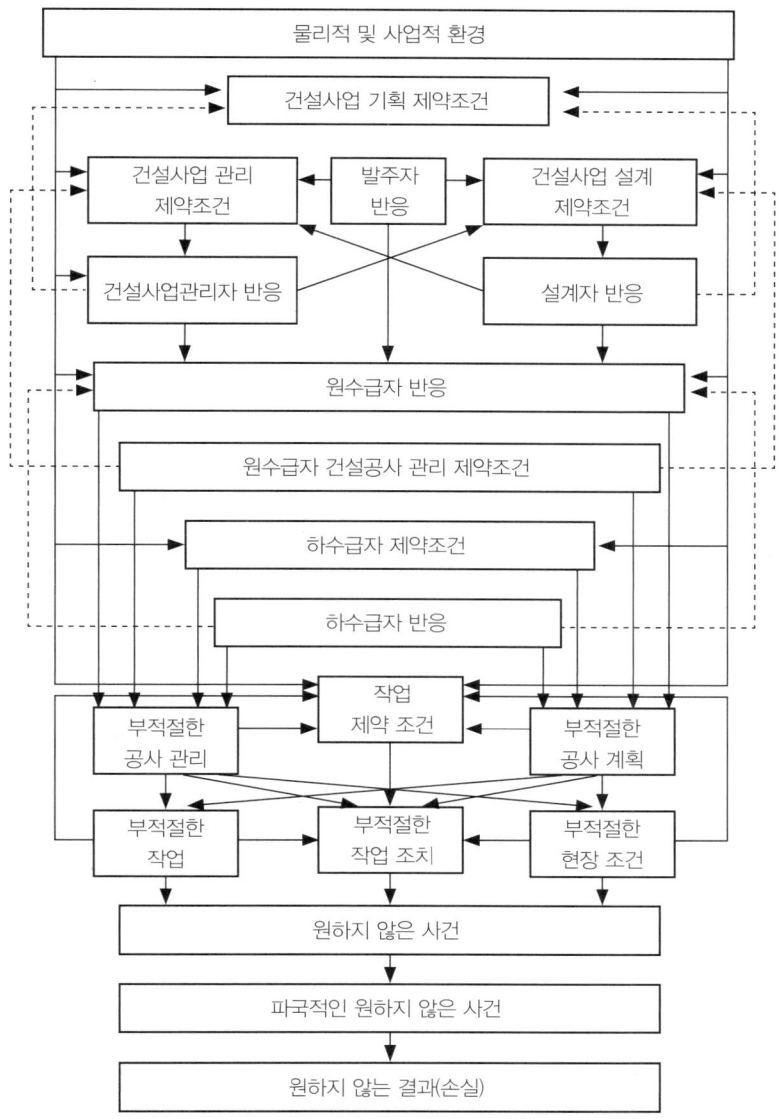

그림 3.2 건설사고 제약-반응 모형

7년 이상 걸릴 것이라는 경부고속도로 공사를 2년 반 만에 준공하면서 시작되었다. 준공 후 보수비로 공사비의 몇 배가 소요되었지만 '빨리빨리'가 최고의 미덕으로 자리잡게 되었다. 공사비의 국제적 비교에서도 우리나라 공사비는 미국이나 일본의 '반값' 수준으로 빨리빨리 하지 않으면 손해를 볼 수밖에 없다. 일본의 글로벌 건축설계 컨설팅업체인 SFO(Sato Facilities Consultants)가 2016년 기준으로 62개국 주요 도시의 민간 건축공사비를 조사한 결과를 보면, 우리나라의 1m^2당 공사비가 163만 원일 때, 영국은 459만 원, 미국은 433만 원, 일본은 369만 원이었다.[4] 우리나라의 경우는 토목공사의 비중이 큰 공공부문은 실제 비용을 반영하지 못한 표준

시장단가 등을 적용하여 공사비의 산정 방식이 민간보다 더 열악한 실정이다. 부족한 공사비나 공기를 제쳐두고 여타의 방법으로 건설사고를 방지하는 데는 근본적인 한계가 있다.

건설기업 경영자의 발상 전환이 필요하다

건설기업 사업주의 경영 편의 추구에서 비롯된 부정적 영향도 경계해야 한다. 건설기업 경영자의 편의 추구로 건설산업의 인프라는 계속 취약해지고 있다. 공유지의 비극으로 남용된 건설기술인과 건설기능인은 높아진 사회적 안전 요구에 치명직인 위협으로 부상하고 있다. 건설기술인협회, 기술사회 등 건설기술인 개인의 집합인 단체를 제외한 거의 모든 협회는 건설기업의 경영자를 대표하는 집단이다. 따라서 이러한 단체는 경영자의 경영 편의를 추구하는 방향으로 활동할 수밖에 없는 한계를 가지고 있다. 건설기업의 사업주들이 내부 자원의 보전에 신경을 썼더라면 건설산업의 인프라가 오늘처럼 취약해지지는 않았을 것이다.

앞에서 언급한 바와 같이 건설사고는 설계단계부터 공사현장에 이르기까지 있어야 할 기술이 실종된 것이다. **사고방지대책은 공사현장까지 필요한 기술이 확실하게 조달되게 하는 것이다. 하지만 건설기업의 경영자는 생산성과 성과에만 집착하여 보수가 낮은 기술자로 투입인원은 최소화하고, 신분은 최대한 비정규직화 해왔다.** 반복되는 사고를 예방하기 위하여 정책적으로 기술자의 보유기준이나 배치기준을 강화하는 데도 경영상의 편의를 들어 반대해왔다. 한시적으로 허용된 인정기술자제도가 장기간 연장되어왔다.

건설기업 경영자 단체의 반대로 시행이 지체되고 있는 제도 중의 하나는 내국인 근로자의 노임을 국가가 보장해주는 적정임금제이다. 내국인 건설기능인력의 유입을 촉진하기 위한 적정임금제는 논의된지 오래지만 건설사의 반대로 시행되지 못하고 있다. 건설기능인의 수급이 어렵다고 외치면서 정작 내국인을 우대하여 신규인력의 유입과 기존 인력의 이탈을 막고자 하는 정책을 반대하는 것은 가뜩이나 심각한 건설산업의 인프라인 건설기능인력의 붕괴를 지속시킬 수밖에 없을 것이다. 적정임금제는 서울시에서 시범사업으로 효과가 검증된 바 있으며, 미국 등 선진국에서 오래전에 시행하여 건설기업의 호평을 받고 있는 제도이다. 적정 임금제도를 조속히 시행하여 임금 따먹기가 아닌 기술경쟁을 해야 한다. **나아가서 도입의 초기에 있는 건설기능인 등급제도 조속히 정착시켜 건설기능인을 대우해야 내국인 기능인력의 고갈을 조금이라도 늦출 수 있을 것이다.** 스마트 건설기술이나 **OST**Off Site Construction기술이 단기간에 건설기능인력을 대체할 수는 없기 때문이다. 오늘의 구조적 위기는 기회 있을 때마다 허들을 높이지 못하고 하향식 평준화를 고수한 건설기업인의 책임이 크다.

건설기업의 영업에는 더 큰 틀을 바로 세우는 노력도 함께 가야 한다. 건설사의 경영자는 눈 앞의 눈앞의 먹거리를 위해 각자도생만 하지 말고 연대하여 먹거리의 질을 지켜야 한다. 불량 식품인데도 눈 앞의 먹거리에만 집착하는 것은 장기적으로는 소탐대실하는 것이다. 공동의 관심사에도 관심을 가지고 합당한 노력을 해야 한다.

기본으로 돌아가야 한다. 내가 현장에서 일하는 건설기능인처럼 다치거나 목숨을 잃을 위험에 노출되지 않는다고 안전조치를 소홀히 한 책임을 경감해달라는 요구는 생명을 잃은 건설기능인의 입장에서 재고해 볼 필요가 있다. 자신이 이천물류창고 공사현장과 같은 곳에서 일할 수 있다면 예외가 될 수 있을 것이나, **생명을 잃을 수도 있는 공사현장에서 하루라도 일할 수 있는 건설기업 경영자는 없을 것이다.**

2. 안전수준 향상의 전제 조건

왜 안전수준이 제자리인가?

모든 변화에는 밖으로부터 동기가 필요하며 안전수준도 외부 자극이 없이는 저절로 개선되지는 않는다. 개인차원에서는 매슬로우의 욕구 계층 등 다양한 이론들이 있지만 여기서는 현재 수준이 유지되는 이유와 변화 조건으로서 자신의 문제로 인식될 수 있어야 한다는 전제에 대하여 기술한다. 먼저 인권을 존중하는 국가에서는 다를 수 있지만, 한 사회의 안전수준과 안전에 대한 욕구는 경제 수준과 함께 상승한다. 경제적 측면에서 대중의 관심이 이동하는 단계로서, 일반적으로 소득 수준 1만 불대에서는 환경에 대한 투자와 권리의식, 환경 보호 참여 등 환경에 대한 욕구가 중요해진다. 소득 수준 2만 불대에서는 안전에 투자(자동차 에어백, ABS), 공적차원에서 원인과 책임 추궁, 사회적 폐해의 피해자의 보상에서 배상으로 이전 등 안전에 대한 욕구가 강해진다. 소득 수준 3만 불대에서는 건강에 투자, 보건에 대한 의무와 권리의식, 암의 발병 원인과 책임 소재 추궁 등 보건(건강)에 대한 욕구가 일반화된다.[5]

우리나라의 안전에 대한 심리적 욕구 수준은 3만 불을 훨씬 상회하는 선진국 수준인 데 반해 인력, 기술, 법, 제도, 재원 등 안전 인프라의 수준은 사망만인율 등 여러 가지 지표에 나타난 바와 같이 한참 낮은 수준으로서, 경제발전 수준에 비해 많이 지체되고 있다.

하지만 반복되는 대형 사고를 겪으면서 고취된 안전 욕구에도 불구하고 사회적 안전수준은 기대만큼 개선되지 못했다. 대부분의 안전규정은 대형 참사를 계기로 마련된 것으로서, 사고를 당하고도 재발 장치를 마련하지 못했다면 아직 구성원의 의식수준에 문제가 있기 때문이다. 조직 차원에서 근본적인 이유 중의 하나는 경영자의 입장에서 사고는 쉽게 발생하지 않는다고 생각하기 때문에 안전을 경영의 최우선 순위에 두기가 어렵다는 것이다. 또 다른 이유로는 직접 원인의 해결에만 치우쳐서 사고의 여건을 제공하는 근본적이고 간접적인 원인의 해결까지 도달하지 못했기 때문이다.

위험의 항상성 원리

안전수준이 개선되려면 우선 현상의 안전수준에 대한 불만이 충분히 커서 개선의 욕구를 실감할 수 있어야 한다. **캐나다 교통심리학자 제럴드 월드의 '위험 항상성 이론'에 따른 인간 행동 모델에 의하면 사람은 자각한 위험수준을 허용할 수 있는 목표치와 비교하여 양자의 차이를 해소하려는 행동을 한다.**[6] 안전수준이 개선되려면 지각된 위험 수준이 허용하는 위험 수준보다 높아야 하는데, 대부분의 경우 현재 상태가 위험함에도 위험하다고 느끼지 못하기 때문이다(그림 3.3). 사람들의 목표위험 수준이 내려가지 않으면 사고율은 다시 원래대로 돌아가게 된다.

영국에서 실험한 바에 의하면 위험을 느끼는 도로에서는 속도가 줄어들며, 안전하다고 느끼는 도로에서는 속도가 증가하기 때문에 주행시간당 사고율은 어느 도로에서나 일정하게 나타났다고 한다. 오스트레일리아에서 차로폭과 주행속도의 상관관계 조사에서도 차로폭이 30cm 증가하면 주행속도도 시속 2km씩 올라간다는 결과가 나왔다. 뮌헨의 택시 운전자 시험에서도 사고를 줄이기 위해 자동 브레이크 시스템을 장착하였으나 사고율이 더 높아졌다. 이 시스템을 장착한 차를 운전할 때 안전하다고 생각하고 기존 자동차를 운전할 때보다 속도를 높이거나 차간거리를 좁혔기 때문에 사고율이 높아진 것이다.[7]

예외적인 경우가 있기는 하지만 일반적으로 사람은 위험하다고 생각하면 주의를 기울이다가 안전하다고 생각하면 다시 위험한 행동으로 돌아간다. 이러한 사례는 **사고를 줄이는 관건은 사람이 받아들이는 위험수준의 문제로서 위험감수 수준을 낮추는 동기부여가 필요함을 시사한다.**

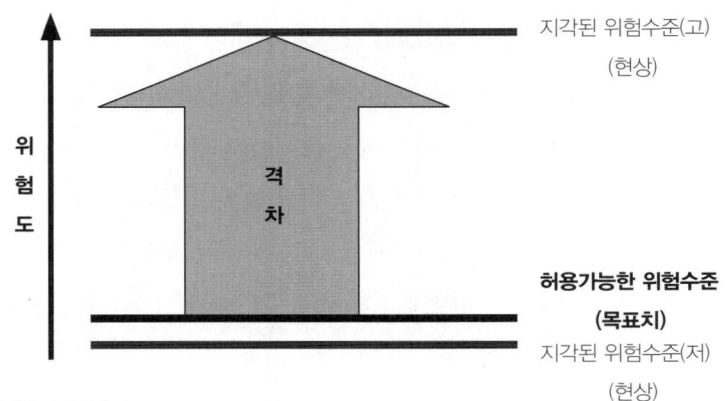

그림 3.3   위험의 항상성 원리

따라서 조직차원에서 안전수준을 개선하려면 먼저 현재 상황이 매우 위험함을 인지시킬 필요가 있다. 스스로 필요성을 느껴야 기존의 안전지대를 벗어나 변화와 개혁을 추구할 수 있게 되며, 안전 수준의 개선도 마찬가지다. 이건희 회장의 경영철학인 '지행 33훈'의 첫번째 교훈이 '위기의식'인 이유도 절실함이 없으면 어떠한 자발적인 노력도 끌어낼 수 없음을 강조한 것이다. 조직차원에서 안전수준을 개선하려면 먼저 현재 상황이 매우 위험함을 인지시킬 필요가 있다. 사람들이 받아들이는 위험 수준이 바뀌어야 안전수준의 향상도 기대할 수 있다.

안전수준 향상의 전제 조건

안전을 확보하려면 안전전담자나 안전부서의 일이 아니라 조직구성원 모두가 자신의 일과 책임으로 느낄 수 있도록 해야 한다. 세월호 참사와 메르스 사태에 대한 시민의 반응으로 블로그와 트위터의 언급 건수의 비교에서도 알 수 있다. 세월호 참사의 경우 희생자가 훨씬 많았음에도 언급 건수는 205,020건임에 반해 메르스 사태의 경우는 395,960건으로서 메르스 사태에서 언급 건수가 2배 정도 많았다. 이유는 메르스 사태의 경우가 자신도 희생자가 될 수 있다는 위험을 더 크게 느꼈기 때문으로 해석된다. 또 한 가지 유의해야 할 현상으로는 세월호 참사의 경우는 초기에 언급 건수가 많았던 것에 반해 메르스 사태의 경우 감염의 범위가 확대되면서 자신도 예외가 될 수 없다는 것을 느끼면서 반응의 빈도가 급격하게 상승했다는 점이다.[8] 두 사건의 시간의 흐름에 따른 언급 건수는 3주를 넘어가면서 초기의 절반 수준 이하로 비슷해지고 있는데, 이는 변화에 대한 적응과 함께 주의력은 자연적으로 감소할 수밖에 없음을 증명해주고 있다. 대중이 위험정보를 인식하는 패턴은 안전정책이나 안전정보의 활용에 시사하는 바가 크다고 할 것이다.

안전한 행동이나 태도를 유지시키려면 이러한 행동의 이행 준거를 더 높은 차원으로 끌어올려야 한다. 심리학자인 로렌스 콜버그의 6단계 도덕 발달 과정에 의하면 사람이 특정방식으로 행동하게 되는 여섯 가지 이유가 있다. 이 이유들은 매슬로우의 욕구이론과 같이 위계가 있으며, 단계가 높아질수록 이유가 복잡해지고 자극과 반응이라는 기본 체계의 구속을 덜 받는다. 6가지 도덕적 행동의 위계는 다음과 같으며, 안전문화의 성숙에서도 유사한 단계를 밟아야 할 것이다.

1단계: 처벌 회피
2단계: 보상을 바라는 행동
3단계: 다른 사람을 기쁘게 하기 위한 행동

4단계: 규칙 준수

5단계: 타인에 대한 배려

6단계: 자신만의 행동 양식에 의한 행동과 사고

건설조직의 경우 공사부서뿐만 아니라 공무나 회계부서도 자신의 일이 안전에 영향을 미친다는 것을 인지시킬 필요가 있다. 공무부서에서 수급자의 안전역량을 고려하지 못한 최저가 방식의 하도급은 공사비의 부족으로 품질이나 안전에 근본적인 문제가 된다는 것을 인지시켜 책임을 분담하게 해야 한다. 전문화, 분업화된 현대사회에서 자신이 일한 결과가 여러 단계를 거쳐 마지막 단계에 있는 현장 근로자의 안전에 영향을 미친다는 생각은 거의 하지 못하고 있기 때문이다. 문제가 자신의 문제로 인식되지 않는 한 자발적인 개선을 기대하기 어렵다.

피터 F. 드러커 교수는 최고의 안전대책은 '안전한 사람을 만드는 것'이라고 하였다. 안전교육 등 대부분의 안전활동은 개인의 안전에 대한 사고나 행동을 6단계까지 끌어올리는 것이 궁극적인 목표가 되어야 한다. 이 수준이 되어야 안전이 문화로 발전하는 상태라 할 수 있을 것이다.

3. 안전관리 원칙

事故방지를 위한 思考에 대한 자가점검

"원칙이 전략에 우선한다(피터 F. 드러커)." 혁신은 사고방식 즉, 패러다임의 변화를 의미하여, 혁신을 위해서는 관점의 쇄신으로 달성을 원하는 수준까지 눈높이가 달라져야 한다. 혁신의 접근 방법도 검증된 원리와 원칙에 부합해야 한다. 원칙은 원리에서 나온다. 기존의 무수한 제도와 대책들이 실효성을 발휘하지 못한 이유는 대책이 검증된 원리와 원칙을 구현하지 못했기 때문이다. 경제적 측면에서 사고는 비리나 불공정의 대척점에 위치하며 불공정한 이면 질서를 극복할 수 있는 억지력이 결여되었기 때문이다.

우리는 대부분 학습된 무기력의 희생자이다. **기존의 사고방식의 한계를 극복하기 위해서는 먼저 '학습된 무능learned helplessness'을 탈피할 필요가 있다.**[9] 피터 센게Peter Senge가 지적한 학습장애learning disability의 유형은 다음 일곱 가지이다. 이 중 사고방지 활동에도 가장 장애가 되는 학습장애는 '자신의 위치에만 충실하면 된다는 믿음'이다. 각자가 자신의 역할에 충실하면 사고가 발생하지 않을 것이지만 현실은 그렇지 못하여 '숙련된 무능skilled incompetence'으로 귀결되는 경우가 많다. **문제를 다룰 때는 조직 내부의 분업뿐만 아니라 국가 차원의 조직까지**

확대하여 해결책을 찾아야 한다. 그러면 잘못 설계된 제도라도 부작용을 최소화할 수 있을 것이다. 당연히 담당자 입장에서는 자신의 업무 이전 단계에서 정해진 상황이 자신이 처리할 업무에 미치는 영향과 자신이 처리한 내용이 다음 단계 수행자에게 미치는 영향까지 고려할 수 있어야 한다. 건설사업에서 기획재정부와 발주자를 비롯한 직간접 참여자의 역할과 책임에 반영되어야 할 사안이다. 이러한 현상은 인지되기 어려워 문제 해결에 근본적인 장애가 되고 있음을 자각하기는 쉽지 않다. 건설사업의 공급사슬이 길고 복잡하기 때문에 상위의사결정자가 사고로 인한 손실을 자신의 손실로 인식하기도 어렵다.

- 자신의 위치에만 충실하면 된다
- 적은 외부에 있다
- 책임지고 상황을 주도한다는 착각
- 사건에 대한 집착
- 둔한 감각: 냄비 속 개구리 우화
- 경험에서 배운다는 착각
- 경영팀에 대한 환상

버드의 신도미노 이론에 기초한 전통적인 사고발생기구인 '관리상의 결함lack of control' 앞에는 '제도상의 결함'이 있다(그림 3.4). **제도를 무작정 준수하려 들 것이 아니라 제도가 사고방지의 원리와 원칙에 부합하는지, 취지는 무엇이며 본래 취지를 달성하려면 어떤 방식으로 이행해야 하는지까지 고민해야 한다.**

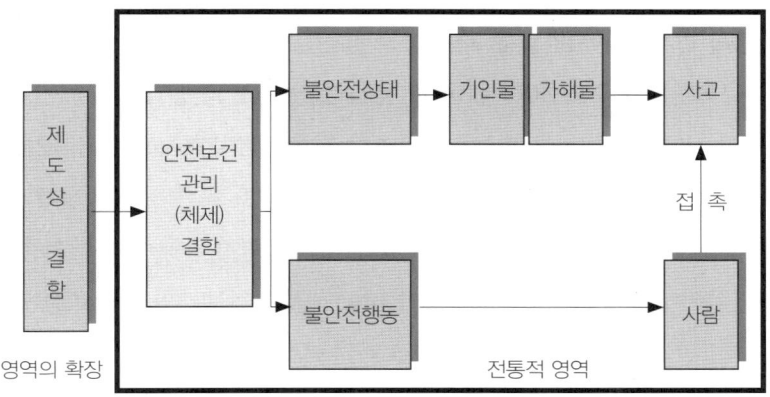

그림 3.4   사고발생기구의 확장

혁신 즉, 근본적인 변화에 이르기 위해서는 내면세계의 정비 차원에서 다음과 같은 질문을 통하여 올바른 관점을 정립할 필요가 있다. 기존의 건설안전 대책도 실효성이 미흡하기에 대책에 대한 접근 방법부터 점검해 볼 필요가 있다. 올바른 진단과 해결책의 도출을 위해서는 먼저 다음과 같은 '事故예방 思考에 대한 자가점검' 질문으로 현재의 인식 수준을 점검해볼 수 있을 것이다.

- 기존 노력의 성과가 미흡했던 이유는 정확하게 도출되었는가?
- 검증된 사고예방의 원칙에 충실한가?
- 전체상을 보고 있는가?
- 기존의 잘못된 '전제'를 의심하고 있는가?
- 자가진단(조직자체의 한계 인식)이 가능한가?
- 사고와 조사로부터 충분한 교훈을 얻었는가?
- 건설사업의 최고 의사결정권자(위험생산자)는 누구인가?
- PESTLE(Politics, Economy, Social, Technology, Legislation, Environment)와 법적 및 문화적 요인이 총체적으로 고려되었는가?
- 기존 방식으로 한시적·유동적 건설현장의 위험이 제대로 제어되었는가?
- 통제 범위control of span밖의 요인도 개선이 가능한가?
- 건설사업의 안전을 좌우하는 마지막 요소는 무엇인가?
- 사장과 직원의 입장차이는 고려되었는가?
- 단 한 가지만 할 수 있다면 무엇을 할 것인가?

성찰의 첫번째 과제: 잘못된 낡은 사고방식 청산하기

건설산업을 규제하는 제도와 40여 년이 된 산업안전보건법의 실효성에 대한 점검이 필요하다. 건설관련 제도의 경우는 최고 의사결정권자인 발주자를 배제해왔기에 수급자만의 독려로는 실효성을 담보할 수 없었다. 건설업의 경우 이제까지의 산재감소 효과가 제도의 효과는 미흡하여 제도 자체의 효과라기 보다는 경제적·사회적 발전의 결과인지 구분하기 어려운 상황이다. 산재 통계에 나타난 바와 같이 시행된지 40여년이 지난 산업안전보건법도 실효성에 대한 실증이 필요하다. 건설사고 방지를 위한 기존 제도의 한계를 열거하면 다음과 같다.

- 사고예방의 원리/원칙과 핵심을 비켜간 제도

- 제조업용 공장법을 답습하고 있는 건설안전관련 제도(산업안전보건법): 안전조직(안전관리체제의 오류): 명칭, 역할, 선임 방법 등
- 발주자가 빠진 건설관련 법령
- 산재통계의 신뢰성 상실과 평가기준의 불합리
- 핵심제도의 형식적 이행: 유해위험방지계획, 안전관리계획서, 위험성평가, 안전교육 등
- 초보운전자의 이어달리기-비전문성에 비롯된 정부의 불합리한 감독/감시 방식
- 서류 챙기기에 급급, 건전한 사고보고 문화가 장애가 되는 현실
- 불합리한 제도/정책 근본 원인, 정책과 민간기업에 공통된 근본적 문제
- 단기적 성과에 매몰, 장기적 관점에서 장애요인 유발:'사망사고만이 사고'라는 그릇된 메시지 전달
- 간디의 7대 사회악 중 첫 번째인 원칙 없는 정치: 원칙을 사수하기보다는 이해당사자, 외부 환경과 타협, 전문성 부족

이상은 개별 기업이 나서서 해결하기 어려운 외적 환경요인들이다. 이러한 요인들은 건설산업의 비리와 부조리를 불러올 수 있는 토양을 제공했다고 할 수 있다. 건설사고를 방지하려면 이면질서로 작용하고 있는 누적된 건설산업의 비리와 부조리를 청산해야 한다. 어떻게 청산할 것인가? 하지만 건설기업 경영자와 기능인을 직접 동원하는 협력업체 사업주의 개선의 필요성에 대한 인식은 아직 기대하기 어려운 실정이다. **외국인 작업자가 없으면 공사를 수행할 수 없는 현실을 개별 건설기업이 해결하기를 기대하기는 어렵다.** 투명하고 공정하지 못한 질서는 결과적으로 노동단체에게는 불합리한 개입의 빌미를 제공하기에 이른 것이다. 이후에 소개할 영국과 싱가포르의 사례를 본다면 모든 것은 정부 정책의 한계성에 기인한다.

전통적인 사고 발생 메커니즘은 **그림 3.5**의 네모 안인 협소한 영역에 국한되어 있다. 따라서 생산조직 밖에 있는 더 근본적인 원인을 인지하거나 이를 해결하려는 노력 자체를 기대하기 어렵다. 결국 기존 제도 자체에 내재한 근본적인 결함은 보지 못하고 있는 제도를 정교화하는데 힘을 쓸 수밖에 없게 된다. **그림에서와 같이 기존 제도 자체에 있는 결함은 무엇인지, 이 제도는 사고예방의 원리와 원칙에 부합하는지부터 검토해야 한다.** 당연히 사고예방원리와 원칙에 대한 이해와 이러한 기준의 정립이 선행하여야 한다. 하지만 새로운 제도를 만들거나 고칠 때 원리와 원칙을 먼저 정립하고 이를 구현하려는 접근은 미흡하였다.

안전관리 3원칙

원칙이 타협의 대상이 되어서는 안된다. 원칙을 벗어난 전략은 단기적으로는 효과가 있는 것처럼 보일 수 있으나 결국은 실패할 수밖에 없다. 원칙이란 모든 차원에서 준수되어야 할 경영과 사고방지 시스템과 활동의 전제라 할 수 있다. 안전관리 시스템과 사고방지대책 수립의 전제는 먼저 사고예방원리에 따라 반드시 지켜야 할 원칙을 세우는 것이다. 건설사고예방의 원칙도 일반 원칙과 동일하게 다음 세 가지 원칙이면 족하다.

제1원칙: 보장해야 할 핵심 가치의 천명 및 공유로서, 안전은 기본 인권이자 절대가치로 타협이 불가능하다는 것을 서로 확인하는 것이다. 안전에 대한 철학은 안전수준 개선의 출발점으로서 보장해야 할 핵심 가치를 목표로 공유하는 것이다. 최고경영자부터 원칙을 천명하고 이의 이행에 솔선수범하는 것이 '초일류World Class 안전수준' 달성의 전제 조건이다. 조직안전관리의 출발점은 사업주(기관장)의 안전의식이며 수준은 참모인 안전전문가(CM/감리)의 역량에 좌우된다.

제2원칙: 책임의 명확화R&R; Role & Responsibility로서 누구의 책임인가를 명확히 하고, 역할(의무), 권한, 책임에 대한 3면 등가의 법칙이 구현되어야 한다. 모든 성과는 최고경영자의 책임이며, 책임있는 자는 사고예방에 필요한 자원을 보장하여야 한다. 부실과 사고방지의 핵심은 필요한 역량을 가진 기술자를 적정 인원만큼 배치하는 것이다. 여기에는 기술적 자원에 더하여 운영에 필요한 시스템이 있어야 한다. 구체적으로는 말만이 아닌 자원Resource의 보장 장치가 필수적이며, 부실이나 사고방지는 필요한 기술(역량)을 가진 자가 수행/배치할 때만 가능하다. 이제까지는 기술적 원인 분석 다음의 공사관리적 필요 조치에 대한 고려가 부족하였다.

제3원칙: 제3자 감시Third Party Inspection 기능이 작동해야 한다. 안전조치가 이행되게 하려면 책임있는 사람의 책무 이행 여부에 대한 감시와 독려 장치가 필수적이다. 제3자 감시 장치로 과도한 이윤이나 효율성만을 추구하는 본능을 확실하게 억제할 수 있어야 한다. 감시체제에는 적정한 인원과 역량이 확보되어야 하지만 아직 기존 제도로는 미흡하다. 주의할 점은 제3자 감시 기능이 안전관리를 이행하는 것으로 오해하는 경향이 있다는 것이다. 안전은 라인조직의 역할로서 생산과 일체가 되어야 하며, **제3자 감시 기능은 감리자의 역할로서 견제와 감시를 위해서는 라인조직과 분리되어 상위에 위치하여야 한다.** 건설사업에서는 안전전문가가 감리의 위상에서 이 역할을 수행해야 한다. 발주자 등의 안전 책무성과 이행장치 구축에는 안전책무의 이행 여부에 대한 확실한 감시 시스템이 필요하며, 이러한 기능은 필요한 역량이 확보된 안전감리 체제로 이행이 가능하다.

이제까지의 사고예방원칙 은 ISO 45001에 잘 구현되어 있다. 산업안전보건법도 사고예방원칙과 기술적인 안전보건기준을 조문화한 것으로 볼 수 있다. 사고발생 메카니즘은 초기의 '사회적·유전적 결함'을 근본원인으로 보는 하인리히의 전통적 도미노 이론에서 '관리상의 결함'을 사고의 근본원인으로 보는 프랭크 버드의 수정된 도미노 이론으로 발전하였다. '관리상의 결함'을 제거하려면 안전조직 즉, 누구의 책임인가부터 명확히 해야 한다.

하지만 건설사업은 다수 이해당사자가 참여하여 역할이 분절되어 있기 때문에, 최근까지도 시공자 외에는 다른 참여자의 책임을 원칙에 따라 공정하게 다루지 못하였다. '원칙 없는 정치'가 가장 큰 사회악이듯이 원칙을 벗어난 전략은 일시적으로는 효과를 낼 수 있으나 결코 장기적으로 지속될 수 없다. 건설업에서는 상위 소수의 대형건설기업은 안전관리수준이 비교적 양호한 것으로 알려져 있다. 하지만 높은 수준에서 줄지 않고 있는 사고사망자수는 위 세 가지 조건이 전반적으로 취약함을 증명한다.

4. 건설사고의 근본 원인에 대한 인식의 혁신

안전의 출발점: 안전에 대한 철학과 방침

검증된 산업안전의 원리에 의하면 안전은 최고경영자의 방침에서 시작된다. 전통적 도미노 이론을 제창한 하인리히의 산업사고방지론에서도 안전에 대한 철학과 신념을 가장 상위에 두고 있다. 내면 세계에 없는 것은 외부에 실현될 수 없다. 사고가 발생할 때마다 안전의식을 문제 삼는 이유이기도 하다.

기존의 OHSAS 18001과 같은 안전보건경영시스템이나 최근의 ISO 45001도 이러한 원칙을 기반으로 하고 있다. 따라서 안전활동 즉, 사고예방 노력이 실효성을 거두기 위해서는 안전조직이 사고예방원리에 부합하는가부터 점검할 필요가 있다. 안전조직은 안전관리체와 동일한 의미로서, 구체적으로는 안전에서 가장 기초적으로 논의되는 조직 구성원의 역할과 책임의 명확화를 말한다. 주지하다시피 오늘의 건설산업의 현실로 비추어 볼 때 이제까지의 건설산업을 바로 세우기 위한 정책적 노력은 실효성이 미흡했으며 산업차원의 노력도 마찬가지였다고 볼 수 있다. 기존의 사고예방 노력이 '낭비된 노력'이 된 근본 원인이 될 수 있다.

일반 산업은 고정된 생산설비에 의한 정적인 생산방식이지만 건설현장은 다수의 이해당사자가 참여하며 모든 상황이 수시로 변하는 동적인 속성을 가지고 있다. 그러나 기존의 건설사업 안전관리체제는 생산 방식이 고정적인 제조업 지향의 체제로서 한시적이고 유동적인 건설생산방식을 전혀 수용하지 못하여 안전수준의 향상에 근본적인 걸림돌이 되어왔다. 그럼에도 이러한 근본적인 문제에 대한 인식은 매우 미흡하였기에, 잘못된 기존의 틀 안에서만 고치려 하였지 기존의 틀 밖에서 전체상을 보고 안전관리체제를 근본적으로 고치려는 노력은 상대적으로 소홀하였다.

문제의 근원인 건설사업 안전관리체제

안전제도에서 이행력 확보의 관건은 안전관리체제에 있다. 따라서 건설사고의 중요한 원인도 안전관리체제에 있다고 보아야 한다. 안전관리론에서 안전관리체제는 안전전문가의 위상에 따라 직계형, 참모형, 그리로 이 두 가지를 겸한 혼합형으로 구분하고 있다. **또한 안전의 원리는 자율안전으로서 생산조직 즉 직계형으로 이행되어야 하기에 생산과정에 내재된 안전built-in을 전제로 한다.** 즉, 안전확보에 필요한 활동은 생산조직(라인)에서 이행되어야 하며 안전조직(참모)은 생산조직을 지원하고 감시하는 브레이크의 기능을 하여야 한다. 기존의 건설사업 안전관리체제에는 발주자, 설계자, 감리자 등이 배제된 건설산업과 무관한 제조업 방식의 안전관리체제가 획일적으로 적용됨으로써 다수 건설공사 참여자를 효과적으로 규율할 수 없었다.

건설업의 경우 영국을 비롯한 EU 국가에서는 발주자에게 자신의 건설사업에 대해 포괄적으로 안전책무를 부여하고 '안전조정자SC; Safety Coordinator'를 통하여 이를 이행하게 하고 있다. 발주자로 하여금 건설사업의 설계단계부터 안전전문가를 선임하게 하고 자신을 대신하여 건설사업 이해당사자 사이의 안전관리 업무를 조정하고 감시하도록 하고 있는 것이다.

기존의 사업장내 안전조직은 건설사업 참여자 모두를 포괄하는 안전조직으로 확장되어야 한다. EU의 건설사업 안전관리체제는 안전전문가인 안전조정자가 발주자를 대신하여 제3자 감시원칙에 따라 설계단계부터 감리자, 설계자, 시공자 등을 모두 감독하도록 하고 있다. 이 경우 발주자의 역할은 위임이 가능하나 안전책임은 안전조정자나 수급자에게 전가되지 않는다고 명시하고 있다. 즉 상위 권력자의 횡포를 원천적으로 차단하고 있는 것이다. 이러한 감독체계를 운영하면 중소영세현장까지 사각지대가 없는 효과적인 안전감시가 가능해질 것이다.

이제까지 건설현장의 안전조직은 시공자가 안전전문가를 안전관리자로 선임하여 안전조직의 핵심 기능인 제3자 감시 역할이 원천적으로 불가능한 체제였다. 안전참모의 불합리한 명칭, 위상과 역할은 건설안전의 최대걸림돌이다. 건설사업의 경우 공사현장의 소유주는 발주자이다. 발주자는 설계자, 감리자, 시공자 등 수급인을 선정할 뿐만 아니라 공사비, 공사기간 등 공사 전반에 대한 의사결정권한을 가지고 있으며 공사의 전 과정에 깊이 개입하고 있기 때문에 일반 산업에서의 도급과는 다르게 취급되어야 한다. 하지만 최근까지도 산업안전보건법이나 건설기술진흥법 등 건설관련 법령에서 발주자는 권한만 행사하고 책임은 없는 건설사업관리체제를 운용해왔다. 따라서 안전 수준 향상의 관건인 안전관리자 등 안전전문가의 역할도 생산조직에 부수되는 하위기능으로 전락하여 안전책무에 대한 실질적인 제3자 감시가 어려울 수밖에 없었다.

실제로 산업안전보건법에서 안전관리자의 직무는 안전관련 기술적 사항에 대한 보좌, 지도, 조언, 건의 등으로서 제3자 감시 역할과 유사하게 규정하고 있으나, 실제 현장에서는 각종 서류작성, 공사팀의 역할을 대신한 직접적인 안전관련 업무 수행 등으로 본연의 제3자 감시 기능은 미약한 실정이다. 이는 산업안전보건법 자체가 제조업에서 사업주와 근로자 사이의 직접적인 고용관계를 전제로 출발하였기에 도급이 중층적으로 이루어지는 건설현장을 통합적으로 감시하는 안전관리체제는 아예 생각할 수가 없었기 때문이다.

건설사업 안전관리 체제에 문제가 생긴 또 하나의 근원은 건설산업기본법, 건축법 등 기존 건설 관련 법령상 안전책무의 불합리와 이러한 불합리한 틀을 답습한 건설기술진흥법, 시설물의 안전관리에 관한 특별법, 건축물관리법 등에 있다. **특히 건설기술진흥법은 부실공사를 방지하기 위해서 도입한 법이지만 발주자의 책임을 모두 감리자에게 전가함으로써, 을의 입장에 있는 감리 역할의 건설사업관리기술자를 희생양으로 삼는 불합리한 안전관리체제를 답습하여 왔다. 특히 감리, 넓은 의미의 CM의 역할에는 공정, 안전, 원가, 품질을 망라하고 있으나 우리나라의 경우는 안전을 산업안전보건법상의 안전관리자에게 의존하여 안전감시의 주축이 되어야 할 감리자의 위상은 왜소해져 안전은 자신의 업무가 아니라고 생각하는 지경에 이르렀다.**

건설산업은 감리제도, 시특법 등을 발주자가 배제된 잘못된 책임체제를 전제로 도입함으로써 산업이 취약해졌으나, 이에 대한 문제의식은 아직 미약한 것으로 보인다. 감리제도는 발주자의 횡포와 갑질에 면죄부를 주는 도구로 활용되었으며, 시특법도 발주자나 관리주체의 책임을 희석시켜, 재원이 부족한 상태에서 하수인의 독려에만 매진하였기 때문이다. 이후의 제도개선은 소위 경로의존 효과라 불리는 과거의 틀에 갇혀, 이러한 근본적인 오류는 바로잡지 못한 채, 하수급인만 닦달해왔다고 할 수 있다. 실제로 국가의 재정집행기조인 총사업비관리, 최저가낙찰, 실적공사비 등이 비합리적 제도가 누적적·복합적으로 작용하여 산업의 기반을 지속적으로 취약하게 만들어왔으나, 근본적인 원인에 대한 인식은 미흡하였다. **이러한 비합리적인 제도의 최종 피해자는 협력업체와 소속 근로자 즉, 국민과 일반 가계로서, 결과적으로 국가의 사명이 국민의 복지에 있음에도 양 중심의 '예산절감'이라는 명분으로 국가가 서민의 삶을 궁핍하게 하는 착취적 경제구조의 강화에 앞장선 꼴이다. 전문적인 연구에 의하면 예산절감분은 결국은 최종공사비에 거의 다 소모된 것으로 증명되었다.**

제2부

건설안전 혁신 방안

4장
건설과 사고원인 바로 보기

"어느 시대나 시폐를 바로잡기를 부르짖는 경세가들의 의논이 늘 그 개개로 보면 다 이치에 맞지 않은 것이 없으면서도 실제로는 실효를 내지 못하는 일이 많은데, 그것은 그 병이 나는 근본적 잘못을 바로잡으려 하지 않고 그 나타나는 증상을 다스리기에만 바쁘기 때문이다. 근본적 잘못을 바로잡으려면 그것은 생리적 원리를 잘 알아야 할 것이다." - 함석헌, 뜻으로 본 한국역사 -

1. 성공하는 제도와 정책의 조건

간과된 건설산업의 생리

기존 대책의 한계를 답습하는 이유에 대한 성찰이 필요하다. 부실방지, 사고방지 등 무수한 대책을 쏟아냈지만 결과는 목표만큼 신통하지 못한 근본원인은 과거에 대한 성찰이 부족하였기 때문이다. 즉 정책 입안자 자신이 자신의 한계에 대한 인지 부족과 과거의 대책이 실효성이 없었던 이유에 대한 파악이 선행되어야 했으나 이러한 요인들에 대한 성찰이 부족하였다. 나아가서 단기적으로 실행이 가능한 대책만 고집하다 보니 중장기적으로 효과를 발휘할 수 있는 대책들은 제대로 검토되지 못하였다.

전문가의 오류와 왜곡, 곡학아세曲學阿世를 경계해야 한다. 최근에 전문가의 저주라는 말이 자주 쓰이고 있는데, 이는 실체를 보지 못해서라기보다는 지나친 전문적 시각으로 일부분에 집중하다 보니 문제의 본질, 즉 작용점을 놓친 결과로 생각된다.

건설인은 당연해서 지나치고 비건설인은 몰라서 건설산업의 생리가 간과되어왔다. 건설산업은 원칙보다 관행이 지배하는 산업이다. 이제까지의 통계와 실적으로 볼 때 위 지적이 시사하는 바와 같이 증상을 다스리기에 바쁘다 보니 생리를 다스리는 데는 실패했다고 볼 수 있다. **건설안전 제도도 건설업의 생리에 작용할 수 있어야 하며, 길은 두 가지로 생리를 바꿀 수 있으면 바꾸고 바꿀 수 없다면 생리 속에 대책이 마련되어야 할 것이다. "어제의 '해결책'이 오늘의 문제를 야기한다.(피터 M. 센게)"**

정책 담당자의 내재적 한계

건설안전 관련 제도가 실효성을 확보하지 못하고 있는 가장 상위 요인은 제도의 주체인 국가역량의 한계로 볼 수밖에 없다. 개인 차원에서는 정책 입안자의 역량이지만 전문화로 인한 부처간 부서간 칸막이 사일로 효과와 부처별 조직문화의 차이에 기인한 것으로 판단된다. 최근 부처 합동대책을 발표하고 부처간 협업을 장려하고 있으며 개인 차원에서는 일부 직책에 대해 일정 기간 근무를 의무화 하는 등 약점을 극복하기 위한 노력은 긍정적이다. **하지만 전문 분야에서 개인과 조직 차원의 역량이 지속적으로 향상되기를 기대하기는 어려운 인사제도이다. 건설안전조직이 전문성을 확보하지 못하여 개선의 기회마다 핵심을 비켜간 이유이기도 하다.**

건설업 분야는 제조공장과는 다른 건설사업의 특수성 때문에 모든 국가가 별도의 영역으로 관리하는 것이 일반적이다. 초기 노동부에는 산업안전국에 팀 수준의 '건설안전추진반'에서 건설업을 담당하였으나, 이 부서는 2002년에 폐지되었다.[1] 그 이전부터 건설현장의 안전을 건설부에서 맡겠다는 부처 간의 갈등이 있었으며 건설교통부에서 건설안전과를 신설하고자 하였으나 정부조직에서 유사한 명칭의 부서가 복수로 존재할 수 없다는 원칙에 따라 건설교통부에서는 이 때까지 건설안전과를 신설할 수 없었다. 하지만 노동부의 건설안전추진반은 폐지되고 건설교통부에는 건설안전과(1995.10.19.)가 신설되었다. 건설안전과는 성수대교 붕괴사고와 삼풍백화점 붕괴사고를 계기로 신설되었으며 시설물안전관리에 관한 특별법과 건설기술진흥법을 담당하고 있다.

이행력이 담보된 제도와 정책의 조건

사회의 변화 속도가 빠르다 보니 예상하지 못했던 일들이 계속 발생하고 있으며 이를 제어하기 위한 노력에도 더 높은 강도가 요구되고 있다. 특히 꼬리를 물고 발생하는 대형사고의 예방을 위하여 소관 부처를 포함하여 온 나라가 고심하고 있다. 하지만 실효성을 발휘한 대책은 드물며 제시된 대책도 실효성에는 여전히 의문이 남는다. 오히려 문제의 소멸은 자연스러운 시간의 경과나 인간의 망각의 산물에 더 가까워 보인다.

　필자의 눈으로, 과거의 대책을 포함하여 최근에 제시되거나 마련된 대책 중에서도 문제를 근본적으로 치유할 수 있다고 공감되는 처방은 별로 접해보지 못했으며, 특히 중대사고를 방지하기 위한 예방대책의 경우는 더욱 그러하다. 이 대목에서 왜 전문가들이 고심하여 만든 대책들이 실효성을 갖지 못하는지 돌이켜보게 된다.

　기존의 대책들이 실효성을 갖지 못한 데에는 여러 가지 이유가 있겠지만 주요한 요인들로는 전문성으로 분절화된 조직적 기능의 한계, 분석적 사고에 따른 대책의 지엽성, 문제가 발생한 생태계를 전체로 보지 못하고 단기적 성과만을 추구하는 근시적 안목, 산업이나 조직의 생리를 제대로 반영하지 못한 점 등을 꼽을 수 있을 것이다. **한마디로 큰 그림, 다시 말하면 전체를 하나의 시스템으로 보고 개별 대책의 유효성을 검증하지 못하고 있다는 점이다.**

　전문성의 배반이라고도 할 수 있는데, 발생한 문제들에 대한 해결책들이 의도된 기능을 못하는 이유는 지나친 분석적 사고를 통해 도출된 대책에 있는 것으로 생각된다. 과학만능주의로 표방되는 서구의 분석적 접근방식은 모든 문제들을 쪼개고 또 쪼개어 탐구하며 물질도 쿼크 수준까지 쪼개기에 이르렀다. 이러한 분석적 사고思考와 사고의 결과로 도출된 해결책은 해당 분석 수준에서는 맞을 수 있으나, 조직이나 국가, 산업 등의 거시적 차원에서는 적합한 해결책이 되기 어렵다. 분석적 사고의 결과로 도출된 해결책은 근본 원인을 치유하기보다는 당장의 증상의 억제에 급급하여 유기체와 같은 사회현상에 단방약을 남발하는 경향을 보인다. 대표적인 예로서 대형 사고가 발생하면 관련분야에 대한 규제가 강화되고, 특히 감독기능을 우선적으로 강화시키는 경향이 있다. 주지하다시피 규정을 위반한 사례를 모두 처벌한다는 것은 불가능한 일이며, 일부만 처벌을 받을 경우 도리어 처벌을 받은 당사자만 억울해하기도 한다. **규제 대상 전체를 직접 감독하는 것 또한 불가능한 일임에도 중대사고가 발생하면 감독기관의 규모나 인원을 증가시키는 일을 제일 먼저 하려든다.**

　인체와 마찬가지로 비즈니스를 포함한 모든 사회현상은 유기체로서 나름의 생리에 따라 움직인다. 그러나 규제나 대책들은 이러한 생리를 제대로 반영하지 못하고 있다. 유기체의 생리를 제대로 반영하지 못하고 있다는 것은 역으로 유기체에 스트레스를 발생시켜 생리를 왜곡시키는 결과를 초래한다. 과거의 처방이 맞지 않는 원인을 규명하기보다는 이미 왜곡된 생리에 또 다른 왜곡(대책)을 더하는 방식이 반복되어, 결과적으로 법령이나 규제들은 이를 지켜야 할 일반인들이 이해할 수 없을 정도로 복잡해지고 있다.

　이제는 새로운 제도나 대책을 만들기 전에 과거의 대책들이 실효성을 발휘하지 못한 이유부터 명확히 규명하여 과거의 틀을 먼저 다듬는 것이 근본적인 문제 해결의 길이다. 특히 부처별 기관별로 산재된 법령이나 제도들이 특정분야의 사업이나 생리에 적합하게 유기적으로 작용하고 있는지, 쪼개진 파편화된 대책으로 사각지대는 생기지 않았는지, 개별 대책들이 하나의 그림으로 완성되어 있는지를 먼저 재검토해볼 필요가 있다. 대책을 수립하기 전에 근본 원인, 즉 문제에 대한 진단이 올바르고 충분했는지를 철저히 확인하고 도출된 대책이 유효한지를 검증하는 과정이 선행되어야 한다.

영향연결망이론이나 시스템 다이내믹스와 같은 사회과학적 도구들은 큰 그림 속에서 개별 인자들의 상호관계를 탐색함으로써 문제의 핵심과 본질을 파악하는 유용한 도구이다. 건설산업의 경우 횡적인 분석에 비해 종적인 검토가 더 필요하며 특히 다수의 이해당사자가 참여하는데 반해 참여자들 사이의 관계에 대한 합리적인 고려가 부족한데, 사회적 환경, 정부, 산업, 개별 조직, 개인의 위계를 관통하는 수직적 사고에 도움이 될 것으로 생각한다.

2. 건설생산시스템과 직·간접 참여자

전체상을 보아야 올바른 해결책이 나온다

국가 차원에서 위험과 안전에 대응하는 방법을 행태주의, 문화주의 및 제도주의의 세 갈래로 나눌 수 있다. 행태주의는 교육으로 개인의 합리성을 증진하는 것이며, 문화주의는 개인이 합리적인 행위를 하도록 문화를 개선하는 것이고, 제도주의는 개인이 합리적 행위를 하도록 제도로 규제하는 것이다. 교육도 제도적 장치가 제대로 마련되었을 때 실효성을 가질 수 있으나 장기간이 소요되며, 문화의 경우는 수단이라기보다는 안전수준이 향상된 결과에 가까운 대책이다. **따라서 단기간에 실질적인 효력을 발휘할 수 있는 방법은 정교하게 설계된 제도를 통해서 조직과 개인의 행태를 바람직한 방향으로 변화시키는 것으로서, 강력한 제도로 문화를 바꾼 싱가포르의 경우가 좋은 사례가 될 수 있다.** 시민의 집단적 노력이 개선의 동기가 될 수는 있으나, 실효성 있는 제도가 없이 시장이나 개인이 먼저 변하기를 기대할 수 없기에 시장의 실패도 근원은 제도의 실패로 귀결될 수밖에 없다. 30여년의 노력에도 불구하고 건설사고를 노력만큼, 시간이 흐른 만큼 줄이지 못한 근본 이유는 제도가 핵심을 비켜가 실효성이 없었기 때문으로 볼 수 있다.

안전대책은 제도와 정책을 통해서 구현된다. 제도는 법률로 정한 정책이라 할 수 있는데, 기존의 국가적 사고는 대부분 제도가 제대로 작동하지 않았고 그 이유는 정부가 관련 제도에 경제주체들의 생리를 제대로 반영하지 못했기 때문이다. 사회적 문제의 해결 방법을 논의할 때

결국은 제도와 사람 중 무엇이 먼저인가라는 논쟁에 도달하게 된다. 이는 아무리 좋은 제도라도 사람이 제대로 운용을 하지 않으면 소용이 없기 때문이다. 하지만 제도의 적정 이행 여부 이전에 제도 자체에 결함은 없는지부터 확인하는 제도적 접근을 우선할 필요가 있다. 실효성 있는 제도가 사고예방의 관건이라면 당연히 제도의 주체인 국가, 정부, 담당부서, 공무원의 순으로 제 역할을 할 수 없었던 요인들에 대한 성찰이 필요하다.

건설생산시스템과 참여자의 역할

건설기술자라면 상식에 속하는 내용이지만 비건설인 특히 어쩌다 한번 발주자가 되는 민간은 대부분 건설사업 생애주기 전 과정에 비전문가이다. 심각한 것은 작업안전을 담당하는 공무원들이 건설산업의 생리와 실제 수행방식을 학습할 기회가 부족하다는 것이다. 이러한 이유로 건설산업과 건설사업의 전체상을 간략히 정리하였다. 대부분 건설인들이 자신의 업역과 역할에 관한 사항에 대해서는 비교적 잘 인지하고 있지만 전체상은 보지 못하는 경우가 많다. 또 하나는 건설생산시스템을 알고는 있지만 사고방지와 같은 구체적인 문제를 해결할 때는 전체상을 들여다보지 않고 있다. 지엽적인 안전대책이 반복되는 중요한 이유 중의 하나이다.

안전도 건설사업의 생애주기와 수행방식 속에 존재하므로 큰 그림을 먼저 보아야 한다. 단위 건설사업은 유형과 규모에 무관하게 기획, 타당성 조사, 설계, 조달구매, 시공감리, 사용, 해체의 과정을 밟는다(**그림 4.1**). 하지만 사고원인과 안전대책을 논의할 때는 시공 이전 단계가 간과되기 일쑤이다. 해체단계도 최근에 자주 발생한 해체공사장 사고로 제도가 정비되고 있다. 천재성天才性이란 전체상을 보려는 노력이라고 한다. 문제를 올바로 해결하려면 먼저 전체상을 볼 수 있어야 한다.

그림에 건설사업의 수행 방식은 대표적인 업역만 표시한 것으로서 실제 수행방식은 개별 건설사업마다 다양한 양상을 갖는다. 발주자만 예를 들더라도 전통적인 건설사업의 소유 방식 외에도 SPCSpecial Paper Company, 사업시행자, 파트너링Partnering 등 다양한 유형의 발주자가 있어 건설사업의 유형별로 발주자 책임도 명확히 할 필요가 있다. 영국에서는 발주자를 '사업의 수행으로 이익을 취하는 자any person for whom a project is carried out'로 정의하고 있다.

건설생산시스템의 차원

건설사업의 생애주기를 수행하는 생산방식이 건설생산시스템이다. 건설생산시스템의 차원을 나누면 단위 사업, 건설산업, 전산업, 정부 정책의 4차원으로 구분할 수 있다(**그림 4.2**). 하나의 건설사업에는 무수하게 많은 외부 조건들이 작용하며 이러한 조건 하나하나가 사고요인으

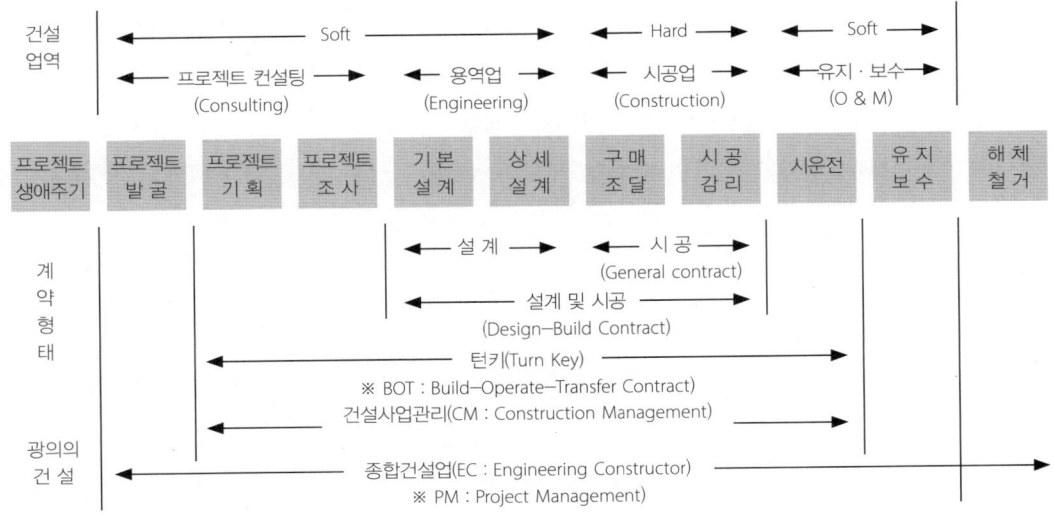

그림 4.1 건설사업의 생애주기와 수행방식

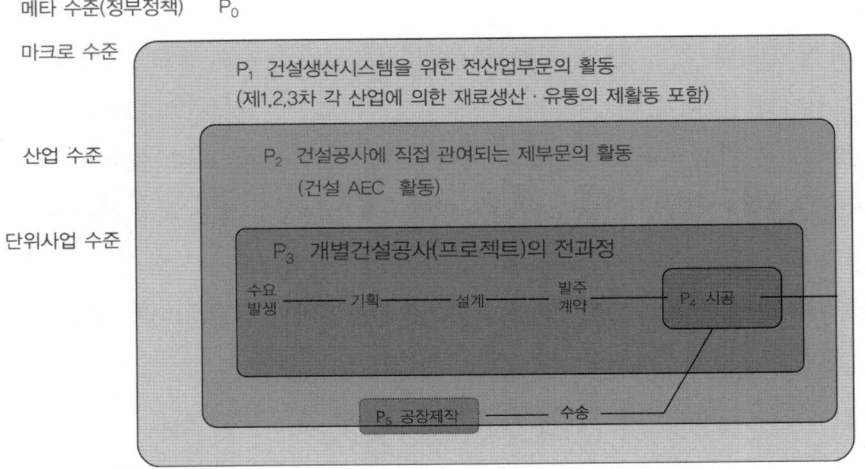

그림 4.2 건설생산시스템의 차원

로 작용할 수 있지만, 기존의 건설사고방지 대책에서는 다차원에 걸친 요인들을 종합적으로 고려하지 못하고 있다. 안전규제의 폭과 깊이는 건설생산시스템 전체를 대상으로 설계되어야 한다. **그림에서 보는 바와 같이 국가, 산업, 업종, 기업(기관), 사업주, 개인 기술자의 다차원에서 각 주체의 역할에 따라 책임과 권한이 배분되어야 한다.**

건설사고의 근원: 상부구조

건설사업에는 직간접으로 이해당사자가 다수 참여한다. 건설사업의 직접 참여자를 규율하는

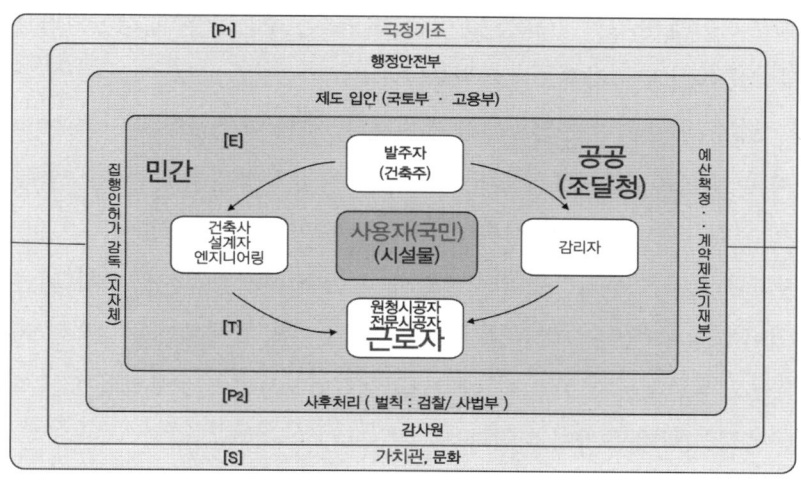

그림 4.3 PEST 관점의 건설사업 직간접 참여자

조직은 국정수반, 기획재정부와 조달청, 감시기능의 감사원, 건설사업을 직접 관장하는 국토교통부와 고용노동부 및 산하 지원 기관, 인허가 권한을 행사하는 행정안전부와 지자체, 사고 발생 시 사법 처리를 담당하는 검찰과 사법부 등 많은 국가기관들이 직접적, 간접적으로 관여한다(그림 4.3). **이중 안전에 결정적 영향을 미치는 제도는 공사비가 결정되는 입낙찰 제도다. 종합심사제 등으로 개선하고자 하나 아직 기존의 비합리적인 낙찰률을 벗어나지 못하고 있다. 기존제도에 문제가 있다면 먼저 건설사업의 상부구조에는 문제가 없는지부터 돌아보아야 한다.**

필자는 삼풍백화점 붕괴 10주기[2]와 20주기[3] 연구를 통해 PEST관점에서 건설사고가 반복되는 원인과 해결책을 정리한 바 있다. **건설사고의 근본 원인은 안전의식과 역량이 미성숙한 사회Society 속에서 직간접 이해당사자의 경제적 과욕Economy에 정치Politics가 태만/편승하여 현장에서 필요한 기술Technology이 실종되었기 때문이다. 따라서 실효성 있는 사고예방 대책은 권력자(갑)의 경제적 과욕(E)을 통제할 수 있는 장치(제도)를 정치(P)가 제대로 만들어 기술(T)을 바로 세움으로써 안전한 사회(S)를 만드는 것이다.** 이해당사자의 권한에 따라 안전책무를 합리적으로 분담시킴으로써, 위험을 전가하는 '권력(갑)'으로부터 수급자(을)와 시민을 위험으로부터 지켜야 한다. 즉, 국가의 역할은 정치(P)를 통해서 기술(T)이 필요한 곳에서 실종되지 않게 할 수 있는 환경Environment과 법제Legislation를 구현하는 것이다.

건설인은 간과하고 비건설인은 모르는 건설산업 속성

앞에서 건설사업의 생애주기, 건설생산체계의 차원, 그리고 직간접 참여자를 그림으로 제시하였다. 건설사업 수행방식과 건설산업의 생리에 부합하는 제도를 운영하기 위해서는 우선 제조업과 건설업의 차이에 유의할 필요가 있다. 건설사업은 주문에 의해 생산되며 생산공장(공사현장)의 주인과 소유자가 발주자라는 것이다(표 4.1).

제조공장과 건설공장(현장)의 운영방식은 정반대다. 우선 제조공장은 사업주가 모든 책임을 지며, 협력업체의 경우도 부품만을 납품받으면 되기 때문에 품질 외에는 협력업체에 간여하거나 책임질 일이 없다. 하지만 건설공장은 발주자 소유의 부지에서 원도급자가 공장을 세워 협력업체를 동원하여 공장을 운영하는 방식으로서, 모든 의사결정권한을 행사하는 발주자가 최종 사업주가 된다(그림 4.4). 이는 비건설인이 간과하기 쉬운 건설사업의 고유한 속성으로서 근로자와 직접적인 고용관계를 전제로 한 산업안전보건법에서는 건설사업의 모든 이해당사자를 규율하는 데 근본적인 한계를 가지고 있다.

건설작업의 안전관리를 어렵게 하는 근본적 장애요인은 건설공사의 일시성temporary과 높은 유동성mobile이다. 하지만 이러한 속성은 기술과 관리로 제어해야 할 대상이지 사고의 핑계가 될 수 없다. 사망사고도 인위적 사건이기에 조직적 살인kill으로 간주되며 작업자가 살해되었다

표 4.1 제조업과 건설업의 생산방식 비교

구분	제조업	건설업
공장주인	사업주	발주자
수요자(고객)	일반인	발주자
생산방식	시장생산	주문생산
관리 분야	품질관리	총괄관리
관리 방식	간접	간접
노사관계	단일	복수 · 다단계
산안법상 사업주	단일 사업주	복수사업주

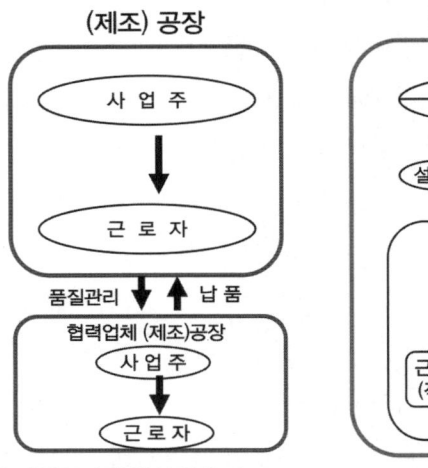

그림 4.4 제조공장과 건설공장의 생산체계 비교

표 4.2 제조공장과 건설현장의 3E 측면 비교

구분	제조공장	건설현장
기술 Engineering	• 고용기간, 인원, 수준이 고정적 • 자료수집, 정리 및 대책수립의 지속성 유지 • 안전관리 대상이 고정적	• 고용기간, 인원, 수준이 유동적 • 한시적 작업으로 공사마다 새로 작성 필요 • 공정이 다양하며 유동적
교육 Education	• 소속감, 교육 등 효과적 • 노동조합의 구성 가능 • 안전에 대한 의식고취 능동적	• 일용직이 대부분으로 교육 어려움 • 외부 노동조합의 간여
규제 Enforcenment	• 지휘체계의 일원화로 관리용이 • 자체조직으로 규제 가능 • 환경 조절이 가능한 옥내 작업	• 다단계 하도급으로 독려 한계 • 자연에 노출된 작업환경 • 구조물 자체가 안전의 대상

고killed 표현한다. 건설현장은 생성과 소멸을 반복하며, 기술지원 대상이 끊임없이 변한다. 따라서 공정의 진척에 따라 근로자가 수시로 바뀌어 기술지원의 효용에도 한계가 있다. 나아가서 다수의 이행관계자와 시공회사의 영향력의 한계, 발주자, 설계자, 감리자, 일반건설업체, 전문 건설업체 등 다수 이해당사자의 상호작용도 조정이 용이하지 않다. 전통적인 사고방지 접근 방식인 3E 측면에서도 전혀 다른 접근이 필요하다(**표 4.2**). 건설사업의 안전수준은 설계단계에서 대부분 결정되며, 공사현장의 안전수준은 원수급자의 수준으로 결정된다. 즉, 공사현장의 안전 수준은 공사 착공 이전에 설계와 원수급자 선정으로 결정되나 기존의 대책은 실효성이 부족한 한시적이고 유동적인 공사현장에만 집중되고 있다.

　작업방법의 차이를 근로자의 이동과 자재의 이동 관점에서 보면 제조공장과 건설현장은 생산 방식이 정반대이다. 건설현장의 경우는 공사목적물이 최종 위치가 지정되어 있어 작업자와 장비 등 제반 물품이 이동해야 하는 반면에, 제조공장의 경우는 작업자나 설비는 고정된 상태에서 최종 상품이 이동하면서 만들어진다. 따라서 수시로 변화하는 건설작업을 직접적인 감시와 감독으로 해결하려 하는 것은 매우 비효율적인 방법으로서, 이제까지의 성과가 이를 증명해주고 있다.

　건설사업의 안전관리에는 전체 건설사업관리의 한 부분으로서 생애주기에 걸쳐 이해당사자 모두가 참여해야 한다. 건설사고를 효과적으로 방지하려면 공사를 직접 이행해야 할 수급자의 선정이 매우 중요하나 실무에서는 아직 중요도에 비해 고려가 미흡한 것으로 보인다. 건설사업의 단계별 안전관리 요점은 **표 4.3**과 같다. 표에 기술한 바와 같이 건설사업의 안전관리 요점 9단계 중 7단계가 시공 이전의 안전관리활동임에 유의할 필요가 있다. **이중에서도 설계, 공사계획, 발주계획의 세 단계가 결정적으로 중요하며, 이 단계에서 수급인에 대한 기대치(역량 기준)를 명확히 해야 한다.** 안전점검이 중요한 활동이기는 하지만, 시공 이전단계에서 계획과 준비가 불충분한데 시시각각으로 상황이 변하는 건설작업의 안전을 점검을 통해서 확보하고자 하는 접근은 정

표 4.3 건설사업의 단계별 안전관리 요점

단계	안전관리 요점	주요 점검 항목	주요 안전관리 활동
기획	• 위험요인의 확인	• 안전상 검토가 필요한 항목은? • 기획단계에 영향을 미치는 안전관리 대상은?	• 공사에 수반되는 주요한 위험 확인
타당성 검토	• 정성적 안전성 평가(각 공사조건에 수반되는 안전관리항목의 확인)	각 공사조건에 대하여 • 어떤 것들이 잘못될 가능성이 있는가? • 잘못될 경우 어떤 결과가 초래될 것인가? • 대안에는 어떤 것들이 있는가? • 이러한 사고는 예방할 수 있는가? • 비상시 계획은 있는가? • 이러한 문제들은 통제 가능한가?	• 주요한 위험의 제어가 가능한 지식에 근거한 공사의 선정
설계	• 상세한 안전성평가 및 평가의 정량화	• 확인된 위험성은 제거 또는 경감 가능한가? • 어떤 도급자가 안전상 기본적 요건을 충족시키면서 공사를 수행할 능력이 있는가?	• 안전의 구체적 정의 • 도급자 사전 자격심사
공사 계획	• 공사안전관리 대상의 명확화와 안전관리 절차 개발	• 이 공사를 효과적으로 수행하는데 어떤 안전관리시스템이 필요한가? • 공사 도중에 도급자의 이행여부를 감사 및 측정하는데 어떤 평가기준이 필요한가?	• 세부적인 공사 안전 계획
발주 계획	• 도급형식 결정 공정의 그룹화 • 안전도급전략 개발	• 안전도급전략 개발 • 공사계획의 목표를 충족시키기 위해서는 어떤 도급전략이 채택되어야 하는가? • 공사는 어떻게 구분할 것이며 안전관리에는 어떤 영향을 미치는가? • 선정된 도급전략은 공사계획에 유효한가?	• 안전도급 계획
입찰	• 입찰용 안전평가기준의 개발	• 공사에 중요한 안전 요소는? • 안전기준에 대한 입찰 내용은 어떻게 평가되어야 하는가? • 입찰할 사전심사를 통과한 도급자는?	• 입찰내용에 대한 안전평가기준의 구체화 • 입찰자격심사 명부
도급자 선정	• 입찰자 안전계획의 평가	• 입찰자 안전계획은 공사조건을 만족하는가? • 입찰자는 공사의 안전상 요구에 타당하게 비용을 산정하였는가? 입찰자가 현재 요건을 충족시키지 못하고 있다면, 앞으로 충족시키는 것은 가능한가? 비용은?	• 도급자 선정. 도급안전 계획의 합의
시공	• 도급자 안전이행의 감시 • 안전관리시스템의 검토	• 도급자는 안전계약의무를 준수하고 있는가? • 시정조치는 필요치 않은가? • 평가시스템은 공사에 유효한가? • 안전관리시스템의 조정은 필요치 않은가?	• 도급자의 안전이행의 측정 및 감독 • 도급자 안전활동의 세부적 조정
평가	• 공사 전과정의 안전관리 평가	• 안전계획은 공사목표를 달성하였는가? • 안전관리는 더 개선될 수 없는가?	• 학습. 절차 및 안전방침의 갱신

체된 사고 통계가 사사하는 바와 같이 효과적인 대책으로 보기 어렵다.

건설사고의 근본 원인은 전체상全體象에서 도출되어야 한다

실제 건설산업의 생리는 눈에 보이는 제도로 움직이는 표면 질서와 제도의 이면에 작용하는

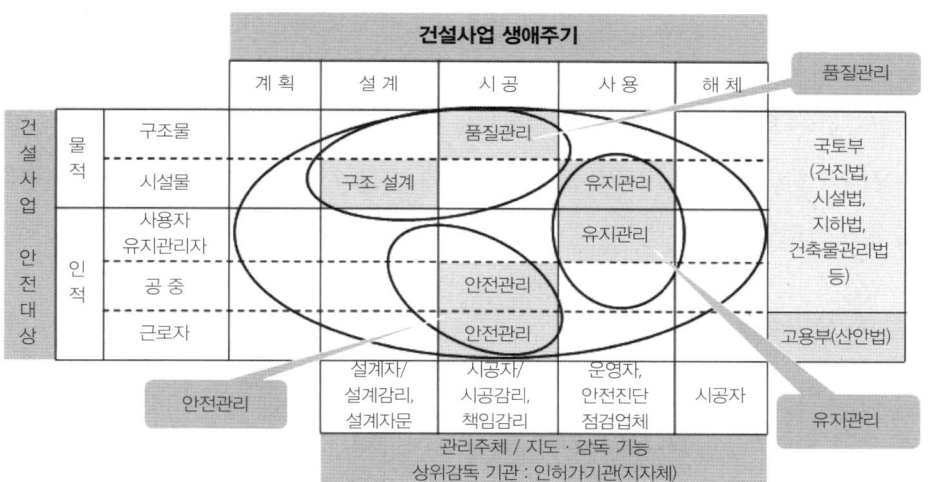

그림 4.5 건설사업 생애주기와 안전관리 대상별 영역

이면 질서의 측면에서 살펴볼 필요가 있다. 건설사고는 이면 질서가 표면 질서의 취지를 약화시키거나 무력화시키는 데서 발생한다. 안전을 저해하는 건설산업의 부정적 관행을 해소해야 사고방지를 위한 제도가 본래의 기능을 발휘할 수 있다. 따라서 건설사고의 원인은 표면 질서의 부적절한 이행뿐만 아니라 이면 질서의 부정적인 영향을 동시에 고려할 필요가 있다. 실효성 있는 제도에는 생산단계별 참여자별 역할(생산활동)과 안전을 저해하는 부적정인 관행(속칭 5대 암)의 제거 또는 억제 장치가 설계되어야 한다.

건설사업에서 안전의 대상은 공사현장 근로자, 이용자, 유지관리자, 공중을 포괄하며, 생애주기에 걸쳐서 안전관리 활동이 이루어져야 한다(그림 4.5).[4]

공사 중의 품질관리도 공사 중 근로자의 보호 측면과 준공 후 이용자와 대중의 안전을 위한 것으로서 안전관리의 다른 이름이라 할 수 있다. 문제는 보호의 대상과 시설물의 생애 주기별로 안전 관련 법령이 산재해 있어, 안전관리 업무의 효과성과 효율성을 저해하고 있다는 것이다. 건설사업의 안전관리는 모든 보호 대상을 포괄하는 개념이어야 한다. 한 가지 사고요인은 근로자뿐만 아니라 모든 보호 대상에게 위험이 될 수 있기 때문이다.

3. 건설사고의 근본 원인 바로 보기

탁상공론으로 가는 길; 경제적 동기의 무시 또는 경시

건설사고를 효과적으로 예방하기 위해서는 사고의 근본 원인에 대한 올바른 진단이 선행해야 한다. 건설전문가와 실무자는 잘못된 관행을 당연하게 받아들이고 건설생산방식에 문외한 인 대부분의 안전전문가는 인지하지 못하고 지나가는 경향이 있다. 실효성이 부족한 제조업 안전관리를 답습한 근본 이유이다. **안전은 건설생산 속에 있으므로 건설생산시스템은 안전을 통합적으로 수용해야 하나 잘못된 제도의 프레임 때문에 별개의 것으로 취급되는 과정을 겪어왔다.** 제조업 방식의 안전관리를 답습하여 건설기술자는 안전의 원리에 대한 학습이 부족하고 안전전문가는 건설에 대한 이해가 부족한 문제는 개선되지 못하고 있다.

세상은 이익 즉, 경제적 동기에 따라 움직인다. 경제적 동기를 간과한 제도나 대책은 실효성을 기대하기 어렵다. 남아메리카를 점령한 스페인인들은 금을 찾는 데 혈안이었다. 원주민 추장이 하도 딱하여 물었다. **"당신들이 금에 열광하는 이유가 무엇인가?" 에르난 코르테스(1519)는 "나와 내 동료들은 금으로만 나을 수 있는 마음의 병을 앓고 있기 때문이다."라고 대답하였다.**[5] 자본주의의 정점이라 수 있는 신자유시대에 살고 있는 현대인은 재물에 대한 욕심이 결코 에르난 코르테스보다 덜하지 않을 것이다. 하지만 거의 모든 제도나 정책에서 '금으로만 나을 수 있는 마음의 병'은 별로 고려되지 못하고 있다. 제도는 만들면 지켜지는 것으로 착각하고, 단속하면 지켜질 것으로 여기는 경향이 있다. 개인이건 조직이건 정서적 가치를 포함하여 목적을 최소의 비용으로 달성하고자 하는 것은 기본 심리이다. 모든 제도나 정책에 가장 근본적으로 고려해야 할 인간의 본성이다. **경제적 동기가 간과되면 탁상공론이 될 가능성이 높다.**

나아가서 대책이나 조치가 탁상공론이 되지 않기 위해서는 현장에서 무슨 일이 벌어지고 있는지를 구체적으로 파악해야 한다. 건설현장의 경우 대부분의 안전대책이 이미 상황이 벌어진 다음에 안전점검 등 물리적인 작업의 시정에 치중하는 경향이 있다. 물리적인 상황의 수준은 대부분 원도급자 선정과 원도급자의 협력업체 선정 시 정해진다고 보아야 한다. 또한 작업상황은 중층 재하청 구조에 의한 일용직 동원 방식으로 결정된다. 따라서 이러한 동원 방식에 더 많은 관심과 관리가 필요하나 발주자나 원청사에게는 아직 사각지대로 남아 있다. 궁극적으로 공사현장의 수행방식과 작업상황은 공사비의 흐름으로 결정되나, 현장 상황과 공사비의 흐름은 별개의 사안으로 간주하여 경제적 동기의 제어에 의한 안전 확보에는 이르지 못하고 있다. 물리적 상황 이면의 경제적 동기와 공사비의 흐름을 통한 안전관리가 효과적인 관리이다.

건설사고의 근본 원인에 대한 관점의 전환

건설안전 관련 제도는 건설사고의 예방을 위한 것으로서 제도가 실효성을 갖기 위해서는 건설사고의 근본원인에 대한 올바른 진단과 인식이 절대적이다. 건설사업에는 장기간에 걸쳐 다수 이해당사자가 일회적으로 참여한다. 공급사슬망 관점에서 건설사업의 생애주기에 따른 참여자별 주요한 사고유발 요인 간의 인과관계는 매우 복잡하다〈그림 4.6〉. 이 건설사고모형이 시사하는 바는 건설사고는 공사현장에 국한된 문제가 아니라 근본원인은 찰스 패로가 말한 '진짜 위험은 소수 권력자가 다수에게 위험을 전가할 수 있게 한 불공정한 제도(책임체제)'로서 원인 제공자는 최상부 구조인 국가라는 것이다. 이러한 인과관계 중 공정관리의 CPM 방식으로 주요한 요인들을 연결하면 다음과 같은 악순환 고리로 단순화 할 수 있다. 출발점은 발주자 안전책무가 미비한 건설안전 관련 제도의 실효성 부족이며 결과는 건설사고의 반복 발생이다.

> 제도의 문제 → 발주자 안전책무 미비 → 발주자의 무리한 수익성 추구 → 부족한 공사비 및 공기 책정 → 설계자의 안전고려 미흡 → 발주자의 최저가 부적격 수급자 선정 → 시공자의 공사비 및 공기 부족 → 감리/감시 기능 미비 또는 미작동 → 부적격/부족한 인력 투입 → 공사현장 안전관리 역량 취약 → 손실 만회(비용과 기간 단축)를 위한 무리한 작업 강행 → 안전기준 미준수/불안전한 작업 조건 → 건설사고 발생

선행하는 사고요인은 발주자의 무리한 공사비와 공기 책정으로서, 여기에 역량이 부족한 시공자의 저가입찰이 맞물려 공사의 착공 이전에 사고를 야기시킬 수 있는 부적절한 공사 조건이 형성되는 구조이다. 그림은 공공공사의 경우는 기획재정부나 행정안전부 등의 국가예산 편성 및 조달제도가 이러한 요인들의 상위 사고유발 요인이며, 건설사업에 인허가를 담당하고 있는 자방자치단체의 감시 부족도 간접적인 요인으로 작용하고 있음을 보여주기 위한 것이다.

위의 건설사고 원인의 인과지도를 물류창고 화재사고에 적용해 보면 주요한 직·간접 원인으로는 가연성 자재 활용, 용접작업과 다른 작업의 혼재, 설계 및 시공기준 미흡, 비현실적인 공사비/공사기간으로 인한 무리한 돌관작업, 안전역량 부족 설계자/감리자/시공자 선정, 발주자의 기술적·관리적 한계 보완 장치 부재, 시공 이전 단계 안전관리체제 미비 등을 꼽을 수 있다.

하지만 근본원인은 다른 곳에 있다. 물류창고 투자자에게 이익을 보장하는 선에서 공사비가 결정되고 설계되므로 시공자 입장에서는 선택의 여지가 없이 공사비와 공기의 조건을 만족시켜야 한다. 물류창고의 경우는 여기에 기술적으로 해결할 수 없는 난제가 하나 더 있다. 냉동냉장창고의 특성으로 가연성 유기단열재를 사용할 수밖에 없는데, 건설작업에는 용접, 용단작업이 필수적이어서 이 두 사고요인이 만나면 대형참사로 발전하는 것이다. 최근 단열재를 무기단열재로 바꾸는 노력이 시도되고 있지만, 물류창고 화재사고 원인은 아직도 완전히 제거되지 않고 있다. 위험제어전략의 우선 순위에서 최상위 전략인 위험원의 원천적 제거가 불가능한 상태

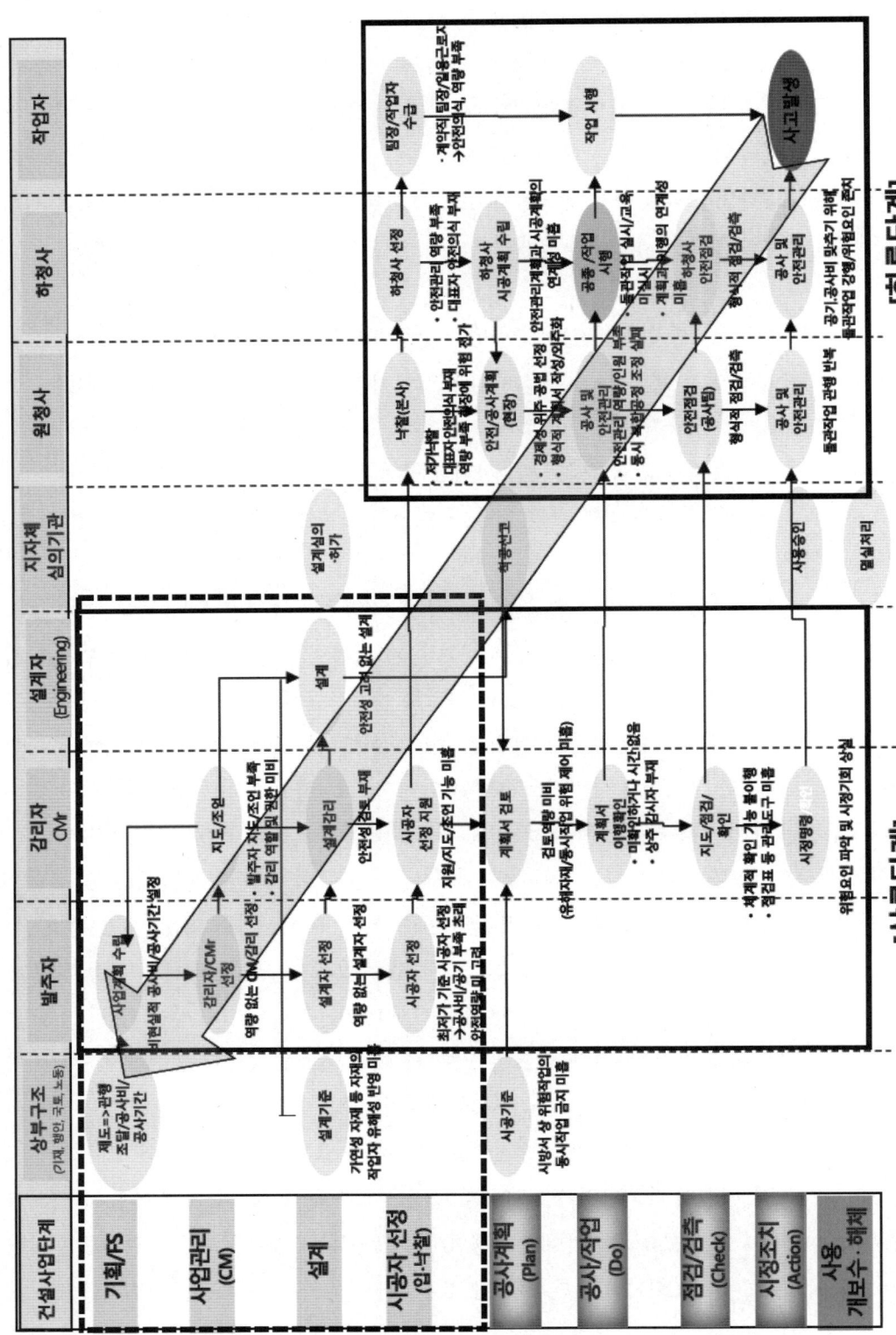

그림 4.6 건설사업의 생애주기 단계별 참여자의 사고유발요인 생성 모형

인 것이다. 물류창고의 화재는 아직 진행형으로서 '14장 건설안전의 당면 과제와 인프라 혁신'에서 다시 다루고자 한다.

건설사고 원인과 대책의 차원

합리적인 사고를 하려면 차원을 뒤섞지 말아야 한다.[6] 세상은 계층구조로 이루어져 있으며, 계층을 차원으로 본다면 각 차원 사이에는 경계가 있다. 사고의 원인에도 근본원인부터 직접원인까지 계층이 있다. 유효이론에 따라 사고방지 대책도 해당 계층에 적합할 때만이 효력을 갖는다. 올바른 대책의 수립을 위해서는 사고발생기구가 명확히 설정되어야 하며, 이 사고발생기구에 따라 사고의 근본원인분석RCA; Root Cause Analysis이 선행되어야 한다. 대책의 수준은 사고의 근본원인의 차원에 따라 결정해야 한다. 하지만 이제까지의 사고방지 대책은 원칙의 정립이 미흡했을 뿐만 아니라 대책의 차원도 명확하지 않았다. 사고의 원인에 대한 올바른 인식에는 사고원인을 계층별로 바라보는 시각이 필요하다.

사고발생기구에서 사고의 원인과 결과 중 결과는 다음 결과의 원인으로 작용함에도 이제까지 사고의 원인을 원인과 결과의 단순한 인과관계로만 간주하는 한계가 있었다. 기존의 사고발생모형은 대부분 건설사고에는 적합하지 않다. 대부분의 사고발생모형은 다차원의 인과관계로 얽힌 다수 요인간의 관계를 나타내는 데 근본적인 한계가 있다. 올바른 사고를 하려면 사고의 차원과 차원간의 경계에 대한 인식이 필요하다. 건설사고 발생기구의 차원은 기준에 따라 달리 표현될 수 있겠지만, 평택국제대교붕괴사고의 원인을 10차원으로 구분하면 다음과 같다. 결국 사고조사에서 근본원인 분석이란 10차원 이상으로 분석되어야 함을 말한다. **하지만 기존의 사고조사 및 분석은 대부분 3차원 이하인 기술적 원인 규명 단계에 머무르고 있으며, 정부 대책에서도 차원을 구분하기 어려운 경우가 대부분이었다.**

[물리적 기술 구현 단계]
- 1차원(사고 현상): 구조물 붕괴
- 2차원(사고전 물리적 현상/징후): 시공 중 및 구조물 자체의 구조적 안전성 미확보
- 3차원(요소 기술의 실종): 설계, 시공, 감리 분야별 요소기술의 구현 실패

[역량과 업무수행 조건 확보/자원조달 단계]
- 4차원(공사, 감리, 작업 차원): 참여기술자 및 현장 작업자의 역량 부족/업무수행 조건 미비
- 5차원(감리 기능 작동 미흡): 이중 감시기능(감리) 작동 미비로 오류에 대한 시정 기회 사장/감리단의 역량 부족/업무 수행 조건 미비

[건설기업 경영 단계]

- 6차원(공사, 감리, 작업의 인력 배치 및 운용 차원): 원가절감을 위한 건설기업 경영자의 부적절한 인력 배치 및 적절한 업무 수행 여건 미제공

[발주 단계]

- 7차원(공사참여자 선정과 준비): 발주자의 역량있는 설계자, 시공자, 감리자 선정 및 적정한 공사비 등 적정한 공사수행 조건 제공 실패

[재정집행제도 차원]

- 8차원(경직된 재정 집행제도의 부작용): 양 중심 재정집행 원칙 및 제도의 부작용으로 변화에 대응한 합리적 공사 수행조건 확보 곤란

[원리와 원칙의 구현 실패]

- 9차원(기존 제도적 장치의 한계): 합리적인 역할과 책임 부여 미비, 상호견제 감시장치 미비

[사고思考의 한계: 문제 접근방식의 한계성]

- 10차원: 문제의 본질에 대한 인식 부족으로 파편적 문제의 진단 및 대책

다른 건설사고와 마찬가지로 다행히 사상자가 발생하지 않아 주목을 끌지 못했지만 평택국제대교 붕괴사고의 원인도 근본을 거슬러 올라가면 아래와 같이 물리적 현상부터 근본원인까지 6단계로, 다시 각 단계별로 세분하면 10차원 이상의 사고요인이 연쇄적으로 작용한 결과이다.[7]

이제까지의 사고예방대책은 거의가 10단계 중 [1단계] 수준에 머물렀기에 2008년도와 비슷한 물류창고 화재사고가 다시 발생할 수밖에 없었다.

건설사고를 예방하려면 공사수행의 모든 단계가 정상화되어야 하며, 첫 단계인 발주자의 공사비 절감에 대한 과욕이 자제되어야 이하 단계의 정상화가 가능해질 것이다. 건설사고는 발주자의 과도한 경제적 요구와 이로 인한 수급자들의 손실 만회를 위한 과정에서 발생한 것으로서, '인간과 조직에 내재한 과도한 경제적 동기'의 제어가 필수적이다. 다시 원청사의 자원 부족은 협력업체에 전가되고, 협력업체와 소속 근로자는 손실만회를 위해 무리한 작업을 강행할 수밖에 없는 상황에 몰리게 된다. '건설안전 혁신방안'의 마련 과정에서 상위 사고요인의 중요성에 대한 인식이 명확해졌으며, 이제까지 해결되지 못한 상위의 사고요인들을 해결할 수 있는 방안으로 특별법 제정을 서두르게 된 배경이기도 하다.

이천물류센터 화재사고로 인허가 기관의 책임도 부각되고 있다. 인허가 권한에 부합하는 책임과 함께 지자체의 사고예방 노력도 강해지고 있어, 건설사업에 개입의 빈도가 증가하고 있

다. 하지만 지역건축안전센터가 건축주의 책임을 희석시키고 전축주가 부담해야 할 비용을 국가 비용으로 부담하는 것이 공정한지도 검토해야 한다. 근본적인 대책은 최종 이익귀속주체인 발주자의 책임으로 단위 건설사업 참여자 사이의 상호견제를 통해서 안전을 확보하는 것이다. 비전문 발주자를 위해서 감리기능의 안전전문가를 고용하도록 하는 것이 영국과 같은 선진국의 방식이다.

국가 조달제도와 공공부문의 불합리한 건설사업 발주

국가계약법과 총사업비 관리제도 등 공공공사 발주제도의 경직성은 안전에 최대의 적이다. 안전은 적절한 비용과 공사기간이 주어지지 않으면 확보될 수 없다. 그러나 최근까지도 비용 문제는 안전비의 계상 정도로 가볍게 여겨왔다. 공공분야 건설사업 수행 방식은 국가가 규정한 틀에 따르다 보니 적정한 비용과 공사기간을 고려할 수 없는 경직된 틀로 운영되어 왔다. 공공의 불합리한 사업비 책정 방식은 민간의 합리적인 건설사업 수행에도 영향을 미쳐왔다. 현재도 예정가의 80%를 당연하게 생각하는 모순이 시정되지 않고 있다. 민간분야의 건설사업은 발주자/건축주가 최고 의사결정권한을 행사할 수 있다. 하지만 공공분야 건설사업의 경우는 기재부, 행안부, 조달청 등 예산 편성과 입낙찰 관련 규정을 관리하는 상위 조직이 있어, 보편적 사고예방원칙의 적용에는 이러한 상위의 건설사업 발주체계를 반영할 필요가 있다.

공공건설사업 발주방식의 결정적인 불합리성은 다단계 심사를 통하여 사업비가 절반 이하 수준으로 삭감되는 데 있다. 초기 사업비 책정 시에도 비현실적인 자료인 실적공사비 적용, 그리고 이렇게 불합리하게 책정된 사업비에 다시 최저가 낙찰제를 적용한 것이다. 여기에 공사여건이 변해도 공사비를 적절하게 변경할 수 없도록 한 총사업비 관리제도 등이 공공부문의 건설을 장기에 걸쳐 취약하게 만들었다.

국가의 예산 집행과 계약 관련 법령의 경직성은 적정 공사비와 공기 확보 그리고 안전 확보에 장애를 초래하고 있다. 최근의 적정공사비를 마련하려는 노력은 누적된 불합리한 공사비 책정의 악순환을 더 이상 견딜 수 없는 한계에 도달했기 때문이다. 공공공사의 경우 현실과 괴리된 실적공사비 적용에 최저가 낙찰제가 적용됨으로써, 공사비지수, 디플레이터지수, 노무비지수, 생산자물가지수 등 공사원가는 지속적으로 상승하는 데 반하여 공사비 산정에 적용되는 실적공사비단가는 정체되거나 하락하여 적정공사비의 부족은 건설사고의 근원이 되어왔기 때문이다. 안전역량 조달의 전제가 되는 적정 공사비의 확보는 건설사고 예방에 가장 근원적인 과제이다(그림 4.7, 그림 4.8).[8]

총사업비관리제도의 경직성이 안전에 미치는 영향으로는 참여 기관과 공사비 삭감 메커니즘,

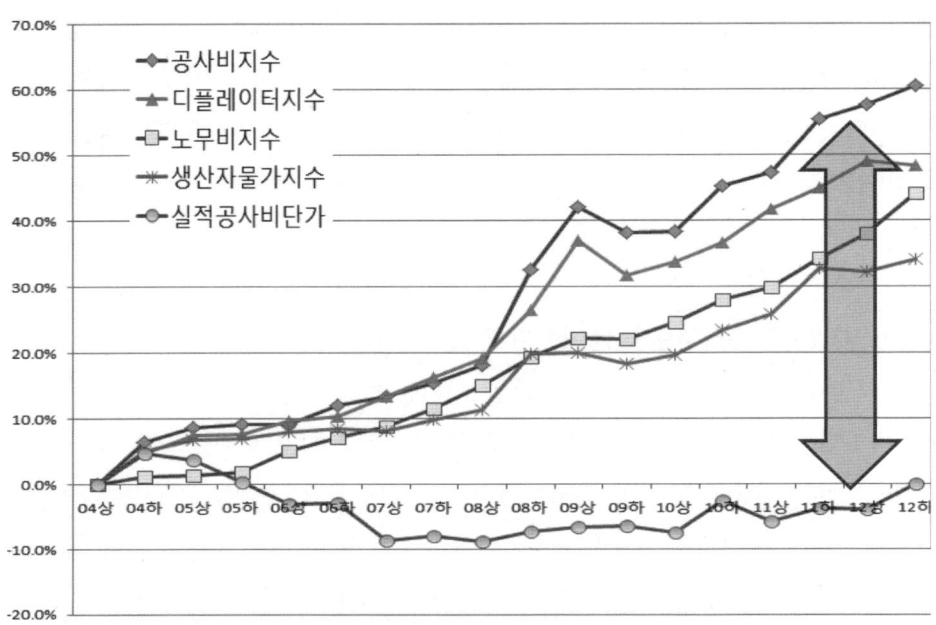

그림 4.7 건설공사비 관련 지수와 실적공사비 변동 추이

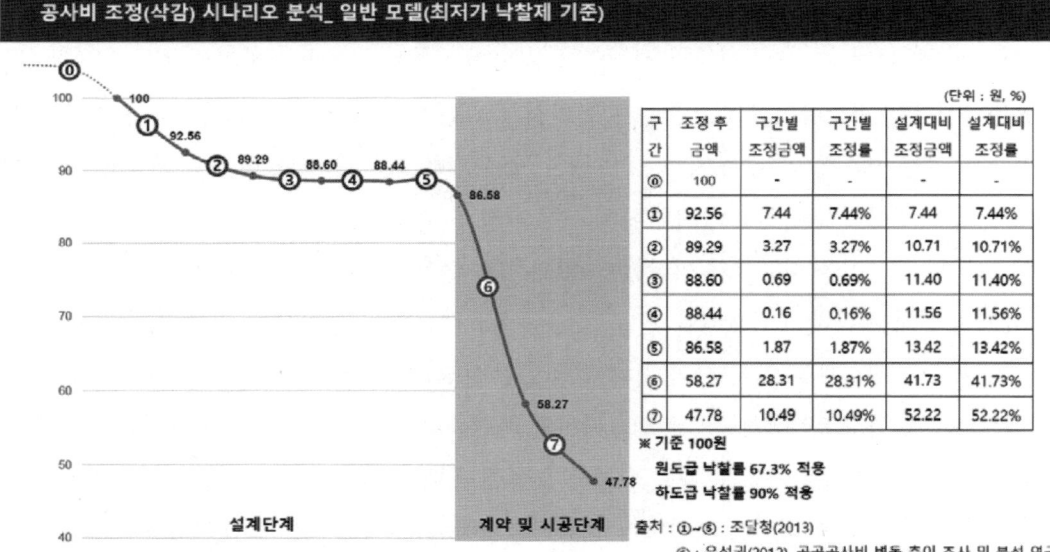

구 간	조정 후 금액	구간별 조정금액	구간별 조정률	설계대비 조정금액	설계대비 조정률
⓪	100	-	-	-	-
①	92.56	7.44	7.44%	7.44	7.44%
②	89.29	3.27	3.27%	10.71	10.71%
③	88.60	0.69	0.69%	11.40	11.40%
④	88.44	0.16	0.16%	11.56	11.56%
⑤	86.58	1.87	1.87%	13.42	13.42%
⑥	58.27	28.31	28.31%	41.73	41.73%
⑦	47.78	10.49	10.49%	52.22	52.22%

※ 기준 100원
원도급 낙찰률 67.3% 적용
하도급 낙찰률 90% 적용

출처 : ①~⑤ : 조달청(2013)
　　　⑥ : 우성권(2012), 공공공사비 변동 추이 조사 및 분석 연구
　　　⑦ : 건설기술용역 하도급관리지침 하도급 낙찰률 82% 이상

공사비 검토 단계 : 기재부 예비타당성 검토 → ①조달청 총사업비 검토→ ②발주기관 자체 조정 →
③주무부처 검토 → ④기재부 예산 검토 → ⑤발주기관 최종 검토 → ⑥원도급 계약 → ⑦하도급 계약

그림 4.8 총사업비관리제도에 의한 건설공사비의 삭감 메카니즘

공사비 조정 시나리오, 하도급까지 7차 이상의 공사비 조정(삭감) 과정 등이다. 연구에 의하면 발주 방식별 설계 대비 공사비 삭감률은 다음과 같다.[9]

- 턴키 및 대안입찰: 29.17%
- 일반모델(수의계약): 30.05%
- 일반모델(적격심사): 33.69%
- 일반모델(최저가 낙찰제): 55.22%

공공부문에서 장기간 지속된 비합리적인 공사발주 방식은 마지막 수급자인 전문건설사를 사라지게 하였으며, 이 과정에서 건설기능인은 생명의 위협을 감수하며 일해야 했음에도 상위 의사결정권자들은 예산 절감만을 최고의 성과로 치부해왔다. 나아가서 공사비나 용역의 비용을 산정할 때도 순수하게 투입되는 인원이나 기간만 고려하였지 준비나 대기에 필요한 간접비는 비용산정의 대상이 아니었다. **피터 F. 드러커 교수는 '이윤은 사업을 계속하기 위한 비용'으로 정의했다.** 그럼에도 공공부문에서 이러한 비용에 대한 인식은 미흡하여 공공사업의 수행을 통하여 민간기업이 발전하기는 어려웠으며 종사자의 복지는 더 말할 나위가 없었다.

공공부문과 민간부문을 막론하고 건설사업의 안전관리활동이 실효성을 확보하려면 개별 법령에서 미흡하거나 누락된 기능을 보강하여 타 법령에서 규정되고 있는 안전기능이 제대로 수행될 수 있도록 해야 한다. 공공부문의 경우 공사비와 공기 산정 방식, 실적공사비 등의 적용에 따른 시장단가와의 괴리를 해소하여야 한다. 나아가서 공사비와 공기에 공사조건의 변동을 합리적으로 반영할 수 있는 유연한 조달제도가 되어야 한다. 앞에서 소개한 시드니 오페라 하우스나 스코틀랜드 의회 청사의 사례는 건설사업에서 계획과 설계단계의 중요성과 함께 착공 이후 공사조건의 변동에도 유연하게 대응할 수 있는 제도여야 함을 시사한다.

생산과 안전은 하나다

건설이 있어야 안전도 있기에 절대불변의 안전관리 원칙은 생산과 안전은 하나라는 것이다. **안전의 이상향은 외부의 개입이 없이도 생산라인이 생산과정에서 실천하는 자율안전이다.** 표면상으로 그럴듯한 안전전담자 선임의 강화가 오히려 본래 라인 상의 안전관리 기능을 취약하게 하고 있음이 간과되고 있다. 안전 참모는 감리조직에 보내고 현장에는 실질적으로 안전활동을 해야 할 공사팀을 보강하게 하여 공사와 안전이 분리되지 않도록 해야 한다. 건설사업의 안전관리가 바로 서려면 안전관리자 제도는 발주자가 선임하는 안전조정자로 통합하여 명실상부하게 제3자감시 역할을 수행하게 하여야 한다.

모든 안전조치는 작업안에 내재화시켜야 건너뛰는 법이 없이 제대로 작동될 수 있다. 건설작업은 최종구조물이 설계되면 설계 내용에 따라 구법과 공법이 결정되며, 구법과 공법이 선정되면 공정, 원가, 품질 및 안전은 자동으로 결정된다. 다른 관리분야와 마찬가지로 모든 운전이 안전운전이어야 하듯이 작업안전도 결코 작업과 분리될 수 없으며 분리되면 실패할 가능성이 높아진다. '작업'은 '(안전)작업'을 의미하여 작업 안에는 이미 안전의 의미가 포함되어 있는 것이다. 모든 안전조치는 생산작업 과정에서 자연스럽게 이행되어야 제대로 된 안전이다.

하지만 잘못 설계된 제도와 전문성이 부족한 사람들에 의한 잘못된 감독 방식, 전문성이 부족한 현장의 안전전문가들이 현장의 공사팀을 호도하여 공사팀이 이행해야 할 제반 안전조치를 안전팀의 일로 오인하게 만들었다. 결국 정책적으로 건설현장의 안전을 독려한 지가 30여 년이 넘었음에도 대부분의 건설사에서 공사팀의 안전 역량은 크게 나아지지 않았다. 대부분의 안전팀도 시공법 등 건설시공기술에 대한 이해가 부족한 상태임에도 이러한 부정적인 경향 또한 개선되지 않고 있다.

공사팀의 안전 역량이 성숙되지 못한 요인 중의 하나는 안전관리계획서제도(유해위험방지계획서와 안전관리계획서)로서, 계획서 작성을 외부에 의존하게 함으로써 건설기술자의 핵심 역량이어야 할 계획서 작성 능력은 향상되지 못했다. 결국 이천 물류창고 화재사고처럼 계획서 작성 대상 현장이 계획서 작성 의무가 없는 현장보다 더 안전해졌다는 근거는 찾아보기 힘들다. 계획서 제도의 문제점에 대해서는 '11장 종합건설사의 안전경영 혁신'에서 다시 구체적으로 기술하고자 한다.

기술안전과 작업안전은 통합되어야 한다

건설사업관리CM; Construction Management & Engineering의 4대 목표와 활동은 품질관리, 공정관리, 원가관리, 안전관리로서, 여기에 환경관리, 민원관리 등을 추가할 수 있다. 건설공사관리의 모든 분야는 상호의존적 유기적 관계로서 어느 한 분야의 부실은 다른 분야의 동반 부실을 초래한다. 예를 들면, 안전관리가 부실하면 불안정한 작업으로 인한 품질 저하, 재시공, 원가 상승, 위험작업 증가, 작업시간 증가 등 다른 분야 모두에 영향을 미친다. 품질관리를 잘못하면 재시공, 위험장소 2회 작업, 불필요한 작업의 시행, 공사 기간 소모로 안전, 원가, 공기 등에 영향을 미친다. 공정관리를 잘못하면 공기 부족으로 돌관작업, 야간작업, 연장작업 등을 할 수밖에 없어 인건비 상승, 야간작업 및 과로로 인한 사고 위험, 품질저하 등 원가, 안전, 품질에 영향을 미친다. 마지막으로 원가관리를 잘못하면 불필요한 추가 비용을 발생시키며 발주시 현장설명이나 계약조건의 불명확으로 공사 중에 소위 말하는 '서비스 공사' 내지는 '단가에 포함'이라는 것은 적정 수익을 예상하고 입찰한 전문업체에 손실을 발생시킴으로써, 부족한 원가는 협력업체의 급속시공으로 품질 저하, 재시공 등 안전관리 부실의 경우와 유사한 결과를 초래하게 된다. 공사관리 4대 분야는 결코 분리될 수 없다 (그림 4.9). 그림에서 안전은 보건과 환경을 포괄하는 의미로 사용하였다.

우리나라의 건설안전제도는 작업안전을 규율하는 산업안전보건법과 작업안전 이전단계에서 기술안전을 규율하는 건설기술진흥법으로 양분되어 있다. 건설안전특별법 제정 노력은 생산기술을 촉진하기 위한 건설기술진흥법으로부터 안전관련 규정을 분리시

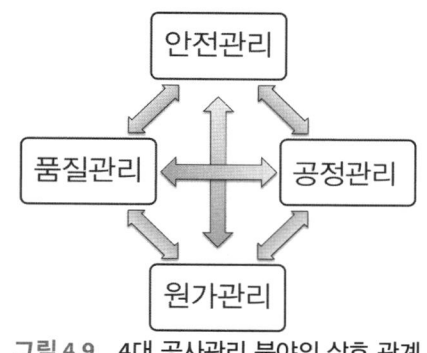

그림 4.9　4대 공사관리 분야의 상호 관계

키기 위한 것이다. 부처별 고유 역할로 인하여 따로 관리되고 있는 기술안전과 작업안전은 개별 건설사업 차원에서는 일원화된 체제로 이행이 가능하도록 통합되어야 한다.

건설사업 수행 방식의 정상화

건설사고를 효과적으로 예방하려면 중대재해처벌법에서 요구하는 체계systems 구축 이전에 안전관리 체제structure/organization의 정비가 선행되어야 한다. 안전활동은 안전조직으로부터 시작되며, 건설사업의 안전관리체제는 참여자의 의사결정권한에 따라 책임이 합리적으로 분담된 것이어야 한다. 즉, 건설사업의 안전관리체제의 정점에는 최고 의사결정권자인 발주자가 위치해야 한다. 최근의 노력으로 발주자에게도 안전책임이 부과되었지만 아직 완벽하게 구현되지는 못하고 있다. 전부 개정된 산업안전보건법이나 건설기술진흥법 등에서의 참여자에 대한 안전책임은 아직 합리적이지 못하며, 법의 취지와 다르게 운용되거나 감독되는 측면도 있다. 산업안전보건법에 규정된 제조공장용 안전관리자 중심의 안전관리체제를 잘 들여다 보면 근본적인 한계를 감지할 수 있을 것이다.

건설사업의 안전관리체제 즉, 참여자 사이의 책임이 합리화되어야 발주자가 유발하는 건설사업의 실패 요인이 제거될 수 있다. 건설사업 발주자는 해당 건설사업에 대해 모든 권한을 행사한다. 건설사고의 시발점은 발주자의 무리한 공사비와 공기 책정으로서, 여기에 역량이 부족한 시공자의 저가입찰이 맞물려 공사의 착공 이전에 사고를 야기시킬 수 있는 부적절한 공사조건이 생성된다. 다시 원청사의 자원 부족은 협력업체에게 전가되고, 협력업체와 소속 근로자는 손실 만회를 위해 무리한 작업을 강행할 수밖에 없는 상황에 몰리게 된다. 다음과 같은 발주자의 잘못된 권한 행사는 건설사업의 주요한 실패 요인이자 하류 단계의 사고유발 요인으로 작용한다.[10]

- 비현실적이거나 불명확한 사업 내용, 범위, 예산, 기간
- 사업기획 및 설계의 지연
- 설계/시공단계에서 사업 범위와 예산의 변경
- 사업 참여자 사이의 협력관계 구축 실패
- 부적합한 설계자, 엔지니어, 시공자 등 선정
- 설계 착오 및 누락
- 잦은 설계 변경
- 설계 및 조달 지연으로 적정 공기 미확보
- 최저가 위주의 낙찰자 선정
- 사업 진행 상황에 대한 정확한 진단 실패
- 수급자에게 무리한 요구(불공정 거래) 등

현상 대응형에서 근본원인 제거형으로 패러다임 전환

기존 건설안전 제도와 정책은 공사단계, 그중에서도 원수급자의 현장 상황의 개선에 초점이 맞추어진 관계로 현장의 공사조건을 결정하는 공사이전 단계의 상위 사고유발 요인들을 제거하는 데는 근본적인 한계가 있었다. **따라서 향후의 건설사고예방 대책은 공사현장 중심의 현상 대응형 접근에서 공사이전 단계에서 적정한 공사조건을 확보하는 근본원인 제거형 접근으로 패러다임의 전환이 시급하다.**

건설사고를 체계적으로 예방하려면 부정적 영향을 강화시키는 각 단계의 사고요인을 긍정적 영향을 가져오는 선순환으로 전환시켜야 한다. 하지만 기존의 건설안전 관련 제도는 좌측의 하류단계에 치중하여 우측의 상류단계에서 발생하는 사고요인을 효과적으로 제어하지 못하였다. 결과적으로 작업자의 부주의 즉, 불안전한 행동이 사고의 원인으로 치부되는 오류를 범하게 되었다. 의도적인 극히 예외적인 상황을 제외하고는 **작업자는 주어진 작업여건에서 최선의 의사결정을 한 결과로서, 작업자의 실수를 탓하기 전에 주어진 작업조건에 불안전한 행동이나 실수를 유발할 요소가 없었는지를 먼저 파악하는 것이 원칙이다.** 관건은 기존 건설사업 수행방식을 발주자부터 적정한 공사조건을 제공하는 방식으로 무게중심의 상류단계로 이동이 필요하다. 즉, 앞에서 사고가 발생하는 악순환 구조를 선순환 구조로 전환시켜야 하며, 전환의 키는 좌축 상단의 상부구조 개혁에 있다(**그림 4.10**).

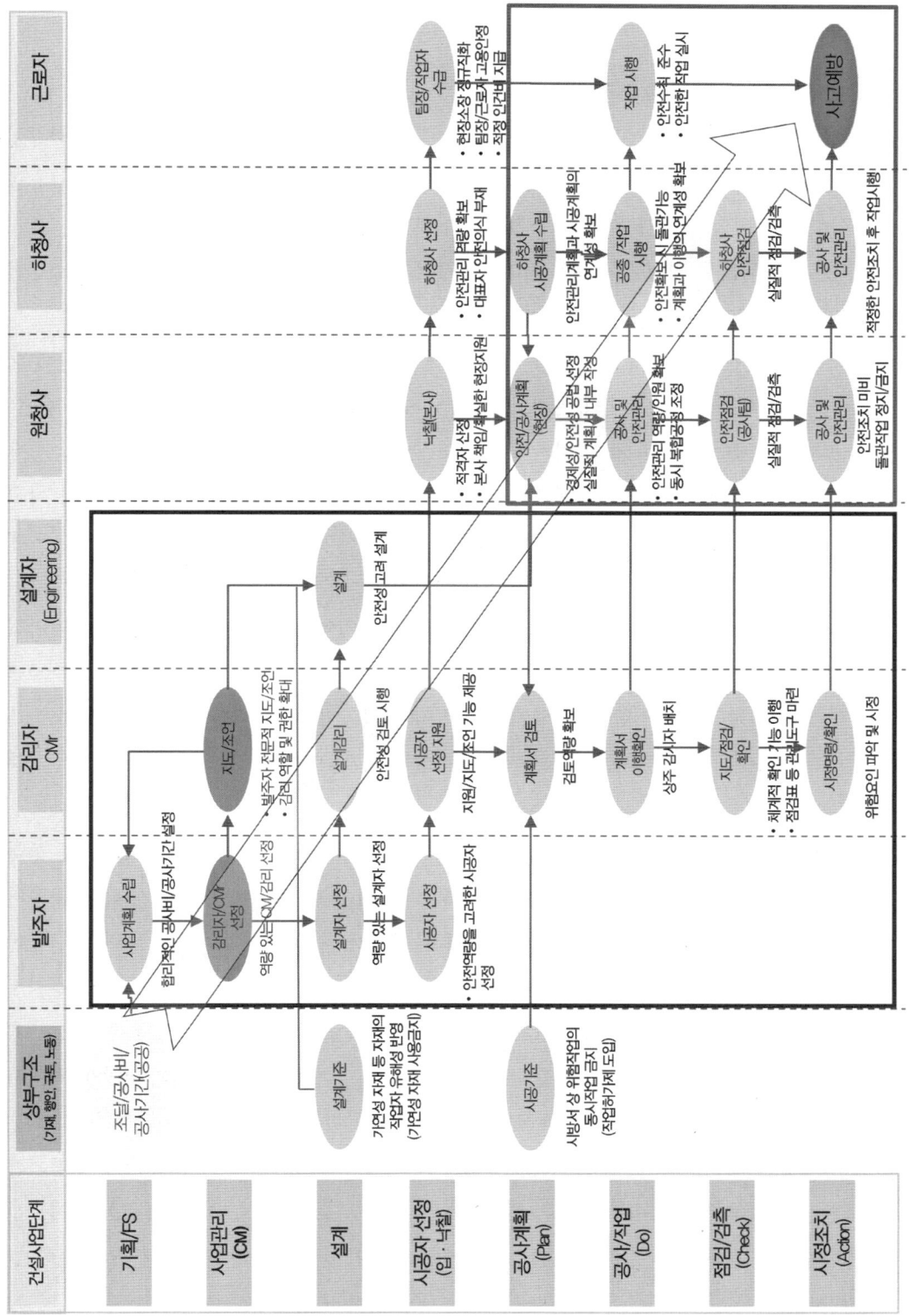

그림 4.10 참여자별 건설사고 방지 선순환 역할

4. 제조업 방식 건설안전제도의 한계

산업안전보건법의 탄생 배경과 근본적 결함

열심히 노력해도 기존의 건설안전 제도와 정책의 실효성이 미흡했던 근본 원인은 산업안전보건법 자체의 내재적 한계에서 비롯된 것이다. 제조업과는 생산방식이 반대인 건설산업의 속성에 적합하게 안전의 원리와 원칙이 구현되지 못한 제도와 정책은 효과성을 담보할 수 없다. **하지만 기존의 오류들을 당연한 것으로 받아들이면서 개선 방안을 찾으려 하기 때문에 실효성을 저해하는 잘못된 전제는 계속 간과되고 있다.**

대부분의 건설관련 제도에서 사고사망자가 빈발하는 소규모 건설기업과 중소규모 공사에 대한 규제력이 미흡하다. 정체 상태인 사고사망만인율과 같이 기존 제도로는 빈부격차보다 큰 상하위 원청건설사 사이의 안전 역량 격차를 해소하지 못하고 있다. 이는 안전관련 제도나 정책이 공공과 민간, 공사규모별, 도급순위별, 원하청 등으로 구분하여 접근함으로써 일관된 사고예방원칙이 구현되지 못하고 있기 때문이다. 최근에 기획재정부의 노력으로 개선되어가는 중이지만 공공부문의 불합리한 재정집행제도는 민간부문에도 부정적인 영향을 미쳐왔다.

다른 나라의 노동안전분야 발전 과정을 보면, 영국의 산업혁명을 계기로 청소년과 부녀자의 열악한 작업 조건 개선에서 출발하여 공장법 등 관련 법령과 조직의 설립을 시작으로, 1990년대 초반과 중반에 전문가의 배출과 함께 많은 발전이 있었다. 이하에서는 산업안전보건법에 내재된 근원적 오류이자 간과된 잘못된 전제들을 제정부터 개정 이력, 최근의 전부 개정까지 개괄하였다.

우리나라의 산업안전의 역사와 수준을 유럽의 200여 년이 넘는 역사와 비교하는 것은 무리가 있을 수 있으나, 여러 지표로 볼 때 소득수준의 증가에 비해 후진국 수준에 있음은 분명하다. 소득 수준에 걸맞는 안전수준의 향상을 위해서는 국가 차원에서 효과적인 노력이 필요한데, 세월호 참사, 메르스 사태 등을 계기로 최근 정부에서 국민생명지키기를 국정 과제로 추진하면서, 사업주와 발주자 책임의 강화, 위험의 외주화 억제 등의 정책이 강도높게 추진되고 있다. 이 중에서도 공공기관 작업장 안전강화 대책은 그동안 공기관이 방치하였던 안전을 확보하는 데 크게 기여할 것으로 판단된다. 최근의 안전대책들이 이전의 대책과 비교하여 기존의 부처 단위의 개별적 대책에서 범부처 차원의 종합적인 대책으로 발전한 것은 고무적으로 평가된다. 하지만 공조직의 경우 부분적으로 보완책이 나오기는 했으나 순환보직 인사제도로 전문성을 확보하는 데는 근본적인 한계가 있어, 향후 지속적인 안전수준의 향상에는 큰 걸림돌이 될 것으로 예상된다.

앞에서 기술한 바와 같이 한 국가의 안전수준은 국정 수반의 의식에서 출발하며 실질적 성과는 개별 부처의 전문성에 좌우된다. 다른 나라의 사례에서 소개한 바와 같이 영국의 경우는 국제적으로 가장 낮은 사망사고율을 보이면서도 여전히 이해당사자의 책임의 명확화를 장기과제의 첫 번째 항목으로 꼽고 있다. 싱가포르도 실효성 있는 제도로 성과를 거두고 있으며, 뉴질랜드 등의 국가에서는 모든 영향 요소를 망라한 종합적인 대책을 추구하는 점 등은 향후 우리나라의 노동안전정책이 나아가야 할 방향에 참고할 만하다.

안전의 이상향은 자율안전이다. 자율 안전은 외부의 간섭이나 감시가 없이도 사업장 내에서 필요한 안전조치가 자율적으로 이행되는 상태로서 모든 사고방지 활동의 궁극적 지향점이다. 하지만 우리나라의 산업안전보건법에는 일본의 노동안전위생법[11]을 참고하고 여러 번 개정을 거쳤음에도 법의 핵심 목적인 '자율적 안전관리의 촉진'(자주적 활동의 촉진 조치를 강구하는 등)이 빠져있다. 기존의 제도와 정책이 사업장에 대한 실효성 없는 일시적 간섭을 답습하게 한 근원이기도 하다.[12] 이러한 약점은 최근의 전부 개정 산업안전보건법에서도 해소되지 못하였다. 지금도 자율안전 역량의 강화보다는 역량이 부족한 외부자에 의한 실효성 없는 점검과 단속이 반복되고 있다. 이러한 비능률적이고 비효과적인 활동의 결과가 2020년도의 사고사망만인율 증가와 같은 결과를 초래하는데 기여했다고 볼 수 있다.

산업안전보건법의 내재적 한계와 극복 방안

기존의 산업안전보건법령 중 건설업 관련 조항에 내재된 한계와 이의 극복 방안을 열거하면 다음과 같다. 첫째, 산업안전보건법은 명칭부터 합리적이지 못하다. 앞에서 기술한 바와 같이 산업안전보건법의 명칭은 노동안전보건법으로 정정되어야 한다. 최근 산업안전보건법의 전부 개정 시에도 명칭까지 개선할 것이 지적되었지만 불합리한 기존의 명칭이 고쳐지지 않았다. 산업은 영어의 산업industrial을 의미하며, 외국의 모든 국가의 노동자 보호를 위한 안전보건법의 명칭에는 '업무상occupational'이나 '일에서at work'로 하여 본래의 생산기술과 영역이 구분됨을 명확히 하고 있다. 산업안전을 노동안전의 상위개념으로 명확히 하여 작업자의 안전과 상위에 있는 기술안전과 혼돈하지 않도록 해야 한다. 용어는 사람의 사고를 규율하며 잘못 선정된 용어는 보이지 않는 지식체계의 오류로서 올바른 개념의 습득을 방해한다. 이와 병행하여 산업이라는 용어가 들어 있는 다른 용어도 함께 합리화하여 '산업재해'는 '노동재해'로, '산업재해보상보험'도 '노동재해보상보험'으로 합리화하여야 한다.

둘째, 참모로서 건설안전 전문가의 역할·책임·권한·위상·역량·선임 의무자 등도 건설사업의 특성에 적합하게 개선되어야 한다. 건설안전의 거의 모든 문제는 불합리한 안전관리체제에서 비롯되며, 문제의 핵심은 참모 역할을 담당하는 안전관리자 제도에 있다. 현재의 건설공사 안전관리체제는 이해당사자와 생산방식이 상이한 건설사업에 안전관리자 중심의 제조공장용 안전관리체제를 그대로 답습한 것이다.

산업안전보건법의 제정 초기 안전관리체제에 오류가 있어 안전관리자가 라인조직의 역할을 하도록 하여 사고가 발생할 때마다 사법 수사의 대상이 되었다. 뒤늦게 참모로 역할을 바로잡았지만 그 후유증은 지금까지 지속되어 안전관리자가 조사대상이 되어왔다. 나중에 법률의 개정으로 공사업무를 담당하는 직계조직에서 보좌, 지도, 조언, 건의 등의 참모역할로 분리되었지만, 명칭과 선임의무자로부터 부여되는 위상까지 바로잡지 못해 실제 현장에서는 참모가 아닌 공사팀의 보조원으로 전락하여 각종의 서류 작업을 도맡아 하고 있으며 **중대재해처벌으로도 처벌을 받는 상황에 이르렀다.**

노동안전보건법은 태생이 제조공장용 법으로서 원래 명칭은 대부분 공장법factory act이었음을 상기할 필요가 있다. 즉 고정적인 단일 생산체제의 제조업 공장에서 안전을 담당하는 자의 역할을 규정하기 위한 것이다. 안전관리론에서 직계식, 참모식, 혼합식 등으로 구분하는 것도 제조공장 조직에서 역할일 뿐이다. **건설사업의 경우는 발주자. 감리자/CM, 설계자, 원수급인, 하수급인 등 다수가 생산에 참여하며 공사현장은 발주자 소유이므로 제조공장용의 안전조직은 건설사업 참여자 전체로 확장되어야 하며, 참모 역할을 담당하는 안전전문가는 감리조직 안에 위치시키는 것이 건설생산시스템에 맞는 방식이다.**

안전 참모로서 안전관리자라는 명칭은 역할에 맞지 않다. 안전관리자의 역할은 참모로서 '경영자-관리자-감독자-작업자'의 라인 속에 존재하지 않는다. 안전관리자의 직무는 보좌, 지도, 조언, 순회점검, 조치 건의와 이러한 활동내용의 기록 유지이다. 따라서 라인상의 조직인 '관리자'라는 명칭은 합리적이지 못하며 실무에서 혼선을 가져오는 근본 요인으로 작용하고 있다. 하지만 실제 현장에서는 안전교육, 서류작성 등 관리감독자 역할이 훨씬 더 많다. 외국에서는 참모역할을 안전조정자, 안전관safety officer으로 불러 라인 책임자와 구별하고 있다(**표 4.4**).

표 4.4 안전전문가 명칭과 역할의 국제 비교

구분	한국	독일/EU	영국	일본
선임의무	사업주(시공자)	발주자/대리인	발주자	사업주(시공자)
대상공사	120억/150억원 이상에서 확대 중	모든 건설현장	20인, 500인 · 일, 30일 이상 공사	50명, 300인 이상 전임
자격요건	기술자격요구	특정 요건 없음	유능한 자	3년 이상 실무종사자
선임시기	착공시	기획, 설계단계	사업초기단계	시공단계
책무	지도, 조언, 보좌, 건의	조정, 점검, 감독	신고, 조정, 자문, 안전대장 관리	지도, 조언, 건의, 점검 등

우리나라의 안전관리자 제도는 일본의 제조업 방식을 답습한 것이며, 최근에 도입한 안전보건조정자 제도도 명칭은 비슷하지만 모방해온 EU의 안전조정자의 핵심 개념을 비켜가고 있다. 다른 나라의 사례에서 구체적으로 소개하겠지만 **영국의 경우 건설안전 전문가의 명칭이 초기에는 안전계획감독planning supervisor(1994)에서 안전조정자safety coordinator(2007)로, 다시 주설계자principle designer로 변경한 것에 유의하여야 한다.** 이는 안전활동의 중심이 공사현장에서 현장 이전의 설계단계로 이동한 것을 의미한다. 우리나라의 경우는 아직 안전계획 작성 단계도 정착되지 않아 영국의 1994년 체제부터 다져 나갈 필요가 있다.

안전관리자는 명칭을 안전보건조정자로 바로 잡아 시공자가 아닌 발주자가 선임하게 해야 한다. 기존의 시공자가 선임하는 방식으로는 하위직급이어서 상위의 지도, 조언, 보좌 등의 기능을 제대로 수행하기기 어렵기 때문이다. 안전전문가의 선임의무자는 건설사업의 사업주이며 사업장의 주인인 발주자가 되어야 한다. 현재와 같이 현장소장이 건설에 전문성이 부족한 안전 자격만 가진 자를 계약직으로 선임하는 방식으로는 안전참모의 역할을 기대하기 어렵다. 안전관리자의 역할도 유사한 안전보건조정자와 통합이 필요하다. **안전관리 수준이 취약한 중소규모 건설현장도 안전보건조정자의 선임으로 관리와 감독이 가능해진다.**

셋째, 전담 안전관리자만을 고집하는 경직된 운영 방식이다. 우리나라에서는 건설업의 경우 전담 안전관리자 선임 대상 공사규모 이하는 지도사, 명예산업안전감독관, 기술지도기관 지도원을 통하여 다단계 방식으로 안전전문가의 조언을 받도록 복잡한 제도를 운영하고 있다. 사고 예방을 명목으로 불시로 현장을 드나들어 생산에 불편을 초래하고 있다. 이러한 현장에서는 동기부여가 되지 않은 관계로 외부 지도를 반기지도 않으며, 지도자의 입장에서도 영향력의 발휘에 한계가 있다. 선진국의 경우는 안전전문가의 역량 기준이 단일화되어 있으며, 단지 공사규모가 작아질 경우 현장당 투입시간을 줄여 한 사람의 전문가가 복수 현장을 지도할 수 있도록 하고 있다. 역량관리체계를 통하여 건설안전 전문가의 명칭을 통합하여 역량만 되면 공사의 규모에 관계 없이 참여할 수 있게 하고, 최소한의 자격 규정 이상은 발주자가 자율로 선임하도록 시장의 기능에 맡기는 것이 자율안전관리의 원칙에 가깝다.

넷째, **안전보건조정자 역할의 한계와 중복성이다.** 앞에서 기술한 바와 같이 20여 년 전인 2000년에 규제개혁위원회에서는 유럽의 종합안전보건조정자 제도를 도입할 것을 노동부와 건설부에 **권고했다. 하지만 양 부처는 전혀 합리적이지 않은 이유를 들어 이 요구를 이행하지 않았다.** 국토교통부에서는 2013년에 도입할 기회가 있었음에도 비켜갔으며, 고용노동부에서는 2017년부터 건설업에도 유럽방식의 안전보건조정자 제도를 도입하면서 안전관리자제도는 그대로 존치시켰다(전부 개정 산업안전보건법 제68조). 안전보건조정자도 선임하게 하고 있으나, 공사금액이 50억 원 이상으로서 공사를 2개 이상으로 분리하여 발주할 경우만 적용되어 대상이 극히 제한적이다. 규제개혁위원회의 권고가 기존 안전관리자제도는 건설업에 부적합함을 인식시킨 것까지는 진전이었으나, 절호의 기회였음에도 안전관리체제를 근본적으로 개선하지는 못하였다. 건설업에서는 안전보건조정자는 안전관리자를 대체하여야 하므로, 안전관리자의 선임 의무를 폐지하는 것이 맞다. **현재와 같은 안전보건조정자의 선임 방식은 분리발주하는 일부공사에만 적용될 뿐만 아니라, 역할도 설계단계부터 참여하지 못하고 공사단계에서 수급인을 조정하는 역할에 그쳐 실질적인 감시와 감독 기능을 수행하지 못하고 있다.**

다섯째, 설계안전성 검토가 건설기술진흥법에 규정된 것도 작업안전제도의 일관성을 벗어난 것이다. 대부분의 국가에서 건설안전은 공사현장의 작업자, 시설물의 유지관리자와 공중의 안전을 위한 것으로서 작업안전의 범주에 속한다. 따라서 설계 내용에 대해 공사 중의 안전을 확보하기 위한 설계 안전성 검토도 작업안전 조치의 하나로 작업안전의 연장선상에 있다. 하지만 우리나라에서는 기존의 산업안전보건법이 공사단계 위주로 협소한 까닭에 설계자의 역할을 규정하는 데는 한계가 있어 건설기술진흥법에서 다루고 있다. 이 또한 제조업 방식 산업안전보건법의 내재적 한계에 기인한 것이다. 산업안전보건법이 영국처럼 건설사업을 제대로 수용했더라면 동일한 목적으로 두 개 부처를 상대해야 하는 불편은 없었을 것이다.

여섯째, **전부 개정에도 불구하고 산업안전보건법에 여전히 남은 장애로 속성이 다른 건설업에서 도급과 일반 도급을 동일시한 것이다.** 노동자의 생명 보호를 목적으로 하는 산업안전보건법은 사업주와 근로자 사이의 직접적인 고용관계를 전제로 한 산업혁명 시대의 공장법을 근간으로 하여, 다수 이해당사자가 참여하는 건설사업의 안전을 확보하는 데는 근본적으로 한계가 있었다. **이러한 한계를 극복하기 위하여 법을 전부 개정하여 건설업과 같은 도급사업을 별도의 장으로 분리하였지만, 건설업의 도급을 일반산업과 동일시하는 오류를 범하여 여전히 건설생산방식을 수용하지 못하고 있다.** 또한 발주자에게 안전대장을 작성하는 의무도 부여하였지만 이는 수급인들을 시켜서 해야할 일이다.

벌칙을 부과할 경우에도 건설사업 참여자별로 사고유발 요인의 경중에 따른 벌칙의 부과가 필요하다. 산업안전보건법에서 중대재해에 대한 벌칙은 7년 이하 징역 또는 1억원 이하의 벌금에 처하도록 하고 있다. 인신구속 벌칙으로 외국의 경우 미국과 일본은 6개월 이하 징역, 독일, 프랑스, 캐나다 등은 1년 이하 징역이다. 사고사망십만인율이 가장 낮은 영국의 경우는 2년 이하의 금고와 무제한의 벌금을 병과할 수 있다. 하지만 위반시 벌칙은 벌칙의 크기 이전에 벌칙의 형평성 문제가 먼저 해소되어야 한다.

건설에 부적격인 안전관리자 선임 강화의 부작용

안전관리자의 선임만 강화하면 건설사고를 줄일 수 있다는 잘못된 믿음을 버려야 한다. 원칙이 전략에 우선한다. 원칙을 거스르는 전략은 단기적으로는 효과가 있을 수 있지만 조직의 자율안전관리 역량을 신장시키는데 장애가 될 수 있다. 단기적으로 안전관리자가 없는 것보다는 나을테지만 현실에서는 공사팀의 인원과 역량을 안전관리자에게 의존하게 만들어 안전의 제1원칙인 '안전관리업무는 라인상의 업무로 생산라인조직에서 이행해야 한다'는 기본 원칙에 어긋난다. 전제가 잘못된 안전관리자의 선임을 강화하는 것은 왜곡된 건설사업 안전관리체제를 더욱 꼬이게 만들고 있다. 안전관리자라는 명칭부터 안전전문가의 역할이 생산라인 조직의 일부라는 착각을 하게 만들고 있다. 건설업에는 제조업과는 다른 감리기능이 있으며, 지도, 조언, 보좌, 건의하는 안전전문가의 역할은 감리기능의 일부이기 때문이다. 시공조직을 강화하는 데 쓰여야 할 비용이 시공조직의 안전역량과 활동을 취약하게 하는 역기능을 하고 있음에도 이러한 부작용에 대한 인식은 거의 없는 것으로 보인다.

건설업의 경우 전담 안전관리자 선임의무가 공사금액 120억원(토목공사의 경우 150억원)에서 2023년까지 단계적으로 공사금액 50억원 이상의 공사로 확대되었다. 공사규모에 따라 공사금액 800억원 이상은 700억원마다 추가로 1명씩 더 선임하게 하여 공사금액이 8,500억원이 넘으면 안전관리자만 10명을 선임해야 한다. 법정 규정을 준수해야 하다 보니 공사초기에 공사팀도 배치가 안되었는데 공사팀보다 많은 안전관리자를 발령내야 하는 비능률이 발생하고 있다. 공사팀이 있어야 안전팀이 공사팀을 감시하고 지원할 일도 있을 것이다. 안전 감시기능의 왜곡은 안전비용의 낭비로 이어지며, 발주자 입장에서도 공사비가 낭비된 것이다.

원리와 원칙을 등한시한 규제 위주 접근 방식은 안전관리자를 선임하게 하면 사고예방이 잘되는 것으로, 품질관리자를 선임하게 하면 품질이 좋아지는 것으로, 환경관리자를 선임하게 하면 환경보존이 잘되는 것으로 착각하고 있다. 현실을 보면 민간 기업에서는 직원 1인당 매출을 따지며 공사비 절감을 위해 현장에 투입하는 직원의 수를 최소화하고, 투입시기도 최대한 늦추는 것이 관행이며 이러한 경향은 원가절감을 위해 더 심해지고 있다. **결과적으로 법적 요건을 준수하기 위해서는 직접 생산을 담당한 공사팀의 인원은 줄이고 이 인원을 안전참모로 선임하는 데, 모두 전담이라는 제한을 걸어두니 실제 안전, 품질, 환경을 직접 챙겨야 할 공사팀은 인원은 부족하게 되어, 결국 안전, 품질, 환경이 모두 부실해지는 결과를 초래하고 있다.**

정부 노동안전보건조직 강화의 긍정적 측면과 부정적 측면

빈발하는 작업장에서의 사망사고 감축을 위한 노력의 성과가 미흡하여 고용노동부 내 산업

안전보건부서를 청 수준으로 분리하여 전문성을 강화하는 정책이 추진되고 있다. 거듭되는 대형 사고의 여파로 순조롭게 산업안전본부가 새로 출범하였다(2021.7.1.). 기구와 정원은 1본부 2정책관 9과 82명으로 기존 조직보다 1본부 1관 4과 1팀 35명이 증원된 것이다. 폐지했던 건설안전추진반이 다시 과로 복원된 것은 다행스러운 일이다. 기존에 안전정책과에서 담당하던 건설업을 건설산재예방과를 신설하여 별도로 관장할 수 있게 한 것은 건설업의 특성에 맞는 정책을 펴는데 도움이 될 것으로 기대된다. 조직과 인력의 보강은 이제까지 순환인사로 담당공무원의 전문성 확보가 어려웠던 근본적인 문제의 개선에는 기여할 수 있겠지만 감독 인력의 양적 확대는 선진국에 비해 과도한 인원으로서, 실효성이 부족한 산업안전 법제와 정책의 후진성을 드러낸 것이라 할 수 있다.

우리나라와 미국, 일본 등의 국가와 산재예방조직 공무원수를 비교하면, 우리나라의 고용노동부 산업안전감독관수는 2016년 350명 수준에서 2024년 말 900여 명 수준으로 증가했는데, 이재명 정부에서는 다시 천여 명 이상 증원을 추진하고 있으며, 여기에 지방자치단체에도 사법권을 부여하여 감독 인원을 만명 수준으로 늘릴 계획이다. 감독만으로는 안전수준을 개선할 수 없다는 것이 이미 증명되었음에도 국민의 부담만 가중시켜 결국국가화 하는 후진적 정책을 답습하고 있다. 정부와 민간 사이에 산업안전보건공단과 같이 국가기관이 존재하는 국가는 우리나라가 유일하다. 외국에서는 노동안전을 연구하는 연구기구는 독립성을 보장하기 위하여 감독기관으로부터 독립되어 있다. 우리나라의 산재예방 인원은 고용노동부의 산업안전감독관수와 한국산업안전보건공단의 인원을 합해야 하는데, 한국산업안전보건공단의 직원수 중 연구원을 제외하면 2,000명 수준으로서 총 2,900여 명 수준이다. 노동자수 20,446,000명을 기준으로 하면 노동자수 백만 명당 직원수는 약 142명, 감독관수는 44명에 달한다.[13]

2019년 2월 기준 미국의 OSHA 감독관수는 연방 1,914명, 주정부 905명으로 총 2,818명이며, 이중 감독관수는 1,767명이다. 노동자수는 1억4천7백만 명 수준으로 노동자수 백만 명당 직원수는 약 19명, 감독관수는 약 12명 수준으로서, 감독관수는 줄어들고 노동자수는 증가하고 있다. 일본의 경우 2019년 기준 근로감독관수는 2,991명이며 이중 노동안전보건업무 담당 감독관수는 약 850명이다. 노동자수는 5천만 명 수준으로 노동자 백만 명당 직원수는 약 27명, 감독관수는 17명 수준이다. 일본의 경우도 감독관수는 변동이 없으며 노동자수는 조금씩 증가하고 있다. 영국의 경우 안전보건청HSE은 우리나라의 고용노동부와 안전보건공단을 합쳐놓은 조직에 해당한다. 감독관수는 약 1,000명이며, 기술직과 연구소 인력을 모두 포함하면 약 2,400명이다. 관할 범위가 우리나라와는 다른데 서비스 업종 중 상대적으로 위험성이 적은 업종은 지자체에서 담당하고, 가스, 원자력, 에너지, 건설안전 등 많은 업무를 HSE에서 담당한다.

건설업 노동자수가 우리나라보다 1.5배 정도 많은 것을 고려하면 영국의 감독인원이 많다고 할 수 없다. 외국의 제도에서도 언급하겠지만 영국의 경우 단순한 감독 인원수보다는 건설업위원회CONIAC; C0nstruction Industry Advisory Committee와 같은 전문위원회가 있어 각종 현안을 지속적으로 검토하여 일관성있게 제도와 정책을 개선해나가고 있다는 점이다.**14)**

우리나라의 노동자 백만 명당 노동재해예방 담당 직원수와 감독관수는 현재 인원으로도 미국과 일본의 2~3배 수준으로서, 노동재해 예방 접근 방법에 대한 근본적인 점검이 필요한 것으로 사료된다. 우리나라를 제외한 모든 나라에서 노동재해예방 조직은 정부의 감독기능과 민간의 지원단체의 지원 기능으로 분리되어 있다. **우리나라에서만 유일하게 정부와 민간단체의 사이에 중간자인 안전보건공단이 있는데 향후 원칙에 맞게 역할을 합리화 할 필요가 있다. 정부 재정에 의한 중간자의 과도한 개입은 자력으로 운영되는 민간단체의 자생력을 약화시켜 안전시장의 활성화에도 장애가 될 수 있음에 유의할 필요가 있다.** 과도한 감독인원과 산하기관인 안전보건공단까지 인력을 계속 증원하는 것은 효용 못지않게 국민의 부담으로 귀결될 것이다. 무리한 인력 증원을 자제하고 외국의 경우처럼 소수 정예의 인원으로 산재예방의 효과성과 효율성을 담보할 수 있는 정책을 개발하는 노력이 필요하다. 뒤에서 기술하겠지만 정부기관의 산재정보 독점과 제한적 공개도 안전연구와 안전산업의 발전에 걸림돌이 되고 있어, 국가는 더 효율적이고 올바른 방향으로 정부 조직을 운영할 필요가 있다.

선결과제는 제조공장용 산업안전보건법부터 선진국의 사례처럼 별도로 제정하여 산업의 생산체계와 특성을 반영하는 것이다. 전산업용 안전 법령에 건설업 관련 규정이 뒤섞여 있다 보

표 4.5 한시적·이동성 건설사업을 위한 해외 법제

국가	위계	제도	비고
EU	지침	Directive 89/391/EEC − OSH "Framework Directive"	전산업
		Counsel Directive 92/57/EEC(24 June 1992)− temporary or mobile construction sites	건설업
ILO	협약	C167 − Safety and Health in Construction Convention, 1988	
		Safety and health in construction, Code of Practice 1992	
영국	법	Health and Safety at Work etc Act 1974	
	규칙	Management of Health and Safety at Work Regulations 1999	전산업
		Construction (Design and Management) Regulations 1994	건설업
싱가포르	법	Workplace Safety and Health (WSH) Act 2006	
	규칙	WSH(General Provisions) Regulations 2011	전산업
		WSH(Construction) Regulations 2007	건설업
미국	법	OSH Act of 1970	
	표준(규칙)	General industry − 29 CFR 1910	전산업
		Construction industry − 29 CFR 1926	건설업

니 각종 대책을 수립할 때도 동일한 접근방법으로 건설산업에서만 요구되는 대책을 수립하기 어려웠다. '중대재해 감축 로드맵' 이전부터 최근의 '노동안전 종합대책'에 이르기까지 이러한 현상은 개선되지 않고 있다. **표 4.5**는 건설업만을 별도로 규정한 외국의 사례이다. 건설안전만을 위한 별도 법령 중 영국의 CDM이 가장 진보된 것으로 구체적인 내용은 '제5장 외국의 건설안전제도'에서 자세히 소개하였다. 산업안전보건법에서 건설산업의 안전을 제대로 규율했더라면 건설안전특별법과 같은 별도의 법제정을 논의할 필요가 없었을 것이다. 특히 2019년 건설업 발주자의 책무를 도입하기 위해 전부개정시 '제5장 도급 시 산업재해 예방'에서 건설업만을 모아서 별도로 정리했더라면 이러한 문제가 해결되었을 것이다.

건설안전제도의 실효성 개선 방향

사고방지 기능이 효과적으로 작동하려면 두 가지 조건이 필요하다. 첫째는 담당자의 전문성이 확보되어야 하며 둘째는 안전전담부서가 일반 부서보다 우위에 있어야 한다. 공장으로 치면 일반 부서는 생산을 담당하는 부서로서 많은 성과를 내는 데 치중하므로 자동차의 가속페달처럼 작동하며, 안전부서는 과속을 막는 브레이크 역할을 해야하기 때문에 생산부서와 독립되어 생산부서의 상위 기능으로 작동할 수 있어야 한다.

건설사업에 부적합한 제도가 생성되고 실효성이 없음에도 고쳐지지 않은 근본원인은 정책담당자의 전문성 부족에 있다. 이상의 근본적인 문제는 개인의 문제가 아니라 공무원의 인사제도와 조직의 독립성 미확립에 있기에 담당 공무원의 한계이기 이전에 인사제도의 문제이다. 정책 담당자의 전문성 부족에 대한 지적은 오래전부터 있어 왔으며 특정업무에는 일정기간 이상 근무하게 하는 등 부분적인 인사제도의 개선이 있었지만 실효성을 거두지 못하고 있다. 산업안전보건본부를 청으로 독리시키면 이 문제가완화되겠지만 시간이 걸릴 것이다. 세월호 참사를 계기로 조사된 바에 의하면 외국의 경우 해난구조책임자의 관련 업무 경력이 미국은 40, 일본은 31년, 한국은 8개월로 조사되었다.[15]

어느 조직에서든 자기 분야 전문가가 되기보다는 '높은 자리'나 '좋은 자리'를 선호하는 경향이 있다. 정부의 2012년 통계자료에 의하면 빈번한 순환 보직으로 실제 3급 이상 공무원 가운데 2년 이상 근무하는 공무원은 13%에 불과하였다. 전문가들은 "정말 국가 개조 차원에서 정부와 공무원을 바꾸려면 위기상황에서 제대로 역할을 할 수 있는 전문성 있는 시스템을 만들어야 한다"고 지적하고 있다. 노동안전 특히, 건설안전 분야도 마찬가지다. 노동안전은 상위 법으로부터 시작하여 아래로 내려가면 모두가 기술적인 내용들이다. 알만 하면 전보되기에 새로운 업무 수행에 필요한 지식을 단기간에 획득하여 기존의 수준을 한 단계 높이는 성과를 내는 일을 기대하기는 어렵다.

태안화력발전소 사망사고 보고서[16]에서는 법과 제도 분야 문제점으로 산업안전보건에 대한 전문성을 고려하지 않은 공무원의 채용과 배치, 경력관리 부재로 공학적, 기술적 접근의 한계, 전문성 향상을 위한 노력과 동기부여 부족, 체계적인 교육훈련 부재, 산업안전보건업무의 특수성을 고려하지 않은 공무원 조직, 행정조직의 비효율성 및 직무수행의 한계 등을 지적하고 있다. 하지만 최근까지의 대책에서도 인원증원만 있었지 근본적인 문제인 담당자의 전문성 개선을 위한 대책은 아직까지 보이지 않고 있다. 미국 노동안전보건청OSHA에서는 안전감독이 되려면 강도 높은 교육을 반드시 이수해야 한다.

주지하다시피 산재로 인한 사고사망자의 절반은 건설현장에서 발생하며, 이 비율은 다른 선진국보다 월등하게 높은 수준이다. 그럼에도 불구하고 주무 부처에서는 건설분야 전담팀인 건설안전추진반을 폐지한 것은 전문성을 폐기한 것이나 다름없다. 이러한 전문성 무시 관행은 산하기관에 대물림되어 안전보건공단에서도 전설안전 전담실마저 사라졌다. 전담조직도 없으면서 어떻게 건설업에서의 사고사망자 감소 성과를 기대할 수 있겠는가? 최근의 건설업에서의 사고사망만인율이 계속 증가하고 있다는 것은 대책의 부적절함 이전에 조직상의 문제가 더 크다는 것을 인지할 필요가 있다.

하부구조의 문제를 해결하려면 상부구조부터 바꾸어야 한다. 국토교통부의 경우도 건설사업 안전관리체제를 합리화할 기회가 여러 번 있었음에도 최근까지 개선이 지체된 것은 부처가 보유한 하부조직의 발주자 입장, 안전부서의 위상과 권한 등이 부족했기 때문으로 본다. 부처 차원의 과제는 하부의 건설사업 발주 기능을 정책기능에서 분리하고 건설안전, 시설안전, 건축안전, 교통안전 등 안전관련 부서를 생산부서로부터 독립시키고 위상을 장차관의 직속으로 격상시키는 일이다. 기획재정부가 공공기관에 안전전담부서를 기관장 직속으로 설치하도록 했듯이 정부 부처도 안전부서가 일반 부서를 견제하고 감시할 수 있도록 체제를 정비해야 한다. 구체적인 내용은 제3부 공공기관의 역할 정상화에서 다루었다.

불합리한 안전관리체제는 법률가들에게 일거리를 더 많이 제공하게 될 것이며, 발주자의 입장에서는 자신의 비용이 잘못 사용된 것이고, 건설산업은 부실하게 공사를 한 것이다. 고객인 발주자의 신뢰를 얻지 못하는 건설산업은 희망이 없다. 지금처럼 중대사고에 대한 벌칙의 강화도 법률가들의 일거리를 생산하는 부작용을 낳고 있다. 발주자의 입장에서 자신의 비용이 법률가에게까지 제공되는 것은 받아들이기 어려운 일이다.

5장
외국의 건설안전제도

"이 나라는 뿌리 깊은 문제를 충실히 다루는 것이 아니라 표면적으로 얼버무리거나 회피 전략을 찾거나 피상적인 부분에 매달리는 데 익숙해져 있다" - 말콤 엑스 -

1. 영국의 건설안전제도

국가 차원의 제도와 정책은 가장 상위의 건설사고 방지 요소이다. 외국의 사례를 살펴보는 것은 우리나라의 제도와 사고의 한계를 깨닫는 데 도움이 될 것이다. 새로운 제도를 도입하거나 개선책을 마련할 때는 외국의 사례를 참고하는 경우가 많다. 하지만 어느 고위직 공무원의 말처럼 "아무리 좋은 제도라도 우리나라에 들어오면 탱자가 된다."고 한다. **이는 외국 제도의 핵심 개념은 잘 보이지 않아서 놓치고 껍데기만 들여오기 때문으로 생각된다.** 정무적 판단으로 핵심 개념을 피해 가는 경우도 있지만 담당자나 전문가들의 역량의 한계라고 할 수밖에 없다. 대표적인 사례가 산업안전보건법의 제정 시 제정 목적에 자율적 안전관리의 촉진을 누락시키거나 참모인 안전전문가를 라인 업무로 규정하고 라인조직에 속하는 '관리자'라는 명칭으로 잘못 부여한 것이다. 이 장에서는 건설사업에 가장 합리적인 안전관리체제를 운영하고 있는 영국과 엄격한 벌칙과 함께 청렴한 정책 기조로 안전한 사회를 구현한 싱가포르의 사례가 주는 시사점을 살펴보고자 한다.

건설사업에 유효한 안전관리체제는 건설사업의 설계, 시공, 유지관리, 해체라는 생애주기에 걸쳐 발주자, 설계자, 감리자, 수급인 및 하수급인 등 다양한 공사참여자의 역할에 따른 책임의 합리적 분담과 상호협력이 전제되어야 한다. 안전관리 분야뿐만 아니라 건설사업 전반에 걸쳐 성패의 요건은 발주자의 역할에 달려있음은 주지의 사실로서, 공사 전반에 의사결정 권한을 행사하는 발주자의 책임은 막중하다. 최근의 연구에서도 발주자의 변화가 절실하며,[1] 특히 공공발주기관의 선도적 변화의 필요성이 강조되고 있다.[2] 공공발주자가 KOSHA 18001 프로그램 등을 통하여 안전관리에 적극 참여함으로써 대폭적으로 재해를 감소시킨 사례는 발주자의 변화가 미치는 긍정적 효과를 증명하고 있다.

먼저 세계적으로 가장 낮은 사고사망자수를 기록하고 있는 영국의 건설안전 제도와 정책에 대하여 노동안전제도의 발전 과정, CDM 제도, 중대재해기업 처벌법 등에 대하여 알아본다. 선진국 중에서 가장 낮은 재해율을 기록하고 있는 국가는 영국이다. 영국의 최근 건설업 사고사망십만인율은 1.6 수준인 데 반해, 우리나라의 2020년 사고사망만인율은 1.57으로서 자리수에서만 10배의 차이가 있다. **우리나라의 건설업 사고사망만인율 산출에 필요한 건설근로자수는 전체공사비에 노무비 비율을 곱해 산출된 노무비를 평균임금으로 나누어 구한다. 따라서 우리나라의 건설업 사고사망만인율은 실제보다 절반 정도로 낮게 산정된다고 볼 수 있다.**

CDM제도의 건설사고 예방 성과

영국의 노동안전보건정책은 의회가 주도한 로벤스 보고서(1972)가 혁신을 단행하는 계기가 되었다. 2022년은 이 보고서의 50주년이 되는 해였는데, iosh에서는 향후 50년까지도 이 보고서가 유효할 것으로 평가하였다. 국내에서도 국회의원실에서 이 보고서를 번역하고 전문가 사이에도 이 보고서가 자주 인용되고 있는 데 자기규율 개념은 여전히 핵심을 놓치고 있는 것으로 보인다. 영국에서는 건설업은 고위험 산업에 속하여 국제적으로 가장 안전한 지표를 달성하고 있음에도 불구하고 끊임없는 제도 개선을 도모하고 있다. 건설업의 경우는 1994년 CDM의 제정을 시작으로 건설업에 적합한 안전보건관리체제를 구축하였으며, 2007년과 2015년 두 번의 전면 개정을 거쳐 오늘에 이르고 있다. **그림 5.1**과 같이 재해율이 낮아질수록 감소율도 낮아져 안전수준이 높아질수록 지표의 개선도 어려움을 시사한다, 하지만 영국의 최근 지표는 실질적으로 우리나라의 1/20 수준으로서 우리나라의 경우는 아직 개선의 폭이 크다고 할 수 있다.

영국의 건설업 사망자는 최근 10년간 중대재해자가 55%(1.6/2.9)까지 지속적으로 감소하였다(**그림 5.1**). 영국의 노동재해통계를 보면 우선 단위부터 우리나라의 만인율 보다 한단계 낮은 십만인율을 사용하는데 사고사망십만인율이 우리나라와 달리 최근 10년 동안 45%까지 꾸준히 감소하여 노력이 효과적이었음을 알 수 있다. 영국의 '18/'19회계 연도 건설업 사고사망자수는

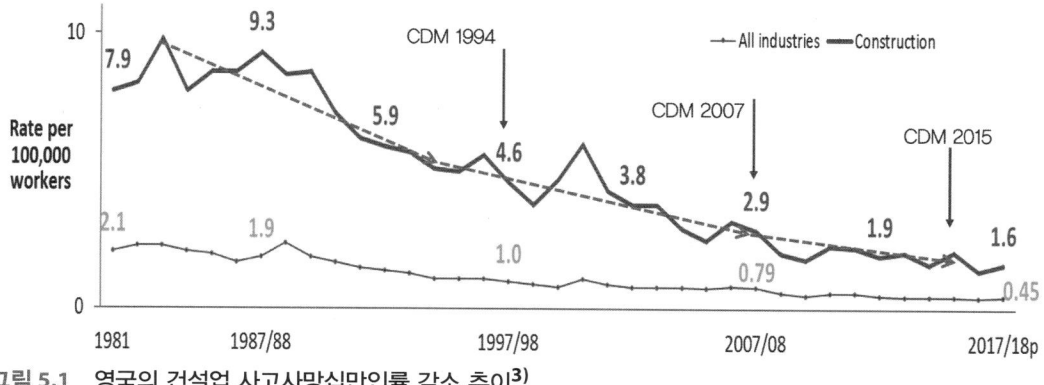

그림 5.1 영국의 건설업 사고사망십만인률 감소 추이[3)

30명으로 전체 사고사망자 147명 중 20%에 불과한데, 우리나라의 경우 최근 건설업의 사고사망자수가 400명 이하로 줄기는 했지만, 사고사망자 1,000여 명 중 절반인 500여 명을 줄곧 건설업에서 차지하여 왔다. 우리나라의 노동안전 역사가 일천하다고 하지만 지난 40여 년 동안 노력했음에도 사고사망만인율의 감소 추세가 앞의 **그림 2.3**과 같이 거의 정체 상태인 점은 영국의 제도가 우리에게 시사하는 바가 매우 크다고 할 수 있다.

영국이 다른 선진국들보다 현저히 낮은 재해율을 달성한 이유는 개인 책임이라는 문화적 배경도 있지만, 1994년부터 다른 국가보다 먼저 건설산업의 생리를 반영한 CDM(Construction Design Management Regulations 1994, 건설설계관리 규정) 제도를 도입한 데 있다. CDM은 발주자를 정점에 둔 건설업에만 적용하는 안전관리체제로서 영국의 건설안전특별법이라 할 수 있다. 영국에서는 CDM의 시행으로 공사 발주량이 1994년 이전에 비해 1.5배 이상 증가하였음에도 불구하고 CDM 적용 이후 6년간 사망만인율을 이전보다 40%를 감소시켰다.

비슷한 노력에도 불구하고 우리나라의 경우는 성과가 부진한데 반해, 영국의 경우는 노력한 만큼 사망자수가 지속적으로 감소하였는데, 이는 국가 정책의 실효성에 근본 원인이 있다고 볼 수밖에 없다. 우리나라에서도 건설산업의 안전관리체제 개선을 위해 CDM 개념의 도입을 위한 시도가 몇 차례 있었으나,[4), 5)] 아직까지 건설산업의 안전관리체제는 건설공사 시공사업주 책임 원칙을 근간으로 한 일반산업의 체제를 벗어나지 못하고 있다. 이는 발주자가 실질적으로 재해방지의 주도적 역할을 가능하도록 CDM에 내재된 메커니즘에 대한 이해와 이의 구현기구에 대한 깊은 성찰이 미흡하였기 때문이다.

우리나라도 유사한 대부분의 제도를 갖추고 있지만 원칙, 접근 방법과 세부 규정에 간과되기 쉬운 차이가 있다. 가장 큰 특징은 지속적으로 책임의 명확화에 주력하고 있다는 점이다. 영국은 2016년에 수립된 '안전보건 5개년 전략'에서도 '주체별 책임강화'를 정책의 제1순위에 두고 있

영국의 안전보건 5개년 전략(2016.1)
A new health and safety system strategy

1. 주체별 책임강화
2. 업무상 질병에 대한 연구 및 대책 제시
3. 위험관리 단순화
4. 소규모사업장 지원
5. 새로운 기술 및 업무 방식에 따른 문제 해결
6. 주제별 접근법에 따른 혜택 공유

Helping
Great Britain
work well
2016

그림 5.2 영국의 안전보건 5개년 전략

다〈그림 5.2〉. 또한 우리의 제도는 나열식인데 반하여 영국의 경우는 책임의 이행을 위하여 이해당사자가 상호작용하는 장치로 만든 것도 중요한 차이점이라 할 수 있다.

발주자 주도의 안전관리체제 구현 시 발주자의 특성으로서 반드시 고려해야 할 사항은 안전에 관한 전문성으로서 구체적인 내용은 다음과 같다.[6]

첫째, 건설사업 참여자 선정 시 이들의 안전에 관한 전문성을 고려해야 한다.

둘째, 공사참여자에게 충분한 정보를 제공하고 각 참여자 사이의 원활한 의사소통을 유도하여야 한다.

셋째, 실질적인 안전관리계획의 작성을 유도하고 사후에 필요한 안전정보를 기록한 안전관리대장Health and Safety File을 보관해야 한다.

넷째, 발주자 주도 안전관리체계 이행의 관건은 발주자를 보좌할 수 있는 안전전문가SC; safety coordinator의 역할로서, SC의 자질과 역할은 안전관리체제의 실효성 확보의 관건이다.

다섯째, 이러한 시스템은 반드시 벌칙이 수반된 법령으로 의무화 되어야 하며, 기존 발주자의 노력의 의무는 의무 그 자체가 되어야 한다. 즉 발주자 책임에 대한 선언적 규정만으로도 발주자의 무지나 무리한 요구를 자제시킴으로써, 감리자, 설계자, 수급인 모두가 발주자의 배려 하에 참여하는 안전활동을 가능하게 할 수 있다.

건설안전제도의 발전 과정

영국의 산업재해율이 다른 선진국보다 월등하게 낮은 이유는 다양한 관점에서 해석이 가능하다. 영국은 산업혁명의 발상지로서 일찍부터 노동재해의 심각성을 인식하고 노동안전보건법의 효시인 공장법Factories Act(1883)을 가장 먼저 제정하였으며, 이 법은 나중에 노동보건안전법Health and Safety at Work etc. Act(1974)으로 통합되었다. 영국에서도 중대사고가 발생할 때마다 법제의 개선이 있었는데, 최근에도 킹스트리트 지하철 사고, 그랜펠 화재사고 등을 통하여 안전 법규를 강화해왔다. 건설산업의 안전관리제도를 보면 안전보건청HSE; Health and Safety Executive 산하에 업종별 상시위원회를 두어 지속적으로 제도개선을 도모하고 있으며, 건설업의 경우도 CONIAC이라는 전문위원회에서 제도나 정책의 개선을 주도하고 있다.

산업안전보건측면에서 영국이 앞서 나간 증거는 OHSAS 18001과 현재의 ISO 45001의 전신인 BS 8800을 먼저 제정하여 안전보건에도 안전보건경영시스템을 먼저 구축한 나라이다. 건설업에서는 다른 국가에는 없는 건설업만을 위한 CDM 제도로 발주자의 포괄적 안전책무를 가장 먼저 도입하고 안전보건조정자를 발주자의 참모 겸 감시자로 활용함으로써 국가적인 감시장치를 구축하여 운영한 점이다. CDM의 명칭이 건설설계관리Construction Design Management Regulations로서, 설계단계에서 안전활동을 독려하고 있다.

영국의 건설안전제도의 발전 과정을 보면 가장 중요한 안전관리체제의 경우 1994년 CDM 도입 당시는 발주자가 선임해야 할 안전전문가의 명칭이 안전계획감독Safety Planning Supervisor으로서 초기에는 계획을 중요시하였다. 2007년 1차 개정시는 안전조정자Safety Coordinator로 변경하여 건설사업 참여자간의 상호 견제와 조정에 치중하였으며, 이러한 단계를 넘어 2015년 개정시는 안전전문가를 주설계자Principle Designer로 임명하도록 하여, 설계단계에서 안전을 확보하는 수준에 이르고 있다.[7]

최근까지도 영국의 중장기 산업안전보건 정책 방향에서는 첫째 과제를 이해당사자의 책임의 명확화로 설정하여 안전의 제1원칙인 '누구의 책임인가'를 규명하는데 초점을 맞추고 있음에 주목할 필요가 있다. 우리나라에서도 산업안전보건법에 CDM의 핵심 개념인 SC와 발주자 안전책무를 도입하였으나 앞에서 제기한 바와 같이 완전한 개념의 구현에는 미치지 못하고 있다. 구체적인 내용은 '국내 제도의 한계'에서 다루었다.

영국의 건설산업 안전법령의 체계와 CDM 제도의 도입 배경

거의 모든 국가가 노동안전분야에 독립된 기구와 연구조직을 운영하고 있다. HSE도 영국의 독립된 노동안전보건 총괄기구로서 구성원의 전문성이 강한 편이다. 우리나라의 경우는 고용노동부 안에 일개 국으로 존치시켜 정책과 제도의 독립성이 부족할 뿐만 아니라 인사제도상 전문성 확보도 어려운 실정이었다. 이러한 문제점은 태안화력발전소 사고조사 보고서에 구체적으로 지적된 바 있다.

HSE와 함께 영국에서는 발주기관, 민간 근재보험회사가 안전관리 감독에 참여하며, 근재보험회사에서도 산재보험의 차등 적용을 위해 건설현장의 안전을 감독한다. 영국의 건설안전 관련 법령은 관리차원의 법령으로서 전산업에 공통으로 적용되는 MHSW(Management of Health and Safety at Work Regulations 1992)와 건설업에만 적용되는 CDM이 있으며, CHSW(The Construction Health, Safety and Welfare Regulations 1996)는 영국의 산업안전보건법인 HSWA 중 작업환경을 간소화시킨 안전기준 성격의 하위 규정이다.

영국은 지속적인 안전입법을 통하여 건설산업의 재해통계가 개선되고 있음에도 불구하고, 건설현장의 모든 이해당사자가 충분한 책임을 갖고 안전관리를 실행하지 못하고 있다고 판단하였다. 끊이지 않는 심각한 사고와 산업체의 질병기록에 나타난 바와 같이 영국에서도 공사현장 근로자들 300명 중의 1명은 현장에서 사망할 가능성이 있다고 추정하였다. 이 사실은 공사현장 근로자가 공장근로자보다 5배나 사망할 확률이 높다는 것을 의미한다. 모든 현장 근로자들은 부상이나 병으로 인하여 적어도 한 번은 일시적으로 작업을 수행하지 못하였다. 사고비용의 경우도 건설업의 경우는 직접비용과 간접비용의 비율이 1:11로서 일반적인 1:4보다 3배 가량 높은 것으로 연구되었다.[8] 영국에서는 건설사고의 방지에 다음 문구와 같이 발주자의 역할에 주목하여 CDM을 통하여 발주자에게 포괄적인 책임을 부여하고 이의 이행장치를 마련하였다.

HSE에서는 건설현장의 위험에 대처하는 경영관리Management의 중요성을 뒷받침하는 근거로 부상과 질병의 발생을 줄이는 데 경영관리가 중요한 역할을 수행했다는 것을 명확하게 밝혔으며, 사망자의 70%는 더 효과적인 경영관리에 의해 미연에 방지할 수 있었다고 결론지었다. 이 메시지는 유럽전체에 대한 수치를 추정하면서 더욱 더 확고해졌는데, 건설현장 사망자의 60%이상은 작업전의 계획과 경영관리의 결정에 기인한다고 하였다.

영국이 다른 국가와 비교하여 건설분야에서도 확연하게 낮은 사고지표를 달성한 배경에는 **"건설산업계의 부정적인 행태는 발주자의 부정적인 행태의 거울이다.(영국 건설산업의 공공혁신 사례 보고서)"라고 하여 일찍부터 발주자 역할의 중요성을 인식하였다는 것이다.** HSE에서는 건설산업에만 적용되는 별도의 특기 안전입법으로 산업의 지각변동으로 받아들여진 CDM 1994를 제정한 것이다.

CDM의 개정 이력

영국의 건설안전제도에서 유의할 점은 건설안전특별법 성격의 CDM제도의 발전 과정이다. 영국에서는 1994년에 제정된 CDM을 2007년에 개정하고 다시 2014년에 개정하여 2015년에 시행하였다. 2007년도에 개정된 규정은 그동안 발생된 CDM 시행상의 문제점을 개선하기 위한 것으로서, 발주자, 건설, 수급인, 설계, 설계자, 사업단계 등을 새롭게 정의하였으며, 개정된 내용 중 발주자 및 SC에 관련된 내용은 다음과 같다.

- 책무 이행주체에 따라 이행 의무를 재정리하고 통지 의무의 한계를 규정하였으며, 5인 이하의 현장은 삭제하였다.
- 통지할 발주자의 대리인과 개발업자 규정이 삭제되고, 발주자가 그룹일 경우 이중에서 하나의 CDM 발주자를 선정할 수 있도록 하였다.
- 계획감독planning supervisor이 삭제되고, SC가 발주자의 의무 이행을 지원 및 조언하고 설계 및 계획을 조정하도록 하였다.
- SC나 원도급자의 임명과 문서화된 안전보건계획은 해체공사와 통지의무가 있는 공사에만 적용된다.
- **책무 이행주체는 역량이 없는 자에게 설계 또는 공사를 맡기거나 지시할 수 없으며, 이를 수행할 수 있는 자격이 없는 경우 CDM에서는 지명 또는 계약을 승인하지 않는다.**
- **발주자는 책무 이행자의 관리조치가 안전보건에 위험이 없이 공사를 수행하는데 적합하다는 것을 증명할 수 있도록 합리적인 절차를 밟아야 할 의무를 지며, 이러한 조치는 공사 전과정을 통해서 유지 및 검토되어야 한다.**
- 발주자는 공사를 착수하기 전에 설계자와 수급인에게 공사를 계획하고 준비하는 기간을 어느 정도 가지고 있는지를 반드시 알려야 한다.

CDM의 발전 과정을 살펴보면 새로운 안전관리체제와 다양한 공사참여자 및 수행방식에 따른 건설공사 관련 용어의 재정립이 필요하다는 점과, 발주자의 고유 권한인 감리자, 설계자, 수급인의 선정에 안전보건관리에 유자격자를 선임하도록 의무를 강화하고 있다는 점이다. SC를 통하여 공사 진행 단계별로 안전보건에 핵심사항인 SC의 선임시기, 공사계획 및 준비기간의 확보, 설계 진행시 안전한 설계를 위한 절차를 강화함과 아울러 안전계획감독의 명칭을 SC로 변경한 것은 안전전문가의 역할이 안전성평가 즉 유해위험방지계획의 관리보다는 발주자를 보좌하고 공사참여자들 사이의 감독 및 조정 역할이 더 긴요함을 시사한다.

CDM은 건설과정에서 발생할 근로자의 안전에 관한 설계자와 발주자의 이행 사항을 최대한 간결하게 규정하고 있다. CDM 1994를 개선한 CDM 2007은 5부Parts 48개 조항과 5개 별표 Schedules로 간략하게 구성되어 있다. 48개 조항 중 24개 조항은 안전기준을 단순화한 것으로서 실제 관리적 기준은 24개 조항에 불과하다. 이의 이행을 위한 실행지침으로 ACoPsApproved Code of Practices를 제공하여 법령의 이해와 준수를 도모하고 있다. 영국의 건설안전 관련 법령은 건설종사자에게만 적용되는 사항을 모아서 수규자가 쉽게 이해할 수 있도록 최대한 단순하고 간결한 내용과 체계로 지속적으로 갱신해왔다. 2015년도의 전면 개정에서도 개정의 주된 방향은 제도의 적용 대상을 확대하고 주설계자의 역할을 강화하여 설계단계에서 안전을 확보하도록 한 것이다.

영국의 경우 CDM은 다수의 새로운 책무부담자에게는 혁신을 요구하고, 건설공사 참여자 모두가 안전에 기여할 수 있도록 하였으며, 그 중에서도 특히 발주자, 감리자 및 설계자의 기여가 크다는 것을 이해하고 여기에 필요한 책임을 다하도록 하는 것이 요체다. CDM의 기본전제는 '안전보건의 효과적인 지시와 협조'는 '기획부터 인도까지 그리고, 그 이상까지' 공사의 전과정을 통해서 확보되어야 한다는 것이다. 이 제도로 영국에서는 1960년대 이후 건설공사에 안전보건에 관한 가장 커다란 변혁을 일으켜 생산과정에 관련된 모든 사람들에게 영향을 미쳐왔다.

새 규정으로 건설사업을 의뢰한 사람, 설계자, 수급인 등을 위해 새로운 의무가 만들어지고, 효과적인 안전보건관리를 위해 몇 가지 부수적 규정이 제정되었으며, 그 결과 건설산업의 사상사고 건수를 현저히 감소시켰다. 우리나라에서도 최근에 전부 개정 산업안전보건법과 건설기술진흥법에 발주자 안전책무를 도입하려 하였으나 시도에도 불구하고 아직 핵심 개념의 구현에는 도달하지 못하고 있다.

CDM 제도의 핵심 메카니즘

기존의 무수한 사고방지를 위한 대책들이 좋은 취지와 노력에도 불구하고 실질적 효과를 거두지 못한 이유는 사업장내부에 제도나 정책의 이행에 필요한 최소한의 동기부여가 미흡한 상태에서 실질적인 이해관계가 없는 정부, 전문기관 등 외부에서 개입하였기 때문이다. 외부 전문기관의 개입 시 실효성을 거두기 위해서는 사업장 내부에서 이러한 필요성이 먼저 인지되어야 한다. 하지만 이제까지의 정책이나 제도는 규제 일변도로서 외압에 의해 강요되는 경우가 대부분이었다. 외부의 규제나 점검 등 개입 활동은 한시적으로서 지속성을 가질 수 없기에 건설사업장의 안전수준 개선에는 근원적 한계가 있을 수밖에 없었다.

CDM 제도는 이러한 종전의 한계를 극복한 것으로 평가된다. 영국의 건설사업 안전관리 제도는 의회의 주도적 역할과 전문가 집단의 상설위원회에 의한 지속적인 개선이 핵심으로서, 지속적인 모니터링을 통하여 수년마다 전반적으로 갱신되고 있다. CDM의 경우도 1994년에 도입한 후 1997, 2004년에 이어 2015년에도 주요한 사항에 개정이 있었으며, 이 제도의 핵심 메카니즘은 다음과 같다.

첫째, 발주자에게 포괄적·명시적 안전책무를 부여하는 방식이다. 발주자 주도의 안전관리체제를 유효하게 작동하게 하는 핵심 메카니즘의 첫째 조건은 발주자로 하여금 안전에 역량이 있는 하수급자를 선정할 의무를 부여하여 궁극적인 안전책임을 자연스럽게 발주자가 지도록 규정한 것이다. CDM에서는 건설사업의 전 과정에 걸쳐 발주자, 설계자, 안전전문가의 책임과 역할을 포괄적이면서도 명확하게 규정하고 있다. 이전의 발주자 안전관리 실태조사 결과에 나타난 바와 같이 발주자의 현장안전에 대한 무관심의 가장 큰 요인은 법적 책임의 부여가 없었기 때문인데, 이는 담당자의 업무 성과로 안전성적이 인정되지 않고 있으며, 안전수준을 개선할 노력의 필요성도 없었다는 것을 의미한다. 따라서 법령으로 발주자에 대한 안전책무를 부여한 것은 발주자 소속 구성원들에게 공식적인 과업을 부여한다는 것으로서, 안전의 시작점이 되어 안전에 필요한 자원이 확보될 수 있는 근거를 마련한 데 의미가 있다.

둘째, **발주자의 안전 책무를 대행할 수 있는 유자격 안전전문가의 고용과 산업안전의 원리인 제3자 감시원칙의 구현이다.** 발주자의 참모로서 안전전문가를 기존의 '안전관리자'나 감리단 내에서 발주자가 직접 선임하도록 하여, 안전확보의 원칙인 제 3자 감시원칙의 구현과 동시에 안전확보의 역량이 미흡한 발주자가 실질적인 안전관리 역량을 확보할 수 있는 장치를 마련한 것이다. CDM의 핵심개념은 발주자가 각각의 건설단계마다 한명의 중심적 인물로서 유능한 SC와 수급인을 임명하게 하는 것이다. 안전전문가로서 SC의 위상과 역할은 안전조직의 관건으로서, 발주자 및 설계자의 부족한 전문성을 보완함과 동시에 모든 이해당사자를 독려할 수 있는 위치에 두고 있다. CDM에서는 우리나라와 같이 건설안전조직 구성에 관한 다른 규정을 두고 있지는 않다, 다만 발주자가 SC를 선임하여 건설공사의 계획부터 시공단계에 걸쳐 안전분야를 통합관리하도록 하여, 발주자를 비롯한 공사 이해당사자에게 안전에 대한 의무와 책임을 합리적으로 부여하고 서로 주지시키는 시스템을 구현하고 있다.

안전에 관한 경험과 전문지식이 부족한 발주자와 설계자를 지원하고 보조할 수 있는 SC의 고용은 CDM 제도의 핵심 요소이며, 선임방법에 있어서도 SC를 발주자가 직접 선임하게 함으로써, 건설사업의 다양한 수행방식을 포괄할 수 있게 하였다. SC는 공사를 착수하기 전에 계획에 관련된 문제를 주로 담당하고, 수급자는 건설과정에 주로 관련되며, 이 둘 사이의 연계는 안전보건계획에 있다. 이 계획은 SC의 감독하에 수급인이 작성하여 공사에 참여하는 다른 이해 관계자와 협의하게 된다. 발주자는 각각의 공사에 SC와 수급인을 임명하여야 하며, 적절한 안전보건계획이 준비되어야 공사를 진행할 수 있다. 발주자는 착공 전에 구체적인 정보를 SC에게 제공해야 하며, 안전보건대장이 항상 이용될 수 있도록 유지해야 한다. SC를 이용한 안전관리 체제의 핵심은 발주자에게 자신의 책임을 충분히 보좌할 수 있는 안전전문가를 확보할 수 있는 권한과 자원을 부여하여 유능한 안전전문가의 전문적인 지원을 충분히 받을 수 있게 한데 있다.

셋째, **법적 책무의 자가 인지 메카니즘의 내재화이다.** 이이제이以夷制夷 방식으로 건설사업 참여자끼리 서로 각자의 안전책무를 인지하게 한 것이다. 설계자나 수급인으로 하여금 발주자에게 이러한 책무를 고지할 의무를 부여하여 개개 건설사업 내에 규제기관을 대신하여 발주자의 책임을 명확히 인식시키는 장치를 내재화시켜 생성과 소멸을 반복하는 건설사업 내부에서 안전기능이 작동하도록 한 것이다. 수급인인 설계자, 시공자는 SC와 함께 발주자가 법적인 의무를 알도록 해야 하며, 예측 가능한 위험을 피해야 하고, 위험에 대한 논쟁의 요인들 또한 피해야 한다. 설계자는 근로자와 건설활동에 관련된 사람들을 보호하기 위한 조치들을 최우선하여야 하며, 안전보건에 관련된 위험에 대한 적절한 정보를 설계 내용에 포함시켜야 한다. 설계자는 SC와 나머지 다른 설계자와도 협력할 의무가 있다. 발주자로 하여금 공사보고서에 자신의 책무의 인지 여부에 서명하도록 하는 제도는 발주자의 책무를 자각시킴과 동시에 추후에 가능한 벌칙의 집행에 필요한 근거를 마련한 것으로서, CDM제도 안에서 잘 보이지 않는 가장 강력한 장치이다.

넷째, 공사신고서를 통한 공사의 규모와 유형을 포괄하는 규제·감독의 접근 경로의 확보이다.
공사착수 시 신고제도를 통한 규제 및 감독의 경로를 확보하여 감독기관이 일정 규모 이상의 공사에 대한 감시 및 감독이 가능하게 하였다. 발주자에 대한 접근경로의 설정 및 활용은 규제 감독 기능의 유지를 위한 전제조건이다. 모든 건설사업에는 감독기관의 규제 장치가 작동할 수 있어야 하며 건설사업의 주체인 발주자에게 발주자의 의사결정에 상응하는 안전책무와 벌칙의 부과가 가능하려면 우선 접근경로가 보장되어야 한다. 그러나 한시적 이동성 있는 건설현장의 특징은 특별한 장치가 없이는 공사의 소재지나 착수 시기를 확인하기 어렵다는 점이다. 공사현장에 직접 상주할 의무가 없는 발주자에 대한 접근 경로는 발주자를 접촉하여 독려하고 지원하기 위한 전제조건으로서, 각종 행정적 장치를 통한 발주자의 소재 파악 및 유인전략의 집행에 선결 조건이다. 기존의 건설공사 행정 전반 및 산업안전보건 활동에는 발주자가 소외되어 있으며 접근경로도 확보되지 못하고 있어, 공공 및 민간 발주자에 대한 접근 경로의 확보, 특히 경영층에 대한 접근 경로의 유지는 발주자 주도 안전관리의 전제조건이라 할 수 있다.

우리나라의 경우 감독기관의 독자적 시스템에 의한 공사현장의 소재나 개시의 파악이 매우 어려운 반면, CDM에서는 비교적 단순한 공사착공보고서를 통하여 손쉽게 공사현장의 소재와 개시 여부를 파악하는 시스템을 가지고 있으며, 부가적인 행정의무를 최소화하여 민간의 편의를 도모하고 있다. 우리나라의 경우 발주자의 소재 파악 수단으로 공사 인허가, 공사신고, 산재보험 신고 절차, 양식 등 기존 신고 및 통계 작성 내용에 반영하는 방법 등 다양한 경로를 활용할 수 있으며, 핵심 내용을 포함하는 공사 통지양식의 활용과 데이터베이스의 구축 및 관리가 전제되어야 한다.

CDM 적용 대상은 상위의 노동보건안전법에 따라 공사의 신고 의무에 관계 없이 모든 건설공사에 적용된다. 발주자의 신고가 필요한 공사는 작업 일수 30일 이상, 동시 작업자 20인 이상, 연인원 500인·일 이상일 경우이다. 우리나라에서 중소규모공사에 대해서는 여러 의무를 유보하거나 면제하고 있는데 이는 안전의 사각지대 해소에는 별로 도움이 되지 않는 정책이다.

영국의 건설현장 실태와 낮은 재해율 달성의 요인

영국도 인력공급업체를 통해 건설근로자를 고용하고 있다. 우리나라와 마찬가지로 외국인 근로자가 많아서 골치를 앓고 있으며, 브렉시트Brexit가 필요한 이유 중의 하나이다. 건설분야는 건설상품의 부동성으로 내국인이 좀 많은 편이고, 외국인도 대부분 동유럽 출신의 건장한 사람들이 많은 편이다. 우리나라는 상대적으로 체격이 약한 동남아나 문화적으로 안 맞는 중앙아시아가 많아서 관리에 어려움이 있지만, 동유럽 근로자들은 영어가 잘 통하고 문화적으로도 큰 차이가 없는 데다 몸도 건장해서 근로자 관리에 우리나라보다 어려움이 덜한 편이다. 영국은 돈을 주면 준 것만큼 요구하는 나라라서 협력업체나 근로자를 인간적으로 대하진 않는 것으로 보인다. 아주 큰 현장이 아니고서는 따로 식당이 현장 내에 있지 않아서 건설근로자는 길바닥에서 샌드위치로 점심을 때우는 경우가 보통이다. 현장 내에 식당이 있는 경우도 기껏해야 샌드위치와 커피나 파는 정도이고 근로자가 직접 사먹어야 하며 가격도 그다지 싸지 않다.[9]

영국하면 안전시설이나 보호구를 철저히 잘 착용할 것 같지만 실상은 그렇지 않아서, 시골이나 변두리로 가면 우리나라와 별 차이가 없다고 한다. 현장에는 자재가 널부러져 있고 비계는 한 10년은 된 것 같은 녹슨 것을 사용하며, 낙하물방지망 같은 것은 구경하기도 힘든 실정이고, 안전대 걸이를 하는 경우도 거의 없고 안전모를 쓰긴 하지만 턱끈 같은 건 아예 없는 경우가 다반사이며, 여름에 20도만 넘어도 다들 웃통을 벗고 반바지에 거의 알몸으로 일하기도 한다. 현장 울타리도 엉성하기는 마찬가지이지만 추락방지망과 안전통로, 보행자 보호시설 등 작업에 필요한 기본시설은 비교적 확실하게 이행하고 있다.

그렇다면 왜 영국의 재해율은 낮은가? 이에 대한 질문에 대해 영국인은 "우리는 사고가 많이 나며 문제가 심각하다"라고 대답하여 자기들 기준으로 볼 때 자국도 안전이 엉망이라고 생각하여 개선의 필요성을 느끼고 있다는 점이다. 영국의 제도와 정책을 보면 설계단계부터 안전에 대해 고려하는 것이 중요한 요인으로 판단되며, 우선 기계화와 관련하여 영국에서는 건설기계가 항상 아주 깨끗하게 유지되고 있다. 흙이 묻거나 더럽혀진 장비는 거의 볼 수가 없으며, 길거리에 다니는 레미콘 트럭도 반질반질하게 잘 관리되고 있다.

논란의 여지가 있을 수도 있지만 백인과 흑인은 확실히 동양인보다 체격조건과 운동신경이 더 좋은 것도 장점으로 판단되며, 일본이 안전시설은 영국보다 더 잘 되어있는데도 재해율이 높은 이유도 이러한 근본적 차이가 작용하고 있기 때문으로 판단된다. 우리나라의 경우 젊은 외국인 근로자가 골조공사에 투입되고 있음에도 내국인보다 상대적으로 재해를 덜 입는 이유와 일맥상통한다고 할 수 있다. 객관적이고 구체적인 증거를 제시하기는 어렵지만 가장 중요한 요인은 눈에 보이지 않는 책임의식으로서, 정책적으로 CDM 등에서 발주자를 비롯한 공사참여자의 책임을 명확히 해왔기 때문으로 판단된다. 오랜 역사를 거쳐 확립된 개인과 개인 사이의 책임의식이야말로 사고를 억제하는 가장 중요한 요인으로서, 자기가 안전에 자신 있으면 그대로 해나가되 그에 대한 책임은 자신이 지고, 개인의 안전은 남이 보장해주는 것이 아니라 스스로가 만들어나가는 것이라는 생각이 강한 것으로 추정된다.

다른 선진국과 마찬가지로 영국에서 기업살인법을 먼저 제정하여 시행하고 있는 것도 상위의 사결정권자에 대한 책임의 명확화와 동일한 맥락에 있다고 보아야 할 것이다. 우리나라에서 외형적인 제도의 도입은 몸에 맞지 않은 옷을 입는 것이나 다름이 없기에 큰 효과를 기대하기는 어려울 것으로 보이며 제도의 이면에 내재하는 철학, 원칙, 가치관 등에 주목하여야 할 것이다. 이러한 점은 구체적인 근거로 설명하기 어렵지만 우리나라는 뭔가 집단주의적 성향이 있어 남들한테 묻어가는 걸 좋아하지만 영국에서는 개인과 개인의 특성과 책임을 중요시하는 기독교 문화가 의식의 근저에 자리잡고 있기 때문으로서, 향후 사회심리학과 문화적 측면의 연구가 필요한 사안이다.

안전에 대해 영국이 아주 엄격하게 단속하고 처벌할 것 같지만 실상은 아주 자유로운 편인데, 이는 아주 오랜 세월에 걸쳐 정착된 뭐라고 한마디로 정의하기 어려운 개인과 개인 사이의 약속이 있기에 가능한 것으로 추측된다. 교통안전을 예를 들어 영국은 무단횡단의 천국으로서, 시내에서도 중앙선 침범, 역주행, 불법 유턴, 직각으로 끼어들기 등등 우리나라에서는 보기 드문 온갖 상황들이 마구 벌어지고 있다. 영국에서 운전하다 보면 아슬아슬하게 차 앞을 지나 무단횡단하는 사람들 때문에 굉장히 긴장되는데도 교통사고사망율은 세계 최하 수준으로서, 문화적 소산인지 운동신경 탓인지 구분하기 어렵다고 한다. 이와 같은 상황에서 영국의 재해율이 상대적으로 낮은 이유를 추정해 본다면 강한 책임의식과 관련 제도, 설계단계부터 안전에 대한 고려, 작업의 기계화, 건설기능인력의 신체적 조건과 동일한 언어를 사용하여 의사소통에 문제가 없다는 점 등을 들 수 있을 것이다.

발주자의 구체적 안전책무

CDM 규정에서는 발주자의 대리인 또는 수급자로 유자격자의 지명을 의무화 하고, 각각의 공사수행 단계에서 건축가, 공학자, 자재조사자 등 관련 전문인력이 이러한 의무를 수행하도록 하고 있다. 즉, 발주자는 반드시 SC를 지명하여야 하며 SC는 이러한 업무를 수행할 충분한 자격이 있어야 한다. 또한 발주자는 여러 원수급자 중에서 주수급자를 지명하고 역할을 잘 수행할 수 있다는 것을 각 단계마다 확인할 적절한 절차를 밟아야 한다. CDM의 시행 초기에는 SC를 안전계획감독자로 명명하여 안전전문가의 핵심적인 임무로 사고방지 대책을 계획하고 감독하는 일을 중요시 하였으나, 나중에 그 명칭을 SC로 변경하여 공사 참여자 사이의 조정 역할까지 강화한 것이다.

CDM에서는 발주자의 의무로서 다음 10가지에 더하여 안전책무 인지를 확인하는 공사신고 의무를 부여하고 있으나, 이러한 의무는 기존의 국내 제도에는 아직 미비한 사항으로서 발의된 건설안전특별법안에 이러한 내용들이 담겨있다.

1) 적기에 (안전에 역량이 있는) 적절한 수급자를 지명할 것

2) 건설사업을 관리하기 위한 적절한 방안을 마련하고 유지 · 재검토하는 것을 보장할 것

3) 적절한 공사기간을 보장할 것

4) 설계자와 시공자에게 (공사의 안전한 수행에 필요한) 정보를 제공할 것

5) 설계자 및 시공자와 소통할 것

6) 현장에 적절한 복지시설이 제공되었음을 보장할 것

7) 공사계획이 작동되고 있음을 보장할 것

8) (추후의 사고예방에 필요한) 안전(보건)대장을 (기록하고) 유지할 것

9) 피고용인을 포함한 건설공사의 영향을 받는 사람을 보호할 것

10) 공사현장이 올바르게 설계되었음을 보장할 것

11) 공사를 신고할 것

영국의 발주자 안전책무에서 간과해서는 안될 사항은 11)번째 공사신고 제도이다. 신고 내용에는 발주자는 '법에서 정한 자신의 안전책임을 인지하였음'을, 수급자는 '발주자에게 자신의 안전책무를 고지하였음'을 확인하는 서명을 하게 함으로써 참여자 상호간 견제장치를 내재화시켰다는 점이다.

8)번째 안전대장의 개념은 시설물의 유지관리 등 향후의 안전관리에 필요한 정보를 모아서 다음 단계에 전달하라는 취지이나, 전부 개정 산업안전보건법에서는 발주자의 안전책무로 안전대장 작성 의무를 부여하면서 모든 안전관련 서류를 관리하는 것으로 오인하여 가뜩이나 많은 서류로 신음하고 있는 건설현장을 더 어렵게 만들고 있다. 입법을 추진 중인 건설안전특별법은 아직 우리나라 제도에 미비한 영국과 유럽의 합리적인 책임체제를 구현함으로써 기존 제도의 사각지대를 해소하기 위한 것이다.

우리의 건설사업 안전수준은 영국의 초기 CDM제도 수준에 가까운 것으로 판단된다. 우리가 지향해야 할 CDM 2007에서 규정하고 있는 건설사업의 단계별 발주자의 구체적인 책임과 역

표 5.1　CDM의 발주자 안전 책무와 역할

발주자의 역할	세 부 내 용
현장조사	주변건물 현황, 교통상황, 지질상황을 안전측면에서 파악
SC 임명	공사 초기에 안전·보건의 관점에서 SC의 수행능력과 안전관리 능력을 검토
설계자, 수급인 선정	안전에 전문성을 가진 설계자, 수급인의 능력과 자질 검토
정보제공 및	SC, 설계자, 수급인에게 현장조사 결과 제공
의사교환	설계자에게 공사의 설계도서 제공
안전관리계획 작성유도	설계자가 입찰전에 안전관리계획서를 작성하도록 유도
	시공자가 안전관리계획을 작성하도록 유도
	설계자와 수급인이 안전관리계획 작성시 SC의 지원을 유도
	설계자와 수급인의 안전관리계획 적정성 검토
안전관리대장의 보관	유사 공사에서 유용한 정보를 제공하는 안전관리대장을 향후 사용하기 편리한 형태로 보관

할은 다음과 같다(표 5.1).

영국의 건설사고율이 낮은 이유

중대재해처벌법 제정 즈음에 시사저널에서 영국의 건설사고율이 낮은 이유를 조사한 내용 중 일부를 옮기면 다음과 같다.[10]

> 영국의 기업살인법은 우리나라와 다른 산업 토양에서 시행되고 있는 법안으로서, 영국의 기업살인법에는 도급 금지 등 위험의 외주화 관련 규정이 없으며, 영국에선 1974년 제정된 HSWA에 따라 이미 원·하청에 합당한 안전 책임을 부여하는 구조가 갖추어져 있다. 릭비 수석감독관은 "영국의 기업들은 목적을 달성하기 위해 도급 등 하고 싶은 방식을 마음대로 택하면 되며, 안전 목표만 지켜주면 정부는 관여하지 않는다", **"원청업체와 마지막 하청업체 사이에 몇 개의 기업이 끼어 있더라도 모든 주체가 각각 다 책임을 지고 있다"**, "영국의 사망십만인율이 최근 몇 년간 0.5 수준을 유지하며 한국의 20분의 1에 불과한 것은 (기업살인법이 아니라) 산업안전에 관해 기업에 자율성과 책임을 효율적으로 부여하는 방식을 오래전부터 이어온 영향이 크다"고 하였다.

영국과 우리나라의 하청구조 차이점은 영국에서는 원청사가 협력업체 선정 시 작업과 안전의 공동책임 파트너로 철저히 역량을 검증하고 연대하여 책임을 지며, 공사 중에도 모니터링, 보험가입 등으로 협력업체를 면밀히 관리한다는 것이다. 반면에 우리나라의 경우 원청사 하도급은 비용 절감의 목적이 강하다. 소수 상위 건설업체가 하도급업체의 저가 입찰을 심의한다고 하나 형식적으로서 최저가 낙찰제로 하청업체끼리 무분별한 수주 경쟁을 하게 한다. 당연히 협력업체의 해당 공종에 대한 전문성이나 안전관리 수준은 떨어지기 마련이다. 사고 발생 시에도 산업안전보건법의 기본 개념이 고용주 책임으로서 작업자를 직접 고용한 하청업체가 책임을 감당해야 하며, 원청에게 책임을 묻더라도 솜방방이 처벌에 그치고 있다.

우리나라처럼 최저가로 도급만 주고 일용직 근로자로 작업을 수행하게 하는 한 중대재해처벌법과 같은 리스크를 피해가기 어렵다. 원하도급 관계에 혁신적인 변화가 필요함을 시사하며, 건설사가 자발적으로 하지 못하기 때문에 건설안전특별법으로 규율하고자 하는 것이다.

럭비 감독관의 말은 우리나라의 후진적인 법제에도 중요한 시사점을 주고 있다. 산업안전보건법의 전부 개정 시나 중대재해처벌법이 제정되었을 때 사업주 입장에서는 저항의 방편으로 책임과 방법을 명확히 해달라고 집요하게 요구하였다. 인명을 담보로 한 생산이 허용될 수 없다는 것은 누구에게나 공평하며 반드시 지켜져야 할 원칙으로서 타협의 대상이 될 수 없다. **영국의 사례처럼 국가는 달성할 목표만 제시하고 달성할 수단은 민간에 맡겨야 한다. 즉, 구체화해 달라는 요구 자체가 스스로 역량과 실행할 의지가 부족함을 반증하는 것이다.** 복잡계인 현대사회에서 모든 상황을 법률로 구체적으로 규정한다는 것은 불가능할 뿐만 아니라 목표를 달성하는 방법을 선택할 수 있는 민간의 자율성을 침해하는 것이다.

영국 건설안전제도와 정책의 시사점

영국의 노동안전과 건설안전제도 발전에는 자율적 책임의식을 바탕으로 로벤스 보고서, 발주자를 정점으로 한 안전책무체제를 정립한 CDM제도의 도입 등 중요한 계기들이 있었다. 영국과 같은 선진국에서는 수규자 입장의 제도를 만들기 위해 법령의 단순화를 꾸준히 추구해온 결과 CDM 2015의 경우도 최소한의 규정으로 제도가 단순화되고 있으며, 다수 건설사업참여자의 역할과 책임을 명확히 한 효과적인 안전관리체제가 운영되고 있다. 우리나라의 경우는 발주자 안전책무에 대하여 이제야 관심을 갖기 시작하였으며, 발주자의 우월적 지위 남용이 여전한 실정이다. 민간부문의 경우는 그나마 소극적인 발주자 안전책무마저 아직 실효성이 거의 없어 건전한 안전문화를 추구하는 수급자에게는 영업에도 불리하게 작용하고 있는 것이 현실이다. 합리적인 책임제와 기준을 운영하는 것은 국가의 책임으로서, 우리나라와 같이 관행이 된 불합리한 제도로는 이러한 근본적인 문제점을 단기간에 시정하기는 어려울 것이다.

특히 발주자와 감리자가 배제된 제조업 방식의 안전관리자 중심 안전관리체제에다가 안전점검 등에 외부 기관, 지도사, 민간기술지도기관, 명예산업안전감독관 등 체계적인 역량 검증이 없는 유사한 명칭의 외부자가 안전점검이라는 명분으로 공사현장을 수시로 드나들게 하고 있다. 동적

인 건설현장에 대한 일회성 안전점검의 실효성은 '제6장 건설안전 혁신과제'에서 기술하였다. 이러한 상부구조의 모순을 극복하기 위해서는 상위의 합리적인 책임체제의 불비와 원가의 압박에도 불구하고 법적인 책무를 확실하게 이행하는 최고경영자의 의지가 필요하나 역시 개별 기업의 차원에서 개별 기업 자발적인 이행을 기대하기는 어려운 것으로 보인다. 예외적으로 불합리한 제도와 관행에도 불구하고 이러한 관행에 타협하지 않고 윤리경영을 준수하는 CM사로서 한미글로벌이 있으며, '일하기 좋은 직장GWP; Great Work Place'에 선정되기도 하였다. 실무차원에서도 잘못 운영되고 있는 안전관리자제도를 법정 요건을 준수하면서 실질적으로는 안전의 원리에 맞게 운용하는 지혜가 필요하나 역시 건설기술자나 안전관리자 개인의 의지나 노력만으로는 이행을 기대하기 어렵다고 본다.

건설안전 전문가 SC 선임 방식

유럽연합EU에서는 1992년 발주자의 안전보건 책무를 포함한 건설현장 안전보건 확보를 위한 최소조건을 명시한 Directive 92/57/EEC를 제정하였다. 이 지침은 타산업과 구별되는 건설산업의 특성을 반영하여 건설공사에 있어 발주자Client, 사업 감독자Project supervisor, 안전보건 조정자Coordinator for safety and health 등의 책무를 명시하고 있다. EU에서는 일정 규모 이상의 건설사업에는 발주자로 하여금 설계단계부터 안전조정자를 선임하도록 하고 있다. 해당 지침에 따른 발주자, 사업 감독자 및 고용주의 주요 책무는 다음과 같다. 설계자의 역할은 '10장 설계제도와 설계자 역할의 합리화'에 기술하였다.

- 발주자 또는 감독자는 2명 이상의 시공자가 있는 경우 공사 준비 및 공사단계의 안전보건 관리를 수행하기 위한 안전조정자 1명이상 선임
- 발주자 및 감독자는 고위험작업의 안전보건계획 확인
- 발주자 또는 감독자는 착공 전 안전조정자의 선임신고서를 관계기관에 제출
- 발주자 또는 감독자가 규정 5(계획단계 SC 직무) 및 규정 6(공사단계 SC 직무)에 언급된 의무를 수행하기 위해 안전보건조정자를 임명하였어도, 발주자와 감독자의 안전보건관리 책임을 면제받을 수 없음

안전조정자의 책무는 사업준비(설계) 단계와 사업이행(공사) 단계로 구분되며, 설계 단계의 주요 책무는 다음과 같다(규정 5).

- 규정 4(사업준비 단계의 발주자 또는 감독자 책무)의 규정 이행에 대한 조정
- 현장 작업내용을 고려하여 적용해야 하는 규정을 반영한 안전보건계획 작성
- 안전보건계획의 경우 부록 2에 기술된 작업(굴착, 고소작업 등 고위험작업)에 1개 이상 해당하는 작업은 구체적인 조치를 반드시 포함시킬 것

공사단계의 안전조정자의 주요 책무는 다음과 같다(규정 6).
- 예방 및 안전의 일반원칙 이행 내용의 조정
- 사업주와 필요시 근로자, 개별 공정 개인사업자 보호를 위한 관련 규정 이행의 조정
- 규정5(b)의 고위험작업 장소에서 안전보건계획 이행
- 공정의 진행과 변경을 고려하여 규정5(b)에 기술된 안전보건계획 및 규정 5(c)에 기술된 공사 특성별 안전보건정보 등 자료의 수정 또는 수정 요청
- 동일 근로자를 사용하는 다수 사업주를 포함하여 사업주간 협력체계 조직, 근로자 보호와 사고 및 업무상 질병예방, 규정 8(근로자의 안전보건 향상조치 안내)의 규정 6(사업주의 일반의무)에 의해 제공된 상호간의 정보제공을 위한 사업주의 안전보건 활동의 조정
- 원활한 공정진행을 점검하기 위한 방식 조정
- 허가된 자만 현장출입을 할 수 있는 조치 마련

EU의 규정을 따르는 독일의 안전조정자 선임 방식은 매우 자유롭다. SC의 역할은 발주자를 보좌하며 수급인을 조정하는 역할로서 원도급사. 외부 전문기관, 개인 소속을 가리지 않고 역량만 있으면 선임할 수 있다. 발주자에 상당하는 위상과 권한이 부여되므로 수급인의 독려가 가능하다(**그림 5.3**). 선임 인원도 우리나라처럼 전담을 고집하지 않고 공사규모에 따라 일정 시간 이상

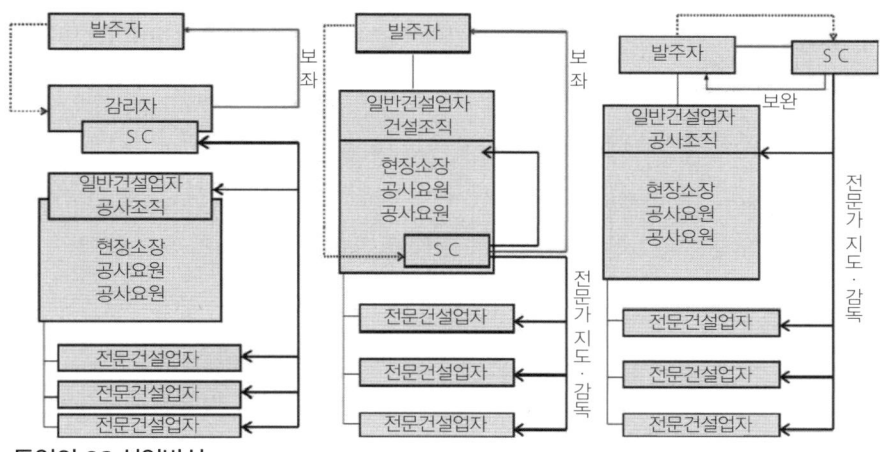

그림 5.3 독일의 SC 선임방식

만 투입되면 된다. 우리나라의 경직된 안전관리제도가 본받아야 할 점이다.

2. 싱가포르의 건설안전제도

싱가포르의 국정기조와 정치·행정시스템

싱가포르는 우리나라와 비슷하게 짧은 기간에 괄목한 성장을 한 나라로 주목받고 있다. 우리나라와 다른 점은 국정수반이 솔선수범하여 청렴하고 공정한 나라로 평가받고 있다는 점이다. 싱가포르를 보는 관점이 여러 가지 있을 수 있으나 특히 정치·행정시스템이 주목받고 있다. 싱가포르의 발전에는 국가 우선주의, 능력주의, 실용주의, 엘리트주의 등의 가치관과 위기의식이 국가 발전에 기여한 것으로 분석되고 있다.[11] 일부 부정적 측면도 있지만 싱가포르에서는 가장 우수한 인력이 공무원을 지원하며 국가가 절대적인 신뢰를 받고 있다는 점은 부인하기 어렵다. 건설안전 분야의 제도에도 이러한 우수성이 드러나고 있다.

뒤에 소개하겠지만 건설안전 분야의 제도나 정책 중에도 참고할 만한 할 사례가 많다. 마우나 리조트 붕괴, 세월호 침몰, 지하철 사고 등 사고로 점철된 우리의 상황에서 싱가포르는 국가의 규모는 작지만 안전측면에서 시사점을 찾을 수 있는 국가 중의 하나이다. 싱가포르의 국정기조, 공공발주자의 역할 및 건설사업의 안전관리시스템 등을 공사현장의 안전관리제도를 중심으로 우리나라의 현행 제도 개선에 필요한 시사점을 소개한다.

싱가포르는 "깨끗하고 안전한 싱가포르clean and safe Singapore"라는 국정철학에 따라 공무원을 우대하여 우수한 인력이 모이며 세계적으로 가장 청렴한 것으로 알려져 있다. 최근에 강승문이 싱가포르의 다양한 측면을 심층 분석결과를 보면[12], 세계에서 가장 깨끗하고 안전한 나라, 세계에서 가장 합리적이고 깨끗한 정부, 합리적인 경제정책 등으로서, 주목할 부분은 '세계에서 가장 합리적이고 깨끗한 정부' 편에서 기술하고 있는 국정수반의 '이기적인 인간 본성에 대한 통찰'이다. 인간을 '자기 이익에 충실한 이기적인 존재'로 파악하고 정책은 개인의 이기심이 공공의 이익에 도움이 되는 긍정적인 방향으로 발현될 수 있도록 자연스럽게 유도하는 정책'으로 정의하고 있다. 우리나라의 경우 정책이나 제도가 종종 탁상공론이라는 비판을 받는 이유 중의 하나는 경제적 동기를 터부시하는 이중적 가치관으로 인간과 조직의 이기적 본성을 충분히 헤아리지 못하였기 때문으로 판단된다.

최고통치자의 철학은 국정기조가 되어 모든 정책이나 제도에 근본 이념이나 추구하는 가치로 반영되고 있다. 국가적으로 사고가 많이 발생하는 근본 원인은 최고통치자가 국민의 안전을 중요한 가치로 추구하지 않은데 기인한다. 물론 싱가포르는 규모가 작은 도시국가로서 상대적으로 획일적인 정책을 펼치는 것이 우리나라보다 용이할 수는 있지만, 장기집권을 했던 전 수상처럼 청렴한 국가를 만들기 위한 공무원 우대 정책을 대중의 반대에도 불구하고 관철시키는 철학이 없었다면 오늘의 번영과 안전은 불가능했을 것이다. 우리나라의 경우 시설물 사고를 포함하여 사회 전반에 만연한 위험은 공무원의 역할에서도 소외되어 왔기 때문으로서, 문재인 정부에서 국정과제 중의 하나로 안전을 독려하는 것은 긍정적이다.

싱가포르의 모든 제도가 공무원과 민간 경제에서 실효성을 발휘할 수 있는 실질적인 이유는 직업의 전문성에 상응하는 적절한 임금이 보장되고 있다는 점이다. 즉 경제의 원칙에 충실한 것이다. 건설산업에 있어서도 산업에 종사하는 기술자를 비롯한 종사자들은 자신의 전문역량에 따라 충분한 보수를 받고 있기 때문이다. 건설기술자의 경우 월급여는 S$7,000~15,000 수준(최근 환율로 S$1은 원화 850원 상당)이며, 현장 근로자는 인력공급업체가 공급하는 제3국인으로서 S$1,000~2,000에 불과하지만 자국의 급여에 비해 훨씬 높기 때문에 불만이 없는 것으로 알고 있다.

무조건 청렴만을 주장하는 무리를 범하지 않고 인간의 기본적 욕구를 이해하고 적절한 보상과 벌칙을 통해서 스스로 자제할 수 있는 환경을 만든 결과로 볼 수 있다. 이와 같이 생활이 보장되는 급여 수준에서는 벌칙이 명확하고 강력한 상황에서 굳이 부당한 이익을 위해서 자신의 삶을 희생시킬 필요가 없는 환경이다. 우리나라의 경우 공무원의 보수는 민간보다 못한 편이다. 민간의 경우도 국가차원의 무리한 예산절감을 위한 과도한 경쟁 체제로 건설사업에 종사하는 기술자들이나 근로자들이 적절한 보수가 지급되지 않는 상황에서 정상적인 작업이나 성과를 기대하기는 어려울 것으로 보인다. 최소한의 임금은 안전한 사회를 위한 기본 조건으로 재인식할 필요가 있다.

싱가포르 건설안전제도의 특징

싱가포르의 노동안전보건제도는 정부의 확실한 감시와 감독으로 예외를 인정하지 않고 있다는 점이며, 물적 사고의 경우도 개선의 대상으로 삼아 처벌하고 집요하게 개선의 대상으로 한다는 것이다. 싱가포르의 산업안전보건제도 중 전산업에 적용되는 불량업체 감시제도BUS; the Business Under Surveillance와 건설업에 적용되는 제도로는 원도급사에 적용되는 ConSASS와 협력업체에 적용되는 bizSAFE가 있고, LTA와 같은 공공발주기관이 시행하는 제도로는 벌칙과 인센티브를 겸한 ESS 제도 등이 있다. 초판에서는 부록으로 이들 제도에 대해 구체적으로 소개하였으나 관련 정보의 획득이 용이하므로 재판에서는 삭제하였다.

싱가포르의 제반 정책은 통치자의 깨끗하고 안전한 국가, 청렴한 정부라는 국정기조에 기반을 두고 있다. 모든 제도는 이익 추구의 인간 본성을 수용한 정당한 보상과 확실한 벌칙의 원칙으로 제도의 실효성을 확보하고 있으며, 제도가 문화를 만든 나라로 볼 수 있다. 싱가포르는 국민소득이 5만불 정도로서 높은 경제성장을 지속하고 있으며, 세계적으로 자타가 공인하는 가장 깨끗하고 안전한 나라로서, 이미 20여년 전부터 다양한 측면에서 똑똑한 국가로 국제적으로 주목을 받아왔다. 이 국가는 인프라 확충을 위한 건설공사도 매우 활발하여 최근에도 우리나라의 상위 건설업체들이 항만, 지하철, 민간건축 공사 등을 수행하고 있어, 국가차원의 건설안전제도 측면에서 뿐만 아니라 건설업체의 현지 경쟁력 확보를 위해서도 싱가포르의 관련 제도에 대한 이해는 유용할 것이다.

확실한 국가의 감시독려 체제와 공공발주자의 주도적 역할

싱가포르는 우리나라 건설사가 공사를 해도 법대로 해야 가장 경제적임을 확실하게 인식시키는 나라이다. 싱가포르 정부와 공공발주자의 건설사업 이해당사자 통제 방식은 정부의 직접적인 개입을 최소화하는 고도의 이이제이以夷制夷 방식이다. 건설사업의 설계단계에서는 설계안의 작성이나 변경 시 반드시 동등한 기술자의 확인을 받도록 하여 민간이 상호 견제하는 장치를 운영하고 있다. 공사현장에서 설계자나 구조기술자를 고용하더라도 제3자의 승인이 필요하므로, 설계자나 기술자가 거부할 경우는 설계변경이 불가능하다. 시공단계에서도 안전전문가를 적절히 활용하고 있으며, 일정 규모 이상 공사의 경우는 주기적으로 민간안전전문가의 평가를 받게 하고 그 결과를 보고하게 함으로써, 공사현장의 안전관리 수준을 상시로 감시하고 있다.

여기에 설계자나 기술자가 상호 견제할 수밖에 없는 이유는 확실한 벌칙으로서, 사고가 발생할 경우 사고의 원인에 상관없이 설계자, 시공자 모두가 동시에 구속되며, 처벌을 받을 경우 생업에 막대한 타격을 받기 때문에 부실한 설계나 감시를 할 여지를 원천적으로 제거하고 있다. 우리나라의 경우는 공무원의 민간 사업장 출입을 자제시키고는 있지만, 근본적으로 공무원이 제도의 제정 및 운용 권한을 가지고 있어 민간으로 하여금 빈번한 공무원 접촉을 유발시키는 측면이 있으며, 공무원은 이러한 상황을 자신들의 권한을 유지하는 방편으로 유용하는 경향과 대조적이다.

공공발주기관의 독자적인 공사발주 권한에 의한 합리적인 공사발주방식은 발주자의 안전한 공사 수행에 기여하고 있다. 국가차원에서 우리나라의 경우는 기획재정부의 국가계약법과 총사업비관리제도, 조달청 등이 공사 집행의 큰 틀을 규정하고 있어 공공발주자는 이러한 틀 안에서만 집행이 가능하다. 하지만 싱가포르의 경우는 공공발주자가 설계자, 시공자 등의 경쟁을 유도하여 공사비 절감을 도모하고 있지만 독자적인 공사발주권한으로 합리적으로 공사를 발주, 수행하고 있다.

실제로 공사비 부족은 공사의 안전을 저해하는 가장 근원적인 요인이나, 우리나라의 경우 총사업비관리제도 등은 원래의 취지와는 다르게 합리적인 공사비 조정의 족쇄가 되어, 최종적으로 말단의 협력업체와 근로자의 생존을 위태롭게 하여 건설산업의 기반을 무너뜨리고 있다. 이러한 상황은 최근에 대형건설업체들이 공공공사의 입찰을 포기한 것으로 증명되고 있다. 이 제도는 도입 취지는 좋았지만 경직된 운영으로 사업비 증액만을 억제하여 부족한 공사비로 합리적인 공사의 수행을 방해하여 결국은 공사현장의 기술자뿐만 아니라 말단 근로자가 보상을 제대로 받지 못하는 결과를 초래하여, 정부의 책무인 국민의 복지에 역행하는 결과를 초래하고 있다. 발주기관이나 전문기업의 사업의 기획 능력을 개선해서 초기사업비 산정이 가능하도록 하는 것이 근원적인 대책이다.

불량업체 감시 프로그램

불량업체 감시프로그램은 상대적으로 안전관리가 취약한 회사를 집중적으로 감시하는 도구이다. 싱가포르에서는 개별 사업장의 이행 수준이 주무 부처에 데이터베이스로 보고되고 관리된다. 사후적 대책인 사고발생 사업장뿐만 아니라 사전지표에 의해 안전수준의 개선이 지체되는 현장을 파악하여 집중적인 관리가 가능한 시스템을 운영하고 있다. 사업장의 입장에서는 비켜갈 수 없는 장치로 작동되고 있다. BUS의 경우도 강력한 사업장에 대한 감시체제로서 안전관리가 부실한 업체가 강력한 안전보건경영시스템을 구축하여 안전보건성과를 개선시키는 프로그램이다. BUS프로그램은 중대재해 발생, 작업중지를 받은 현장관리가 부실한 업체 및 감점을 누적해 받은 업체를 대상으로 하여 개선하지 않을 수 없도록 유도하고 있다.

이 프로그램은 평가단계와 감시단계로 진행되며, 평가단계에서는 고용부MOM의 정밀한 진단으로 이 평가를 통과하지 못할 경우 감시단계로 들어가게 되며, 감시단계에서는 회사 경영자는 포괄적이고 지속가능한 실행계획을 제출하고 이를 이행하여야 한다. 대상 회사가 안전보건에 성과와 경영측면에서 충분한 개선이 있으며 사내에 강한 안전보건문화를 구축하는 계획을 제시해야 이 감시 프로그램을 벗어날 수 있으며, 2020.1.9. 현재 감시대상업체로 공고된 건설업체는 11개 사로서 일본의 시미즈 건설이 포함되어 있다.

우리나라의 경우는 10대, 100대, 1,000대 원청건설사 등으로 국한하여 신뢰성과 변별력이 없는 사후지표로만 관리하고 있어 관리의 형평성과 실효성 측면에서 근본적인 한계를 가지고 있다. 특히 연간 400여명의 사고사망자수는 중복을 무시하더라도 2만여 종합건설면허와 8만여

전문건설면허의 극히 일부분으로 매출액이 큰 소수 상위 종합건설사를 제외하고는 기업의 존속기간 동안 처벌을 받아야 할 중대대해가 발생할 가능성은 거의 없다. 40여 건 중 한 건 정도만 보고되는 재해율이나 환산재해율 등도 정직한 사고보고 문화를 추구하는 회사는 불이익으로 작용하고 있는 현실이다. 특히 면허수로 8만여 개에 이르는 전문건설업체에 대해서는 실효성 있는 독려 수단이 구비되지 못하여 고스란히 원청사 부담으로 전가되고 있는 것이 현실이다. 물론 취약한 전문건설사의 현실은 이제까지 종합건설사가 관리하지 않고 공유지의 비극으로 남겨둔 탓이 크다.

안전관리 우수 발주청 LTA

싱가포르의 LTALand Transport Authority에서는 오래전부터 안전방침으로 '안전보건을 지상 최고로 한다We accord paramount importance to safety and health'로 정하고 안전은 모두의 역할로 규정하고 있다. 안전부서Safety Division는 모든 부서의 상위에 위치시켜 안전을 우선하는 의사결정체제를 갖추고 있다. LTA는 안전 방침, 목표, 사명, 전략, 역할 등을 명확히 천명하고 '공사현장의 안전과 사용 중 안전을 포괄하는 종합안전관리시스템Total Safe'을 도입하여 이행하고 있다.

LTA는 최근까지 민간보다 사고율과 강도율을 획기적으로 감소시켜 발주자 주도의 효과를 입증하였다(그림 5.4). 공사 착수 전에 실시하는 PSRProject Safety Review이 효과적이었던 것으로 보고되고 있는데 이를 통하여 3E 대책을 충실하게 이행하였기 때문이다. 2000년 이후 LTA의 사고율은 건설산업 전체의 사고율에 비해 현저히 낮은 사고율을 기록하고 있는데, 2010년부터 사고가 증가세로 돌아선 것은 공사물량의 증가에도 원인이 있지만 이러한 대책조차도 더 개선이

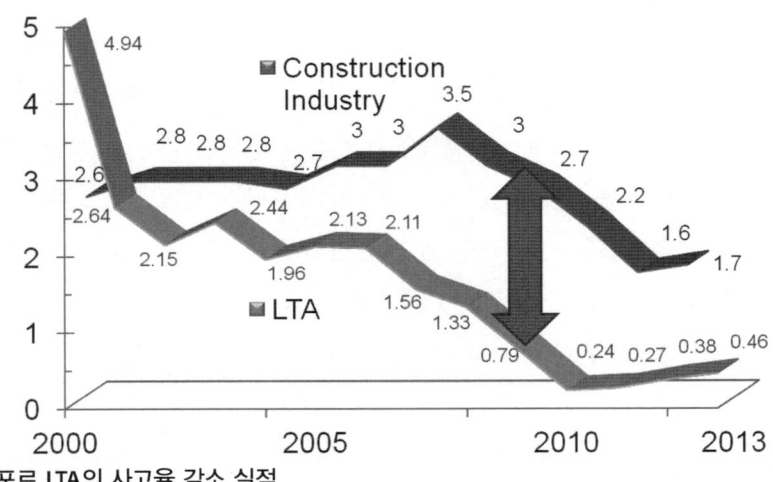

그림 5.4 싱가포르 LTA의 사고율 감소 실적

필요함을 시사한다. 즉, 안전수준이 개선되면 개선된 수준에 적합한 방침과 수단이 요구된다.

공공발주자 사망률 등에서 민간보다 높은 사고율을 보이는 우리나라의 상황과는 대비된다. 선진국의 건설안전제도나 정책이 우리와 다른 점이 무엇이며 이러한 차이는 어디에서 나오는가? 이상에서 고찰한 바와 같이 선진국의 제도는 강력한 규제와 함께 최소한의 국가 개입으로 건설사업 참여자들이 자발적으로 안전역량을 개선하도록 유도하고 있다는 점이다.

6장
건설안전 혁신의 과제

"원칙이 전략에 우선한다." - 피터 F. 드러커 -

1. 불합리한 건설안전 제도의 근원

건설산업의 생산방식에 적합한 검증된 원칙 간과

건설사고방지 대책을 도출하기 전에 건설산업을 발전시키기 위한 논의의 틀과 전제가 정상화되어야 한다. 기존의 건설산업과 관련된 논의는 논의 참여자, 논의의 방향과 주제가 원칙에서 벗어났다. 일감의 다과를 논하기 전에 전제가 되는 기존 제도와 관행이 올바르고 합리적인가부터 따져야 한다. 앞에서 사고방식의 전환이 필요하다고 하였는데, **여기서는 건설안전 제도가 실효성을 발휘하지 못하는 근본적 이유로 지극히 당연함에도 간과되고 있는 핵심 요인들을 짚어보고자 한다.** 우선 제조업과는 생산방식이 정반대인 건설사업의 수행방식과 생리가 반영되지 못했다. 따라서 건설사업에 적합한 보편적 사고예방의 원리와 원칙도 구현되지 못했다. 이는 건설사고의 근본원인에 대한 인식의 부족에 기인한 것으로 제도 개선을 위한 의견수렴 과정에서 핵심 의사결정권자인 발주자와 소비자가 배제되는 결과를 초래하였다.

가장 근본적인 문제는 거의 모든 건설사업 관련 법령이 발주자를 배제한 채 제정되어 발주자의 횡포에 속수무책이었다는 것이다. 나아가서 안전을 목표로 하는 산업안전보건법에서도 건설생산방식을 전혀 수용하지 못하여 건설관련 법령의 근본적인 한계를 해소할 수 없었다는 것이다.

먼저 원칙이 전략에 우선하다고 하였는데, 대부분 논의에서 원칙은 정립하지 못한 채 당사자들의 이해관계가 논의의 주대상이 되어왔다. **누구나 공감할 수 있는 원칙을 먼저 세우고 나면**

세부 사항은 원칙에 따라 쉽게 정할 수 있음에도 종종 이해관계를 극복하지 못하고 원칙과 타협함으로써 본래의 취지와 멀어지는 경우가 많았다. 원칙을 지키기 어렵다고 피해가면 손실만 더 키우는 결과를 초래한다.

앞에서 기술한 바와 같이 건설물의 생산방식은 제조공장의 방식과는 정반대로 건설공장은 최종 목적물을 위해 생산설비가 끊임없이 이동해야 한다. 건설업 종사자는 관행에 무감각하고 비건설 전문가는 건설산업의 생리와 생산방식에 어둡다 보니 노력한 만큼 성과를 거두기 어려웠다.

건설산업 지속발전가능의 첫째 조건은 적정한 비용의 계상과 투명한 집행에 있다. 건설업에서는 불합리한 책임체제로 공정한 거래가 장기간 실종된 탓에 유능한 협력업체가 도산하여 노동단체가 공사장의 일을 결정하는 꼬리가 몸통을 흔드는 지경에 이른 것이다. 공정한 거래가 전제되지 않으면 사고를 방지할 수 없을 뿐만 아니라 건설산업 자체가 지속 가능할 수 없다. 발주자를 바로 세워야 건설산업이 지속 가능해지며 기능인의 생명도 보호할 수 있다. 기존의 제도와 정책들에는 주연 배우인 발주자, 건설기술자, 기능인 등에 대한 대책이 제대로 다루어지지 못했다.

그럼 발주자를 어떻게 바로 세워 합리적인 의사결정을 유도할 수 있는가? 생산구조가 복잡한 건설산업은 타협이 불가능한 절대 가치인 안전책무로서만이 바로 세울 수 있다고 본다. 산업안전보건법의 전부 개정, 건설안전특별법 발의, 중대재해처벌법의 제정도 이러한 맥락에서 상위 의사결정권자의 과욕을 자제시키기 위한 것이다.

건설사고 근본 원인에 대한 인식 전환

질병에 대한 올바른 진단이 있어야 유효한 처방으로 치유가 가능하다. 건설사고의 근본원인에 대한 올바른 인식이 없이는 효과적인 예방대책이 마련될 수 없다. 기존의 사고사례분석, 사고조사보고서, 대책 방안 등은 대부분 물리적 차원의 기술적 대책으로서, 경영관리상의 결함이나 이러한 결함을 초래한 상위 요인에 대해서는 구체적으로 제시하지 못하고 있다. 따라서 사고방지대책도 결과인 물리적인 현상을 점검하고 고치는 데만 주력할 수밖에 없었으며, 비효율적이고 비효과적인 이러한 수준의 노력은 지금도 계속되고 있다. 건설사고의 근본원인에 대한 관점의 전환은 효과적 건설사고예방의 가장 중요한 전제조건이다.

사고예방 제도와 정책의 수립 시 우선적으로 고려해야 할 사항은 직접원인을 유발하는 근본적 간접원인이다, 유럽 노동안전보건청에서 유럽사업장 신종위험 조사보고서 ESENER 2019[1]의 주요한 내용은 다음과 같다.

안전보건을 가장 잘 아는 사람은 50인 미만 사업장의 경우 사업주와 경영진

(40% 이상)이며, 250인 이상 노동자가 근무하는 사업장의 경우 '관리직을 겸임하지 않은 안전보건전문가'(44%), 모든 규모에서 '관련 내용을 담당하는 또 다른 직원(20%)'로 조사되었다.

안전관리를 하는 이유는 '법적 의무 준수(90%)', 노동자와 노동자 대표의 기대에 부응(80%), 노동감독으로 인한 벌금형을 피하기 위해서였다. 안전관리를 하지 않는 이유는 '위험요소와 위험성을 이미 알고 있기 때문(83%)', '특별히 위험한 문제가 없음(80%)' 절차가 너무 부담스러움은 대규모 사업장의 비율이 높았다.

안전관리의 애로 사항은 '법적 의무의 복잡함(42%), 시간 및 직원 부족(33%), 서류업무(31%), 비용부족(19%), 노동자 간 인식 부족(19%) 등이었다. 다른 요소는 2014년도에 비해 소폭 하락했으나, 시간 및 직원 부족 요소는 '14년 27%에서 33%로 증가하였다.

이상은 우리나라도 유사한 상황이지만 개선 대책의 마련에는 우리나라가 상대적으로 안전에 대한 투자가 인색하다는 것과 이로 인한 역량과 인원 부족이 더 심각한 수준임을 고려하여야 할 것이다. 당연히 비용절감을 위해 직원이나 안전보건 전문가의 역량도 부족할 수밖에 없을 것으로 판단된다. 따라서 제도나 정책의 목표도 단순한 전문가의 선임을 넘어서 라인 조직의 적절한 인원 확보가 선행되어야지 단순한 전담 전문가의 선임 확대만으로는 근본적인 문제를 해결할 수 없다. 유럽의 200년 이상 된 노동안전보건의 역사와 문화적 차이점을 넘어 앞으로 우리가 나아가야 할 방향에 시사하는 바가 크다고 본다.

2. 건설안전 혁신의 전제

'사고'와 '안전'의 정의부터 혁신해야 한다

제시 싱어가 '사고는 없다'고 한 것은 사고는 우연이 아니라, '위험한 조건'을 야기하는 시스템의 문제이자 자본과 권력의 논리에서 비롯된다'는 의미다. 안전의식이나 안전수준은 사고accidents를 어떤 수준으로 생각하느냐로 판단할 수 있다. 사고에 대한 낡은 정의는 인식차원에서 안전수준의 개선에 걸림돌이 될 수 있다. 건설업에서 전통적인 사고의 정의는 '사람이 심하게 다치는 것'이며 물적사고는 사고로 관리되지 못했다. 안전과학의 진보에도 불구하고 실무에서는 하인리히 방식의 1950년대 사고에 대한 정의를 답습하고 있는 것으로 보인다. 사람이 심하게 다쳐야 사고이며 경상해나 소소한 물적 사고는 사고로 간주되지 못하는 경향이 있다. 정부의 사고사망자 줄이기 정책으로 중상해 이하의 사고는 관리의 대상에서 멀어져 사고의 근본원인이 되는 '아차 사고near miss'는 사고의 범주에도 들지 못하고 있다.*

자연재난을 제외한 현실 세계의 사고는 모두 인위적 환경 조건 속에서 발생한 것으로서 예측과 통제가 가능하며 필연적으로 누군가에 책임이 있는 반면에, **사고라는 어휘가 일상에서는 우발적으로 발생하여 예측이나 통제가 불가능했다는 책임회피를 위한 의도로 악용되고 있다.** 이러한 사고라는 용어의 이중적 의미 때문에 선진국의 연구자들은 사고라는 용어 사용을 극도로 꺼리며, 용어를 잘못 사용했을 경우는 소액이지만 경고성으로 벌금을 물게하기도 하였다. 우리도 용어 사용에 더 신중하여 국가나 조직의 책임을 개인의 책임으로 전가하는 책임의 사사화私事化를 경계해야 할 것이다.

사고조사를 위해서는 앞에서 정의한 사고, 아차 사고, 원하지 않는 환경undesired circumstance 등은 명확히 구별되어야 한다. 원하지 않은 사상事象은 아차 사고가 되거나 사고로 발전할 수 있음에도 보통 손실을 초래하지 않은 아차 사고는 단순한 사건事件, incidents으로만 간주한다(그림 6.1).²) 아차 사고도 사고이며 아차 사고가 발생하기 전의 불안전한 상태가 이미 사고인 것이다. 선진국의 경우는 아차 사고도 처벌의 대상이 되며 개선 대책을 마련하고 있지만, 우리나라의 경우는 산업안전보건법에서는 사고가 발생해도 인명 손실이 없으면 개입하지 않으며, 건설기술진흥법에서도 최근에야 물적 손실을 보고하도록 하고 있다.

올바른 안전관리와 안전문화에서 사고의 정의는 경영의 구루 피터 F. 드러커 교수가 정의한 '사

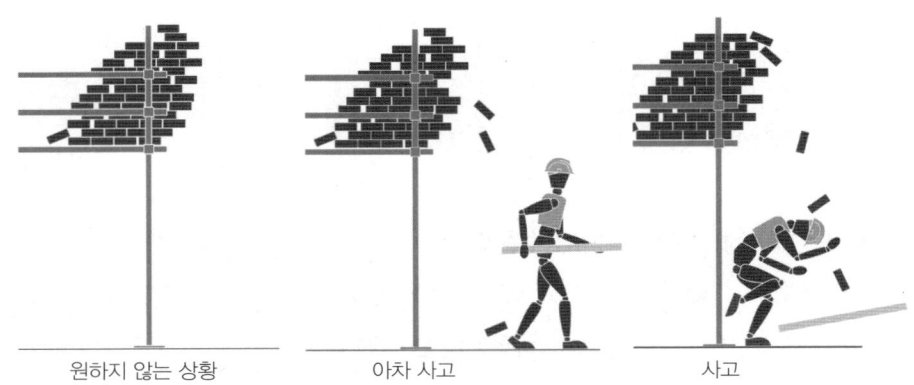

| 원하지 않는 상황 | 아차 사고 | 사고 |

그림 6.1 불안전 상태가 사고로 발전하는 과정

---

* 이하에서 제도는 법률로 규정한 제도와 정책을 포괄하는 의미로 사용하였다. 정책은 제도를 이행하기 위한 하위 수단이지만 감독, 점검, 벌칙의 적용 등 정책적 요인이 미치는 영향도 제도 못지 않게 크기 때문이다.

고는 안전수칙을 위반한 것' 자체여야 한다. 불안전 상태와 불안전 행동, 아차사고까지 정보가 수집되지 않은 상태에서 효과적인 안전관리는 기대할 수 없다. 물적 또는 인적 피해가 없었다고 하여 정상을 벗어난 상황을 사고로 간주하지 않는다면 사고가 발생할 가능성은 항상 열려있기 때문이다. 사고에 대한 정의는 안전수준이 올라가면 더 진보할 것이며, 안전이 추구하는 수준도 앞으로는 인간의 영적 안전까지 확장될 것이다.

'안전'의 정의도 새롭게 해야 한다. 전통적으로 안전은 허용가능한 위험이 없는 상태 즉, 형용사로 인식되고 정의되고 있다. 하지만 위험이 '전혀 없는 상태zero hazard', 절대 안전은 존재하지 않는다. 안전도 변화하는 세상의 일부분으로서 특정의 고정적인 상황이 아니라 끊임없이 변화하는 과정으로 보아야 한다. 일시적으로 안전한 상황이 되었다고 해서 이 상황이 그대로 지속되는 것이 아니기 때문이다. **따라서 안전은 위험이 없는 특정한 상태가 아니라 '무엇이 우리를 해치는 가를 알고, 위험을 통제할 수 있는 방법을 학습하고 학습한 통제 방법을 실천하는 것'으로 정의해야 한다.** 즉, 상태를 나타내는 형용사가 아니라 지속적으로 움직여야 하는 동사로 인식할 필요가 있다.

건설사고 방지 대책을 보완하거나 추가할 때는 다음 세 가지를 고려할 수 있어야 한다. 첫째, 기존의 대책이나 방침이 이미 검증된 보편적 사고방지의 원리나 원칙에 맞는지부터 확인해야 한다. 이는 그 동안 숱한 노력에도 불구하고 건설업의 사고사망자수를 비롯한 제반 안전지표가 노력한 만큼 줄지 않은 근본 원인이기도 하다. 원칙이 전략에 우선하며, 아무리 전략이 좋아 보여도 원칙에 맞지 않은 전략은 단기적으로는 성과가 있는 것처럼 보일지 모르나 궁극적으로 실패할 수밖에 없다.

둘째, **기존의 복잡한 제도를 단순화시켜 누구라도 쉽게 알고 실천할 수 있게 고쳐나가야 한다.** 기존의 산업안전보건제도는 너무나 복잡하여 전문가도 쉽게 파악하기 어려워 생산현장의 안전을 외부 전문가에게 의존을 심화시키는 부작용이 더 크다. '오캄의 면도날Occam's razor 법칙'과 같이 규칙은 단순할수록 적을수록 좋으니 많아서 효력이 떨어지는 것을 경계해야 한다.

마지막으로 의욕적으로 설정된 사고사망자 반으로 줄이기 목표가 경미한 재해, 아차 사고, 안전수칙을 위반한 사고 등이 경시되지 않도록 사고사례를 보고하고 공유하는 문화가 기본이 되게 해야 한다. 사고의 근원을 해결하려면 안전의 기본인 하인리히 원칙이나 깨진 유리창의 법칙을 염두에 둘 필요가 있다. **사고는 필연이고 손실은 우연이다.**

건설산업 혁신의 유일한 길; 안전책무 이행체제 합리화

기존의 안전관리체제*를 논의할 때 간과되고 있는 요소는 역할, 책임, 권한 3면 등가의 법칙

---

* 개별 사업단위/조직 차원의 안전관리조직과 건설사업 직간접 참여자 모두를 포함하는 안전조직의 차이를 구

이다. 현행 제도에서 역할과 책임은 주어져 있으나 권한이 제대로 배분되지 못하고 있기 때문에 이행력이 담보되지 못하고 있다. 안전전문가의 명칭, 선임의무자 등이 근본적으로 잘못된 된데다가, 여기에 잘못된 감독방식이 더해져서 규정은 있으나 실제 운영은 원칙과는 계속 멀어지고 있는 것이 현실이다.

산업안전관리론의 원조인 하인리히의 이론은 최근의 안전보건경영시스템과 비교하면 상대적으로 협의의 개념이기는 하지만 원칙은 여전히 유효하다. 안전은 철학과 신념에서 시작된다고 하였다. 사고방지 대책도 단기적 대책과 장기적 대책으로 구분하였다. 안전조직은 구성원의 역할과 책임을 정하는 단계로 하인리히 사고방지원칙 5단계에 선행한다. 하인리히의 사고예방 원칙은 건설사업 참여자 각각에 대해서 유효하나, **단위 건설사업 차원에서는 참여자 각각을 조직 구성원으로 보고 각자의 역할과 책임을 다시 규정할 필요가 있다.** 우리나라의 현행 산업안전보건법에서 놓치고 있는 부분으로 생각된다. 제조공장을 대상으로 한 전통적인 하인리히의 사고방지이론의 한계를 극복하기 위하여 대부분의 국가가 노동안전보건법에서 건설업편을 별도의 장으로 규정하고 있으며, 영국에서는 CDM과 같은 건설안전을 위한 특별법을 별도로 제정한 이유이다.

안전의 이상향은 생산조직과 생산과정 안에서 안전조치가 작업과 함께 이행되는 '자율안전'이다. 하지만 대부분 건설현장에서는 공사팀으로부터 안전이 멀어지는 관행이 계속되고 있다. 제3자 감시 역할을 해야 할 안전전문가로서 안전관리자는 법에서 규정한 지도, 조언, 건의가 아니라 서류작성 등 공사팀이 해야 할 업무를 대행하고 있는 것이 현실이다. 제도나 감독 정책, 사법적 접근 등은 이러한 근본적 오류를 더욱 강화시키는 역기능을 하고 있음에도 이에 대한 인식은 미약한 것으로 보인다. 생산과 안전은 결코 분리될 수 없다. 하지만 상위 건설회사조차 '안전과 경영은 하나다'라고 구호를 외치면서도 기존의 비효과적인 안전관리 관행을 답습하고 있다. 안전전문가가 담당해야 할 감리를 통한 시공사에 대한 제3자 감시기능은 산업안전보건법의 영역 밖으로 여전히 취약한 실정이다. 산업안전보건법의 전부 개정에도 불구하고 현재의 건설안전관리체제는 제조업 방식을 벗어나지 못하고 있다. 건설안전특별법으로 보완이 필요한 영역이다.

이원화된 건설안전관리체제의 비효율 극복

산업안전보건법과 건설기술진흥법에서는 안전조직, 안전관리계획, 위험성 평가, 안전교육,

별하기 위하여, 참여자 내부의 역할과 책임은 '안전조직'으로, 개별 건설사업의 참여자 모두를 포괄하는 역할과 책임은 '안전관리체제'로 구분하여 기술하였다.

안전점검, 사고보고 등 유사한 내용으로 건설현장의 안전을 어렵게 하고 있어 효율적 운용 방안의 마련이 시급하다.

개별 건설사업에서 공정, 품질, 원가, 안전은 따로 분리되어 이행될 수 없다. 안전과 생산은 하나다. 복잡 다기해진 건설사업의 안전관련 법령은 단순한 원칙하에 하나로 통합되어야 한다. 특히 산업안전보건법과 건설기술진흥법 등 기술안전으로 이원화된 제도는 수범자인 건설사업 참여자 입장에서 하나로 통합되어야 한다. 관련 부처는 제33차 규제개혁위원회 의결하고 (1999.7.2.) 주문하였음에도 이행하지 않은 '중장기적 차원의 건설현장 안전관리 확보방안'에 따라 건설사업 안전관리체제를 일원화해야 한다. 건설안전특별법이 제정된다면 안전자문사를 통하여 쉽게 통합이 가능할 수 있을 것이다.

3. 간과되고 있는 결정적 차이

간과되고 있는 건설공사 도급제도의 속성

건설생산방식에 비전문가이기 때문으로 판단되는데, 법률가들은 보통 도급이 이루어지면 모든 책임이 수급인에게 전가되는 것으로 해석하는 경향이 있다. 건설공사의 도급은 일반산업의 도급과 달라서 결과만으로 평가가 되지 않으므로 발주자는 시작부터 공사의 전체 과정에 개입할 수밖에 없다. 하지만 대다수 법률가는 도급을 주었으니 나머지는 수급인 책임이라고 단순하게 정리하고 있는 것으로 보인다. 제조업에서 역량이 부족한 수급인에게 저가로 도급하는 것도 문제지만 제조업의 경우는 수급자의 공장은 수급인 소유로서 전적으로 수급인의 통제하에 있다. 하지만 건설사업의 경우는 제조 공장 즉, 공사현장은 발주자의 소유로서 설계, 감리 등을 통하여 수급인인 시공자의 일에 지속적으로 개입하고 간섭한다. 다시 말하면 비용을 지불하는 발주자의 동의나 허락이 없이는 어떤 일도 할 수 없다.

발주자는 직접 또는 감리나 CM을 통해서 지속적으로 간여하기 때문에 제조업 등에서의 일반적인 도급과 전혀 다르다. 따라서 결과에 대해서 책임을 져야 하며 사회적 책임인 안전의 경우는 발주자에게 최종 책임이 있다. 공사현장의 안전수준은 공사의 착수 이전인 설계단계와 시공자의 선정단계에서 결정된다. 공사(시공)단계의 대책만으로는 건설사고를 예방할 수 없다.

건설사업의 기획부터 해체까지 주요 참여자는 발주자, 설계자, 감리자 및 시공자이다(그림 6.2). 초기 산업안전보건법의 통제 법위는 공장법 수준의 시공현장이었으나(첫번째 상자) 산업안전보건안전관리비 계상, 안전보건조정자의 선임 등의 의무를 추가하면서 공사안전활동으로 약

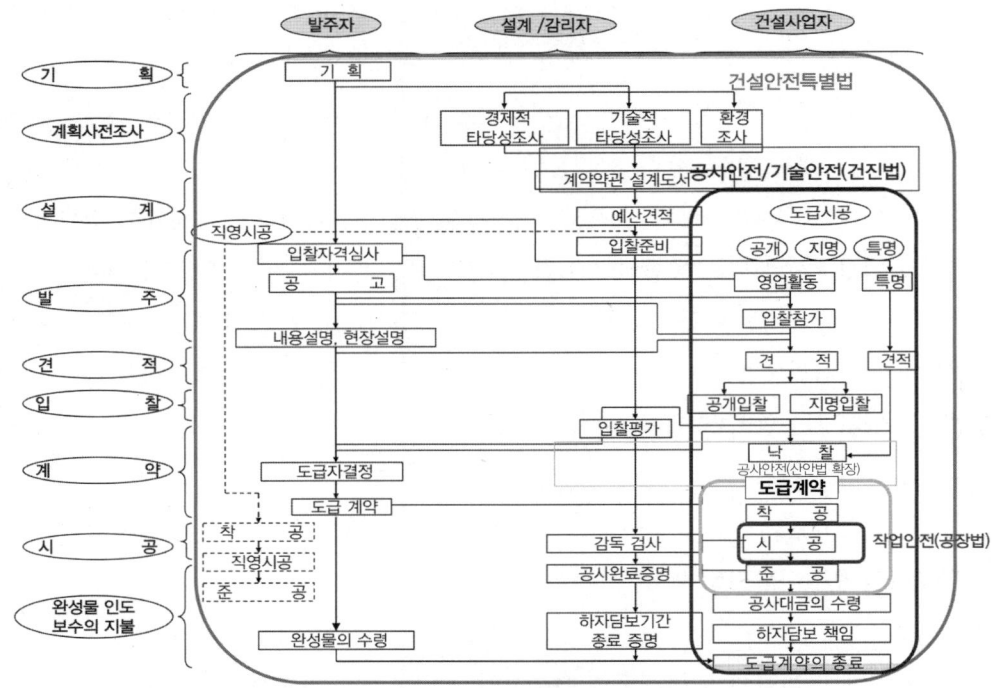

그림 6.2 건설사업 단계별 참여자별 활동과 기존 법령의 관리 범위

간 확장되었는데 작업안전에 한정된다(두번째 상자). 하지만 건설사고는 작업안전만으로는 방지할 수 없다. 안동 데크플레이트 붕괴사고, 부산 엘시티 작업발판 탈락사고의 원인은 가설설계와 품질관리 영역이다. 이러한 기술 측면의 안전을 규정한 것이 건설기술진흥법, 건축물관리법 등이다(세번째 상자). 하지만 건설사업의 안전은 사업의 기획, 설계단계에서 계획되어야 시공단계의 안전확보가 가능하며(네번째 상자), 건설안전특별법이 지향하는 안전관리체제이다. 건설사업의 안전관리는 건설사업의 생애주기에 걸쳐 모든 참여자의 역할에 따른 책임의 합리적 분담으로서만 가능하다.

기술적 대책의 한계성

기존의 재해사례나 사고조사보고서 내용은 대부분 직접적인 기술적 원인을 파헤치고 소개하는 것이 일반적이다. 조금 더 나아가 교육이나 작업관리 수준의 대책에 그치고 있다. 현장 작업자에게는 적절한 대책이 되겠지만, 산업차원에서는 결코 근본적인 대책이 될 수 없다. 사고 상황을 초래한 경영관리상의 결함, 나아가서 설계단계, 수급자 선정 과정까지 거슬러 올라가야 사고조사의 원칙인 근본원인 분석에 부합하는 것이다.

마이클 퀸란Michael Quinlan은 '죽음과 재난으로 가는 10가지 길'[3]에서 10가지 사고원인을 다음과 같이 열거하고 있다. 열 가지중 한 가지만 기술에 관한 것이고 나머지 아홉 가지는 경영, 감사, 규정 무시, 신뢰와 소통 부족 등 경영관리상의 결함에 관한 것이다. 물론 이러한 경영관리상의 결함을 조장하는 것은 상위의 제도와 정책이라고 할 수 있다. 번역하면 본래의 의미전달이 어려울 수 있어 원문과 함께 소개하면 다음과 같다.

1) 엔지니어링, 설계 및 유지관리 결함Engineering, design and maintenance flaws

2) 경고에 대한 주의 실패Failure to heed warning signs

3) 위험성 평가 실패Flaws in risk assessment

4) 경영시스템의 결함Flaws in management systems

5) 시스템 감사의 결함Flaws in system auditing

6) 안전과 타협하는 경제적 또는 보상 부담Economic or reward pressures compromising safety

7) 정규적 감독의 실패Failures in regulatory oversight

8) 작업자 또는 감독자 관심의 무시Worker or supervisor concerns that were ignored

9) 빈약한 작업자 또는 경영층 의사소통과 신뢰Poor worker or management communication and trust

10) 비상구급절차의 결함Flaws in emergency and rescue procedures

4. 잘못된 믿음을 벗어나야 한다

기존의 상황, 상황을 규율하는 틀, 전제 등을 여과 없이 당연한 것으로 여기기 쉽다. 기존의 건설안전 관련 제도가 실효성을 발휘하지 못한 근본적인 이유이다. 노력했는데도 성과가 없었다면 노력이 낭비된 것이다. 이하에서는 노력한 만큼 성과를 거두지 못한 이면에서 영향을 미치고 있는 전제와 사고방식을 짚어보고자 한다. **이러한 요인은 잘 보이지 않기 때문에, 또 미소한 차이여서 간과되기 쉽다.**

누구나 할 수 있다

적격성, 다른 말로 역량은 ISO 45001의 구성요소 7가지 중 지원에 속하는 핵심 요소임에도 간과되거나 경시되고 있다. 모든 과업의 적정한 수행을 위해서는 첫째, 수행자가 필요한 전문성이 있어야 하며 둘째, 수행자가 역량을 발휘할 수 있는 조직차원의 시스템이 필요하다. 기존의 건설사고방지를 위한 접근방법은 제조업의 틀을 벗어나지 못하여 건설산업의 생리나 안전관리원칙을 제대로 반영하지 못한 것은 일차적으로 수행자의 적격성 문제이다. 이러한 문제점들을 해소하기 위해서는 앞에서 기술한 바와 같이 대책을 수립하기 전에 다음과 같은 잘못된 믿음을 청산해야 한다. 올바른 믿음과 진단에 입각했더라면 노력한 만큼 성과가 있었을 것이기 때문이다.

'아무나 할 수 있다'는 생각은 자신감이라는 긍정적인 측면에서는 바람직한 것처럼 보이지만, 적절한 역량과 인원이 뒷받침되지 못한 상황에서는 올바른 해결책을 도출하거나 실무를 만족할만한 수준으로 이행하기 어렵다. 최소 자격 규정이 있는 경우도 있지만 시장에서는 최고 기준으로 받아들여지고 있으며, 공공기관 점검자에 대한 자격 규정은 미비하여 현장의 불만 소지가 되고 있다. 40여 년이 지난 노동안전의 역사에도 불구하고 거의 대부분 공사팀은 여전히 안전관련 계획서를 작성할 능력이 부족하여 외부에 의존하고 있다. 다수의 건설안전 전문가 또한 시공법 등 건설공사에 대한 지식이 부족하여 실용적인 계획서 작성에는 한계가 있다. 공사팀과 안전전문가의 역량이 동시에 향상되어야 한다. 지름길은 초기에는 어렵더라도 공사팀이 안전관련 계획서를 직접 작성하게 하는 것이다. 여기서 굳이 안전관련 계획서로 표현한 이유는 법령의 요구에 따라 유해위험방지계획서나 안전관리계획서 등을 따로 작성해야 하기 때문에 안전에 필요한 계획서를 포괄적으로 지칭하기 위함이다.

제도를 입안하고 정책을 집행하는 정부차원에서도 전문성의 부족 문제는 심각하다. 작업안전의 영역에서 최근 산업재해예방보상정책국이 산업안전보건본부로 승격되고 추후 산업안전보건청으로 독립을 계획하고 있는 것은 이러한 근원적 약점을 해소하기 위한 것이다. 건설기업, 건설기술자, 건설기능인 모두 역량 기준을 마련하여 자격이 없는 자가 무시로 드나드는 것을 막아 기존 인력이 대우받게 하여 신규인력이 유입될 수 있는 여건을 조성하여야 한다. 하지만 기존의 제도부터 사고방지원리에 부합하도록 고치는 것이 먼저일 것이다. 과거처럼 여기저기 다 돌아다니다가 갈 곳이 없어 마지막에 오는 건설산업으로 남아서는 안된다. 의사가 실수하면 한 사람의 생명이 위태롭지만 건설기술자가 실수하면 수백 명이 위태로울 수 있다.

규제하고 벌칙을 강화하면 사고가 줄어든다

앞에서 살펴본 바와 같이 기존의 대책은 벌칙 강화 위주로서 공사팀으로 하여금 안전조치를 자발적으로 이행하게 할 동기부여가 매우 부족하다. 동기부여에는 인센티브 부여나 벌칙과 같은 외적 동기부여와 필요해서 스스로 알아서 하게 하는 내적 동기부여로 구분할 수 있는데, 내적 동기부여 대책은 아주 부족하다고 할 수 있다. 안전의 이상향이 외부의 간섭이 없이도 자율적으로 이행하는 것임을 상기할 필요가 있다. 필요해서 스스로 하게 하는 내재적 동기부여 정책이 더 필요하다.

규제의 방식도 일본의 경우 8할 정도가 이행을 할 때 법적 의무로 격상시키는 것이 관행이지만, 우리는 여건은 불비한 상태에서 법부터 만들어서 의무를 부과하기 때문에 좋은 취지에도 불구하고 불평과 불만을 야기하기 일쑤다. 일본의 경우 법정의무는 대다수가 준수하는 문화지만 우리는 안 지키는 것이 대세인 문화이기 때문에 더 치밀한 고려가 필요할 것이다. 단속은 자율안전의 대척점에 있는 용어이다. 정부가 추진하고 있는 감독인원을 대폭 늘여서 점검과 감독으로 산재를 대폭 줄이고자 하는 정책은 실효성도 부족할 뿐만 아니라 안전의 원칙을 비켜가는 고비용 저효율 방식으로 지양되어야 한다.

점검과 감독을 많이 하면 건설사고가 줄어든다

점검은 안전기준의 미준수 등 기술적 대책에 치중하여 기술적 결함을 유발하는 관리상 결함을 제거하는 데는 실효성이 매우 부족하다. 현장의 불안전한 상황은 계획단계의 불비와 자원 동원의 실패에서 비롯된 것이다. 불안전한 상황이 점검으로 확인되었다면 확인되기 이전에 이미 사고발생 가능성이 있었다는 것이다. 따라서 안전점검의 목적은 계획서를 토대로 계획대로 제대로 이행하고 있는지를 확인하고, 계획대로 이행되지 못한 관리상의 결함을 찾아 시스템을 개선하는 데 있다. 하지만 작금의 상황은 안전에 전문성이 없는 외부자들이 수시로 현장을 드나들며 현장 용어로 '지적질'하기에 여념이 없어 가뜩이나 인원이 부족한 공사현장에 업무를 가중시켜 공사현장의 불만이 높을 수밖에 없다. 소규모현장에서는 외부 점검자가 도리어 면박을 받는 사례도 들려오고 있다. 결국 공사수행 여건을 개선해주어야 할 대상은 공사현장의 '을'임에도, 역량과 자원 부족으로 독촉을 받는 '을'만 더 힘들어진다. 안전점검부터 점검해야 할 상황이다. **점검하고 작업을 중지할수록 정해진 공기를 까먹어 이후 작업은 더 서두를 수밖에 없어 현장이 더 위험해지는 것이 현실로서, 최소한의 점검으로 이행상의 애로를 찾아 해결해주는 것이 진정한 점검이다.**

안전관리자만 증원하면 안전수준이 올라간다

건설사고방지를 위한 제도와 정책의 주요한 축 중의 하나는 안전참모의 선임을 강화하는 것이었다. 명칭부터 건설사업에 부적합한 안전관리자의 경우 초기의 공사금액 120억원 이상(토목공사는 150억 원)의 공사에 선임하던 것을 연차적으로 100억 원 이상(2020.7.1), 80억 원 이상(2021.7.1.), 60억 원 이상(2022.7.1), 50억 원 이상(2023.7.1)으로 확대되었다. 시공자로 하여금 내부에서 감시역할을 해야 할 안전관리자를 선임하게 하면 본래의 기능인 안전감시 역할을 제대로 하기 어려우며, 공사팀이 해야 할 안전활동이 참모인 안전팀에 전가되어 깊어진 생산과 안전의 괴리를 더욱 심화시킬 것이다. 명칭과 위상이 잘못 설정된 안전관리자의 부작용을 심각하게 들여다보아야 한다.

안전관리자는 참모라는 역할에 걸맞게 명칭부터 정상화하고, 발주자가 모든 공사에 선임하게 하여 복잡한 건설사업 안전관리체제를 단순화해야 한다. 전제가 잘못된 안전관리자 선임을 확대하는 것은 발주자의 비용부담 증가와 함께 건설안전관리 활동을 안전의 원칙으로부터 더 멀어지게 할 우려가 크다. 발주자가 선임하는 안전전문가를 통해서 독려하면 수급자는 공사수행을 위해서 알아서 본사부터 안전에 대한 지원을 강화할 것이다. 이러한 방법이 규제가 아닌 유인에 의해서 문제를 해결하는 것이며, 자율안전관리로 가는 길이기도 하다.

안전관리자는 전담이어야 한다

최근에 공사금액 50억원까지 선임의무를 확대하면서 전담 요건이 완화되기는 했지만 안전관리자 선임의 경직성은 전담을 고집한 데서 비롯되었다. 잘못된 명칭으로 공사팀의 안전역량을 약화시키는 부작용 외에도 전담을 고집하여 안전관리자의 인건비가 안전비용이 안전설비 등 본래의 목적에 사용되는 데 제약요인으로 작용하고 있다. 중소현장의 경우 수천만원의 안전관리자 인건비보다 위반시 벌칙이 훨씬 작기 때문에 벌금을 무는 위험을 감수하기조차 한다. 건설현장의 안전관리자 대부분이 건설 전공자가 아닌 탓에 구공법, 공정, 공사비, 설계도서 등에 취약해 공사팀과의 갈등도 문제가 되고 있다.

안전 참모는 공사 초기부터 모든 공사에 선임하게 하고, 독일의 경우처럼 공사규모가 작아지면 규모에 따라 2개 이상의 현장을 담당할 수 있도록 하면 간단히 해결될 일임에도, 기술지도제도, 명예산업안전감독관제도 등 실효성이 부족한 안전관리체제를 더욱 복잡하게 만들어 왔다. 안전감시 기능은 기존의 여러 감리 기능 중의 하나로서, 감시체계를 단순화할 필요가 있다. 공사의 위험도 등에 따른 안전 참모의 선임을 발주자의 재량으로 하도록 하고 인허가시 안내서를 통하여 안전참모의 수준을 관리할 수 있을 것이다.

안전관리비만으로 사고예방이 된다

산업안전보건관리비 계상 제도는 노동안전의 초기에 워낙 안전에 대한 투자를 기피하여 최소한의 비용을 마련하고자 도입된 제도이다. 우선 안전비의 산정 근거가 오늘과 같이 안전조치가 많아진 현실과는 거리가 멀어 실질적으로 필요한 비용을 반영하고 있다고 보기 어렵다. 그럼에도 불구하고 대부분 현장에서는 계상기준을 상한선으로 인식하여 법정 비용만 계상하면 안전이 된 것으로 착각하고 있다. 직접공사비가 부족한데 불과 2% 정도에 불과한 안전비를 낙찰률에서 제외한다고 안전이 충분히 확보되기를 기대하기는 어렵다. 계상기준을 적용이 불가능한 항목 중심의 네거티브 방식으로 개선했음에도 불구하고 아직까지 안전비에 해당되는지 여부에 대한 불필요한 논란과 질의회시가 이어지고 있다.

안전비 계상제도는 폐지하거나 계상방식을 유연화할 필요가 있다. 핵심은 내역서에 관련 내역이 구체적으로 반영되도록 지도하여 필요한 비용을 발주자가 제대로 계상하게 하는 것이다. 근본적인 대책은 발주자로 하여금 적정한 공사비와 공사기간을 제공하도록 의무를 부여하는 것이다.

원인과 결과는 선형적이다

우리가 가지고 있는 안전지식 중 사고발생 메커니즘은 하인리히와 버드의 도미노 이론의 틀을 벗어나지 못하고 있다. 사고발생기구나 안전관리원칙에서 각 단계의 사고요인은 다음 단계에만 영향을 미치는 '원인-결과'의 선형적 관계가 아니라 '결과'는 다시 '원인'으로 되먹임되는 순환과정으로 인식되어야 한다. 앞에서 여러 가지 그림으로 건설사고를 유발하는 요인들의 인과관계를 제시한 바와 같이, 하나의 사고요인은 다른 모든 요인들에 영향을 미치며, 단지 영향력의 크기에 차이가 있을 뿐이다.

대표적인 예가 사망사고 등에 대한 사법부의 솜방망이 처벌이다. 벌칙에 충분한 위하력이 없다 보니 안전의식이 부족한 상황에서는 이익을 늘리기 위해 예방비용을 지출하는 것을 회피하는 선택을 하게 된다.

사장의 생각과 직원의 생각은 같다

특별한 소수 기업을 제외하고는 대다수 기업에서 사장의 생각과 종업원의 생각은 일치하기 어렵다. 규제를 목적으로 한 안전제도에서도 사업주와 종업원의 생각은 다를 수밖에 없다. 사업주 입장에서는 최소의 비용과 인원으로 문제를 해결하려고 하며, 직원은 이러한 지시에 따라야 한다. 적어도 사업주는 현장 실무자가 감당해야 할 장애로부터는 자유롭기 때문에 실무자의 애로를 해결하는데는 인색한 경향이 있으며, 종업원은 도구로 기능할 수밖에 없다. **효과와 원칙보다는 최소비용의 경로를 택하는 것이 본능으로서, 유해위험방지계획서의 경우도 계획의 실효성은 차치하고 외주 작성이 가장 비용이 적게 들고 편하기 때문이다.** 나아가서 대표이사를 포함한 경영층도 대부분 피고용자로서 단기적 성과에 몰리고 있기 때문에 안전문화와 같이 장기간이 소요되는 정책을 펼치는 것을 기대하기 어렵다.

모든 안전제도가 작동성과 실효성을 가지려면 사업주 입장과 함께 사업주의 의무를 대행하는 직원의 입장에 대한 고려가 필요하다. 산업안전보건법의 기본이 사업주 책임 원칙이며 중대재해처벌법 등이 제정된 이유도 사업주로 하여금 소속 직원에게 사고방지에 필요한 제반 자원을 제공하도록 하기 위함이다. 고용주와 피고용인으로서 서로 다른 입장과 생각의 격차를 줄이기 위한 것이다.

중소규모 건설현장은 안전책무를 줄여도 된다

소규모현장일수록 이행력이 부족하다고 각종 의무를 면제한 것이 중소규모현장의 사고사망자수를 줄이지 못하는 근본 이유다. 주지하다시피 중소규모 현장은 단기간에 수행되어 비용, 역량 등 모든 공사수행 여건이 상대적으로 열악하다. 따라서 중소규모 현장일수록 더 강력한 책임부여와 감시체계의 운용이 필요하다. 하지만 실제 법률과 제도에서는 적용대상에서 아예 제외되어 있거나 의무들이 면제되어 있다.

중소규모 공사에도 공사의 규모와 종류에 무관하게 동일한 안전책무가 부여되어야 하며, 확실한 감시체계의 구축으로 이행여부를 확인하여야 한다. 물론 상대적으로 안전관리역량이 부족하기 때문에 국가에서 더 효율적이고 효과적으로 감시하고 지원할 필요가 있다. 문제는 수시로 생성과 소멸을 반복하는 일시성에다 접근 경로 확보가 어렵다는 것인데 영국의 CDM 방식처럼 발주자의 자문역을 통하여 발주자를 독려하고 감시함으로써 안전을 확보할 수 있다.

잘못된 믿음의 근본 원인과 귀결

이상의 잘못된 믿음의 근본 원인에는 다음과 같은 요인들이 작용하고 있는 것으로 보인다. 첫째, 사고예방원칙에 무지하거나 찾으려는 노력이 부족하여 사고예방원칙을 제대로 구현하지 못했다. 둘째, 안전과 공정, 품질, 원가 등 다른 건설사업관리 분야와의 차이점에 대한 인식이 부족했다. 안전은 과정에만 있기에 급하면 건너뛰고 싶은 유혹에 빠지기 쉽다. 셋째, 불안전한 요인이 많아도 사고는 그리 쉽게 나지 않는다는 점이다. 넷째, 복잡한 생산구조에 따른 대책의 차원에 대한 인지가 부족하여 차원이 다른 대책들을 동일한 차원에서 다루려고 한다. 결국 근본원인의 추구에 실패하여 눈에 보이는 것을 사고원인으로 착각하는 오류를 범하여 현상만을 시정하는데 몰두하게 된다.

안전과 생산은 일체라는 대전제를 무시하다 보니 기술자는 경영관리(시스템)에 취약하고, 관리자는 기술에 취약해진다. 나아가서 공사팀은 안전에 취약하고 안전팀은 기술에 취약해져 왔다. 결과적으로 직접 안전관리활동을 해야 할 공사팀의 실질적인 안전관리 역량의 개선에는 진전이 없었다. 이러한 모든 요인은 안전활동 성과의 부진으로 귀결될 수밖에 없다.

제도를 넘어 시스템(장치)을 보급해야 한다

사고를 효과적으로 예방하려면 유해위험요소를 경영관리적 활동을 통해서 제거 또는 통제해야 한다. 하지만 실무에서는 안전경영시스템에 대한 이해가 부족하며, 효과적으로 보급하지도 못하고 있다. ISO 45001 등 인증규격이 아니더라도 핵심기능을 보급해서 건설기업이 자발적으로 시스템을 구축하여 운영할 수 있게 해야 한다. 싱가포르의 사례처럼 영업에 직접적인 영향을 미치도록 해야 한다.

기존의 안전보건경영시스템은 태생적으로 건설사업에 취약하다. **ISO 45001은 이전의 OHSMS 18001의 한계를 극복하고 진화했으나 본사에서 현장을 통제하는 건설현장에는 여전히 취약하다.** 분명 ISO 45001은 필요한 거의 모든 요소를 망라하고 있다. 하지만 이 시스템을 건설사업에 도입하여 운영할 때는 주의해야 할 요소들이 있다. 대표적인 요소가 '**7. 지원**'과 '**8. 운영**' 중의 외주와 조달이다. 건설사업은 이 두 가지 요소가 안전관리의 관건이라고 할 수 있으나 그 중요성은 제대로 인지되지 못하고 있다. 건설현장의 안전과 품질은 협력업체 소속의 작업자 손에 달려있다. 따라서 외주(조달/하도급)와 지원 기능에 집중함으로써 효과적으로 달성될 수 있을 것으로 본다.

5. 중대재해처벌법의 취지와 한계

중대재해처벌법에 대한 관심

'중대재해 처벌 등에 관한 법률(이하 '중대재해처벌법'이라 함)'은 2021년 1월에 제정되어 2022.1.27.부터 시행되었으며, 적용 대상은 2024년부터 5인 이상 사업장까지 확대되었다. 필자는 이 법에 대한 거부감과 부작용이 큰 이유는 징벌적 손해 배상의 취지를 넘어 경영책임자에게 징역형을 부과한 데 있다고 본다. **어떤 주제를 논의할 때 주의해야 할 것이 입장의 정리다. 논자의 입장에 따라 관점이 생기고, 관점에 따라 결론이 정해지기 때문이다.**

최고경영자에 대한 안전책무의 강화는 안전상의 조치를 직접 담당해야 하는 건설기술인에게도 부담으로 작용할 것이므로 보호해야 할 대상과 경영자 사이의 입장에서 자신의 역할, 책임, 권한에 대해서 합리적이고 공정한지에 대한 성찰이 필요하다고 본다. 중대재해처벌법에서는 보호의 대상을 산업현장의 근로자와 일반시민으로 구분하여 모든 시민의 안전을 목표로 한다. 여기서는 산업현장, 그중에서도 상황이 더 심각한 건설중대재해에 중점을 두고 기술하고자 한다. 사망재해의 대부분은 산업현장에서의 문제가 현장 밖까지 확대된 것으로서 대부분 사고의 직접적인 근원은 산업현장에 있기 때문이다.

부실과 사고를 방지하기 위해 수많은 제도와 대책이 양산되었지만, 우리 사회에는 아직 502명이 숨진 삼풍백화점 붕괴 참사, 학생이 대다수로 304명의 목숨을 앗아간 세월호 참사에서 영향력을 행사한 최상위 의사결정권자에게 책임을 물을 수 있는 제도는 없었다. 여기에 일일이 열거할 수는 없지만 불합리하고 불공정한 책임체제, 낡은 제도와 불필요한 규제로 획득한 불공정한 기득권이 건설산업의 발전과 혁신을 가로막아 왔다. 사고사망자수 통계는 을의 입장인 하수급인들은 더 열악한 조건에서 공사를 수행할 수밖에 없어 공급사슬의 마지막에 있는 현장근로자의 생명이 가장 크게 희생되어왔음을 증명한다. 아직 보완이 필요한 사안도 있지만 사고의 간접원인을 제공하는 상부구조를 바로잡기 위해 발의된 법이 건설안전특별법(안)이며, 중대재해처벌법도 기존 제도의 이러한 사각지대를 해소하기 위한 것이다.

중대재해처벌법 제정 배경

제도가 이행력을 담보하려면 충분한 위하력이 확보되어야 한다. 즉, 위반 시의 벌칙이 위반해서 얻은 이익보다 커야 한다. 즉, 하지만 사고에 대한 벌칙이 지속적으로 강화되어왔음에도 기존 벌칙에서는 다음과 같은 근본적인 문제가 있었다. 첫째, 사업주보다는 현장소장 등 건설기술인에 대한 처벌이 대부분으로서 최고 의사결정권자이자 이익의 귀속 주체에 대한 처벌은 거의 없었다. 둘째, 벌칙의 수준으로서 사망사고의 경우도 5백만원 이하의 벌금으로 사고가 날 때마다 솜방망이 처벌이라는 논란이 끊이지 않았다. 셋째, 징역과 같은 인신 처벌과 경제적 제재制裁인 벌금의 균형이 전혀 맞지 않았다. 보통 1년 징역은 오천만 원에서 천만 원의 벌금에 상당하여, 높아진 경제 규모에 비하면 터무니 없이 낮은 액수이다. 마지막으로 삼풍참사나 세월호참사처럼 간접적으로 위험의 생산에 실질적으로 간여한 최상위 의사결정권자를 처벌할 수 없다는 것이다, 제정 취지에도 불구하고 중대재해처벌법에서도 그룹 총수와 같은 최상위 의사결정권자에게는 여전히 책임을 물을 수 없다.

주지하다시피 우리나라는 경제발전의 수준과 걸맞지 않게 산재사고, 자살률 등에서 OECD 등의 비교 대상국가 중 최하위 수준에 있다. 불편하게 들릴 수 있겠지만, 그중에서도 건설산업은 살인산업에 속한다. 대부분의 선진국에서는 노동현장에서 사망한 근로자를 살해되었다killed고 표현한다. 대표적인 사례가 반복해서 발생한 물류창고 공사장 화재사고다. 건설사고의 심각성은 제1장에 기술한 바와 같이 사고방지를 위한 기존 노력에는 근본적인 한계가 있었다.

문재인 정부에서 노력한 건설업의 사고사망자 감소 실적에 드러난 바와 같이 기존의 대책으로는 국정목표의 달성에 근본적인 한계가 있음을 깨달았을 것이다. 따라서 더 고차원의 대책이 불가피했기에, 선진국에서는 진즉 시행해왔고 우리나라에서도 그동안 근로자 단체와 학계를 중심으로 논의되어왔던 '기업살인법Corporate Killing Law'이 필요할 수밖에 없게 된 것이다. 물론 이러한 상황에 이르게 된 데는 기존의 안전관련 제도에 내재해 있는 문제점을 먼저 시정하지 못한 탓이 크다고 본다.

우리나라는 OECD 국가 중 최고의 산재율을 기록하고 있는 나라로서, 중대재해처벌법은 2007년부터 제정의 필요성에 대하여 꾸준한 논의가 있었던 제도이다. 중대재해처벌법은 도급, 용역, 위탁 등 건설업과 같이 기존 법률로는 어려운 책임전가 문제를 해결하고, 세월호 사고와 같은 사고로 인한 공중의 안전을 확보하기 위한 것이다. 외국의 사례를 보면, 캐나다에서는 2003년, 영국에서는 2007년에 유사한 법을 제정하여 시행하여 왔다. 구현방법 측면에서 논의는 해야하겠지만, 우리나라가 경제발전의 수준에 걸맞는 진정한 선진국으로 도약하기 위해서는 필요한 제도이다.

전부 개정된 산업안전보건법도 부실하여 이상의 문제를 해결할 수 없었기에 중대재해처벌법이 등장한 측면도 있다. 노동자의 생명보호를 목적으로 하는 산업안전보건법은 사업주와 근로자 사이의 직접적인 고용관계를 전제로 한 산업혁명시대의 공장법Factory Acts을 근간으로 하여, 다수 이해당사자가 참여하는 건설사업의 안전을 확보하는 데는 근본적으로 한계가 있었다. 이러한 한계를 극복하기 위하여 법을 전부 개정하여 건설업과 같은 도급사업을 별도의 장으로 분리하였지만, 건설업의 도급을 일반산업과 동일시하고 도급(인)에서 건설공사 발주자를 제외하는 오류를 범하여 여전히 건설생산방식을 수용하지 못하고 있다. 건설안전특별법(안)도 산업안전보건법의 이러한 건설업에서의 한계를 극복하고자 한 것이다.

제정 취지와 잘못 설정된 안전책무

반복된 대형 사고에도 불구하고 사고 발생에 기여한 조직이나 사람에 대해 공정하고 합리적으로 책임을 물을 수 있는 제도는 미비하였다. 대표적인 사례가 삼풍백화점 붕괴사고, 가습기 살균제 피해, 세월호 사고, 물류창고 화재사고 등으로서 기존의 안전책임체제에 대한 보완이 필요했다. 특히 생산방식이 다양하고 복잡해지면서 책임의 한계를 더 명확히 할 필요가 대두되었다. 중대재해처벌법은 도급, 용역, 위탁 등 건설업과 같이 기존 법률로는 어려운 책임 전가 문제를 해결하고, 세월호 참사와 같은 사고로 인한 공중의 안전을 확보하기 위한 것이다.

중대재해처벌법은 안전확보의 방법으로서 기존 제도에서 소홀하였던 사업주와 경영책임자 및 법인 등을 엄중하게 처벌함으로써 근로자와 시민의 안전권을 확보하고, 기업의 조직문화 또는 안전관리체제 미비로 인한 중대사고를 예방하기 위한 것이다. 기존 법령에서 다루지 못한 중대사고에 대하여 처벌을 통해서 안전을 확보하고자 하는 이 법의 취지를 구현하려면 첫째,

중대재해의 정의가 취지에 맞아야 하며, 둘째, 중대재해의 원인과 그 원인 제공자를 가려낼 수 있어야 한다. 이 법의 목적은 기존 제도에서 예방조치를 취하게 하는 데는 부족했던 위하력을 확보하는 것으로서 법의 제정 취지 상 벌칙의 수위가 높을 수밖에 없다. 우리나라에서도 새로운 요구는 아니며, 경제발전의 수준에 걸맞는 진정한 선진국으로 도약하기 위해서는 중대재해를 근절은 못 시키더라도 지금보다 대폭적으로 감소시켜야 할 필요성은 절대적이다. 중대재해처벌법에는 법무부 등 6개 부처가 관련되며, 중대산업재해는 고용노동부 소관으로 조직과 인원 확충의 구실이 되고 있다.

이 법에서는 중대재해를 속성이 다른 중대산업재해와 중대시민재해로 구별하여 두 가지 유형에 대해 규정하고 있다. 중대산업재해의 범위는 (가)사망자 1명 이상, (나)동일 사고로 6개월 이상 치료가 필요한 부상자 2명 이상, (다)동일한 유해요인으로 급성중독 등 직업성 질병자가 1년 이내에 3명 이상 발생한 경우이다. 중대시민재해의 경우 (가)항은 사망자 1명 이상으로 동일하며, (나) 부상의 경우 2개월 이상 치료가 필요한 부상자가 10명 이상, (다) 질병의 경우 3개월 이상의 치료가 필요한 부상자가 10명 이상인 경우이다.

산업재해와 시민재해의 범위에서 부상자와 질병의 경우 치료기간과 인원수가 다른 이유는 산업현장과 시민재해의 사고발생 상황의 차이를 반영한 것으로 생각된다. 중대산업재해의 경우 산업안전보건법의 정의와 비교하면 (나) 부상자의 경우 3개월 이상 요양이 필요한 부상자가 2명 이상, (다) 항에서는 부상과 질병을 포함하여 10명 이상으로 규정하고 있다. 산업재해의 경우 중대재해법에서는 부상자의 경우 부상의 정도를 높인 것이며, 질병자의 동일 요인으로 한정하고 인원수 3명으로 줄인 것은 질병 유발 요인의 관리에 비중을 둔 것으로 판단되나, (다)항과 같이 재해자의 규모 측면에서는 사고요인이 다양할 수 있기에 부상자와 질병자를 합산하는 산업안전보건법상의 범위가 더 합리적이라고 본다.

경영책임자의 안전 확보 의무와 벌칙

중대재해처벌법의 특징은 안전보건 확보 의무 주체를 사업주뿐만 아니라 경영책임자의 개념을 추가하여 안전책무성을 강화한 것이다. 안전보건 확보 의무에 있어서도 '실질적으로 지배·운영·관리하는 책임이 있는 경우'에 한정하여 다음과 같이 구체적인 의무를 부과하고 있다(법 제4조 및 9조).

1) 재해예방에 필요한 인력·예산·점검 등 안전보건관리체계의 구축 및 그 이행에 관한 조치
2) 재해 발생 시 재발방지 대책의 수립 및 그 이행에 관한 조치

3) 중앙행정기관·지방자치단체가 관계 법령에 따라 개선, 시정 등을 명한 사항의 이행에 관한 조치

4) 안전·보건 관계 법령에 따른 의무이행에 필요한 관리상의 조치

위 4 가지 의무는 기존의 모든 안전조치를 포괄적으로 담았기 때문에 기존 안전관련 법령의 의무를 종합한 것으로 볼 수 있다. 따라서 이행에 있어서도 기본과 원칙에 충실하는 것이 최선책이 될 것이다.

업계에서는 4가지 안전조치에 대해서는 더 구체적인 규정을 요구하고 있다. '실질적으로 지배·운영·관리하는 책임'의 구체성이 미흡하다는 논란이 있으나, 사고는 한두 가지 원인으로 발생하는 것이 아니고 이해당사자의 역할과 권한이 다양하므로 재해 발생에 직·간접 원인 제공 여부로 판단하도록 해야 할 것이다.

위반 시 벌칙은 사망자가 1명 이상 발생한 경우의 벌칙은 1년 이상의 징역과 10억 원 이하의 벌금을 병과할 수 있으며, 일정 수준의 부상자나 질병이 발생한 경우는 7년 이하의 징역 또는 1억 원 이하의 벌금에 처하도록 하고 있다. 이 경우 산업안전보건법에서는 7년 이하 징역 또는 1억 원 이하의 벌금으로서, 중대재해처벌법에서는 기업의 경영상의 영향을 고려해 신체적 형벌은 낮추고 경제적 벌칙을 강화한 것으로 풀이 된다. 법과 시행령을 연계한 중대재해처벌법의 골격은 **그림 6.3**과 같다.

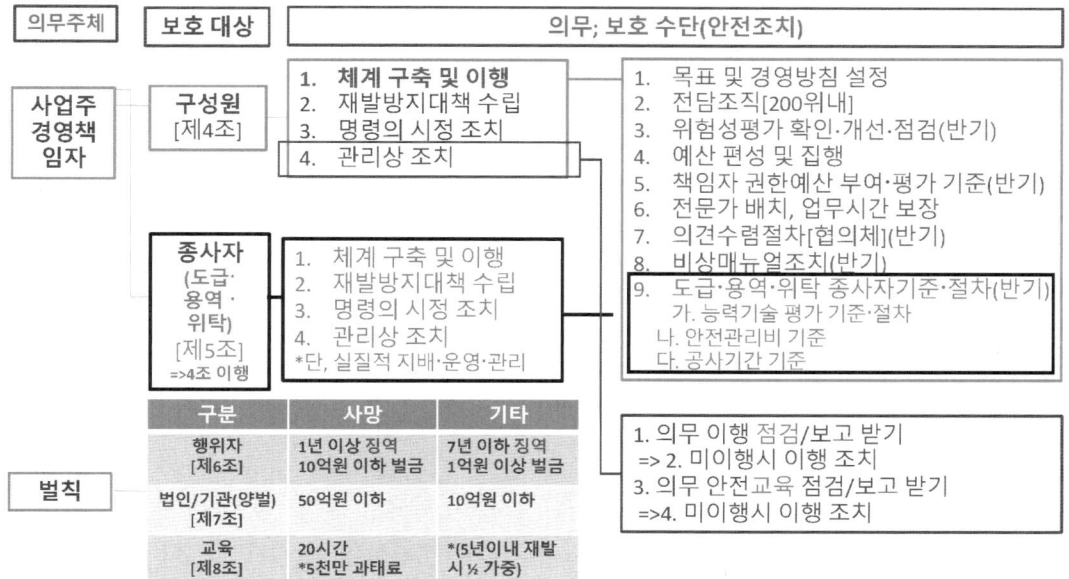

그림 6.3 중대재해처벌법의골격(중대산업재해)

중대재해처벌법에 대한 관점과 주요 쟁점

중대재해의 근본원인에 대한 인식에 따라 대책의 방향이 결정되므로 쟁점을 논의하는 데는 먼저 기준과 원칙을 정할 필요가 있다. 따라서 조문은 누구의 입장에서 보느냐는 관점에 따라 다양한 해석이 나오고 있다. 중대재해처벌법의 발의 시 제정의 취지는 있으나 조문에 반영할 원칙은 제시되지 않았다. 따라서 대부분의 기존 논의에서는 제3자적 관점보다는 각자가 자신의 입장, 특히 사업주의 입장에서 많이 논의되는 경향이 있는 것으로 보인다. 사고예방의 보편적 원칙과 과거의 중대사고 사례가 주는 교훈이 충분히 고려되지 못하였다. 선결과제로서 산업안전보건법 등 기존 법률부터 작동성과 이행력을 회복하는 노력이 병행되어야 할 것으로 판단된다. 개별 법령에서 해결된다면 굳이 중대재해처벌법을 적용할 필요가 없어질 것이기 때문이다.

먼저 가장 주요한 요건으로서 사고예방(안전관리)의 원칙이 충실하게 구현되어야 할 것이다. 사고예방원칙으로서 전제는 인명을 담보로 한 생산은 허용될 수 없다는 것이며, 두 번째는 누구의 책임인가를 명확하게 하는 것이다. 중대재해처벌법이 제대로 작동하게 하려면 처벌에 필요한 책임을 명확히 하는 데 있으나, 책임을 면하기 위한 조치의 구체성이 주요 쟁점으로 부각되는 측면이 있다.

다음으로 일반적 법적 요건의 충족 여부이다. 법의 원칙 중 중요한 원칙이 '명확성의 원칙'인데 복잡한 현대사회를 대상으로 법률에 모든 경제활동을 담는 수준으로 구체적으로 명확하게 규정하는 것은 현실적으로 어려운 일이다. 삼풍백화점 붕괴사고, 세월호 사고의 정점에 있는 회장은 처벌이 어려웠으며, 대표이사라고는 하나 고용된 봉급생활자 범주에 속하는 경우가 많기 때문이다. 안전조치의 구체성이 미흡하다는 지적의 경우, 이 법은 개별 법령에서 요구하고 있는 구체적인 조치가 아니라 역량, 비용, 납기 등 적절한 이행 조건을 제공했는지를 물어야 하나, 구체적인 조치들을 규정하고 있어 제정의 취지를 적절하게 반영하지 못하고 있는 것으로 보인다.

구체적인 조치보다는 도급, 용역, 위탁 등의 경우에 역할에 따른 책무성 구별이 더 중요한 사안으로 판단된다. 산업안전보건법의 경우 복잡한 공급사슬망을 합리적으로 다루지 못하고 있기에, 법률가는 위험의 외주화도 도급으로 모든 책임까지 넘어갔다고 해석하는 경향이 있어 법조문의 일관된 해석이 가능하게 할 필요가 있다. 적정한 거래가 이루어질 경우에만 안전이 담보될 수 있으므로 부적절한 비용, 납기, 무자격자 선정을 자제시킬 수 있는 억지력이 필요하나, 이러한 간접적 사고요인에 대한 고려가 미흡한 것으로 보인다. 도급, 용역, 위탁 등의 용어도 산업에 따라 양태가 다르므로 산업별로 각각의 정의를 명확히 할 필요가 있으나, 기존 법령에서 보는 바와 같이 현실적으로는 쉽지 않은 일로 보인다.

마지막으로 법적 효력을 좌우하는 주요한 요인으로 미묘한 차이지만 경영자는 개인의 입장과 기업 대표로서의 입장이 다를 수 있다는 점이다. 따라서 경영원칙에 따라 책임이 부과되는 것이 합리적이다. 법인과 함께 개인의 책임을 물어야 할 이유는 대부분 경영자의 경우 단기적 성과를 위해 어쩌다 날 수 있는 사고 요인을 무시할 가능성이 크기 때문이다. 최상위 사업주를 제외한 기타 인원은 본질적으로 지시에 따를 수밖에 없는 직원의 위치에 있음이 간과되어서는 안될 것이다.

법의 적용 대상도 쟁점이 되고 있다. 적용 대상은 상시근로자수 50인 미만 기업을 2년 동안 유예하고 적용에서 5인 미만 사업장을 제외한 것은 정책목표인 산재지표의 개선에 필요한 근본적 한계를 극복하지 못한 것이다. 인명을 담보로 한 생산은 누구에게나 공평하게 금지되어야 한다. 기업의 규모에 따라 이행력에 차이가 있다면 정부가 적극적으로 지원하고 보조해서 해결해야 할 사안이지 안전책무 자체를 면책하는 것은 형평성에 어긋나는 것이다. 이밖에 벌칙의 중복성 등의 문제가 제기되고 있지만 하위 법령에서 해소가 가능할 것으로 보인다.

시행령의 내용과 한계

구체성과 명확성의 원칙과 관련된 과실 판단의 기준으로서 안전조치 수준의 미비 여부는 유럽처럼 '합리적으로 가장 낮은 수준으로 이행가능한ALARP: as low as reasonably practicable' 개념을 도입하면 명확성의 요구에 도움이 될 것이다. 기존에 발생한 사고 중에는 찰스 페로Charles Parrow가 정의한 '완벽한 관리에도 불구하고 고도의 복잡성과 긴밀성으로 발생하는 '정상사고 normal accidents'는 아니었으며, 기술이 없어 안전을 못 지킨 경우는 거의 없기 때문이다.

업종별 특수성의 반영이 필요하다. 건설업의 경우 이행조치로서는 적절하나, 건설사업의 실패 요인이자 사고요인인 발주자, 설계자, 감리자, 원청사 등의 역할에 대한 책임 명확화에 근원적 한계가 있다. 따라서 공급사슬 차원에서 적정한 조건의 도급과 수급이 이루어지게 하는 규정이 필요하다. 현재 국회에서 심의 중인 건설안전특별법안에는 이 문제를 해결하고자 한 것이다.

시행령에서는 법에서 위임된 사항으로서 직업성 질병자와 공중이용시설의 범위를 구체적으로 한정하였다. 기업이 이행해야 할 조치를 중대산업재해와 중대시민재해로 구분하여 안전관리체제 구축 및 이행, 의무 이행에 필요한 관리상의 조치를 구체적으로 규정하였다. 중대산업재해의 경우는 경영책임자 등이 이수해야 할 교육의 내용, 시간, 시기, 방법 등을 구체적으로 규정하였다. 하지만 중대시민재해의 경우 원료·제조물과 공중이용시설·공중교통수단만을 구체적으로 규정하여 광주 학동 해체공사장 붕괴사고로 공중이 중대재해를 입은 경우는 여전히 처벌할 수 없는 상황이다.

중대재해처벌법의 집행 현황과 문제점

악마는 디테일에 있다. 여러 문구 중 사업주와 경영책임자 등을 '또는'으로 동등하게 규정한 것은 이 법 전체를 무력화시킬 수 있는 최악의 표현이라고 본다. 이 법에서 '또는 이에 준하여 안전보건에 관한 업무를 담당하는 사람'이라는 책임소재를 밝히는 경영자의 정의에 있다. '또는'이란 둘 중에 하나만 충족하면 된다는 의미로서, 글자 그대로 해석하면 '최고경영자는 이에 준하는 부하직원에게 안전업무를 맡기면 된다'는 의미가 된다. 이는 경영과 안전 두 분야 모두의 사리에 맞지 않는 표현이다. '경영의 모든 성과는 최고경영자의 것'이라는 경영의 원칙과 안전은 라인 조직의 책임으로 생산과 분리될 수 없다는 안전의 원칙에 반하는 것이다. 기존 병폐인 생산과 안전의 괴리를 더욱 심화시켜 안전활동의 효과성을 떨어뜨릴 우려가 크다. 최고경영책임자보다 더 권한을 가진 자가 있을 수 없으며, 설혹 두 사람 이상이 동등한 권한을 가지고 있더라도 법에서는 두 사람 중 누군가를 지정하여 궁극적으로 책임질 사람을 명확히 해야 한다.

건설안전특별법이나 여타의 사고방지를 목적으로 하는 제도의 일차적 목적은 안전기준을 준수하게 하는 것이지만, 안전기준을 제대로 준수하게 하려면 적정한 작업조건을 제공하게 해야한다. 건설사업을 대상으로 보면 안전제도의 궁극적 목표는 건설사업이 책임 소재의 불확실로 책임이 약자에게 전가되거나, 이해당사자의 사업비 남용이나 누수를 막아서 정적한 공사비와 이윤이 보장되도록 하는 것이어야 한다. 건설안전특별법안에서 건설사업의 이해당사자에게 여러 의무를 부과한 것은 상위 권력자가 수급자에게 위험을 전가하는 것을 방지하기 위한 것이다. 적격자의 직접 고용으로 다단계 하도급이 지양되어야 하며, 건설기술인의 경우도 경쟁적으로 높여온 과도한 임시직의 비율을 최소화시켜야 한다. 이는 건설안전의 사각지대인 중소규모 공사. 가설공사, 건설장비 등 모든 영역에 공통으로 적용되어야 한다.

제도의 성공 여부는 수법자의 행태를 예상해 봄으로써 가능하다. 예상되는 사업장의 행태는 책임 전가를 위해 안전담당 임원을 신설하고, 실질적 안전투자는 소홀할 것으로 우려했는데 현실이 되었다. 실제로 건설사에 종사하는 안전담당자로 구성된 협의회가 5개 있는데 이중 담당임원들의 모임인 건설안전임원협의회CSOC가 있다. 이 법의 제정 이전에는 16개 건설사의 임원이 회원으로 참가하였는데 안전담당 임원이 늘어났다.

점검 등을 외주화해서 내부 구성원의 역할을 줄임으로써 조직의 실질적 역량 향상에는 크게 도움이 되지 않을 수도 있다. 다행스러운 것은 최근 보도에 의하면 '기업의 고해성사 "反기업 정서는 내탓"'으로 자성하는 분위기도 있었다는 점이다.[4] 조사 내용을 보면 기업에서 느끼는 반기업 정서 수준은 1,000명 이상 대기업의 경우 83.3점으로 매우 높은 편이며, 시민을 대상으로 한 기업 호감도 조사에서도 기업을 부정적으로 평가된 가장 큰 이유는 '준법 · 윤리경영 미흡'으로 나타나 안전보건 문제도 더 비중있게 다룰 필요가 있는 것으로 조사되었다. 이러한 변화의 시발이 '전국민 株主시대'로 소액주주가 증가하면서 기업 동반자로서의 역할과 ESG에 대한 사회적 요구가 커진 탓인 것이 아쉽지만 안전보건분야에서도 근본적인 변화의 계기가 될 것으로 기대된다. 동학개미 끌어안기로 사회적 책임을 내세우며 가장 중요한 사회적 책임인 인명의 안전은 여전히 우선순위가 뒤처지는 양상이다.

건설산업 패러다임 정상화의 계기가 되어야 한다

최근 벌칙 강화 추세에 대하여 건설 관련 단체의 불만이 높다. 벌칙 강화가 아닌 예방에 주력하게 해달라고 주문하고 있다. 하지만 이전에 예방에 충분히 노력해왔다면 벌칙 강화와 같은 대책이 필요치 않았을 것이며, 나아가서 이러한 제도로 발생할 벌칙을 우려할 일도 없을 것이기 때문이다. 건설현장에서 기술이 부족해서 막을 수 없는 사고는 없다. 선진국형 정상사고를 근절시켜 달라는 것은 아니다.

이러한 논리로 생명을 보호하는데 필요한 제도를 반대하는 것은 근로자나 시민이 공감할 것인가도 생각해보아야 한다. 점증하는 사회적 요구에 부응하기 위해서는 건설기업은 공정한 수급자로서 불량 발주자가 제시하는 불량식품을 사절하는 새로운 패러다임의 정착이 필요하다. 인명을 담보로 한 생산은 더 이상 용납될 수 없는 시대에 접어들었기 때문이다.

벌칙의 정당성 논의에는 원칙의 정립이 선행해야 한다. 논의 시에는 사업주 입장과 노동자 입장이 균형있게 고려되어야 한다. 이천물류센터 공사현장과 같은 곳에 자신이나 가족의 일원이 기꺼이 일할 수 있다면 예외가 될 수 있을 것이다.

간과되고 있는 것은 본질적인 문제를 등한시하다 보니 국가의 책무를 제대로 요구하지 못하고 있다는 것이다. 중대재해법은 건설기업으로 하여금 역량을 도외시한 무리한 수주를 자제시킴으로써 국민의 생명을 지키자는 것이다. 즉, 산업의 패러다임을 바꾸자는 것이다. 벌칙을 회피할 것이 아니라 올바른 방법을 찾고, 산업이나 기업차원에서 해결이 어려운 사안은 국가에 적극적으로 요구하는 것이 정도일 것이다. 업계에서 요구해야 할 것은 국가의 책무로서, 이제까지 원칙에서 벗어난 제도로 왜곡된 건설업의 관행을 합리적으로 바로 잡아주도록 요구해야 한다. 건설사업 참여자 사이의 안전책무 합리화, 적정한 공사비와 공기 보장, 적정한 기능인력 수급체계, 공사자원의 근원적 안전성 확보 등이 이러한 법의 전제로 논의되어야 한다.

아쉬운 점은 중대재해처벌법이 경영책임자의 관심을 끄는데는 성공했으나, 내용측면에서는 삼풍 참사나 세월호 참사와 같은 재난에도 실질적 지배, 운영, 관리하는 최상위 책임자를 여전히 처벌할 수 없으며, 하위 규정에서 정한 내용 또한 이행 증빙을 마련하는 형식적 노력을 조장하고 있다는 점이다. 더 아쉬운 점은 중대재해의 방지를 위해 어떻게 노력할 것인가보다는 법률가의 도움으로 리스크를 줄이는데 더 적극적이라는 점이다. 정부의 잘못된 감독정책 탓도 있지만 기존의 안전관리 관행은 실질적인 사고방지를 위한 노력보다는 면피용 서류나 증거용 흔적 남기는데 더 주력하고 있는데 구체적인 수단을 규정한 중대재해처벌법은 이러한 부정적 경향을 더 심화시키고 있다는 것이다. 건설사업 발주자라면 자신의 비용이 건설사업에 쓰이지 못하고 책임을 가리는 법정 공방에 법률가들의 일거리를 제공하는 데 쓰이는 상황을 경계해야 할 것이다.

사고방지의 원리와 원칙에 따라 조문을 만들어야 한다. 인명을 담보로 한 생산이나 영업은 절대 허용될 수 없다는 대전제가 명확해야 법리에 대한 논란이 줄어들 것이다. 사업주 입장에서는 책임의 명확화를 요구하지만 복잡한 공급사슬 속 의사결정 과정의 복잡성으로 규정하는 것은 본질적으로 용이하지 않기 때문에 중대재해처벌법을 반대하는 논리로 악용될 소지가 있다고 본다. 명확히 해야 할 것은 역할은 위임할 수 있어도 책임은 전가되지 않음을 명시함으로써 도급으로 책임이 전가되거나 희석되는 것을 막아야 할 것이다. 경영의 모든 성과는 최고경영자 책임이며, 안전담당 임원을 선임하더라도 안전도 경영의 핵심 성과중이 하나이기 때문에 안전을 포함한 모든 경영성과에 대한 궁극적인 책임을 최고경영자에게 있음을 명확히 해야 할 것이다. 다행스러운 것은 '또한'이라는 문구의 오류에도 불구하고 사법부에서는 안전담당임원은 경영책임자로 인정하지 않는다는 것이다.

누구나 권한을 갖기는 좋아하지만 책임을 지는 데는 인색하며, 역량이 부족한 경영자일수록 성과가 미흡한 원인을 다른 데로 돌리는 경향이 있다. 소수 권력자로부터 다수 약자에게 전가되는 진짜 위험을 제어할 수 있어야 한다. 수범자는 제도의 취지보다는 최소비용 경로를 따르는 경향이므로 중대재해를 효과적으로 방지하려면 벌칙이 최소비용 경로를 따르는 것보다 결코 약하지 않아야 한다. 벌칙의 수준은 행위자의 처벌보다 향후에 발생가능한 잠재적 위반행위를 억제할 수 있는 위하력이 있어야 한다. 법적 의무의 불이행 시 벌칙은 현재 법규를 위반한 당사자뿐만 아니라 미래에 법규 위반 가능성이 있는 상황에 대해서도 자발적으로 위반행위를 시정하도록 하는 위협과 인센티브를 가하는 것이 본래의 목적이기 때문이다.

중대재해처벌법 시행 결과와 시사점

국회입법조사처에서 2022.1.27. 법 도입부터 2025.7.24.까지 3년 동안 발생한 중대산업재해 2,986건 중 사업주의 법 위반 사실이 아니어서 수사 대상에서 제외된 경우를 제외한 1,252건을 전수 조사한 결과에 따르면, 유죄 49건 중 42건이 집행유예이며, 벌금형은 평균 7,280만원으로 유일하게 S사만 20억원을 선고받았다. 무죄 비율은 10.7%로 일반 형사사건의 무죄 비율인 3.1%보다 3배가량 높은 것으로 나타났으며, 처벌 수준도 타 범죄에 비해 낮았다. 집행유예율이 85.7%로 일반 형사사건(36.5%)보다 2.3배 높았으며, 47건의 징역형 유죄 형량 평균은 1년1개월 형으로 법의 하한선에 가까운 수준이며, 이 중 42건이 집행유예로서 여전히 솜방망이 처벌을 벗어나지 못하고 있다. 준비 부족으로 예견된 문제였지만 수사 속도도 문제로서 전체 수사 대상 사건의 73%(917건)가 수사 중으로 6개월 초과 처리 비율은 고용노동부 수사 사건의 경우 50%, 검찰은 56.8%로서 수사 지연도 법의 실효성을 저하시키는 핵심 요인으로 지적했다. 분석 결과 산업재해 사망자 수 전체로 보면 감소 추세는 없었으며 도리어 증가한 해도 있었고, 법 시행 대상 사업장에서의 사망자수 증가한 해도 있었으며, 재해 발생 건수나 사망자 등에서 뚜렷한 감소 효과의 체감은 어렵다고 보고했다. 입법조사처는 개선 방안으로 미비한 시행령 및 관련 규정 정비, 수사 중 사건 비중 감소, 안전보건관리체계 구축을 위한 인센티브·경제적 불이익·제도적 인프라 지원 도입, 합리적인 양형기준 마련 등을 제안했다.

다양한 전문가들의 의견이 있지만, 필자의 관점에서 **중대재해처벌법이 실패한 핵심 요인을 열거하면 다음과 같다. 첫째, 징벌적 손해배상 개념에 대한 이해 부족으로 경영책임자에게 징역형을 부과함으로써 생산 현장의 유해위험요소를 파악하여 이를 제거하는 실질적인 사고방지 노력이 아니라 경영책임자의 형사 처벌을 방어하는 데 노력을 집중하고 사후적 처벌에 대비하기 위해 법률가를 먼저 찾아가게 만들었다.**

둘째, 선진국에서는 지침 수준의 달성 방법을 법과 시행령에 의무화함으로써, 사업의 특성과 규모에 적합한 자율안전활동은 원천적으로 봉쇄하고, 안전관리활동을 법에서 요구하는 실효성 없는 서류작성업무로 전락시켰다. 진정성이 부족하다는 이유로 법정에서는 이러한 서류들이 불인정된 사례도 있지만 대부분 법적 의무를 준수했다는 면죄용으로 사용되었음을 위의 판결 동향으로 알 수 있다. 중대재해처벌법과 시행령에서 의무로 규정하고 있는 체계구축과 상세 의무는 대부분 기존의 산업안전보건법에서 규정하고 있는 사항으로 법의 중복성 문제를 벗어날 수 없다. 중대재해처벌법에서 규정하고 있는 경영책임자의 의무 조항과 본서에서 제시한 영국 CDM의 발주자 안전책무 조문을 비교하면 그 차이점을 확실하게 알 수 있을 것이다. 중대재해처벌법에서는 사업장에서 알아서 해야 할 달성 수단인 방침, 목표, 예산, 점검 ,역량 평가 등을 나열하고 있는 반면에, 우리나라의 규칙 수준인 CDM에서는 안전에 필요한 제반 조치를 보장 ensure하고 역량 있는 자를 선정하는 등 달성 목표를 제시하고 있다. 영국에서는 달성 수단은 지침서 격인 실행규범Approved Code of Practice으로 제공하여 역량이 부족한 수범자들이 참고하도록 하고 있다. 국내 법제의 후진성을 적나라하게 드러낸 것으로 안전보건 전문가의 수준도 함께 증명한 것이다. 이는 법의 모호성 문제가 아니라 원칙과 기준의 미비 문제다.

셋째, 경영책임자의 범주에 '또는 안전관리업무를 담당하는 임원'까지 포함시킴으로써 경영의 제1원칙인 모든 경영 성과는 CEO의 것이라는 경영의 제1원칙을 무시한 것이다. 바지사장을 양산하고 생산조직이 이행해야 할 안전관리업무를 안전전담부서의 역할로 오인하게 만들어 가뜩이나 무너진 생산안전 일체의 원칙을 더욱 악화시키고 있음에도 거시적 관점의 이러한 부작용에 대해서는 인지조차 못하고 있는 것으로 보인다.

넷째, 중대해처벌법의 기존 법과의 차별성은 도급·용역·위탁시의 마지막 종사자까지 보호한다는 고매한 취지에 있다. 하지만 제5조 도급·용역·위탁 시 '실질적으로 지배·운영·관리하는 책임이 있는 경우에 한정한다.'는 단서를 붙여 안전책무를 여전히 하수인인 수급인의 책임으로 제한하고 있다. 그룹사를 지배하면서 일개 직원에 불과한 사장을 임명하며 대형사고 때마다 언론에 사과하는 최고 의사결정권자에게는 여전히 책임을 물을 수 없다. 이 단서는 삼풍백화점 참사와 세월호 참사로 증명된 최고 의사결정권자에게 면죄부를 주는 중대재해처벌법의 목적에 반하는 문구로 '또는 안전관리업무 담당..' 과 함께 대표적인 '디테일 속의 악마'이다. 건설사업의 경우는 발주자는 직접 공사를 감독하기도 하지만 제3자를 통해서 수급인을 지배함에도 이러한 생산체계가 전혀 고려되지 못하고 있다.

다섯째, 역주행하는 산업안전보건법의 부작용이다. 중대재해처벌법에서는 건설공사 발주자에게도 도급·용역·위탁 시 종사자 보호의 책임을 묻고자 하였으나 산업안전보건법에서는 도급(인)에서 건설공사 발주자를 제외시킴으로써 발주자를 중대재해처벌의 적용 대상에서 제외시켰다. 제4장 '제5절 제조업 태생의 건설안전제도의 한계'에서 산업안전보건법의 대부분의 규정이 건설사업에 부적합함을 지적하였지만, 산업안전보건법 제2조(정의)에서 건설공사 발주자는 도급에서 제외하고 있다. 산업안전보건법 제2조(정의)에서는 '6. "도급"이란 명칭에 관계없이 물건의 제조·건설·수리 또는 서비스의 제공, 그 밖의 업무를 타인에게 맡기는 계약을 말한다.'고 정의하고, 이어서 '7. "도급인"이란 물건의 제조·건설·수리 또는 서비스의 제공, 그 밖의 업무를 도급하는 사업주를 말한다. 다만, 건설공사발주자는 제외한다.'고 상충되게 정의하여 도급인에서 발주자를 제외하고 있다. 도급에서 발주자를 구분하고자 하는 취지는 좋으나 건설공사 발주는 도급의 가장 강한 형태로 도급의 부분집합임을 제대로 표현하지 못하다 보니 건설공사가 도급의 부분집합이 아닌 여집합이 된 것이다.

공공기관인 I공사(도급인)에서 발생한 중대재해는 중대재해처벌법 시행('22.1.27.) 이전인 '20.6.3.일에 발생한 갑문 수리 공사 중 수리업체(수급인) 근로자가 18m 아래 바닥으로 추락하여 치료 중 사망한 사고로. 판결 사례는 잘못된 도급과 발주자 정의의 극단을 보여주었다. 1심에서는 발주자를 같은 사업장내 도급인과 수급인 관계로 본 것으로 국가의 국민 기본권 보장으로 사법체계 작동을 주문하며, 벌칙을 자연인은 벌금에서 징역으로, 법인은 소액 벌금에서 대폭 상향한 것이다. 반면에 2심에서는 산안법에서 잘못된 도급과 발주자의 정의를 적용하여 사실오인과 법리오해라는 명분으로 발주자에게 무죄를 선고하였다. 3심인 대법원에는 공사와 당시 사장에게 무죄를 선고한 원심(항소심)을 파기하고 사건을 인천지방법원에 돌려보냈는데, 이는 대법원이 산업안전보건법상 '건설공사 발주자'의 책임을 강조한 첫 판결로 기록된다. 지금까지 대법원은 건설계약을 사법 자치영역으로 치부하여 공적 책임을 부인하여 왔다. 사고가 난 작업은 발주자 소유의 작업장에서 발생한 사고이며 관리 감독할 의무가 있고 실제 감독하였음에도 이러한 사실들이 잘못된 발주자 정의를 빌미로 묵살된 것이다. 건설사업의 안전은 발주자가 책임지고 적극적으로 챙길 때 확보될 수 있으며 유수의 국제적 기업이 사례로 증명되고 있다. 하지만 잘못된 조문은 발주자로 하여금 공사에 개입을 기피하게 만들어 발주자의 권리 제약을 넘어 책임의 원칙까지 왜곡하고 있다. 전부개정 시 산업안전보건법이 제대로 정비되었다면 이러한 불상사는 없었을 뿐만 아니라 중대재해처벌법과 같은 실효성이 부족한 법제로 인한 국력 낭비도 없었을 것이다.

종합적으로 평가한다면 고매한 제정 취지에도 불구하고 중대재해처벌법은 법의 존재 이유인 '누구이 책임인가?'를 제대로 분별하지 못하고, 사고방지활동의 출발점을 현장의 유해위험요소의 파악과 제거가 아닌 절차적 서류 만들기에 깃대를 꽂아줌으로써 외형적 성장에 비해 가뜩이나 왜곡이 심한 우리나라의 안전관리 관행과 안전수준을 더 왜곡시켰다고 볼 수 있다. 생산현장(조건)은 인위적으로 만들어 종사자에게 제공된 것으로 종사자가 바꿀 수 없다. 따라서 모든 산업재해는 누군가가 책임을 져야 하므로 책임의 원칙부터 원천적으로 시 재정립되어야 한다. 선진국에서는 생산현장에서 사망한 근로자를 죽었다dead고 하지 않고 살해되었다killed고 하는 이유이다.

6. 건설안전특별법안 깊이 보기

발의 배경 및 경과

건설안전특별법안의 발의 배경은 제2장의 '질곡을 헤맨 건설안전 제도'에서 기술한 바와 같다. 처음 두 번의 발의에서는 업계의 강력한 반대로 폐기되었는데, 이재명 정부들어 상위 건설사에서 중대재해가 반복해서 발생하면서 반대의 명분을 잃었다. 처음 발의시에는 반대의 분위기가 팽배했으나 법안이 다시 발의되면서 보완할 사항에 대한 의견이 수렴되는 것은 바람직한 것으로 보인다. 이재명 대통령이 이렇게 강력하게 산재예방을 주문할 지는 예상하지 못했겠지만 일차 발의에서 제정되었다면 건설기업의 입장에서 강화된 전방위적인 벌칙은 면할 수 있었는데 소탐대실한 상황으로 보인다. 의견수렴 상황을 보면 대부분의 의견이 건설사업의 안전관리체제를 바로 세운다는 대명제보다는 각자의 입장에서 불편한 사안들을 완화하는데 관심이 모아지고 있다. 특별법안 발의 배경, 개념, 주요 내용에 대해서 좀 더 깊은 이해가 필요한 시점이다. 이 법안이 발의된 배경은 노력에도 불구하고 감소되지 않고 있는 건설사고의 심각성에 있다. 한 마디로 기존의 건설안전 제도와 정책은 실효성을 기대하기 어려웠기 때문이다. 대부분의 건설 관련 제도에서 사고사망자가 빈발하는 소규모 건설기업과 중소규모 공사에 대한 규제력이 미흡하다. 정체 상태인 사고사망만인율과 같이 기존 제도로는 빈부격차보다 큰 상하위 원청건설사의 안전역량의 격차를 해소하지 못하고 있다. 이는 안전관련 제도나 정책이 공공과 민간, 공사규모별, 도급순위별, 원하청 등으로 구분하여 접근함으로써 일관된 사고예방원칙이 구현되지 못하고 있기 때문이다.

논란이 많았지만 고 김용균 씨 사망사고의 영향으로 2018년 12월 27일 전부 개정 산업안전보건법이 국회 본회의를 통과하였지만 전부 개정된 산업안전보건법으로도 산재 지표는 크게 개선되지 않았다. 건설기술진흥법 등 건설안전 관련 법령도 지속적으로 개정되었지만 성과는 기대에 미치지 못한다. 앞에서 기술한 바와 같이 전부 개정에도 불구하고 산업안전보건법으로는 건설사업 참여자를 효과적으로 규율하기 어렵다.

산업안전보건법에서 중대재해에 대한 벌칙은 7년 이하 징역 또는 1억 원 이하의 벌금에 처하도록 하고 있다. 인신구속 벌칙으로 외국의 경우 미국과 일본은 6개월 이하 징역, 독일, 프랑스, 캐나다 등은 1년 이하 징역이다. 사고사망십만인율이 가장 낮은 영국의 경우는 2년 이하의 금고와 무제한의 벌금을 병과할 수 있다. 하지만 위반시 벌칙은 벌칙의 크기 이전에 벌칙의 형평성 문제가 먼저 해소되어야 한다.

건설안전특별법의 제정은 관계부처 합동 '건설안전 혁신방안(2020.4.23.)'에서 공표되었다. 국토교통부에서는 2019년 하반기부터 기존의 사고예방대책의 실효성에 한계가 있음을 인지하고 각 분야의 전문가로 구성된 건설안전혁신위원회를 구성하여 운영한 결과로 '건설안전 혁신방안'을 마련하였다. 건설안전 혁신방안의 과제 중 핵심 과제는 '안전관리 규제 정비'를 위한 '건설안전특별법 제정안 마련'이었다. 이 혁신방안에서는 이제까지 사각지대에 있었던 민간 소규모 현장, 발주자와 건설기업 경영진의 무관심, 현장과 간극이 큰 복잡한 법령과 제도 등을 혁신하여 기존 제도의 한계를 극복하는 방안이 마련되었다. 혁신방안에서 다른 사고예방대책을 포

보도자료

더불어민주당 을지로위원회

2020. 6. 12[금] 위원장 : 박홍근

보 도 일 시 2020년 6월 12일(금) 석간부터 보도하여 주시기 바랍니다
※ 통신 · 방송 · 인터넷은 6.12(금) 10:30 이후 보도 가능

노동자의 죽음이 일상화된 건설현장의 악순환 고리를 끊겠습니다

'이천 화재사고 및 건설사고 재발방지 제도개선 토론회' 개최

- (일시) '20. 6. 12(금) 10:30~12:00 / 국회 의원회관 제2세미나실
- (목적) 이천 물류창고 화재사고 등 건설현장에서 지속되는 인명 피해를 근절하기 위한 근원적 해결방안 모색
- (주최) 을지로위원회, (주관) 한국건설안전학회, (후원) 국토교통부

그림 6.4 건설안전특별법 제정 토론회 보도자료 (2020.6.12)

괄하는 핵심과제는 '현장중심의 안전관리 기반조성'을 꼽고 있다.

'건설안전 혁신방안'의 발표 직후 발생한 이천 물류창고현장 화재사고(2020.4.29.)는 사회적으로 특별법 제정의 필요성과 화급성이 부각되었다. 조속한 특별법 제정을 위해 국회에서는 을지로위원회가 한국건설안전학회와 공동으로 '이천 화재사고 및 건설사고 재발방지 제도개선 토론회'(국회의원회관, 2020.6.12.)를 개최하였다(**그림 6.4**). 토론회에서 '발주자부터 바뀌어야 근로자가 안전해진다' 주제로는 기존 건설안전제도의 한계인 발주자를 비롯한 건설사업 참여자 사이의 안전책무의 합리화 방안이, '안전관리에 대한 비용분석 및 경제적 접근 필요성' 주제로는 이천물류창고 화재사고에서 문제로 제기된 부족한 산재 근로자에 보상을 강화하는 방안이 제시되었다. 토론회에서 논의된 바와 같이 '노동자의 죽음이 일상화된 건설현장의 악순환 고리를 끊기' 위해서는 건설업 종사자 어느 누구도 안전한 공사의 수행에 예외가 있을 수 없다.

중대재해처벌법이 제정되었음에도 건설안전특별법이 필요한 이유는 중대재해처벌법이 건설사업 참여자의 역할과 책임을 명확하게 규정할 수 없으며 산업안전보건법에도 시공자 외의 다수 참여자에 대한 안전책임을 합리적으로 규정하고 있지 못하여 두 법 사이의 사각지대를 해소해야 할 필요가 있기 때문이다. 특히 산업안전보건법에서 건설공사 발주자를 도급(인)에서 제외함으로써 건설공사 발주자가 중대재해처벌법의 대상에서 제외되는 오류는 시급히 시정되어야 한다.

제정 취지와 방향

건설안전특별법 제정의 목적은 법안의 제안 이유에서 밝힌 바와 같이 기존의 건설기술진흥법과 산업안전보건법 등에 미비한 안전관리기능을 구현함으로써 앞에서 제기된 기존 제도의 근본적 한계를 해소하는 데 있다. 핵심은 기존 제조업 방식의 안전관리체제를 발주자 책임하에

감리 기능을 회복시켜 발주자가 주도하는 건설안전관리체제로 정상화하는 것이다. 발주자 안전책무의 이행 장치로서 발주자가 자신의 안전참모로 안전자문사를 직접 선임하게 하고, 선임된 안전참모와 수급인들로 하여금 법에 규정된 발주자의 안전책무를 고지하게 함으로써 이행력을 담보하는 데 있다.

건설안전특별법안의 취지는 첫째, 건설기술진흥법 속에 혼재하여 브레이크 기능이 어려운 안전 관련 조항을 별도의 법으로 분리하고, 둘째, 산업안전보건법과 건설기술진흥법 등 기존 법률에 미비했던 발주자의 안전책무 등을 명확히 하는 데 있다. 안전책무의 이행 장치로서 사고의 근본원인을 제공하는 발주자에게 포괄적인 책임을 부여하고 감리(특별법안에서는 '안전자문사'로 명명)를 통해서 발주자의 책임을 보좌하고 이행할 수 있게 한 것이다. 앞에서 언급한 바와 같이 이제까지 벌칙에서 배제되었던 대표이사에게도 직원이나 하수급자가 안전하게 공사할 수 있는 여건을 제공할 의무를 부여하여 건설기술인을 보호하고 있다는 점이다.

건설안전특별법의 주요 제정 방향은 기존 제도에서 미비한 기능을 별도의 법으로 보완하는 데 있으며 주요한 사항은 다음과 같다. 첫째, 안전의 원칙에 따라 건설기술진흥법에서 안전 관련 규정을 안전법으로 분리하여 '안전을 제3자 감시' 기능으로 독립시킨다. 둘째, 건설안전전문가를 통한 발주자의 안전책무 이행 장치 등 기타 건설관련 법령과 산업안전보건법에서 미비기능을 제도화하여 지원하게 한다. 셋째, 밀착된 '제3자 감시'를 통하여 서류상 또는 형식적 이행으로 실효성이 미흡한 제반 안전관리활동에 실질적 이행력을 담보한다. 넷째, 산재보상보험법 등에서 상한 규정으로 부족한 재해 근로자에 대한 보상을 근재보험으로 보완한다.

2020년 9월 11에는 김교흥 의원이 대표로 국회의원 13인이 공동으로 '건설안전특별법(안)'을 발의하였으나 중대재해처벌법 등 현안과 고용노동부의 반대로 진전이 없었다.[5] 이 법안은 관련 부처의 협의를 거쳐 2021년 6월16일에 김교흥 의원 등 국회의원 36인이 재발의하였으나 역시 건설단체의 반대로 폐기되었다. 이 발의안에서는 제안 이유를 다음과 같이 밝히고 있는데 2025년 6월에 다시 발의된 내용과 유사하다.

건설공사는 발주·설계·시공·감리자 등 건설공사 참여자와 공사 목적물(건축물, 도로, 철도 등)이 다양하며, 현장에서 다수의 건설사업자가 동시에 작업을 실시하고, 현장에서 작업하는 건설기계와 건설종사자도 수시로 바뀌는 등 다른 산업과 작업환경에 차이가 있다. 특히, 건설현장에서 발생하는 사고를 줄이기 위해서는 발주자, 시공자 등 상대적으로 권한이 큰 주체가 그에 상응하는 책임을 져야 함에도, 실제 사고로 인한 책임은 상대적으로 권한이 작은 하수급 시공자와 건설종사자들이 지는 경향이 있다. 이에, 발주자는 적정한 공사비용과 공사기간을 제공하며 시공자가 안전관리를 책임지도록 하는 등 건설공사 참여자별로 권한에 상응하는 안전관리

책임을 부여하고 이를 소홀히 하여 건설사고가 발생하는 경우 합당한 책임을 지도록 하며, 사고손실 대가가 예방비용보다 크다는 인식을 확산하여 안전관리에 우선적 투자를 유도함으로써 건설공사 특수성에 맞게 안전한 작업환경을 조성하여 건설사고 위험성을 낮추려는 것이다.

특별법의 적용 대상이 건설사업의 생애주기에 걸쳐 공사현장의 근로자와 기존 제도에서 제외된 공사현장 밖 공중의 안전을 대상으로 해야 하는 이유는 공사의 규모와 발주 방식과 관계없이 중소규모공사까지 모든 건설사업을 대상으로 하여 기존 제도의 사각지대를 해소할 필요가 있기 때문이다.

건설안전특별법안의 핵심 개념과 주요 내용

건설안전특별법안의 핵심은 안전책무의 이행 장치로서 사고의 근본원인을 제공하는 발주자에게 포괄적인 책임을 부여하고 안전자문사를 통해서 발주자의 책임을 보좌하고 이행할 수 있게 한 것이다. 즉, 기존의 '제도' 수준 접근에서 참여자 사이의 상호작용을 기반으로 하는 '장치'로 기능하게 한 것이다. 나아가서 앞에서 언급한 바와 같이 이제까지 벌칙에서 배제되었던 대표이사에게도 직원이나 하수급자가 안전하게 공사할 수 있는 여건을 제공할 의무를 부여하여 건설기술인을 보호하고 있다는 점이다.[6] 건설안전특별법안의 주요 개념과 내용은 다음과 같다.

- 주체별 안전책임의 합리화를 위한 안전관리체제 및 운용 방식
  - 최고 의사결정권자이자 수혜자인 발주자 주도의 안전관리체제를 구축하여 발주자의 주문으로 안전활동의 이행력을 담보함(발주자의 의무)
  - 개별 건설사업 내부의 자체 안전감리기능을 강화하여 참여자 사이의 상호 협력과 견제로 외부의 개입이 없이도 자율적인 안전관리가 가능하도록 함(안전감리사 선임)
  - 안전감리사를 통하여 공사현장의 안전관리수준을 모니터링할 수 있도록 함
  - 상호 안전역량의 평가에 필요한 정보를 제공하고 국가가 관리하도록 함(안 제5조)
  - 위험통제의 원칙을 명시함(안 제7조)
- 이행력 담보를 위한 제3자 감시 기능 내재화
  - 안전자문사 선임을 통하여 제3자감시 경로를 확보함으로써 안전관리가 취약한 중소규모 건설공사까지 감시 및 감독 경로를 구축하여 발주방식과 공사규모에 무관하게 모든 건설사업을 감시할 수 있도록 함
  - 안전자문사의 직무 발주자가 선임한 비전문인 발주자의 안전책무를 인지시키고 조언하고 보좌하게 하여 발주자의 합리적인 의사결정과 적절한 공사수행조건을 확보할 수 있

도록 하게 함(안 제10조)

- 발주자의 안전책무(안 제8조 – 제10조)
  - 발주자는 자신의 안전책무를 보좌할 안전자문사(건설안전전문가)를 선임하여야 함(안 제10조)
  - 발주자는 설계·시공·감리자가 안전을 우선 고려하여 해당 업무를 수행할 수 있도록 적정한 기간과 비용을 제공하여야 함(안 제8조)
  - 발주자는 수급인의 안전역량을 확인하여야 하고, 수급인이 하수급인의 안전역량을 확인하도록 해야 함(안 제9조)

- 설계자의 의무 (안 제11조)
  - 설계자는 설계도서를 작성할 때 시공자가 안전한 작업환경을 갖추고 작업을 실시할 수 있도록 공사기간과 공사비용을 산정하고, 건설사고 예방에 필요한 가설구조물과 안전시설물 등을 설계도서에 반영하여야 함(안 제11조의1)
  - 설계자는 공사중 발생이 가능한 위험성에 대한 정보를 제공하여야 함(안 제11조2)
  - 설계자는 설계도서의 안전성을 검토하여야 함(안 제11조의 3)

- 수급인의 의무(안 제12조 – 제15조)
  - 공사착수전 설계도서 등 공사조건의 적정성을 검토하여야 함(안 제12조의1)
  - 하도급 계약시 위험에 관한 정보를 제공하여야 함(안 제12조의2)
  - 작업에 부적격인 근로자를 작업에서 배제할 수 있음(안 제12조의3)
  - 수급인은 안전관리계획의 수립과 이행에 필요한 조직을 갖추어야 함(안제 13조)
  - 수급인은 근로자에게 필요한 안전교육을 하여야 함(안 제14조)
  - 수급인은 안전시설을 직접 시공하고 안전관리를 총괄하여야 함(안 제 15조)
  - 수급인의 대표자는 안전한 작업에 필요한 제반조치를 취하여야 함(안 제15조의 5)

- 하수급인의 의무(안 제16조)
  - 수급인의 지시사항을 준수하여야 하며, 공사비와 공사기간의 적정성을 검토하고 조정을 요구할 수 있음

- 감리자의 의무·권한·보호(안 제17조 – 제18조)
  - 설계도서 검토, 안전한 작업조건의 확인 및 시정조치, 공사중지권 등(안 제17조)
  - 정당한 업무 수행에 대한 불이익 금지(안 제18조)

- 근로자의 의무
  - 교육 이수, 안전규칙 준수, 자기 과실에 따른 책임(안 제19조)

- 안전관리활동의 이행력 확보
  - 안전관리계획의 수립, 검토, 확인 및 점검(안 제20조)
  - 소규모 공사의 안전관리계획 작성 및 이행(안 제21조)
  - 안전관리비의 계상 및 지급(안 제22조)
  - 가설구조물의 안전성 확인(안 제23조)
  - 안전관리 수준평가(안 제24조)
- 현장점검 및 건설사고의 신고 및 조사
  - 국토안전관리원에 의한 현장점검, 현장 안전점검의 중복 지양(안 제25조)
  - 건설공사의 부실측정(안 제26조)
  - 건설사고의 신고 및 처리 절차(안 제27조)
  - 건설사고의 조사 및 사고조사위원회(안 제28조, 제29조)
- 벌칙
  - 안전관리 의무를 소홀히 하여 사람을 사망에 이르게 한 건설사업자, 건설엔지니어링사업자, 건축사에게는 1년 이하의 영업정지를 부여하거나 매출액에 비례하는 과징금을 부과(안 제34조 및 제35조).
  - 발주자, 설계자, 시공자, 감리자가 이 법에 따른 안전관리 의무를 소홀히 하여 사람을 사망에 이르게 한 경우 7년 이하의 징역 또는 1억원 이하의 벌금(안 제39조).

　이상의 사고방지를 위한 내용 외에 사고발생 시 보상을 강화하는 내용도 담겨있다. 특별법에는 근로자 재해보상보험(공제)을 의무화하였다. 근로자 재해보상보험(공제)은 1965년 재무부의 근로자재해보상 책임보험 인가를 계기로 국내에 도입되었으나, 그간 사업주가 임의적으로 보험 가입여부를 결정하므로 피해 근로자 보상은 사업주 재량과 여력에 맡겨지는 제도적 미비점을 갖고 있어, 법률안은 이를 보완하여 법제도적으로 사회적 약자인 근로자를 보호할 수 있다는 점에서 의미가 있다.

　건설안전특별법안은 건설공사시 발생하는 산업재해의 피해자인 근로자를 보호하기 위하여 건설사업자[7])에게 근로자 재해보상보험(공제)의 가입 의무(법률안 제30조 제1항)를 부과하였다. 근로자 재해보상보험(공제)(이하 '근재보험'이라고 함)은 산업재해 발생시 피해자인 근로자가 고용계약상 안전배려·보호의무[8]) 위반을 원인으로 사업주에게 민사상 손해배상청구를 제기하고, 그 결과 발생하는 사업주의 재산상 손해를 보험(공제)기관으로부터 보전받는 것으로 지금은 사업주가 임의적으로 가입하고 있다. 근재보험의 취지는 1차적으로 사업주가 자신의 재산상 손해를 보전받기 위해 자율적 가입하는 것이나, 상법[9] 등에 의거 2차적으로 피해 근로자가 보험(공제)기관에 직접 피해보상을 청구할 수 있고, 실제 대부분 이런 형태로 피해보상이 이루어지므로 실질적으로는 피해 근로자의 생활안정 및 피해보상에 그 기능이 이루어지고 있다. 현행 근로복지공단에서 운영하는 산재보험은 관계법령에 의거 제한된 범위의 피해보상에 국한되므로 그 법정 보상범위를 초과하는 피해 근로자의 손해에 대해서는 근재보험이 보상을 하는 점에서, 법률안이 담고 있는 근재보험 가입 의무화는 실질적인 피해자 보호를 실현한다고 볼 수 있다.

건설안전특별법안의 보완 과정

초안을 수정하여 문진석 국회의원이 대표로 다시 발의한 건설안전특별법안(2025.9.22.)은 발의한 국회의원의 수가 11인에서 19인으로 늘었으며, 쟁점 사안들이 다수 보완된 것으로 평가된다. 숙의와 의견수렴 과정을 거치면서 미진했던 주요한 쟁점 사안들이 조율되어 제정법으로 우려되었던 완성도가 높아졌다. **제일 중요한 사안은 발주자의 안전책무를 보좌하는 안전자문사는 필수 요건으로서 '선임할 수 있다.'에서 '선임하여야 한다.'로 바로잡은 것이다.** 건설단체의 반대 빌미가 되었던 대상 건설공사가 전기, 통신, 소방 등으로 확대되어 산업안전보건법과 동일해졌으며, 매출액 대비 3% 이내 과징금의 경우도 1,000억원으로 상한선을 정함으로써 매출액이 큰 상위 건설사의 우려가 해소되었으며 매출액이 없거나 산정이 곤란할 경우는 상한선을 10억원으로 하여 벌착을 차등화하였다. 외형에서는 본문의 조문 수가 43조문에서 46조문으로 늘었는데 건설안전진흥기금이 추가되고, 영업정지에 따른 부대 절차를 규정하기 위함이었다. 공사중지, 안전보건대장 등 타법과 관련된 사항도 절차를 관계를 명확히 하였다.

용어에 있어서는 이 법의 기조 용어인 '건설공사'를 '건설사업'으로 확장한다면 시설물의 생애주기에 걸친 안전 확보에 도움이 될 것이다. 기존의 건설공사라는 용어는 안전은 공사중에만 필요하다는 잘못된 인식을 심어줄 우려가 있기 때문이다. 실제 CM 방식의 감리는 건설사업의 기획단계부터 시작되므로 안전도 예비 위험성평가PHA; Preliminary Hazard Analysis로 기획단계부터 시작해야 하며, 현재도 설계안전성 검토도 설계단계에서 이뤄져야 하며 해체단계까지 이어지기 때문이다. '도급'을 민법상 도급으로 정의한 것은 바람직하나 '공사'로 한정하여 설계나 감리 용역의 경우 포함 여부에 논란의 여지가 있다. 건설엔지니어링사업자가 감리자로 변경되었는데 엔지니어링에는 설계와 감리를 모두 포함하고 있기 때문이다. 설계자의 의무에서 시공자가 작성하여야 할 가시설의 설계가 논란이 되었는데, 안전관리와 관련된 정보를 설계도서에 반영하는 수준으로 하여 기존의 역할 분담은 유지하면서 안전에 관련된 내역이 누락되는 것을 막는 취지를 살린 것으로 보인다.

시공사의 책무로 안전관리계획 관련 의무가 강화되어 이미 시행중인 영상정보의 기록과 관리의무가 추가되었으며, 스마트안전기술(제23조)에서도 인공지능기술이 도입되었다. 건설사고의 신고 절차도 초안에서는 시공자가 바로 국가기관에 보고하는 방식에서 발주자를 거쳐 신고하도록 하여 발주자의 책무성을 강화하였다. 중대재해처벌법이 중대재해가 발생했을 경우만 처벌할 수 있어 의무 위반 시는 처벌할 수 없다는 한계가 있었는 데 초안에서 미비했던 법적 의무의 위반 시에도 벌칙을 부과할 수 있게 하여 위하력을 높였다.

아직 보완이 필요한 사안으로는 다수 원청시공자가 참여할 경우(제15조 2항) 영국 CDM의 사례처럼 발주자로 하여금 주시공자Principal Contractor를 지정하게 하고,설계자의 경우도 주설계자Principal Designer를 지정하게 하는 것이 책임을 명확화하면서 권한도 함께 부여되기 때문에 작동성을 높일 수 있을 것이다. 산재보험급여를 초과하는 손해 보상을 위한 보험·공제 가입의무에서 발주자와 원수급인은 하수급인에게 소요되는 비용의 1/2만 지급하도록 하고 있는데 보험금액도 공사비의 일부이므로 전액을 부담하도록 하는 것이 합리적일 것이다. 보험금액은 보험사가 보험가입자의 안전수준에 따라 보험금액을 차등해서 산정하므로 시장기능에 따라 보험금액이 높은 회사가 수주에 불리해지도록 유도하는 것잉 바람직한 것으로 판단된다.

건설안전특별법의 기대효과와 향후 보완 사항

작동성을 높이기 위해서 더 다듬어야 할 사안들이 있으며, 하위 법령에서도 이 법의 취지를 잘 살려야 되겠지만, 건설안전특별법이 제정되면 설계자, 시공자, 감리자 등 건설기술인이 발주자의 무리한 요구로부터 보호되어 건설기능인의 안전확보에 필요한 여건이 획기적으로 개선될 것이다.[10]

장기적으로 시공자가 선임하는 기술지도제도의 실효성도 개선될 것이며, 기술안전과 작업안전으로 이원화된 비효율성도 개선될 것이다. 기존의 제조업 기반의 산업안전보건법과 건설진흥진흥법에서 규정한 이원화된 건설안전은 관련 법령의 통합이 없이도 개별 건설사업에서는 안전자문사를 통한 일원화된 체제로 운영이 가능할 것이기 때문이다.

솜방망이 처벌로 비난을 받아온 벌칙에 대한 논란이 많았는데, 건설안전특별법에서 중대재해에 대한 벌칙은 7년 이하의 징역 또는 1억원 이하의 벌금으로 기존 건설기술진흥법의 벌칙을 그대로 가져온 것이다. 과징금이 매출액 수준으로 강화되었는데 생명의 가치에는 비할 바가 아니지민 감당할 만한 수준으로서 업계의 불만을 수용한 것으로 보인다. 향후에는 싱가포르의 사례처럼 ConSASS, ESS, 평가제도, bizSAFE TOOLKIT, 불량업체 감시프로그램 등 영업에 직접적인 영향을 미치는 지표들을 개발해서 시장에서 유통되게 하면 정부에서 지금처럼 직접적으로 개입하지 않아도 기업들이 자발적으로 필요한 조치들을 이행하게 될 것으로 기대된다.

새로운 법률의 제정에 따른 부담과 영향을 줄이기 위한 정무적 판단이 고려된 것으로 보이나, 발의된 특별법안에는 연구보고서에 제시된 일부 사항들이 약하게 반영되거나 아직 반영되지 않은 사항들이 있어 향후 개선이 요망된다. 법 제정의 취지에 관련된 주요한 사항만 제시하면 다음과 같다.

첫째, 이 법의 적용 대상 공사를 건설산업기본법에서 정한 공사로 제한함으로써 산업안전보건법의 적용 대상인 전기, 통신, 소방 등의 공사가 제외되었는데 수정안에서는 모든 공사를 포괄함으로써 바로잡았다. 전기, 소방, 통신 공사 등이 다른 부처의 법령으로 별도로 관리되어 발주자의 권한을 제한하고 있을 뿐만 아니라 주도급자의 관리도 어렵게 하여 사고위험을 높이는 요인으로 작용하고 있기 때문이다. 공사규모도 중소규모 공사를 망라하여 예외를 두지 않아야 기존 제도의 사각지대를 해소하여 사고사망자 반감이라는 국정목표의 달성이 가능해질 것이다.

둘째, 안전관리체제의 작동 여부는 제삼자 감시 기능을 하는 안전자문사(감리) 역할에 달려 있다. 발주자의 선임을 자율이 아닌 의무로 하고, 앞에서 제시한 바와 같이 하위 규정에서 소요 역량을 실질적인 역량으로 규정하여야 한다. 이와 함께 기존 제도에서 과도하게 규정된 감리자에 대한 벌칙은 폐지하거나 완화하여야 한다. 발주자의 책임이 감리자에게 전가되어서는 안되기 때문이다. 적정 공사비와 공기 등 발주자의 의무에 대한 검증절차가 복잡한데 시장에서는 건설사업의 전체 기간이 길어지는 것을 매우 꺼리므로 영국처럼 안전자문사의 검토로 단순화할 필요가 있다. 안전자문사의 역량을 우려할 수 있으나, 발주자로 하여금 신뢰할 수 있는 자문사를 선임하게 하고 역량이 부족한 사람도 제도가 시행되면 실무를 통해 필요한 기술을 습득하게 될 것이기 때문이다.

셋째, 다른 참여자의 벌칙에 비해 건설사업의 소유자인 발주자에 대한 벌칙은 권한에 비해 여전히 미흡한 편으로서 향후에는 점진적으로 수급자 수준으로 조정할 필요가 있다. 이와 함께 공공부문의 경우 총사업비 관리제도, 입낙찰 제도, 분리발주 의무 등을 폐기하거나 개정하여 발주자로서 권한을 보장해주어야 한다. 상위 규정이 발주자의 안전책무 이행에 장해가 된다면 불공정한 것으로 포괄적 책임을 물을 수 없기 때문이다.

넷째, 영국의 CDM에서와 같이 원도급자와 설계자가 다수일 경우 책임을 명확히 할 수 있도록 주도급자와 주설계자를 정의하고 발주자로 하여금 지정하게 하여 분리발주나 다수 설계자가 참여할 경우 통합, 조정할 책임자를 명확하게 하여야 한다. 주도급자의 경우도 분담 금액의 다과보다는 발주자가 실질적인 영향력을 행사할 수 있는 도급인을 지정하게 하는 것이 더 합리적일 것이다.

다섯째, CDM의 안전자문사를 통한 감시경로 확보에 대한 이해가 필요하다. 건설사업의 안전관리체제가 작동하려면 안전자문사를 통하여 모든 건설사업에 접근이 가능해야 한다. 안전책무의 상호 고지 의무 등은 반영되었으니 다른 법령의 신고제도 등을 활용하여 감시경로를 구축하여야 한다. 이로써 감시와 감독의 사각지대를 해소할 수 있으며 국가 차원에서 개별 건설사업에 대한 체계적인 점검이 가능해진다. **안전자문사의 드러나지 않는 중요한 역할 중의 하나가 국가의 개별 건설사업에 대한 접근 경로가 된다는 것이다.**

여섯째, 공공부문의 경우 공공발주자의 안전책무가 강화됨으로써 기획재정부의 예산 절감 위주의 양적 재정집행 기조가 적정한 비용을 투자하는 질적 집행 기조로 변화될 수 있다는 것이다. 기존에는 한정된 예산으로 많은 사업을 수행하다 보니 예산을 절감하기 위해 노력할 수밖에 없었고, 부족한 공사비와 공기는 수급인 부담으로 돌아가 손실 만회를 위한 비리와 부조리의 빌미가 되기도 했다. 발주자의 책임이 강화된만큼 건설사업의 기획과 설계단계부터 내실화되어 더 효과적인 재정집행으로 발전할 것으로 기대된다.

궁극적으로 책임체제의 불공정에서 오는 건설산업의 불합리가 해소되고 기술경쟁이 기본이 되는 공정한 경쟁체제가 작동하여 다른 건설업 관련 법령도 본래의 취지를 달성할 수 있을 것이다. 완화된 신고제도로 과다하게 증가한 건설기업 수도 적정화되고 핵심 자원을 보유하지 않은 페이퍼컴퍼니도 발주자의 선택으로 정리될 수 있을 것이다.

제3부

건설사업 참여자의 역할·책임·권한

7장
국가의 책무

"어느 시대나 시폐를 바로잡기를 부르짖는 경세가들의 의논이 늘 그 개개로 보면 다 이치에 맞지 않은 것이 없으면서도 실제로는 실효를 내지 못하는 일이 많은데, 그것은 그 병이 나는 근본적 잘못을 바로잡으려 하지 않고 그 나타나는 증상을 다스리기에만 바쁘기 때문이다. 근본적 잘못을 바로잡으려면 그것은 생리적 원리를 잘 알아야 할 것이다." - 함석헌, 뜻으로 본 한국역사 -

1. 제도와 정책의 주체

제도 이전의 근원적 문제; 광의의 의사결정체제

전문가들이 토론하다 보면 세상의 문제는 법이나 제도로만 해결할 수 없으며 제도를 운영하는 사람들에 달린 것이라는 결론에 도달하게 된다. 이 결론이 시사하는 바는 **제도 자체도 잘 만들어야 하지만, 제도를 만드는 사람과 집행하는 사람 즉, 제도 주체의 역량과 이들이 제대로 기능할 수 있는 여건을 갖추고 있는지가 관건이라는 것이다. 마찬가지로 유사한 건설사고가 반복해서 발생한다는 것은 사고를 방지하기 위한 제도의 실효성을 검토하기 이전에 제도를 만들고 운영하는 주체에는 문제가 없는지부터 살펴야 한다.** 즉, 건설사고는 건설사업 수행 과정의 한 측면이므로 먼저 건설사업 전반이 건전하게 수행될 수 있는 제도가 구비되어야 하며 다음으로 안전 관련 제도가 실효성이 있어야 사고를 효과적으로 방지할 수 있을 것이다.

건설사업은 윗물이 맑아야 아랫물도 맑듯이 상류단계부터 바로 잡아야 하류의 시공단계가 안전해진다. 건설관련 제도의 당사자는 제도를 만들고 집행하는 주체로서 국가의 역할과 제도를 준수해야 하는 객체로서 건설사업 참여자로 대별된다. 이제까지 제도의 객체인 수범자에 대한 논의가 대세로 제도의 주체에 대한 논의는 상대적으로 미흡하였다. 누구 책임인지부터 명확히 가리고 제도를 정해야 한다.

광의의 건설사업에 대한 의사결정체제가 문제의 근원이다. 대부분 의사결정의 실패는 전체상을 보지 못하는데 있다. 건설안전분야도 건설사업관리체제의 일부분으로서 개별 건설사업에 영향을 미치는 직간접 참여자들의 역할과 영향을 모두 고려해야 한다. 건설사업에 영향을 미치는 의사결정자들을 보호의 대상인 국민을 정점으로 정리하면 국정 수반까지 다양한 층위가 있으며 이 계층은 제도의 주체와 객체로 구분할 수 있다(**그림 7.1**). 주권은 국민에게 있으며 보호의 대상이라는 헌법의 정신에 따라 국민을 가장 위에, 국정 수반은 가장 아래에 위치한다. 규율하는 주체는 국정수반을 비롯한 국가 기구이며, 객체는 법령을 지켜야 할 수범자들로서 주문자(발주자/건축주), 수급자(설계자, CM/감리자. 원하도급 시공자), 이들 조직에 속한 개인들로 구분할 수 있다. 주체 중 발의 및 입안자와 객체 중 주문자는 두 영역에서 상대적으로 중요한 권한을 행사한다고 볼 수 있다.

따라서 제도의 실효성이나 수범자들의 행태를 검토할 때는 우선 각 참여자들의 최고 의사결정권자(대표이사, 기관장 등)와 조직내 구성원의 행태를 고려해야 한다. 민간 건설업의 행태는 발주자의 행태에 따르며, 민간기업의 경우는 사업주의 행태에 좌우된다. 직원의 경우 의사결정권한은 거의 없다고 보는 것이 타당하며, 우리나라처럼 수직적 위계질서가 강한 문화에서는 더욱

관계/위상	의사결정 계층	소속 집단	권한	주요 의사결정권자/영향력 행사자/지원기관 등
보호 대상			국민	
객체 (수규자)	개인	수규자 소속	의견 제시	건설기술자
		규제자 소속	의견 제시	담당 사무관/과장
	수급자	원하도급 시공자	기술자 고용, 하도자 선정, 작업자 고용	사주, 경영자
		설계자	안전설계	건축사, 구조기술자
		감리자, CM	감독(발주자 대리인)	
	주문자	발주자/건축주	소유자	수급자 선정, 수익 취득
주체 (규제자)	집행자	지자체, 공기관	인허가, 감독, 지원	전담지원기관(안전공단, 시설공단 등)
		검찰/사법부	사고조사, 형량 선고	책임규명, 벌칙부과
	발의 및 입안자	중앙부처 감사원	안전처, 주관(국토부, 고용부등) 발주제도(기재부,조달청), 제도 입안	장관, 기재부(예산편성 및 조달제도), 규제개혁위, 연구소, 이익단체
		국회	제도 제·개정	상임위, 보좌관, 이익단체
	국정수반	청와대	국정 방침	보좌관

그림 7.1 제도의 주체와 객체의 위계

그렇다. 기존 제도의 개선이나 새로운 제도를 도입하려면 개별 제도의 실효성이나 작동성을 탓하기 전에 이러한 제도가 생산된 배경과 체제부터 바로 보고 각각의 참여자들이 제대로 의사결정을 할 수 있는 환경을 가지고 있는지부터 폭넓게 검토해야 한다. 하지만 실무에서는 칸막이로 구획된 자신의 영역 안에서만 해결책을 마련하려 하기 때문에 부분적으로는 효력이 있는 것 같으면서도 전체적으로는 더 큰 문제를 야기시키는 경우가 많다. 실효성이 미흡하거나 잘못 이행되고 있는 건설안전 관련 제도의 생성과정에서도 근본적인 문제로 볼 수 있다.

위험 생산자와 위험관리 영역의 명확화

사고방지의 기본 원칙은 책임과 권한이 있는 자에게 관리책임을 명확히 부여하는 것이다. 역할에 따라 책임을 명확히 하기 위해서는 '시장진입 전단계(공급단계)'와 '작업자가 작업하는 공사단계(사용·소비단계)In-use'로 관리영역을 구분할 필요가 있다.[1] '시장진입 전단계'는 '제조·생산단계Pre-market'와 '유통단계On-market'로 구분하여 관리되어야 한다. 하지만 기존의 사고방지 제도나 활동은 공사단계에서 이미 투입된 자원을 관리하는 데 치중하여 상대적으로 현장에 투입되기 이전에 확보해야 할 안전성에 대해서는 소홀한 편이었기 때문이다. 공사 이전단계에서 관리해야 할 대상은 설계 자체의 안전성과 현장에 투입되는 자원의 안전성이다. 전자는 설계 안전성 평가로 해결이 가능하다. 후자는 타워크레인 등 건설장비, 비계 등 가설재 등이 대표적인 예로서, 안전성이 미확보된 자원은 공사현장의 사용단계에서는 해결될 수 없는 사안이기 때문이다. 설계나 제조상의 문제를 사용자나 운전자가 부담하거나 해결할 수 없다.

건설업의 경우에는 여기에 고려해야 할 요인이 한 가지 더 있다. 건설장비나 가설재는 제조하거나 수입하는 자, 임대하는 자, 실제로 운전하거나 시공하는 자가 모두 다르므로 이들 이해당사자들의 역할에 따른 책임을 명확히 할 필요가 있다. 기존의 건설장비 사고, 가설재 붕괴사고 등은 이러한 이해당사자 사이의 책임을 명확히 하고 이행 여부를 확인하는 제3자 감시 장치가 미비하거나 제대로 작동하지 않았기 때문이다.

책임의 명확화에는 '위험생산자 부담원칙(당사자 원칙)'과 '불안전 제품 시장진입 제한의 원칙(시장 진입시 안전확보 원칙)'이 적용되어야 한다. 기계기구의 검사제도나 인증제도, 화학물질의 관리를 위한 GHS, REACH 등도 복잡한 공급사슬에서 책임을 명확히 하기 위한 것이다. 이러한 측면에서 건설장비나 가설재 관련 제도는 좀 더 면밀한 검토가 필요하다고 본다. 여기서는 원칙적 접근방법을 제시한 것으로 구체적인 해결방안은 '제14장 건설안전 당면 과제별 해법'에 제시하였다.

2. 건설안전 혁신의 주요 과제

건설안전 혁신의 방향

건설안전 관련 법령이 거의 모든 제도를 갖추고 있음에도 안전수준이 개선되지 않는 것은 외형적으로는 구색을 갖추었으나 핵심을 비켜가 이행력을 담보할 수 없었기 때문이다. 새 정부가 들어설 때마다 사고를 반으로 줄이겠다는 야심찬 목표를 제시하였지만 이번 정부를 제외하고는 흐지부지 된 경우가 많았다. 이전 정부에서도 필자가 주도한 건설사고를 줄이기 위한 연구가 있었으며, 건설사고 방지의 틀과 주요 과제별 일정을 제시한 바 있다.[2] 그동안 많은 제도의 변화가 있었기에 현재 시점에서 앞에서 제시한 세 가지 안전의 원칙에 기반한 주요한 과제를 다시 정리하면 다음과 같다.

첫째, 공사비와 공기의 부족 등 건설사고의 근본원인을 공사이전 단계에서 해소하기 위해서는 기존의 원청 수급인 중심의 안전관리체제를 CDM 방식의 총체적 자율 안전관리체제로 합리화해야 한다.

둘째, 건설사업에 비전문가인 발주자로 하여금 역량있는 건설안전문가(안전감리자)를 참모로 활용하게 함으로써 합리적인 의사결정을 유도하여 관계 수급인들이 적정한 공사규모 수행 여건을 제공할 수 있도록 해야 한다.

셋째, 건설사업 안전관리체제는 공사 이전의 설계단계부터 적용하여 안전한 설계를 유도하고, 공사규모와 공공, 민간 등 발주자 유형과 무관하게 모든 건설사업에 적용하여 중소규모 건설현장과 같은 사각지대를 없애야 한다. 현실적으로 산업안전보건법과 건설 관련 법령의 통합은 불가능하므로 상위 규율체계는 유지하되 개별 건설사업 차원에서는 안전자문사 등을 통하여 **그림 7.2**와 같이 기술안전과 노동안전을 통합적으로 이행하는 안전관리체제를 운영할 수 있게 해야 한다.

넷째, 건설안전전문가와 수급인에게는 발주자에게 법에서 정한 자신의 안전의무를 고지하게 하고 인지와 이행 여부를 주기적으로 서면으로 확인함으로써, 안전의 마지막 원칙인 '제3자 감시 원칙'을 상호작용의 장치로 내재화시켜 건설사업 참여자 모두의 실질적인 이행을 담보해야 한다.

기존의 사고방식은 건설사업은 각 단계의 부실이나 사고요인에 대해서는 당해 역할을 맡은 참여자가 지는 것이 당연한 것으로 생각하고 있으나 부적격자에게 시키거나 적정한 이행 여건을 제공하지 못한 상위 참여자의 책임이 더 크다고 할 수 있다. 즉, 도급만 주면 그만이라는 발상은 수정되어야 한다. 하위 단계의 사고요인은 상류단계의 참여자/의사결정권자가 책임을 지게 해야 하류단계의 결함도 시정될 수 있다.

건설사업 안전관리체제

안전관리책임체제를 논하기 전에 보호의 대상부터 명확히 할 필요가 있다. 건설사업 안전의 대상은 작업자 외에도 공중(시설물의 이용자와 시설물이나 공사장 밖의 일반 시민), 시설물의 유지관리자, 공사와 유지관리에 참여하는 관리감독자 모두가 포함되지만 법령에 따라 보호의 대상이 다르다. 하지만 산업안전보건법에서는 작업자만을 보호하며 건설관련 법령에서도 최근에야 공중, 유지관리 인력 등을 보호 대상으로 확대하고 있다.

안전에 대한 역할과 책임을 규정하는 안전관리체제는 안전활동의 출발점이자 이행력 확보의 관건으로 모든 안전활동에 선행한다. 정부의 역할과 민간의 역할이 다르기 때문에 건설사업의 안전관리체제는 우선 개별 건설사업차원과 감독차원으로 구분이 필요하다. 감독 차원의 계통은 산업안전보건법으로 작업안전을 담당하는 고용노동부와 보조기관인 한국산업안전보건공단, 건설기술진흥법 등으로 기술안전을 담당하는 국토교통부와 국토안전관리원의 두 축으로 구성되어 있다. 개별 건설사업 차원에서는 발주자가 설계자, 원하도급 시공자를 총괄해야 하며, 발주자의 역할을 보좌할 수 있는 안전전문가의 선임이 필수적이다. 그림에서 안전감리자는 건설안전전문가로서 기존의 안전관리자, 안전보건조정자, 명예산업안전감독관, 안전감리 등의 기능을 포괄하는 개념이다, 안전전문가의 일차적 역할은 발주자의 합리적인 의사결정을 유도하는 것이지만, 더 중요한 기능은 발주자에게 자신의 안전책무를 인지시키는 것과 현장의 안전상태를 감독기관이 파악할 수 있도록 보고하는 것이다. 즉, 국가차원에서 감시와 감독 경로의 확보는 제도의 실효성을 담보하는 관건임에도 아직까지도 그 중요성이 간과되고 있다(**그림 7.2**).

그림에서 보는 바와 같이 건설사업을 감독하고 간섭하는 상부조직이 너무 많아서 민간 건설기업에는 생산의 장애요인으로 작용하고 있다. 특히 정부의 무분별한 단속과 처벌 중심 정책으로 불필요한 간섭으로 인한 민간의 불편도 커지고 있다. 이천물류센터 화재사고이후 지자체의 역할이 커지면서 현장에서는 외부 점검자 때문에 공사에 지장을 초래한다는 불만이 높다. 가뜩이나 부족한 인원으로 공사를 꾸려가는데 외부인을 상대하다 보니 공사를 챙겨야 할 시간은 더 줄어들고 있다. 역량이 부족한 인원에 의한 외부 점검이 현장의 자율안전관리를 더 위태롭게 만들고 있는 상황이다.

앞에서 지적한 바와 같이 이미 상황이 벌어진 공사현장에 대한 점검을 통하여 사고를 예방한다는 발상은 노력에 비해 실효성이 매우 떨어진다. 현장에 대한 점검을 통하여 건설사고를 방

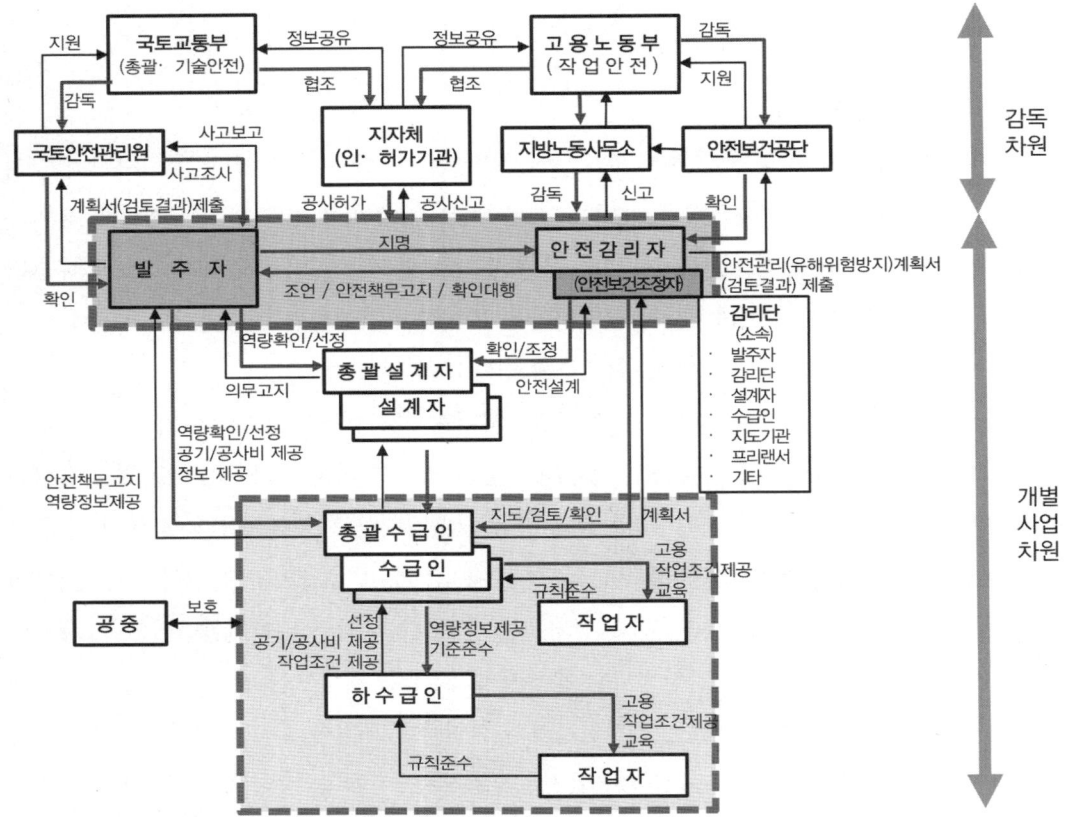

그림 7.2 통합적 건설사업 안전관리체제

지하려면 작업자 수만큼 감시인을 투입해야 하며 이는 결코 효율적이고 효과적인 방법이 아니다. 공사현장의 입장에서는 과태료 등 벌칙까지 받아야 하니 외부점검이 나오면 아예 공사를 중단해버리는 경우도 많다. 공사를 하루 쉬게 되면 다음 날 두 배로 일해야 하니 외부에서 자주 다녀갈수록 학습효과보다는 돌관공사를 해야 할 부담이 커지는 형국이다. 공사현장에 근무하는 소장을 비롯한 기술자나 작업자들은 작업여건의 개선에 의사결정권한이 거의 없다는 사실도 인정해야 할 것이다. 현장에서는 이러한 점검을 또 다른 갑질의 형태로 '지적질'이라 부른다. 안전에 도움이 되려면 외부 점검은 공사준비단계에서 공사에 지장을 주지 않는 범위에서 이루어져야 한다. 역량이 부족한 비전문가에 의한 여러 기관의 중복점검도 지양止揚되어야 한다. 취지는 좋지만 역량이 검증되지 않은 외부자에 의한 비계획적 점검은 현장에서 환영받지 못할 뿐 아니라 공사현장을 잠재적 범법자로 취급하는 바람직하지 못한 방식이다. **외국의 경우처럼 사고가 발생한 현장은 확실하게 단속하되 여타의 현장은 현장의 지원요청이 있을 때만 방문하는 것이 민주적이다. 미국의 경우 OSHA 조직은 감독하는 조직과 지원하는 조직으로 역할이 명확히**

구분되어 있어, 감독하는 조직은 지원하는 조직이 어느 회사를 대상으로 무슨 지원을 하고 있는지를 알 수 없게 하고 있다.

더 고려해야 할 것은 적정한 역량을 보유한 적정 인원의 건설기술자를 투입하게 하는 것이다. 상위 건설사일수록 직원 1인당 생산성으로 경쟁하고 있다. 현장 중심으로 직원 1인당 연간 매출액은 보통 20~25억 원 정도로 알려져 있으며, 35억 원을 상회하는 건설사도 있다. 원가절감을 위해 최소의 인원을 투입하면서 소장을 비롯한 상급자들은 수주를 위한 영업으로 많은 날들을 현장을 비워야 하는 불합리한 관행이 일반화되어 있다. 소장부터 공사팀이 안전을 챙길 여유가 없는 것이다. 이러한 근본적인 문제를 제켜두고 안전전담부서나 안전관리자 인원만 늘인다고 근본이 해결될 수는 없다. 공사현장의 안전수준은 공사팀의 안전역량이 우선해야지 보조적 역할을 하는 안전팀만 보강한다고 해결될 일이 아니다. '저 많은 일을 정작 해내야 하는 사람들에 대한 계획은 왜 없을까?'[3]에 대해서도 진지한 고민이 필요하다.

하부 구조를 바꾸려면 상부 구조부터 혁신해야 한다

상부구조의 문제는 하부구조에 더 심각한 문제를 야기시킨다. 주무 부처의 전문성 부족은 산하기관의 역할과 기능에도 영향을 미친다. 외국의 경우 노동안전업무는 정부의 감독기능과 민간의 자율기능으로 명확하게 분리되어 있다. 하지만 우리나라에는 정부와 민간의 사이에 공단이라는 중간자가 존재하는데 긍적적 기능과 부정적 기능을 모두 가지고 있어 이의 정비가 요구된다. 최근 정부의 노동안전보건조직 확대가 추진되고 있다. 하지만 인원의 증원이나 조직의 독립 이전에 잘못된 기존 제도부터 혁신해야 할 것이다. 지금도 비용을 투입한 만큼 효과를 거두지 못하고 있는 상황에서 원리와 원칙에 벗어난 산업의 생리를 수용하지 못하는 제도로는 노력한 만큼 성과를 거두기 어려울 것이며, 궁극적으로는 공적 비용의 낭비로 귀결될 것이다. 조직에서도 양보다 질이 우선해야 한다.

근본 문제를 해결하려면 간접원인을 제공하는 상부구조에 집중해야 한다. 현대사회는 위험노출이 가속화되는 사회이며, 노동자에게 최고의 위험은 외주화 등 사업주의 고용털기이다. 미국 오바마 대통령의 노동정책을 담당했던 데이비드 와일은 자신의 저서[4]에서 '균열 일터'의 가속화로 안전제도 강화의 필요성은 증가하고 있다고 하였다. "균열일터로 나아가는 경제적, 기술적, 조직적 추진 동기는 어느 때보다 강하지만 아무도 전체 그림을 관장하지 않는 상태에서 복잡한 시스템 조율 실패로 종종 다중적 오류가 불거진다."하여 총체적으로 판단하지 못하는 오류를 지적하였다. 또한 "기준 위반을 촉발하는 핵심 주체는 사업구조 상위의 조직들이다. 그러므로 전략적 시행은 얼핏 별 상관이 없어 보이는 상위의 실체에 초점을 맞추어야 한다."고 하였다. 개별 건설사업의 상부구조는 발주자이며, 공공공사의 경우는 발주자 위에 건설사업 관련 부처가 있다. 물론 제도를 만드는 국회가 가장 상부 구조에 해당하므로 안전에 문제가 있을 경우는 개별 사고 안에서만 원인을 찾을 것이 아니라 가장 상부구조까지 거슬러 올라가서 근본 원인을 찾아야 한다.

건설사고를 효과적으로 방지하려면 제도를 집행자 입장이 아닌 수범자 중심의 제도로 혁신해야 하며, 산업안전보건법은 미국 등 다른 나라의 사례처럼 공통 사항은 일반산업에 두되 건설산업에만 적용되는 사항은 분리하여 건설산업의 특성을 반영하여야 한다. 안전보건기준은 현장에서 이해와 준수가 용이하도록 수효를 최소한으로 줄여야 한다. 우리나라의 건설안전특별법에 해당하는 영국의 CDM은 안전보건기준을 포함하고 있음에도 39개 조항과 별표 3개에 불과하다.

안전방침부터 제대로 보급해야 한다

안전방침이 안전관리체제에 우선한다. 하인리히가 산업사고방지론에서 모형으로 보였듯이 사고방지의 출발점은 안전에 대한 철학, 가치관, 신념에서 비롯된다. 인명 존중의 안전에 대한 철학은 안전보건영경시스템에서는 리더십과 안전방침이라는 요소로 정의된다. 건설산업은 아직도 상당수가 생계가 어려워 위험을 무릅쓰고라도 생명을 유지해야 했던 과거의 가치관을 답습하고 있다. 인명을 보호하기 위한 제도를 만드는데 사업주 입장에서는 벌칙이 과하다든가 해야 할 일이 명확하지 않다는 등 불만이 제기되고 있다. 다른 사안을 논의하기 전에 인명을 담보로 한 생산이나 경영활동은 절대 불가하다는 대원칙부터 정립되어야 한다. 이천물류센터 공사장에서 일하든 광주 학동 철거현장 공사장 옆을 지나든 누구나 안전해야 한다. 국가의 첫 번째 책무는 이러한 대원칙을 세우고 공유하는 데서 출발해야 한다. **국가는 원칙과 달성해야 할 목표만 정하고 달성하는 방법은 사업주에게 일임하여야 한다. 지금처럼 달성 방법까지 세세하게 규정함으로써 서류상의 준수로 책임을 다한 것으로 간주되는 빌미를 제공할 필요가 없다.**

제도가 아닌 장치가 필요하다

건설사고를 효과적으로 방지하려면 나열식 제도가 아닌 이해 당사자가 상호작용하는 장치를 만들어야 한다. 모든 경제주체는 끊임없이 상호작용함에도 기존의 안전 관련 제도는 대부분 최고 의사결정권자인 발주자를 배제한 채 이해당사자의 역할을 나열하는 데 그쳤다. 사고방지의 핵심은 이행 여부를 확인하는 '제3자 감시'에 있으며, '제3자 감시'는 상호작용하는 '장치'로 작동하여야 한다. CDM에서 수급자와 안전자문사로 하여금 발주자에게 자신의 안전책무를 고지하게 하고 이행여부를 공사신고서에 서명하게 하는 것과 같은 장치이다. 싱가포르에서는 민간 전문가로 하여금 6개월마다 공사현장의 안전수준을 상세하게 평가하게 하고 그 결과를 모니터링하여 불필요한 점검이나 개입이 없이도 스스로 안전활동을 독려하는 장치를 가동하고 있다.

규제에서 유인으로

시장경제의 논리에 따라 하지 않으면 영업에서 불리한 시장구조를 만들어서 규제하지 않고 독려하지 않아도 알아서 할 수 있게 하는 것이 고수의 접근방법이다. 이것이 진정한 내적 동기부여로서 전문기관의 지원도 기업내에서 이러한 내적 동기부여가 되었을 때만이 실효성을 거둘 수 있다. 사고 감추기를 부추기는 사후지표의 덫에서 탈출해야 한다

정부의 건설사고 방지 정책은 수범자의 저항과 불만을 야기하기 쉬운 규제전략에서 수범자가 시장원리에 따라 스스로 알아서 하게 하는 유인전략으로 전환이 필요하다. 이미 시행 중인 방안도 있지만, 단기적 유인전략으로는 홍보, 기술지원, 정보제공, 감시 통제기능 강화 전략 등이 있으며, 전략별 세부 방안은 다음과 같다.[5]

홍보를 활용하는 방안으로는 발주자의 역할과 책임에 대한 책임의식 제고, 발주자의 사고손실 및 이미지 손상에 대한 홍보 등, 기술지원 방안으로는 전담요원 확보 또는 전담부서의 설치 유도, 발주자를 위한 안전관리매뉴얼 개발 및 보급, 발주자용 안전보건경영시스템의 보급 등, 정보 제공 방안으로는 발주자용 건설업체별 안전성적 지표 제공, 발주자 안전관리 우수사례 보급 등, 감시 통제 기능 강화 방안으로는 발주자별 재해통계 작성 및 보급, 발주기관 경영층 독려, 발주자를 통한 재하도급 억지력 확보, 발주자 안전활동 감시 체계 구축 등이 있다.

정책 담당자의 역량 지원

건설안전 관련 제도가 노력에도 불구하고 실효성이 미흡한 근본원인은 담담 공무원의 역량보다는 역량을 습득할 기회를 제공하지 못하는 공무원의 인사제도에 있다. 부분적으로 장기근무를 통하여 전문역량을 강화하려는 노력이 있었으나 실효성이 없었으며, 이는 조직 속의 개인이 해결할 수 없는 사안이다. 따라서 현재로서는 의사결정을 지원할 수 있는 대안을 찾는 것이 현실적이다. 필요시 연구과제 발주를 통하여 해결하고 있으며, 일부 부처에서는 전문관을 두어 보조하게 하고 있지만 근본적인 대책이 되기 어렵다.

따라서 건설사고예방의 가장 큰 장애요인은 근본적 문제 해결자인 정부, 구체적으로는 담당 공무원의 역할과 역량의 한계를 꼽고자 한다. 주지하다시피 일부 직책에 장기근무 조건이 설정되었지만 대부분의 정책 담당자는 순환보직의 대상이며 시간이 되면 전보되어 승진해야 할 사

람들이다. 아무리 개인적 역량이 출중하더라고 새로 전보된 분야를 그 분야에 재임하는 기간 동안에 학습하여 새로운 정책을 내놓기에는 무리가 있을 수밖에 없다. 특히 안전분야는 사고가 날 때마다 보고하고 대책방안을 내놓아야 하기 때문에 학습할 여력이 매우 부족한 상황에서 업무를 처리하고 있다. **조직 차원에서 전문성 갖추기 어려운 상황에서 개인이 대처해야 하다 보니 담당자들은 항상 현안을 처리하는 격무에 시달려 담당자도 자주 교체할 수밖에 없었을 것이다.** 안전대책이 상위로 올라갈수록 다른 부서나 타 부처와 협업이 불가피한데 전문화 분업화된 조직구조는 종합적 대책의 수립에 장애로 작용할 수밖에 없다. 부처간 협업을 장려하고 대책의 발표에도 부처 합동 발표 등 종합적 대책의 수립을 위해 협업하는 모습은 긍정적이다.

마지막 고려 요인: 조직과 조직인의 의사결정 한계

정량적으로 측정은 어렵지만 우리나라는 아직 불편한 진실이 소통될 수 있는 건강한 문화를 가지고 있지 못하다. "민주주의는 회사 문 앞에서 멈춘다."[6] 말콤 글래드웰이 심도있게 분석한 것처럼 **괌공항의 대한항공기 추락[7]의 원인은 조종사의 피로, 악천후 등 일반적인 요인도 있었지만, 이러한 요인을 극복하지 못한 결정적인 요인은 권력간격지수PDI; Power Distance Index가 큰 우리나라의 청자 중심 문화였다.[8]** 부기장과 기관장이 여러 번에 걸쳐 기장에게 에둘러 한 경고가 모두 무시된 것이다.

공공과 민간을 불문하고 조직에 속한 개인은 의사결정에 조직이 제공하는 근본적인 한계를 가지고 있음을 직시하고, 각자의 조직내에서 어떠한 한계성을 가지고 있는가를 성찰할 수 있다면 한계를 뛰어 넘을 수는 없어도 자각은 할 수 있을 것이다. 이러한 자세가 올바른 문제해결의 첫 번째 조건이 될 것이다.

조직 구성원의 입장에서 의사결정에 영향을 미치는 요인은 개인과 집단 차원, 내면(주관적)과 외면(객관적) 차원으로 구분할 수 있으며, 이 네 가지의 조합에 따라 개인, 문화, 행태 및 시스템의 영역으로 나눌 수 있다(**그림 7.3**).

네 가지 영역은 특성을 나타내는 고유한 요소들이 있다. 개인의 경우를 예로 들면 가치관, 직무 참여, 책임감, 태도 등의 요소로 구성된다. 국가의 제도는 이러한 다양한 요소들을 기반으로 생성되며, 수범자의 행태도 개인, 도급자, 발주자 등에 따라 다양하게 나타난다. 건설안전 제도나 정책을 수립하거나 평가할 때도 이러한 요인들에 대한 고려가 필요할 것이다. 제도의 주체인 공공의 경우는 규정에 따라 움직이다 보니 재량을 발휘할 여지나 특정 분야에서 전문성을 향상시킬 기회가 부족하다고 보아야 한다. 석탄화력발전소 사망사고조사보고에서도 공무원의 전문성 개선의 필요성이 심도있게 제기된 바 있다.

그림 7.3 안전영향 요소와 제도적 측면의 의사결정 위계

3. 공공기관의 안전책무와 이행 방안

기획재정부의 노력과 공공발주자의 변화

문재인 정부에서 국민생명 지키기 국정과제를 어느 정도 이행한 부처는 기획재정부로 보인다. 앞에서 제기한 바와 같이 기획재정부는 취지는 좋으나 양量 중심의 예산절감 기조로 일관해 공공건설사업에 참여한 건설기업과 종사자의 삶을 피폐하게 만든 주역이었다. 하지만 기획재정부에서는 법률의 개정이나 제정이 없이도 부처 지침과 평가 기능으로 안전역량 강화를 달성해가고 있다. 물론 정책의 흐름은 국정 수반, 비서진, 국무조정실, 기획재정부를 포함한 부처, 그리고 산하 기관의 위계가 있지만 기획재정부의 접근 방법과 전략은 다른 부처가 본받을 만하다. 이번 정부가 출범하면서 모든 부처에 국민생명 지키기 과제가 동일하게 부여되었다. 하지만 사고사망자 통계에 나타난 바와 같이 인력 증원, 예산 증액 등 많은 자원의 투입에도 불구하고 다른 부처들은 성과를 제대로 내지 못하고 있다. 다른 부처들이 노력에도 불구하고 성과를 내지 못한 이유는 건설사업의 최고 의사결정권자인 발주자를 제대로 독려하지 못했기 때문이다.

기획재정부 공공안전정책팀에서는 '공공기관 안전관리 강화 방안(2018.12.18.)'을 시작으로 '공공기관의 안전관리에 관한 지침(2019.3.28.)'을 제정하였다. 건설업의 사고사망자수를 효과적으로 줄이려면 민간부문에도 이 정도의 영향을 미칠 수 있는 대책이 필요하다. 공공 부문은 정부의 정책으로 독려가 가능하지만 민간 부문은 직접적 독려에는 한계가 있기 때문이다. 민간 부문은 직접적인 처벌보다는 영업에 영향을 미치게 하면 벌칙이 약해도 자발적으로 안전역량

강화를 위해 노력할 것이다. 벌칙의 강도를 중대재해처벌법 등 다른 법률과 비교한다면 사업주 측면에서는 가장 강력한 벌칙일 것이다.

공공기관의 안전관리에 관한 지침(2019.3.28.)은 안전관리 등급제 대상 기관의 지정을 위하여 제5조(안전관리 중점기관의 지정 등)가 일부 개정(2021.1.8.)되었다. 중점기관 지정 대상의 범위가 종래에는 과거 5년간 산업재해 사고사망자가 2명 이상에서 1명 이상으로 강화되었으며, 재난 안전법과 시설안전법 기준을 중대재해 발생 위험성이 높은 기관으로 포괄적으로 설정하였다. 이 지침의 주요 조항은 다음과 같은데, 공공기관으로서 책임과 이행 체제의 핵심을 적절하게 규정한 것으로 사료된다.

- *第3조(기본원칙): 가치 천명, 체계 구축, 용역 계약 포함*
- *第4조(정의): 대상 사업·시설; 라. 건설공사 현장*
- *第5조(안전관리 중점기관의 지정 등)*
- *第6조(안전경영책임계획 수립)*
- *第11조(안전경영위원회)*
- *第15조(위험성평가): 공사현장의 하청사업주 포함 점검 및 조치*
- *第21조(임원의 책임): 사고발생시 임원의 해임/해임 건의*

지침의 내용 중 가장 획기적인 조항은 임원의 책임에 대한 규정이다. 동 지침 '제21조(임원의 책임)'는 다음과 같은데, 기존의 모든 건설안전 관련 법령을 합친 효력은 이 조항 하나에 미치지 못하는 것으로 보인다.

제21조(임원의 책임)

① 주무기관의 장은 공기업·준정부기관의 임원이 고의나 중과실로 제20조에 따른 임원의 직무를 불이행하거나 게을리한 결과로 안전관리 대상 사업·시설에서 다음 각 호의 어느 하나에 해당하는 사고가 발생한 경우에는 법 제35조에 따라 해당 임원을 해임하거나 해임을 건의할 수 있다.

기획재정부에서는 이후에도 '공공기관 안전수준등급제', '공공기관 작업장 안전강화 대책(2020.3.19.)'을 시행하였다. 나아가서 위의 지침이 실효성을 갖도록 '공공기관 사망사고 경영진 책임강화 방안 시행(2020.6.9.)'을 시행하여 '공공기관 안전사고에 대한 임원문책규정'을 의무화함으로써 모든 성과는 경영진의 책임이라는 경영과 안전의 핵심 원칙을 충실하게 이행하고 있다. 기획재정부는 기존의 경영평가에 안전분야의 비중을 변별력이 있는 수준으로 강화하였다. 안전평가 방법을 공공기관 안전관리등급제로 발전시켜 산하 공공기관의 자발적인 안전역량 강화로 수급자를 주도하게 하였다. 기획재정부가 달성한 공공기관의 안전역량은 기존에 산업안전보건법 등이 달성한 40여 년의 성과에 버금간다고 할 수 있다. 물론 대상이 관리범위 내에 있는 공공기관이라는 장점도 있었지만, 중요한 것은 건설사업에 실질적인 영향력을 행사하는 참여자는 발주자라는 것을 다른 부처보다 먼저 파악하고 대책을 실행에 옮겼기 때문이다.

반복해서 강조한 바와 같이 안전의 마지막 원칙은 생산부서로부터 독립된 '제3자 감시' 기능의 구현이다. 기획재정부에서 관할하는 공공발주기관의 안전관리조직을 보면 안전전담조직을 기관장 직속으로 위치시켜 기관장의 지원과 함께 감독에 충분한 권한을 부여받고 있다. 최근 4년간의 공공발주기관의 변신은 획기적이다. 안전으로 시작된 이러한 변화는 공사비와 공사기간, 계약조건 등을 합리화시켜 기존의 다른 대책들이 달성하지 못한 건설산업의 혁신을 주도하고 있다. 더욱 바람직한 것은 행정안전부 등 다른 부처 산하의 지자체 등 공공발주자에게도 이러한 접근 방법이 공유되고 있다는 것이다. 안전을 기점으로 한 공공부문의 혁신은 곧 민간부문에도 확산될 것이다. 민간부문에 안전경영 원칙을 확산시키는데는 건설안전특별법이 절대 필요하다. 민간부문 발주자에게는 상위 감독자가 없기 때문이다.

향후 공공발주자 안전강화 대책에 대한 효과분석을 위해서는 공공발주자의 유형에 따라 발주 형태별 공사규모별 공사금액/건수, 안전관리의 사각지대로 남아있는 중소영세현장의 수 및 발주 형태에 대한 조사가 필요하다. 발주자에 대한 안전책무가 강화된만큼 총사업비관리제도, 국가법, 지방법 등 입낙찰제에 대해서도 안전역량이 합리적으로 반영되고 있는지 검토가 필요하다. 나아가서 조달청을 통한 위탁 발주 현황, 기타 지자체 등의 발주 방식에 대해서도 검토할 필요가 있다.

발주자의 합리적인 의사결정이 없이는 건설사업이 성공적으로 수행될 수 없다. "일류 발주자가 일등 건설산업을 만든다."[8] 발주자를 비켜간 건설산업의 발전이나 건설사고 방지에 관한 논의는 주객이 전도된 것이다. 공공발주자가 나섬으로써 이제까지 보급에 별 진전이 없었던 ISO 45001, KOSHA-MS 등 안전보건영영시스템의 인증 취득도 활발하게 이루어지고 있는 점도 긍정적이다. 예산절감 중심의 양적 재정기조 등 근본적인 문제는 남아잇지만 기획재정부의 노력은 행정안전부에도 전파되어 '지방공공기관 안전보건관리 가이드라인(2019.4.20.)' 등으로 미처 공공기관의 안전관리수준에도 개선은 있었다. 기획재정부의 참여와 노력 이전까지는 공공기관은 갑질의 대명사였으며 사망사고 등도 민간 부문에 비해 더 많이 발생한다는 비난을 받아왔으나, 향후에는 발주자로서 입찰조건의 합리화와 함께 민간의 모범이 될 수 있을 것으로 기대된다. 발주자가 스스로 먼저 변하기를 기대할 수는 없기 때문에 **"발주자가 변하지 않고는 건설산업의 미래는 없다."[9]는** "건설산업(건설안전)의 미래는 발주자를 '변화시키는데' 있다."로 바꿔말할 수 있을 것이다.

지방자치단체의 안전책무 강화와 이행 방안

사회적 요구에 따라 국가의 안전책무가 커짐에 따라 지방자치단체도 주민에 대한 안전책무가 강화되고 있다. 지방자치단체의 법정 안전 책무는 「산업안전보건법」 제4조의2와 「재난 및 안전관리 기본법」에 따라 관할 지역 내 산업재해 예방, 중대재해처벌법상 안전보건관리체계 구축 및 운영, 공공시설 안전 확보, 재난 예방 및 피해 최소화 등이 포함된다. 주요 내용은 정부 정책 협조 및 자체적 재해 예방 대책 수립·시행, 중대재해처벌법에 따른 안전보건관리체계 구축·운영, 그리고 재난 발생 시 대응 및 피해 최소화를 위한 노력 등이 있다. 하지만 이천물류창고 공사현장 화재 사고, 분당 정자교 붕괴, 오송지하차도 사고 등과 같이 관내 사고에 대해 책임이 있다. 국가가 관리하는 시설물로 인한 사고의 경우 보상도 감수해야 한다. 여러 법령에서 지자체의 역할을 주문하고 있으며 법령을 넘어 관내 사고에 대해 책임을 묻고 있기 때문에 지자체장의 경영방침에도 안전이 최우선 순위에 오르고 있다. 행정안전부와 고용노동부에서는 지자체별로 안전성적을 평가하고 있기도 하다.

건설사업에서 지자체의 역할은 공사현장의 안전관리와 시설물의 안전관리로 대별할 수 있으며, 공사현장에 대한 안전은 자체 발주공사의 안전과 인허가 대상 공사의 안전으로 구분할 수 있다. 현재의 법제로 자체 발주공사는 소위 운찰제로 수급인의 기술역량을 변별할 수 없어 부적격 수급인 선정에 따른 사고위험을 감수할 수밖에 없는 상황으로 추가적 대책 마련이 필요하다. 인허가 대상 공사의 경우는 전문인력의 부족으로 감독이 어려워 건축안전센터를 운영하며 공사현장을 감독하고 있으나 외부 전문가에 의존한 간헐적 점검만으로 공사현장의 안전을 확보하는 데는 근본적으로 한계가 있다.

지자체의 역할은 **그림 4.6**의 건설사고모형에 제시한 바와 같이 설계단계에서 공사단계로 넘어가는 과정부터 준공, 그리고 사용단계와 해체단계까지 개입해서 안전을 확보해야 하며, 자체 발주공사의 경우는 발주자로서 안전책무를 이행해야 한다. 인력이나 전문성이 충분하지 않음에도 지자체의 역할이 설계완료 시점부터 건축물의 해체까지 관리책임이 있음에 주목해야 한다. **최선의 방법은 제5장 외국의 건설안전제도에서 소개한 바와 같이 건설사업 이해당사자 사이의 상호 견제 장치를 통하여 스스로 안전을 확보하게 하고 제삼자(감리자, 안전자문사, 안전보건**

조정자 등)를 통하여 감시하는 것이다. 외국에서는 안전보건조정자를 통해서 자문하게 하며 감시경로로 활용하고 있으나 국내의 경우는 선임 의무가 공사금액 50억원 이상의 분리 발주공사로 제한된 데다가 역할도 작업의 조정 수준으로 이러한 역할을 하기에는 부적합하다. 건설안전특별법이 제정되면 안전자문사를 통하여 소규모 현장까지 감시가 가능하며, 중대재해에 취약한 소규모 공사의 경우도 발주자로 하여금 안전자문사를 지정하게 하고 안전자문사를 통하여 발주자가 시공자에세 안전조치를 주문하게 함으로써 현장을 독려하여 안전을 확보할 수 있다. 이러한 체계는 기존의 세움터와 같은 기존의 시스템을 활용하여 해결할 수 있다. 이러한 기능은 건설안전특별법안 제10조2항에도 반영되어 있으며, 구체적인 운용 방법은 '제5장 외국의 건설안전제도' 중 '1. 영국의 건설안전제도'에서 'CDM 제도의 핵심 메카니즘'에 기술하였다.

국가기관은 최소한의 노력으로 건설사업의 안전을 확보할 수 있어야 한다. 안전 확보 의무는 발주자(건축주)의 책무로서 안전감리(자문사)를 통하여 이행하게 하고 이행 여부의 적정성을 감시하여 부적합한 경우에만 개입하여 시정하도록 해야 한다. 발주자가 해야 할 안전관리를 인력과 비용을 투입하여 지자체가 대행해주는 것은 공적 비용을 사적 책임을 이행하는데 사용하는 것으로 책임의 원칙에 어긋난다.

4. 최근의 건설안전 정책과 개선 방향

최근의 건설안전 정책 동향

최근의 정책 동향으로는 고용노동부에서는 중대재해처벌법의 이행을 지원하기 위한 '중대재해 감축 로드맵' 시행된지 3년차에 접어들었으며, 국토교통부에서는 추락방지 대책과 감리제도 개선 방안으로 국가인증 감리원제도 등이 준비중에 있다. 기술안전 측면에서는 분량이 방대한 안전관리계획서의 간소화를 통한 실효성 확보 대책과 설계 안전성 검토 제도의 민간 확대 시행 방안 등이 추진되고 있다.

중대재해 감축 로드맵(2022.11.30.)은 2026년까지 사고사망만인율을 OECD 국가의 평균 수준인 0.29까지 감축하는 것을 목표로 처벌과 규제 중심에서 벗어나 사업주의 '자기규율' 예방체계 구축과 위험성 평가 이행을 강조하였다. 최근까지의 지표로는 사고사망만인율을 0.46('21), 0.43('22), 0.39('23), 0.39('24)로 사고사망자의 절발을 차지하는 건설업에서 사고사망자를 줄이지 못해 '26년까지 0.29 달성은 불투명하다. 자기규율 방식은 시장 기능에 의한 사업주의 자발적 안전수준 개선 노력과 외부의 충분한 위하력을 전제로 하나 이러한 기제가 없는 상태로 자발적 체계 구축에는 한계가 있다. 로드맵은 사고사망자의 절반을 차지하는 건설업을 별도로 다루지 못하고 여전히 제조업 틀에 묶어둠으로써 산업의 규모와 특성에 맞게 체계를 구축하여 운용하라는 기본 방침과 어긋나 있다. 위험성평가는 건설업에 적합한 작업위험분석JHA 기법이 없는데다가 '모든' 위험을 발굴하도록 하여 선택과 집중이 어려운 탓에 상위건설사일수록 방대한 위험성평가 자료가 재대로 활용되지 못하고 있다. 안전교육 등도 건설업의 경우는 현장에서는 TBM 등 현장의 유해위험요인을 소개하는 수준으로 하고 기본적인 역량은 현장 투입전에 외부에서 이수하게 하여야 함에도 제조업 방식의 현장교육을 고집하여 일선에서는 특별교육 등에 소요되는 수십 시간의 교육을 실시하기 어려워 서류상의 이행으로 정리하려 하고 있다. 제조업 방식 안전관리체제는 건설사고방지의 근원적 문제이나 여전히 근원적 문제로 인식되지 못하고 있다.

가장 최근의 국가 정책은 '노동안전 종합대책(2025.9.15.)'이다. 작품을 만드는 것은 어렵지만 비판하는 것은 쉬워서 자제가 필요하지만 향후 중장기계획 수립에 고려되기를 기대한다. 우선 이 대책은 대통령의 독려로 서둘러 수립된 탓에 대책의 가짓수는 많은데 정교함은 부족한 것으로 평가되고 있으며 창의적인 내용보다는 대부분 대통령의 주문이 반영된 것으로 보인다. 일반적인 기준에서 본다면 이 대책을 통한 달성 목표가 제시되지 못하고 있으며 대책의 방향을 결정하는 원인의 진단 측면에서도 원인 진단이 중요하고 구조적 원인이 있다고 했으나 구조적 원인이 무엇인지는 구체적으로 밝히지 못하고 있다. 대책의 시간적 효용측면에서도 대부분 단기적 대책으로 하인리히가 산업사고방지의 기본틀로 제시한 단기적 대책과 중장기 대책의 구분이 없다. 단기적 성과를 위한 대책이다 보니 중장기적 노력이 필요한 다기화되어 복잡한 법령의 통폐합을 통한 정비, 후진적 수단 지시적prescriptive 법제의 선진형 목표 제시형goal setting 으로 전환과 같은 근본적 대책까지 발전하지 못하고 있다.

진단의 깊이가 대책의 수준을 좌우하는데 **산재사고의 근본원인은 비정규직화, 일용직화에 따른 고용의 질 악화가 가장 근본적인 요인임에도 이러한 근본적 위험까지 접근하지 못하고 있다.** 이러한 위험을 완화하려면 일차원의 안전관리활동 밖의 노력이 필요하다. 건설업 측면에서 본다면 사고사망자수가 전체 사고사망자수의 절반을 차지하고 있으며, 대책의 내용측면에서도 건설안전특별법 제정을 비롯한 건설사고 방지대책이 주류를 이루고 있으므로 건설산업을 구분하여 정리하는 것이 효과적임에도 여전히 일반산업과 뒤섞여 있다. 다른 장에서 언급했듯이 건설업의 경우는 적격의 건설기술인이 건설사업의 각 단계에 배치되어야 건설사고를 막을 수 있음에도 표면적인 안전활동에 치우쳐 생산활동에 종사하며 안전관리를 해야 하는 실무자에 대한 대책은 빠져있다. 벌칙의 강화측면에서도 중대재해처벌법의 시행에서 드러난 바와 같이 중대재해는 10만여 건설사가 직접 겪을 가능성은 극히 희박하여서 처벌만으로 건설사고를 방지하는 데는 한계가 있다. 여신 규제 등 직접적으로 경영에 영향을 미치는 경제적 제재는 유효할 것으로 보이지만, 전반적으로는 선진국처럼 시장기능을 활용한 유인책보다는 여전히 노력과 비용이 많이 드는 데 반해 실효성은 미흡한 점검 등 직접적 개입으로 문제를 해결하려는 후진적 발상에서 탈피하지 못하고 있는 것으로 보인다. 일선의 노동현장은 보기보다 훨씬 극한의 상황으로서 업종별로 허들을 높여 경영책임자가 동반해서 안전수준을 개선하게 할 수 있는 방안을 모색해야 할 것이다. **직접 비용을 지불하는 자의 주문이 아닌 제삼자의 개입은 불편과 불만을 야기할 소지가 크다.** 대책이 긴급하게 마련된 탓이기도 하겠지만 사고사망에 치중하다 보니 사소한 것부터 확실하게 지켜야 하는 안전의 기본에 소홀해진 측면이 있으며, 직업성 질병, 이주노동자, 예술인, 농어업인, 자영사업자, 특수고용근로자 등이 정책의 사각지대로 남아 있다.

최근 건설사고의 시사점

화정동 붕괴사고(2022..1.11) 직후 건축주 선택의 시사점; 이 사고 후 한달도 되기 전에 안양시 관양현대아파트 재건축사업의 시공사로 화정동 시공사가 선정되었다(2022.2.5.). 물론 시공사는 손실을 감수하며 경쟁사보다 적은 공사비에 여러 가지 파격적인 조건을 제시했기 때문으로 **이전 사고는 건축주의 선택에 중요한 요인이 되지 못했다.** 이 건설사는 연이어 노원구 월계동신아파트 재건축사업도 수주했다(2022.2.27.). 건설기업의 재정은 자체사업을 빼고는 모두가 발주자의 비용으로 충당된 것으로 사고비용도 발주자가 부담하고 있다는 것을 간과하여 사고로 인한 손실을 자신의 손실이 아닌 건설기업의 손실로만 착각하고 있으며, 발주자로서 부적격 수급인에게 잘못 주문한 데 대한 책임의식이 전무함을 보여준다. 시장의 속성은 발주자의 과욕을 제어하지 않고는 건설사업이 공정하게 수행될 수 없음을 시사한 것으로 건설안전특별법의 필요성을 증명한 것이다. 민법상 계약자유원칙은 안전배려의무에서 멈춰야 한다.

검단 아파트 지하주차장 붕괴사고와 공공발주자에 대한 조치는 불합리한 것이다. 검단아파트 지하주차장 붕괴사고(2023.4.29.)의 후속 조치로 건설카르텔 혁파를 위하여 발주자의 발주권한 일부를 조달청 등에 위탁하게 한 것은 책임의 원칙을 무시한 것이다. 건설사업은 발주자의 통제하에 있으므로 선진국의 사례처럼 발주자에게 포괄적인 안전책무를 부여하고 계약법 등에서 제한하고 있는 발주자의 권한을 회복시켜야 한다. 감리기능도 발주자의 역할을 보조하는 장치이지 발주자의 책임을 전가하기 위한 것이 아님에도 민간 공동주택공사에서도 건축주가 아닌 구청이 감리자를 선임하여 건축주를 면책시키고 있다.

이상의 공공부문 사고의 시사점은 국가발주체계에 문제가 있다는 것인데 시공사와 하도급업

체의 과실로만 치부되고 있다. 최근 대표적 공공발주 공사의 사고는 검단 아파트, 안성 고속도로 붕괴(2025.2.25.), 광명 지하철도터널공사 붕괴사고(2025.4.11.)로서 세 사고 모두가 국가 기간 시설 발주기관에서 발주한 공사이다. 여기에 2017년에 발생한 평택국제대교 붕괴사고도 인명 사고는 없었지만 지방자치단체가 국가 예산을 지원받아 발주한 공사이다. 이상 네 건의 사고는 시공사의 과실 이전에 국가 발주시스템에 심각한 문제가 있다는 것을 시사함에도 이에 대한 문제의식이나 조치는 검단 붕괴사고처럼 부적절하거나 미흡하였다. 발주자의 불합리한 의사결정은 건설기술자의 몫으로 돌아가며 종국에는 공사의 부실과 사고로 이어진다. 분리발주와 같이 발주자의 계약자유원칙을 침해하는 위헌적 의무는 자율로 결정하게 하고 예산, 공기 산정에 기술적 판단을 존중하여 가덕도 신공항 사례와 같은 정무적 의사결정이 없도록 법제화가 필요하다. 발주자의 책임을 합리화하고 이행에 필요한 권한도 보장해야 한다.

건설현장 추락사고 예방대책의 한계와 극복 방안

건설업에서 사고사망자를 줄이기 위해서는 추락사고를 효과적으로 줄일 수 있어야 한다. 사고사망자 감소대책을 사고유형별로 마련하다 보면 자연스럽게 추락 방지가 첫번째 과제로 부각된다. 추락사고 방지 조치의 이행의무자는 원도급사이지만 이 주제를 국가의 책무에서 다루는 데는 이유가 있다. 건설업에서 추락사고는 안전의 선진국에서도 가장 비중이 높은 사고유형으로 비교적 단순한 원인으로 보이지만 예방이 쉽지 않다는 것과, 이제까지 경험으로 시공사의 자발적 이행을 기대할 수 없기에 국가의 과제로 적극적인 정책을 추진할 필요가 있기 때문이다.

최근에도 관계부처 합동으로 매년 10% 이상 추락사고 방지를 목표로 하는 '건설현장 추락사고 예방대책(2025.2.28.)'이 발표되었으며, 문재인 정부에서도 '건설현장 추락사고 방지 종합대책(2019.4.11.)'이 추진된 바 있으며, 공공공사 추락사고 방지에 관한 지침이 마련되기도 했다. 이번 대책에는 3개 분야에 걸쳐 40여 개 과제가 제시되었는데, 품셈 등에 비용을 계상하고자 하는 노력은 긍정적이나 추락 위험을 감수하며 작업하는 관행의 근본원인에 대한 진단은 미흡한 것으로 판단된다. 설계단계에서 근본적으로 추락위험을 제거하기 위해 설계안전성 검토를 민간까지 확대하는 대책을 담고 있지만 추락 위험은 통로와 작업발판의 불비에 기인하며 대부분 시공사의 영역에 있어 설계단계의 노력만으로는 한계가 있다. 필자가 연구하여 정리한 추락사고 인과지도는 **그림 7.4**와 같은데, 다수 요인의 상호 작용의 결과로서 건설사의 수준에 따라 취약 요소를 해결해주어야 한다. 관리차원에서는 영국처럼 가설공사조정자TWC; Temporary Work Coordinator를 양성하여 가설공사 전과정을 체계적으로 관리하게 해야 한다.

핵심은 조치의 이행의무자와 작업자에게 추락위험이 확실하게 전달되어야 하는데 반복되는

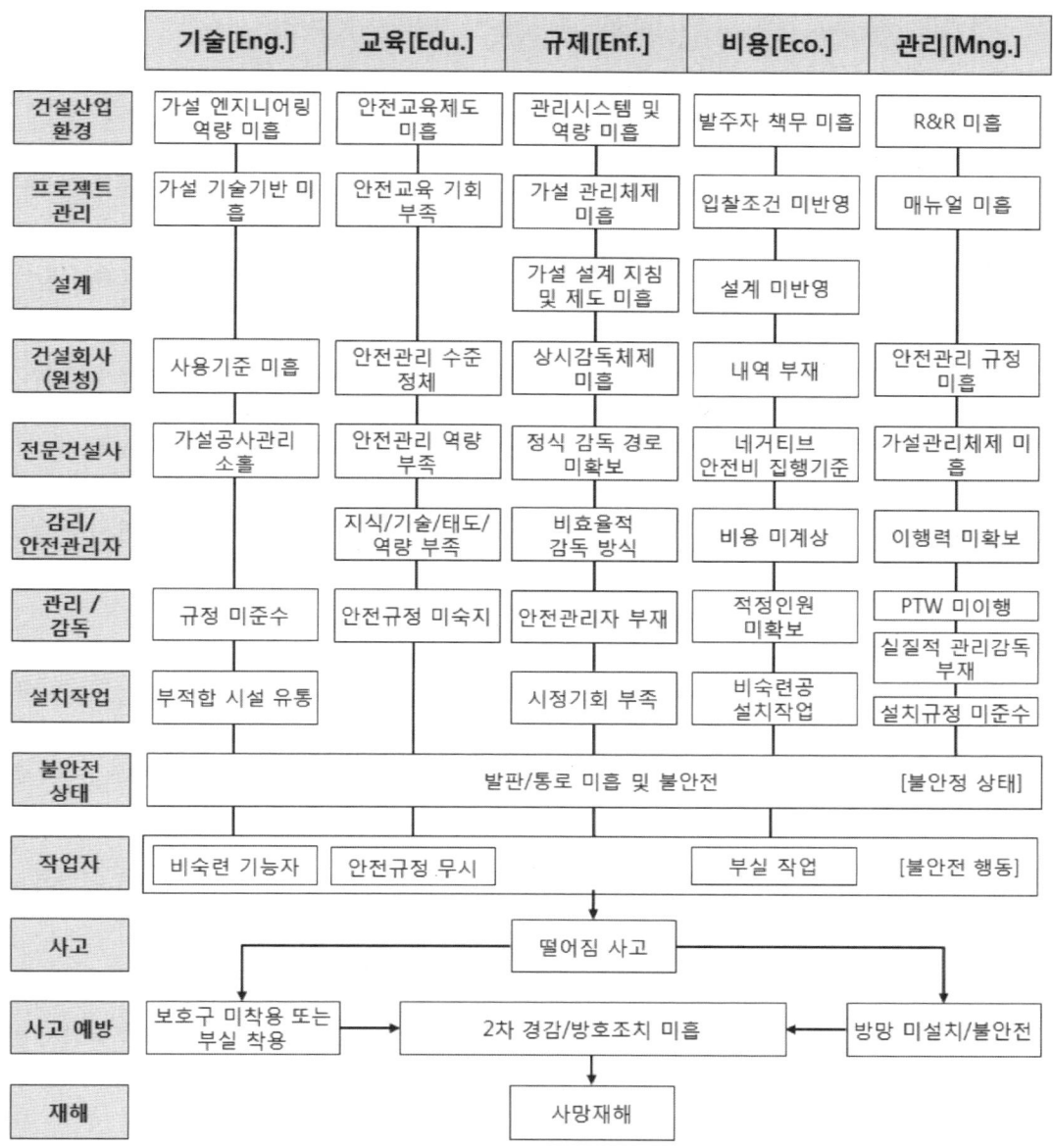

그림 7.4 작업발판 등 기인 추락사고 사망재해 인과지도

사고로 보면 필요한 정보가 제대로 전달되지 못했다고 볼 수 있다. **시공사 중에서도 중소건설사가 상대적으로 추락에 취약한데 시공자로 하여금 추락방지 조치를 이행하게 하려면 작업방법을 바꾸게 해야 한다.** 작업방법을 변경하는 일은 현장에서 점검 등으로는 근본적으로 해결될 수 없으며 발주자를 통해서 사전에 주문하고 이행 여부를 제삼자를 통해서 감시해야 한다. 공사계획 단계에서 작업계획에 이러한 내용을 확실하게 반영하게 하는 방안을 마련할 필요가 있다. 아쉬운 점은 시스템비계의 도입까지는 적극적이었으나 난간선조립 시스템비계를 적극적으로 도입

하지 못하고 있다는 것이다. 난간 선조립 시스템비계의 필요성과 현황은 다음 주제에서 다루었다.

비계는 난간 선조립 방식이어야 한다.

기존의 비계에 대한 대책은 시스템 비계의 도입에 머무르고 있다. 이 사업은 안전관리가 취약한 중소건설현장의 안전수준 개선을 위해서 시행하고 있는 정책으로 어느 정도 효과가 있었다. 하지만 작업이 단순한 시스템 비계의 조립에 비숙련 작업자가 투입되면서 문제가 되고 있다. 시스템 비계는 기존의 강관비계에 비해서 안전성이 높은 것은 사실이나, 이 비계에 내재된 무방호 공간이라는 취약점이 간과되고 있다.

우리의 실상을 논하기 전에 일본의 시스템비계 정책을 살펴보면 90년대 초기에는 비계 선행공법의 보급에 주력하였으며, 다음 단계로 난간 선조립 비계의 보급을 추진함으로써 추락사고를 대폭 감소시켰다. 일본에서는 비계 선행 공사로 약 70%의 추락사망을 줄였으며, 난간 선조립 비계의 보급도 추락사고 방지에 효과가 큰 것으로 보고되고 있다. 2007년 5월 JNIOSH(일본산업안전보건연구소)에서는 비계로부터 추락사고 방지 대책을 재검토하는 것을 목표로 '비계로부터 추락 방지 위원회'를 구성하여 여러 나라의 비계로부터 추락방지 수단을 비교 검토하였다. 작업발판의 기준을 개선하고 비계 관련 규정을 강화하여 비계의 설치와 해체시 안전난간을 먼저 설치하도록 하였다. 안전난간 선조립 비계 촉진책으로서 1차는 2003년, 2차는 2009년에 실시하여 지금은 대부분의 현장에서 안전난간 선조립 비계가 사용되고 있으며, 이러한 비계에는 ×자형 가새도 사용되고 있는데, 이 경우 발끝막이판을 설치하도록 하고 있다.

정착단계인 시스템 비계는 조립이 완성된 상태에서는 강관비계보다 훨씬 안전하지만 조립과 해체작업 시는 작업중인 상부가 무방호 공간Guard Free Zone으로 추락위험이 있어 추락방지 안전기준을 충족시킬 수 없다. 시스템 비계는 조립 후는 안전하지만 비계의 조립과 해체작업은 기본적인 안전시설이 없어 산업안전보건기준을 충족시키지 못한 상황에서 이루어지고 있다. 기존의 시스템 비계 조립 시에는 작업자는 안전난간과 안전대를 걸 부착설비가 없는 상태로 작업할 수밖에 없으며, 마찬가지로 해체 시에도 추락의 위험을 감수한 상태에서 작업해야 한다. 이제는 안전기준에 부합하게 안전난간이 선조립되는 비계를 보급하는 데 힘을 모아야 한다. 가설업계는 해외에도 수출 중으로 충분한 준비가 되어 있는 만큼 조속히 관련 규정을 개정하여 난간 선조립 시스템 비계를 현장에 정착시켜야 한다. 여기에 논슬립 강관을 사용한다면 비계의 받아치기와 같은 근골격계 부담의 경감에도 도움이 될 것이다.

주요 건설안전 정책의 과제와 접근방법

건설안전특별법이 취지에 맞게 제정된다면 기존의 불합리했던 안전법제로 인한 부작용은 대부분 해소되겠지만 발주자 주도의 안전관리가 정착되기 위해서는 하위 법령을 통한 면밀한 준비가 필요할 것이다. 특히 기존 제도에서 불합리했던 복잡한 절차에 따른 비효율은 단순한 절차로 개선하여 이행력을 확보할 필요가 있다. 첫 단추를 잘 못 꿴 건설사업과 안전 관련 법제의 불합리부터 시정해야 하는데 이러한 제도가 상당 부분 존치되거나 유사한 절차를 만들고 있어 절차의 단순화에는 역행하고 있음에 유의할 필요가 있다. '개정판을 내면서' 서문에서 제시한 건설안전 정책 방향에 관해 설명을 덧붙였다. 이전 4년의 건설안전 정책과 최근에 공표한 '노동안전 종합대책'의 한계와 개선 방향을 제시한 것으로 구체적인 내용은 각 장에 기술한 바와 같다.

첫째, **국가 차원의 노력이 실질적 효과를 거두기 위해서는 건설사고의 근본 원인에 대한 올바른 진단이 선행돼야 한다.** 종합대책에서도 근본 원인에 대한 진단이 필요함을 적시하고 있지만, 구조적 문제로만 치부하고 구조적 문제로서 근본원인을 구체적으로 밝히지 못하고 있다. 사고방지를 안전만의 문제가 아니라 거시적 관점에서 건설생산 체계 전반의 문제로 인식할 필요가 있다. 전체공사비의 2%에 불과한 안전비를 책정했다고 공사가 안전해진다는 착각을 버려야 한다. 건설기업에 족쇄가 되는 누적된 구조적 문제는 단속 이전에 국가가 선결해야 할 과제다. 이번 종합대책은 단기 처방으로서 올바른 근본원인의 진단을 통한 중장기 대책이 수립되어야 한다. 문재인 정부에서 사력을 다했는데도 성과가 목표에 한참 미치지 못했던 이유는 건설사고의 근원을 제대로 진단하지 못했기 때문으로 당연히 실효적 해결책을 마련할 수 없었음을 상기할 필요가 있다. ISO 45001에서는 지원 기능에서 중요한 요건으로 적격성과 역량을 요구하고 있는 바, 정책 마련에 직간접적으로 참여한 사람들의 적격성에 대해서도 자체 점검이 필요하다고 본다.

둘째, 건설사업의 소유자이자 최고 의사결정권자인 발주자에게도 권한에 합당한 책임을 분담시켜 수급인과 시공자에게 쏠린 책임 체제를 바로잡아야 한다. 이런 목적으로 문재인 정부에서도 발의됐던 건설안전특별법안의 내용은 1999년에 규제개혁위원회에서도 의결됐었던 만큼 조속히 제정돼야 한다. 특별법은 처벌이 아니라 건설기업이 발주자로부터 적정한 공사비와 공기를 보장받기 위한 것이다. 산업안전보건법에서 건설공사 발주자를 도급에서 제외한 용어의 오류도 시정해야 한다. 건설산업이 최악의 위기에 처한 근본원인은 건설사업 참여자 사이의 불공정한 책임체제에 있다. 발주자가 변하지 않고는 건설산업의 미래는 없다.[10]

셋째, 발주자의 안전책무 이행을 위한 장치가 제공되어야 한다. 발주자의 안전책무 이행을 보좌하는 역할로 건설안전특별법에서는 안전자문사의 선임을 의무화하고 있다. 산업안전보건법에서 제조공장용 안전관리자는 안전보건조정자로 통합하고 발주자 참모로 역할을 재정립해 생산안전 일체의 원칙에 따라 공사팀이 안전 활동을 하게 해야 한다. 공공발주자의 권한을 제약하는 상위 예산 편성과 계약법을 합리화하고 분리발주 등 발주자의 권한을 침해하는 규정은 발주자의 선택권으로 자율화해야 한다. 나아가서 기술안전과 노동안전으로 이원화된 공사현장의 안전관리체제 일원화는 1999년 규제개혁위원회의 의결 사항으로 조속히 이행되어야 한다. 안전법제를 규제자 관점에서 수범자 입장으로 전환해야 한다.

넷째, 산업안전보건법 중 건설업 관련 조문의 사고방지원칙에 입각한 재정비가 필요하다. 산업안전보건법은 빈번한 개정에도 불구하고 계획서 작성, 안전보건교육, 위험성평가, 안전점검 등 여러 안전규제는 제조업 공장의 틀을 벗어나지 못하여 현장에서 이행이 어려워 형식적 서류상의 이행으로 흐르게 하고 있다. 빈번한 개정에도 불구하고 아직 다수 이해 당사자가 참여하며 한시적·유동적 속성을 갖는 건설공사에는 부적합한 요소들이 남아 있다. 기존 건설안전 법제에서 안전의 원칙을 벗어난 오류를 우선 시정해 안전 활동이 실효적으로 이행되게 해야 한다. 해외에서는 일찍이 공장법 수준으로는 건설사업을 규율할 수 없음을 인지하고 규정을 분리하여 제정했으나 우리나라에서는 전부개정에도 불구하고 제조공장용 법과 뒤섞어 건설생산체제를 반영하지 못하고 있다.

다섯째, 안전 활동을 수행할 수 있는 이행 여건을 먼저 개선하고, 점검 등 외부의 개입을 최소화하되, 점검자는 충분한 역량을 갖추게 해야 한다. 계획서 심사 등 국가기관의 직접적인 개입은 핵심 안전관리활동의 외주화를 부추겨 현장의 안전역량 개선에 걸림돌이 되고 있다. 대부분의 건설 현장은 역량·인력·비용·기간 등이 모두 한계상태에서 공사를 하고 있다. 외부의 개입은 부족한 자원을 더 고갈시켜 현장을 더 위태롭게 할 소지가 크다. 현재의 취약한 공사 여건으로는 노력만으로 중대재해를 근절할 수 있을지 확신할 수 없어 불안하다. 건설안전특별법의 궁극적인 목적이 발주자의 주문을 통해서 하수급인과 현장의 기능인까지 보호하는 것이다. 선진국의 사례처럼 시장에서 통용되는 안전평가기준을 마련하여 기업 스스로가 자발적으로 안전수준을 개선하지 않을 수 없도록 유도해야 한다.

여섯째, **정무적 판단으로 기술이 실종되지 않도록 건설기술자의 의사결정권을 보장하고 공학윤리 교육을 강화해야 한다.** 시설물은 사유재산일지라도 공공재이며 국가는 시설물의 생애주기에 걸쳐 시민의 안전을 책임질 의무가 있다. 건설근로자의 안전을 보장하려면 먼저 건설기술인부터 소요 역량을 갖추어 제 역할을 할 수 있게 해야 한다. 하지만 기존의 안전대책에는 건설기술인에 대한 대책이 빠져있다. 자연법칙을 판단하는 건설기술인의 기술의사결정권이 보장되어야 한다.

　일곱째, **중장기적 차원에서 '고용의 질'을 높이는 건설산업의 인프라 강화가 추진되어야 한다.**
잘못된 법제와 정책으로 인한 건설종사자의 고용의 질 하락은 부실과 사고의 근본원인이다. 건
설산업의 종사자로서 건설기술인은 지속해서 비정규직으로 전락해왔으며, 건설기능인은 일용
직 신세가 당연한 것으로 받아들여지고 있다. 계약직 건설기술인과 일용직 건설기능인으로는
아무리 좋은 시스템이라도 안전을 담보할 수 없음은 상위 건설사의 중대재해 사례로 증명되고
있다. 특히, 건설산업의 핵심 인프라인 건설기능인 문제는 개별 건설사가 해결할 수 없는 사안
인 만큼 국가가 나서서 부실한 인프라로부터 발생하는 위험을 경감시켜줘야 한다. 앞으로는 수
급인 선정의 중요한 기준 중 하나로 정규직 비율을 반영하여 점진적으로 고용의 질을 높여가야
한다. 규제완화로 허가제에서 신고만으로 누구나 건설업에 진입할 수 있게 한 정책의 취약성을
보완해야 건설산업과 국민이 모두 안전해질 수 있다. 건설의 일차적 목적은 오늘을 사는 건설
종사자의 행복에 있으며, 건설 종사자도 국민으로서 국가의 책무는 국민이 잘살게 하는 것이기
때문이다. 현재의 비정규직과 일용직 고용 형태로는 품질이나 안전을 기대하기 어렵다. 부실과
사고의 근본원인은 노동에 헌신할 수 없게 만든 고용의 질 악화에 있음을 직시하여야 한다.

　끝으로, 다부처에 걸쳐있는 건설산업 진흥과 안전 정책은 대통령실이 주관해야 한다. 공사
의 안전을 좌우하는 예산 편성과 발주, 건설 기능인력 확보와 유지 등은 정부의 여러 부처에 걸
쳐있어 개별 부처 간 협의만으로는 해결하기가 어렵다. 건설산업진흥 정책과 안전은 미국의 백
악관이 국가건설목표NCG를 주관한 사례처럼 대통령실이 주관해야 한다. 1999년 규제개혁위
원회의 의결이 이행되지 못한 사례를 상기할 필요가 있다.

　인명을 담보로 한 건설은 절대로 용납될 수 없는 만큼 건설기업에도 적정한 이행 여건이
제공돼야 한다. 대책을 마련하는 데는 관점의 전환이 필요하다.

8장
발주자의 안전책무 이행 방안

"건설산업계의 부정적인 행태는 발주자의 부정적인 행태의 거울이다."

- 영국 건설산업의 공공혁신 사례 보고서[1] -

1. 발주자: 건설사업 성패의 관건

강화되는 발주자 안전책무

앞에서 살펴본 바와 같이 **건설안전제도의 발전과정은 건설사업 참여자 사이의 합리적인 안전책무 분담이 관건이었으며, 이제까지 배제되어왔던 발주자의 책임을 정상화 하는 것이다.** 발주자의 안전책무는 보호의 대상과 상해의 경중에 따라 여러 법령에서 규정하고 있다. 최근 중대재해처벌법이 제정되고 건설안전특별법안이 발의되면서 발주자들이 대응방안을 찾기 위해 고심하고 있는 것으로 보인다. 발주자 안전책무 관련 주요 법령은 보호의 대상 측면에서 노동자(근로자), 공중(일반시민), 시설물의 이용자로 대별할 수 있다(**그림 8.1**). 이 책에서는 산업안전보건법과 건설기술진흥법을 중심으로 국가의 역할부터 직간접 참여자의 역할과 책임까지 모두 다루고 있다. 여러 법령에서 건설사업 참여자의 역할과 책임을 규정하고 있지만 필요한 사고예방조치는 동일함에도 법령별도 대응책을 찾느라 분주한 것은 본말이 전도된 감이 있다.

법령마다 서로 다른 용어로 발주자의 역할과 책임을 규정하고 있지만 목표는 공중과 작업자를 불문하고 안전을 확보하라는 것이며, 역할로서 목표 달성 수단도 모두 몇 가지의 보편적 안전관리원칙에 수렴된다. 앞에서 기술한 중대재해처벌법 제4조 1항(사업주와 경영책임자 등의 안전 및 보건확보 의무)의 네가지 항목에 모든 의무가 포괄적으로 담겨있다. 건설공사장의 경우 공사

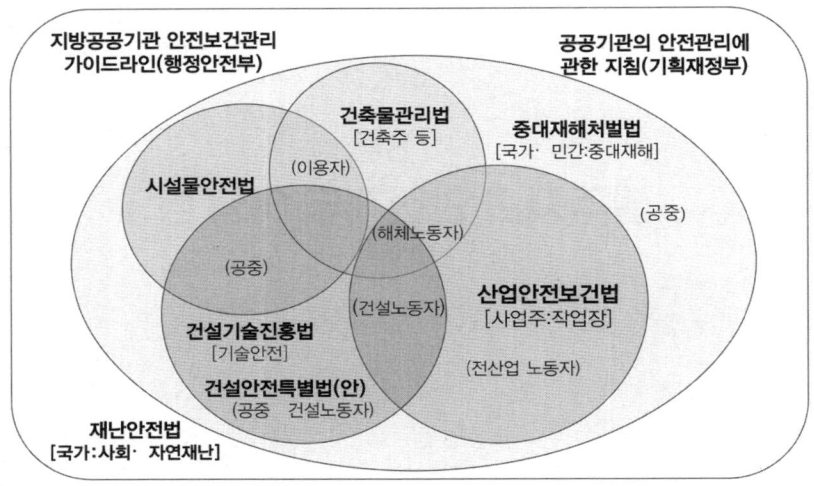

그림 8.1 발주자 안전책무 관련 법령별 보호 대상

장 안에서 사고가 발생하면 작업자나 현장 밖 공중이 사고를 당할 수 있기에 작업자를 위한 대책과 공중의 안전을 위한 대책은 따로 있지 않다. 인명 피해의 경중에 따라 중대재해를 별도의 법으로 규정하고 있지만, 사소한 실수로도 중대재해는 발생할 수 있어 사고방지대책을 중대재해용과 일반재해용으로 구분하여 따로 이행하는 것은 불가능하다. 결국 발주자가 자신의 책무를 가장 효과적으로 이행할 수 있는 길은 검증된 사고방지의 기본적인 원리와 원칙에 충실하는 것이며, 표현하는 용어는 다르지만 주요한 수단은 이미 관련 법령에 규정되어 있다. 건설사업 발주자의 경우는 앞에서 기술한 바와 같이 건설사업의 기획단계부터 준공, 유지관리 및 해체단계까지 전주기에 걸쳐 체계적인 관리가 요구된다. 핵심은 기존의 공사단계 중심 접근에서 공사이전단계인 수급인 선정과 설계단계에서 안전을 확보하는 것이다.

발주자 안전책무의 변화 과정을 산업안전보건법부터 살펴보면 근로기준법 중 안전에 관한 조항을 분리하여 별도 법으로 제정하였기에 제정 초기에는 근로자를 직접 고용한 사업주의 의무만 규정하여 발주자라는 단어는 법에 등장하지도 않았다. 제정 이후 안전에 소요되는 비용이 문제가 되면서 발주자에게 최초로 산업안전보건관리비 계상의 의무(제72조)가 주어졌다. 이후 공사기간 단축 및 공법변경 금지(제69조), 공사기간 연장(제70조), 설계변경 요청 사유 확인(제71조), 산업재해예방 기술지도와 산업안전보건관리비 계상 확인 의무(제72조) 등 사후적 조치가 추가되었으니 예방적 조치가 아니어서 실효성은 미흡하였다. 2017년 EU의 SC를 모방하여 2개 이상으로 분리 발주하는 공사금액 50억 원 이상의 공사에 한해 안전보건조정자 선임 의무(68조)가 도입되었다. 최근 건설사업의 속성을 반영하고자 산업안전보건법을 전부 개정하여 도급사업을 별도의 장으로 분리하고 발주자에게 공사단계별 안전보건대장 작성의무(제67조)를 추가하였다. 산업안전보건법에서 규정하고 있는 건설사업 관련 제도의 근본적 문제점과 한계는 앞에서 기술한 바와 같다.

건설기술진흥법에서도 하위 기준인 '건설공사 안전관리 업무 수행 지침'에 건설사업의 단계별로 발주자의 의무를 규정하고 있는데, 최근에야 '건설공사 안전관리 업무수행 지침'에서 '노력하여야' 하는 의무를 정식으로 '하여야 한다'로 바로잡았다. 하지만 조항마다 전체 발주자와 공공공사만을 지칭하는 발주청을 구별하여 안전책무를 혼란스럽게 하고 있다. 건설안전특별법안은 생산기술의 촉진을 위한 건설기술진흥법으로부터 브레이크 기능인 안전관련 규정을 분리하여 산업안전보건법에서 해결할 수 없는 발주자를 비롯한 건설사업 참여자 모두의 안전책무를 합리화하기 위한 것으로서 구체적인 내용은 앞에서 기술한 바와 같다.

건축물관리법은 시설물의 안전 및 유지관리에 관한 특별법에 미비한 건축물의 사용 중 안전을 확보하기 위한 법이다. **건축물관리법은 건축주를 대신해 관리주체를 의무이행 주체로 규정함으로써 이 법의 실효성 담보에 치명적인 결함이 되고 있다.** 법은 건축물의 소멸단계인 해체공사를 포함하고 있는데, 해체공사도 건설공사의 일부로서 건설공사를 규정하는 기존의 법률들이 있음에도 시설물의 사용 중 안전 확보를 위한 법에 해체공사를 규정한 것은 법체계 측면에서 재고再考가 필요한 사안이다. 구체적인 문제점과 개선 방안은 '제14장 건설안전 당면과제의 해법'에서 구체적으로 기술하였다.

중대재해처벌법은 기존 법령에서 미비한 솜방망이 처벌로 미흡한 벌칙의 위하력 확보와 기존 법령의 사각지대에 있는 공중을 보호하기 위한 것이다. 즉, 기존의 법령 준수를 독려하기 위한 것으로서 기존 법령의 의무를 준수하는데 필요한 조치 이외에 별도의 조치가 필요하지 않음에도 중대재해처벌법의 대응방안에만 몰두하는 형국으로 보인다. 건설사업 발주자가 중대재해처벌법에서 유의하여야 할 조문은 '도급, 용역, 위탁'에 관한 규정으로 수급인을 선정할 경우 철저한 역량 검증에 주력하여야 할 것이다. 기존의 후려치기식 도급, 용역, 위탁은 전형적 '위험의 외주화'로서 최악의 위험 상황을 조장해 처벌의 대상이 될 가능성이 매우 높기 때문이다.

공공부문에만 적용되는 '공공기관 안전관리에 관한 지침(기획재정부)'과 '지방공공기관 안전보건관리 가이드라인'은 유사하다. 두 지침의 목적은 기존의 안전관련 법령과 같지만, 내용의 차원에서는 기본적인 안전관리요소와 함께 이러한 요소의 효과적 이행을 위한 방법까지 담고 있다는 점에서 차이가 있다. 예를 들면 사업주 책임의 원칙에 따라 벌칙으로 기관장의 해임이나 해임을 건의할 수 있게 하고, 부족한 안전관리 역량을 확보하기 위해 '전문성 강화'와 같이 기존 법령에는 없는 '인력·조직 구성 방안'을 구체적으로 규정하고 있다는 점이다. 이러한 요소는 안전관리체계 등 안전책무 이행 수단을 정부차원에서 지원하기 위한 것으로 볼 수 있다. 발주자, 특히 공공 발주자 입장에서는 복잡한 법령을 간소하게 소화시켜 건설사업의 발주단계별로 역량있는 수급인을 선정하여 이들이 자신의 안전책무를 효과적으로 이행할 수 있게 하는 것이 안전책무 이행의 요체라 할 수 있다.

발주자가 제공하는 건설사업 실패 요인

건설산업의 모든 문제의 근원을 거슬러 올라가면 그 정점에는 발주자가 있다. 공공부문의 경우는 기획재정부, 조달청, 지방자치단체 등이 발주자 위에 군림하고 있다. 건설사업의 주요한 실패 요인은 발주자가 제공한 것이다. 이는 건설산업 종사자가 아니라도 삼척동자도 다 아는 사실인데 유독 우리 건설산업의 울타리 안에 있는 종사자만은 이 원칙에 소극적이며, 국가에서도 중요성을 인식하지 못하고 있는 것으로 보인다. 공공부문과 민간부문을 막론하고 건설사업의 소유자와 수행에 따른 최종이익 귀속 주체는 발주자이다. **건설사업은 발주자의 편의와 이익을 위하여 수행된다. 건설사업은 철저히 발주자의 주문에 의하여 수행되며, 발주자의 주문은 공사의 제반 조건을 결정한다. 특히 공사의 품질과 안전을 좌우하는 설계자를 포함한 수급인의 선정, 공사비와 공사기간의 결정 등은 전적으로 발주자의 권한에 속한다**는 사실을 모르는 사람이 없음에도 제도와 실무에서는 발주자의 역할을 바로잡으려는 노력은 소홀하였다고 본다.

그러면 이러한 불합리한 틀이 존재하게 하는 장본인은 누구인가? 필자는 전적으로 문제의 근본 원인을 우리 안에서만 찾은 우리 건설인의 책임으로 생각한다. 성수대교 붕괴사고와 삼풍백화점 붕괴사고는 건설사업의 책임체제가 혁신되어야 함을 경고하였지만 아직 제대로 이행되지 않고 있다. 건설산업의 비전 세우기와 3D 이미지 개선, 건설경제의 민주화, 산업의 경쟁력 강화 등 선순환 건설산업의 발전도 안전이 확보되었을 때만 가능한 것이다. 부실공사, 대형사고, 산업재해 등 건설산업의 불명예도 발주자의 협력이 없이는 달성을 기대하기 어렵다. 건설산업의 수많은 과제의 해답은 오로지 발주자를 바로 세우는 것이다. 이는 최근의 연구와 영국 등 외국의 정책으로도 증명되고 있다.

불편한 진실; 발주자 바로 세우기

건설고객으로서 발주자의 지위는 건설시장의 리더이자 힘이 있다. 발주자는 건설상품의 소유자이자 최종 이익 귀속 주체이며 모든 생산비용의 부담자이다. **발주자는 자금 집행자, 의사결정자, 전반전前半戰 운영자, 생산과정 참여자, 게임의 법칙 제정·운영자로서 힘이 있다.[2] 건설사업의 성패 열쇠를 쥐고 있다.** 그럼에도 발주자를 대표하는 조직이 없었기에 발주자는 건설산업의 발전이나 혁신, 안전 관련 제도의 개선에는 논의의 대상이 되지 못했으며, 논의에 참여할 기회조차 주어지지 않았다. 이는 죄형법정주의를 원칙으로 하는 우리나라의 법제상 발주자의 권한 행사에 따른 책임을 규정한 법령이 미비하여 발주자에게는 실질적 책임을 물을 수 없었기 때문이다.

　문제 발생 시 근본 원인에 대한 진단이 부족하면 특정 부위에만 효력을 갖는 지엽적인 대책이 될 수밖에 없으며, 필연적으로 이러한 해결책은 문제의 근원을 해결하지 못한다. 따라서 일정 시간이 지나면 또 다른 해결책을 찾아서 내걸게 된다. 이러한 양상이 반복되다 보니 실효성이 부족한 대책들의 수효가 늘어나 시간이 갈수록 제도는 복잡해져 갈 수밖에 없었다. 최근에 갑을 관계에 대한 논쟁이 뜨거우며 다양한 대책이 쏟아져 나오고 있는데, 아직 근본은 바로 잡히지 않고 있다.

　'갑'의 역할과 책임에 대한 합리적인 분담이 없는 여타의 대책은 기존의 대책에 더 복잡한 제도와 절차를 추가하여 하위의 힘없는 수급자들에게 '갑'의 부실을 전가시켜 궁극적으로는 모두가 피해자가 되는 길이다. 이제라도 발주자는 자신의 책임에 대한 '불편한 진실'을 수용하고, 관련 부처와 건설산업이 기존의 비상식적인 제도를 근본적으로 개선한다면 건설산업의 모든 문제가 일거에 해소될 것이다. 발주자에 대한 안전책무 부여의 필요성과 당위성은 오래전부터 제기되었지만 지금까지 제도로 정착되지 못하고 있다. 저자가 연구책임자로 2006년도에 제안한 내용 [3]이다.

> 　현재 건설현장에서 다발하는 산재(특히, 사망사고)는 현행법령이 미비해서 그렇다고 할 수도 있겠지만, 산업안전 및 책임의식의 결여가 가장 큰 원인으로 보고 있다. 따라서 무엇보다도 안전 및 책임의식의 확보가 급선무이다. 그런데 현재의 건설도급과 사업관행에 있어 발주자를 제외한 건설현장만의 안전 및 책임의식의 확보는 무망하다는 점은 선행연구에서 이미 밝혀진 바이다.[4] 즉 발주자를 제외한 건설안전 및 책임에 관한 논의는 핵심을 비켜가는 것으로 논의의 실익을 상당히 잃는다.
>
> 　발주자는 건설완성이라는 성과물을 얻기 위해서는 건설완성에 필요한 제반 안전에도 관여한다는 안전 및 책임의식을 가져야 한다. 이는 외국의 사례에서 보더라도 당연히 요구되는 발주자의 책임이다.
>
> 　그런데 발주자(개인 또는 법인)는 건설의 안전관리에 관한 전문지식과 경험이 있다 할 수 없다. 그리고 현실로 건설현장을 지휘·감독하는 자는 수급인(건설사업자)이다. 따라서 발주자의 안전관리의무를 대행할 안전감독자를 선임할 의무를 부과

하고, 당해 안전관리자가 당해 건설현장의 안전관리의무를 수행하는 것이다.

즉 발주자가 안전감독자를 직접 선임하도록 하고, 안전에 대한 관리책임은 해당 안전관리자가 부담하는 것이다. 이러한 관리책임은 건설현장에서 안전 및 책임의식을 강화하고, 안전을 위한 건전한 긴장관계를 유지하여 이른바 '안전불감증'을 불식시키는데 일조할 수 있다. 따라서 발주자에 대한 안전관리자의 선임의무부과를 산업안전보건법에 신설하는 방안을 적극 검토하고, 궁극적으로 '건설안전 등에 관한 법률'을 제정할 것을 고려하여야 한다.

안전배려 의무의 확장, 수익자 부담 원칙, 위험 책임론의 확대 등은 발주자에게 안전관리책임을 법적으로 인정하기 위한 정책적 판단에서 하나의 또는 복수의 논거가 될 수 있다. 무엇보다도 일정 규모 이상의 건설산업은 공공성을 가진다고 볼수 있고, 이에 설계 및 건축단계에서부터 안전을 위한 일정한 법적 의무를 발주자에게 부과하는 것은 규제라기보다는 공익에 부합하는 당연한 조치이다. 이러한 공공의무를 건설사업으로부터 모든 이익을 향유하는 발주자가 부담하는 것은 공평의 원칙상 합리적이고 타당하다.

미국토목학회ASCE에서는 1998년에 발간된 건설현장의 안전에 관한 350가지의 과제[5]를 통해 "건설현장의 안전은 모든 참여주체의 관심이 필요하며, 특히 발주자는 안전에 적극적인 역할을 담당해야 한다"라고 권장하였다. 궁극적으로 사고비용은 발주자의 손실로 귀결되며, 나아가서 사고 비용, 제3자 책임소송의 증가 등은 건설사업의 초기단계에서부터 발주자가 중요한 역할을 담당하도록 요구하고 있다.

성공적인 발주자의 조건

공공과 민간을 불문하고 발주자는 최소의 비용으로 최고의 시설을 원하며, 국가의 역할을 대행하는 공공보다는 민간에서 경제적 욕구는 더 강할 것이다. 건설기업이 부담해야 하는 발주자 리스크는 기본이지만 발주자 입장에서도 수급자를 잘못 선정하여 낭패를 보는 경우도 흔하다. 사고방지를 포함한 건설사업의 성공적 수행을 위해서는 전문적인 발주자뿐만 아니라 어쩌다 한번 공사를 발주하는 일회성 발주자도 똑똑한 발주자로 만들 책임은 수급인에게 있다. 수급인은 "발주자는 건설사업을 발주할 수 있는 권한과 비전, 재정적 능력을 갖춘 주체"[6]임을 인식하고 공동의 이익을 위해 최선을 다해야 할 것이다. 유수의 사례에서 보는 바와 같이 훌륭한 발주자는 안전에서도 탁월한 역량을 발휘하고 있다. 발주자의 안전책무를 효과적으로 이행하기 위

표 8.1 일류 발주자가 되기 위한 10가지 패러다임 전환

기존 패러다임	일류 발주자 패러다임
가격 중시	토탈 시스템, 경제성 증시
비효율성 요소 제거 초점	고객 지향적 가치 창출 초점
파편적 관계 활용	위임적 접근 방식
처방적 접근 방식	통합적 관계 활용
정기적 미팅 활용	지속적 피드백 메커니즘 활용
점진적 개선	근본적 변화
갈등 발생 후 해결 주력	리스크 매니지먼트 주력
일대일 관계 중심	다자간 협력 중심
내부지향/수직하향 거버넌스	내외부지향/분배적 거버넌스
개인적 지식관리	조직적 지식관리

해서는 패러다임이 다음과 같이 변해야 한다(**표 8.1**).[7]

영국 도시건축위원회CABE가 제시한 성공적인 발주자의 10가지 조건은 다음과 같으며, 이러한 조건은 안전에도 동일하게 요구된다.

1) 강력한 발주자의 리더십 발휘

2) 적절한 시점에 충분한 시간 제공

3) 성공적인 프로젝트들로부터의 학습

4) 의사소통을 위한 명확한 개요brief 작성

5) 현실적인 재정 계획

6) 통합된 프로세스 채택

7) 적합한 담당자/사업자 선정

8) 배경상황context에 대한 대응 및 기여

9) 지속가능성

10) 모든 주요 단계에서의 점검

발주자에 대한 법적 안전책무 부여는 발주자로 하여금 안전전문가를 찾게 함으로써 발주자를 보좌할 수 있는 기회일 뿐만 아니라 발주자를 접근할 수 있는 제도적 경로가 열리는 것으로서 건설사업관리의 활성화에도 기여할 것이다.

2. 근본적 건설사고 방지 대책

건설사고 방지의 근원적 대책; 똑똑한 발주자 만들기

성수대교 붕괴, 삼풍참사 이후 감리제도 등 많은 제도가 도입되었지만 건설사고 예방에 필요한 근본적인 문제가 해결되지 못하였기 때문에 여러 가지 노력에도 불구하고 유사한 사고가 줄지 않고 반복하여 발생하고 있다는 것은 기존 안전관리체제에 근본적인 문제가 있다는 것을 증명한다. 건설사고 예방의 관건은 발주자/건축주에게 있으나, 이제까지의 대책은 발주자에게 '갑'의 입장에서 권한만 행사하게 하고 책임은 부여하지 않았기 때문으로서, 공사의 안전을 저해하는 근본적인 요인들을 제거할 체제를 갖추지 못하여 사고는 반복하여 발생할 수밖에 없었다. 발주자만이 건설사고를 방지할 수 있는 이유이다. 건설공사는 궁극적으로 발주자의 이익을 위해서 주문생산방식으로 하는 것으로서, 모든 공사의 조건은 발주자의 요구에 따를 수밖에 없다. 사고 비용도 궁극적으로는 발주자 부담으로서 발주자는 수급인으로 하여금 공사를 안전하게 수행하게 할 책임이 있다.

공사의 안전을 저해하는 가장 중대한 요인은 공사비와 공기 부족이며, 안전하게 공사를 수행할 수 있는 유능한 설계자, 감리자, 시공자, 하도급자를 선정할 모든 권한은 발주자만이 가지고 있다. 즉 무리한 공사 조건, 부적격 수급인 선정 등이 사고의 근본 원인이지만 이제까지 이러한 근본 원인을 고치는 노력은 소홀하였다. 궁극적으로 공사의 안전을 제대로 확보하기 위해서는 정부(규제)가 아니라 발주자의 주문으로 감리자, 설계자, 시공자 등 수급인들이 수행할 수 있는 경로를 택하게 유도하여야 한다. 미치지 못하는 정부의 감독보다는 발주자의 요구가 훨씬 더 직접적으로 하위 수급인들에게는 효력이 있음은 상식에 속한다.

사고의 근본 원인은 기술적인 대책이 없어서가 아니라 기술적인 대책을 수행할 책임체제를 명확히 하지 못했기 때문으로서, 기술적 대책 이전에 실효성 있는 관리적 대책이 선행하여야 한다. 아무리 고급의 기술적 대책이 있더라도 이의 필요성을 인지하지 못하면 죽은 대책이 될 수밖에 없으나, 기존의 사고원인 분석과 대책의 수립에서는 기술적 대책에만 치중하여 근본 원인을 간과하여 왔다.

정부 개입(감독, 감시, 처벌 등)의 한계에 대한 인식도 부족한 것으로 보인다. 건설공사는 중소규모 공사를 포함해 매년 수십만 개의 현장이 생성과 소멸을 반복하며, 공사현장의 상황은 시시각각으로 변화하여 일시적인 지도·감독으로 시정하려는 노력은 원천적으로 실효성을 발휘할 수 없는 속성을 가지고 있다. 따라서 매 공사현장마다 안전을 확실하게 감독할 수 있는 유능한 전문가를 배치하고 이 전문가를 통하여 지도, 감독, 견제하여야 하나 현재의 안전관리자는 시공사 소속의 하위직으로서 원천적으로 이러한 역할의 수행은 불가능하다. 따라서 시공사의 안전활동은 존재하지만 사고예방에 필요한 견제장치, 즉 사고 억제장치가 제대로 작동할 수 없다.

해결 방법은 발주자에게도 영국, 독일 등 선진국과 같이 법적으로 역할에 따른 책임을 명확하게 부여하는 것이다. 먼저 발주자로 하여금 수급인들에게 공사에 대한 충분한 정보를 제공(현장조사)하게 하여야 한다. 공사의 수행에 필수적인 주변 건물 현황, 교통상황, 지질상황 등에 대한 정보가 제공되어야 한다. 다음으로 안전감독 임명이 필요하다. 건설사업의 초기부터 발주자를 대신하여 공사전반에 걸쳐 안전을 감독할 수 있는 유능한 안전전문가를 선임하게 해야 한다. 발주자로 하여금 안전전문가를 통하여 안전하게 공사를 수행할 능력이 있는 설계자, 도급자, 감리자 등 수급인을 선정할 수 있게 하여야 한다. 마지막으로 이후의 시설물의 관리에 필요한 정보만 담은 안전대장을 작성하게 하여 활용하게 해야 한다.

발주자 주도 안전관리체제의 작동성은 발주자의 안전책무를 보좌할 안전감독의 역할에 있다. 사고방지의 마지막 원칙은 '제3자 감시 장치 구현'으로서 안전을 독려하기 위해서 안전감독 기능은 생산조직과 분리되어야 한다. 하지만, 현 제도상 발주자와 정부를 대신하여 안전을 감독하고 감시하여야 할 안전감독에는 '안전관리자'라는 명칭을 부여하여 공사비를 줄이고 공기를 단축시켜야 하는 현장소장의 하위직으로 배치하여 감독 및 감시기능을 전혀 할 수 없는 구조로서 본래의 취지를 달성하지 못하고 있다.

이러한 안전감시/감독체제의 구축은 1997년도에 '종합안전관리자 제도 도입방안에 관한 연구'로 제시되었으며, 2000년도에는 고용노동부와 국토해양부에서 공동으로 '중장기적 차원의 건설현장 안전관리 확보 방안에 관한 연구'로 그 필요성을 인식하였으나 실행을 유보함으로써 오늘에 이르기까지 실효성 있는 안전감시체제의 작동이 지체되었다. 나아가서 이제까지 부처별, 법령별로 물적사고와 인적사고를 구분하여 관리하여 왔으나 개별 공사차원에서는 통합하여 감시할 수 있는 체제의 운영이 필요하다.

2013년에 발생한 노량진 수몰사고의 경우도 발주자 및 감리자의 역할과 책임이 미비함을 보여준다. 노량진 수몰사고의 경우 기술적 대책 이전에 사고의 근본적인 원인을 진단하면, 발주자(상수도 사업본부)는 사고방지에 대한 법적 책임이 없어 감리자, 설계자 및 시공자를 선정 시 이들의 안전역량을 반영할 필요가 없었으며, 공사비, 공사기간 등의 결정에도 안전을 고려할 필요가 없었다. 시공자의 경우 영업정지 등으로 부적격 업체임에도 교체하지 않았는데 이러한 역할은 발주자만이 할 수 있는 역할이다. 발주자가 이러한 근본적인 공사안전 저해 요인을 제공한 것이다. 그럼에도 공사 전반에 걸쳐 모든 권한을 가지고 있는 발주자는 자신의 책임을 책임감리업체에 떠넘길 수 있었다. 감리업체 선정 시에도 안전관리 능력은 중요한 고려 대상이 아니었다. 감리업체에도 안전감독을 선임할 의무를 부여하지 않고 있어 감리자가 안전관리를 제대로 수행할 체제도 갖추지 않았다. 사고상황에 대한 보도에도 안전을 감독하여야 할 안전전문가의 역할은 찾아 볼 수 없었다.

이 사고에 대한 법원의 판결은 산업안전보건법상 안전수칙을 지키지 않은 것으로 하청업체 소장이 징역 2년, 원청업체 현장소장은 이보다 낮은 금고 2년에 집행유예 3년, 감리자에게는 금고 1년 6개월에 집행유예 2년이 선고되었다.[8] 발주자에게는 도의적 책임은 있으나 직접적으로는 어떠한 업무상의 소홀한 점이 없다며 무죄를 선고하였다. 하지만 서울시에서는 기술부시장이 사임했고 본부장이 보직에서 해임되었다. 이는 안전을 감독하고 견제하는 핵심 기능이 구축되지 못하였다는 것으로서 전적으로 발주자의 책임이다.

건설사고를 방지하려면 공공과 민간을 불문하고 '비용을 지불하는 자(갑)'의 주문만이 효력을 가지므로 모든 의무는 발주자를 통하여 시행하는 체제를 구축하여 운용하여야 한다. 발주자를 비켜가는 것은 문제의 본질과 핵심을 비켜가는 것이다. 안전은 감시기능이며 충분한 유자격자가 수행하여야 한다.

3. 발주자의 의사결정 권한과 안전책무

발주자는 건설산업 문제의 생산자이자 해결자

반복되는 대형사고의 여파로 핵심을 비켜간 대책들이 중첩되는 경향이 있다. 보통 초기 문제 발생 시 근원에 대한 진단이 부족하면 지엽적인 대책이 나올 수밖에 없으며, 필연적으로 이 해결책은 문제를 해결하지 못한다. 따라서 일정 시간이 지나면 또 다른 해결책을 찾아서 내걸게 되며, 이러한 양상이 반복되다 보니 실효성이 부족한 지엽적인 대책들이 시간이 갈수록 쌓여갈 수밖에 없다.

요즈음의 복잡한 제도나 규정을 보고 있노라면 무슨 사업을 위해서는 본래 일 자체보다는 복잡한 제도나 규정을 터득하고 적응하는데 더 많은 시간과 노력을 들여야 하지 않을까 염려된다. 건설산업의 비전, 건설경제의 민주화, 건설산업의 이미지 개선, 경쟁력 강화 등 건설산업의 수많은 화두들이 기존의 대책과 노력으로 조금이라도 해결되어가고 있다고 느끼는 건설인이 얼마나 될지 의문이다.

부실공사, 대형사고, 산업재해 등 건설산업의 모든 문제는 발주자로부터 시작된다. 공공부문과 민간부문을 막론하고 건설사업의 소유주와 수행에 따른 최종이익 귀속 주체는 발주자이며,

발주자의 편의와 이익을 위하여 건설사업은 수행된다. 여기에 건설사업은 제조업의 시장생산 방식이 아닌 철저한 발주자의 주문에 의하여 수행된다. 발주자의 주문은 공사의 제반 조건을 결정하며 특히 공사의 품질과 안전을 좌우하는 수급인의 선정, 공사비와 공사기간의 결정 등은 전적으로 발주자의 권한에 속한다.

대표적인 예로 오래 전에 보도된 고속철도공사 중 터널 내 지반이 함몰되는 사고도 근본 원인은 발주자가 지반조사를 하지 않고 공사에 대한 정보를 시공자에게 제대로 제공하지 않은 데서 비롯되었으며, 발주자가 공사에 필요한 정보를 제대로 제공하지 않아 발생한 사고는 부지기수이다. 하지만 이제까지 부실공사나 사고로 실질적으로 발주자가 책임을 지거나 처벌을 받은 사례는 찾아보기 어렵다. 죄형법정주의를 원칙으로 하는 우리나라의 법제상 발주자의 권한 행사에 따른 책임을 규정한 법령은 전무하기 때문에 처벌이 불가능하다. 발주자의 책임에 관한 핵심이 빠진 현행 법과 제도는 도리어 발주자의 무리한 요구를 강화시키고 합리화시키는 역할을 보장해준 셈이다. 궁극적으로 사고나 부실공사를 부추기는 시스템이 될 수밖에 없었다고 본다. 관련 부처는 핵심을 비켜가고 건설업 종사자는 그냥 감당해온 것이다.

최근에 갑을 관계에 대한 논쟁이 뜨거우며 다양한 대책이 쏟아져 나오고 있는데 근본을 바로 세우려는 노력은 보이지 않으며, 특히 발주자의 권한은 막대한데 주문하고 요구할 권한에 비해 주문 사항에 대한 책임은 전혀 물을 수 없는 제도로 운영되고 있다. 발주자로부터 말단 일용근로자에 이르기까지 갑을의 역학관계는 대물림되어 마지막 주자인 일용근로자가 사고의 위험에 노출되어 있으며 가장 피폐한 삶을 영위하고 있다.

국가적 수치인 성수대교 붕괴사고나 삼풍백화점 붕괴사고는 건설사고 발생 메카니즘의 전형이었다. 그러나 최근까지도 이러한 사고발생 메카니즘의 근본적 개선에는 진전이 별로 없었다. **사고 발생 후 사고원인의 규명을 위해 우리 기술자들은 강재를 시험하고 콘크리트 파편을 조사 분석하는 등 기술적인 원인의 분석에는 매우 철저하였는데, 기술적인 결함 외에는 사고의 근본 원인을 파헤치지 못하였으며, 따라서 방지대책도 진단, 점검 등의 기술적인 대책과 이러한 일자리를 늘리는 수준에 머물렀다.** 주지하다시피 사고의 근본 원인은 발주기관의 안이한 유지관리와 건축주의 과욕에서 비롯되었으며, 여타의 기술적 결함은 부적절한 상위 의사결정에 따른 필연적인 귀결이었다. 물론 여기에는 갑을 관계, 속칭 을에게 무리한 요구를 강요한 속칭 '갑질'에 제동장치가 없었기 때문이다. 앞에서 제기한 '갑'의 역할과 책임에 대한 합리적인 규정이 없는 여타의 대책은 기존의 대책에 더 복잡한 제도와 절차를 추가하여 '갑'의 불성실한 책임이 하위의 힘 없는 수급자들에게 떠넘기기가 더 용이해질 우려가 크다.

하지만 오늘까지 우리나라에 발주자의 무리한 '갑질'을 자제하게 하거나 처벌한 사례나 처벌할 근거는 미비하다. 즉, 이제까지의 모든 부실방지, 사고예방 등을 위한 대책이나 제도는 문제의 본질을 비켜간 것임에도, 모두가 이러한 불합리성을 당연한 것으로 여기면서 사고의 단기적 대응에 급급해온 것으로 비쳐진다. 이제는 발주자와 건축주는 자신의 책임에 대한 '불편한 진실'을 수용하고, 관련 부처와 건설산업은 비상식적인 제도의 불합리성을 개선하여 공정한 규칙을 제도로 정착시킬 때가 되었다고 본다.

발주자 안전책무 부여 원칙

누구의 책임인지부터 결정하고 제도를 정비해야 한다. 공정한 책임체제를 구축하려면 기존의 제도를 만들어 낸 낡은 사고방식에서 벗어나는 발상의 전환이 필요하다. 여기서 건설기술자의 엔지니어로서의 한계를 보게 된다. 기술적인 대책의 필요성을 전혀 알지 못하는 사람들에게 첨단의 기술적 정보는 죽은 지식에 불과한 것이다. 건설기술자도 엔지니어의 편협한 사고의 틀을 벗어나야 한다.

건설사업에서는 상류 단계를 바로 잡아야 전체가 바로 선다. 인체의 자세도 다리를 바로 해야 하는 것이 아니라 머리부터 바로 놓여야 자세가 바르게 된다. 도급을 주면 그만이지 발주자가 무슨 책임을 져야하냐고 반문할 수도 있기에 발주자에게 안전책무를 부여하는 원칙을 먼저 세울 필요가 있다. 사고예방의 기본원칙에 따라 발주자는 자신의 이익을 위해서도 사고로 인한 손실이 없어야 한다. 발주자는 위험생산자로서 안전이라는 사회적 책무를 이행해야 하며, 자신이 소유한 공사에 참여하는 사람들의 안전에 책임이 있다. **앞에서 소개한 CDM 개념을 구현하기 위한 발주자의 안전책무부여 원칙은 다음과 같다.**[9]

첫째, '누구의 책임인가' 원칙에 따라 발주자의 책임 범위가 명확하여 수급자(이행자) 입장에서 이해하고 이행하기에 용이해야 한다. 역할·권한·책임 3면 등가의 법칙에 따라 역할과 권한을 규정하고 이에 따라 책임과 벌칙을 규정해야 한다. 사고의 근본적 요인인 공기, 공사정보, 역량 있는 수급자 선정 등이 발주자의 주된 역할이자 권한이므로 이에 대한 책임을 명확히 해야 한다. 발주자가 행사하는 권한 중 가장 중요한 권한은 수급자를 선정하는 권한이며 수급자의 선정시 안전보건역량이 검증된 수급자를 선정하도록 하여야 한다. 발주자의 포괄적 안전보건 책무는 EU의 규정과 영국의 CDM을, 건설사업 단계별 구체적인 책무는 '건설공사 안전관리 업무 지침'이 참고가 될 수 있다.

둘째, '제3자 감시원칙'의 작동 여부와 감시·감독 경로의 확보 여부를 확인하여야 한다. 기존 제도하의 건설사업 안전보건관리체제가 실효성을 내지 못한 이유는 감시자 역할을 하여야 할 안전전문가가 '안전관리자'라는 명칭으로 생산라인조직의 하부 요원으로 배치되어 있어서 감시와 견제 기능을 제대로 발휘하지 못했기 때문이다. 건설현장은 사전에 계획된 의도가 실현된 것에 불과하며 상황이 수시로 변하기 때문에 일시적 간헐적인 공사현장의 점검을 통한 시정조치는 근본적으로 이행력이나 실효성을 갖기 어려우므로 기존의 사고예방 노력이 노력한 만큼의 안전수준 향상 성과를 거두기 어려웠다. 한시적 이동성이라는 특성을 갖는 건설현장의 감독과 감시는 공사계획단계부터 이행되어야 하며, 공사 중에는 상시감독이 가능해야 하는데 외부의 인력으로는 해결할 수 없는 사안이다. 따라서 발주자의 권한을 가지고 전체 공사참여자를 감시·감독하는 참모기능의 '안전전문가Safety Coordinator'가 필요하다. 참모는 발주자의 이익을 위해 발주자의 책무 이행을 보좌함과 동시에 정부 차원에서는 지도·감독의 경로가 되어야 한다. 제3자 감시기능이 없는 안전관리체제는 실효성을 담보할 수 없다.

셋째, 발주자의 의사결정 권한에 따른 책임은 절대로 수급자에게 전가될 수 없음을 명시하여야 한다. 발주자의 사고예방에 필요한 안전에 역량있는 수급자 선정, 정보의 제공 등 발주자의 안전보건 책무는 대리인이나 하수급자에게 전가될 수 없다. 안전참모는 어디까지나 감리기능으로서 발주자의 참모이자 대리인으로서 발주자의 역할을 대행하여 수급자를 감독하는 역할로 제한된다. 자체 역량이 부족한 발주자의 경우도 예외가 될 수 없다. 기존의 건설관련 제도에서는 발주자로 하여금 감리자 등 대리인을 선임하게 하고 역할 뿐만 아니라 책임까지 전가하는 제도로 운영되어왔다. 부적절한 설계나 공사비나 공기의 문제 등 안전에 위협이 되는 사항에 대해서도 발주자는 적극적인 대응이 없이 단순 시정을 요구하는 수준의 매우 소극적인 책임체제였다. 때문에 수급자들의 독려에 한계가 있었으며, 외부의 감시나 감독의 노력도 실효성을 거두기 어려웠다.

넷째, 발주자의 안전보건 책무는 공급사슬망과 시스템 다이내믹스 관점에서 여타의 이해당사자와 상호작용의 관계로 규정하고 문서화함으로써, 발주자가 자신의 안전보건 책무 이행 여부를 스스로 확인할 수 있는 관리체계이어야 한다. 발주자가 지명하거나 선정하는 대리인이나 수급자에게는 발주자의 안전보건 책무를 고지할 의무를 부여하고, 제3자 감시원칙에 따라 이러한 의무의 상호 이행 여부를 인허가나 공사신고서 등을 통하여 감독기관이 확인할 수 있어야 한다. 기존의 제도처럼 의무이행자 각자의 책무만을 개별적으로 규정한 제도로는 작동성을 담보할 수 없다.

다섯째, 발주방식이나 사업의 규모에 무관하게 보편적으로 적용이 가능하여야 한다. 발주자는 크게 공공과 민간으로 구분할 수 있으며, 공공의 경우 발주절차가 별도로 규정되어 있는 경우가 대부분으로서, 기존의 제도는 대부분 건설사업의 규모, 즉 공사규모에 따라 구분하여 발주하고 감독하는 방식으로서 책임의 수준에 차별을 두고 있다. 공사의 규모에 무관하게 적용이 가능한 단순한 규칙이 되어야 한다.

여섯째, 발주자의 역량에 무관하게 적용이 가능하여야 한다. 일부 공공발주자를 제외한 대부분의 발주자는 자체적으로 안전보건을 관리할 역량이 없으므로 외부 전문가CSP; Certified Safety Professional를 활용할 수 있는 장치가 마련되어야 한다. 역량이 부족하거나 일회성 발주자의 경우 자신의 책무를 보좌할 수 있는 전문가를 활용할 수 있는 장치가 제공되어야 한다. 발주자가 안전전문가를 자신의 대리인으로 선임할 경우 규정에서는 안전전문가의 최소한의 역량만 규정하고, 선임의 형태는 감리단, 설계자, 안전전문기관, 개인 등 소속에 무관하게 자유롭게 선임하게 하면, 별도의 비용을 들이지 않고도 기존의 인프라를 최대한 활용할 수 있게 될 것이다.

일곱째, 건설사업의 특성에 적합한 안전책무 이행체제여야 한다. 건설사업의 제반 안전의무의 이행 여부에 대한 확인 및 독려의 주체는 발주자가 되어야 하며, 소요되는 제반 비용도 위험생산자인 발주자가 부담하게 하여야 한다. 수급자의 안전보건 책무는 외부 기관이 아닌 발주자의 주문을 통해서 이행시키고, 발주자나 발주자의 대리인이 직접 확인하도록 하여야 한다. 기존 제도는 이해관계가 무관한 외부자가 개입함으로써 외부자는 기피대상이 되었으며 일회성 점검이나 감독으로 유동성이 높은 건설현장에는 실효성이 없었다. 건설사업은 발주자가 이익(가치)을 얻기 위하여 시행하며, 건설사업과 공사현장의 안전보건수준을 개선하기 위하여 설계 및 공사계획 단계부터 충분한 준비가 되도록 하고 공사단계에서는 계획의 이행여부를 확인하는데 목표를 두어야 한다.

여덟째, 안전책무의 불이행이나 위반시 벌칙이 필수적이다. 벌칙의 수준은 직간접적인 위험 생산요인을 충분히 억제할 수 있는 수준이어야 한다. 발주자의 고유한 의사결정 권한 중 안전보건에 직간접적으로 영향을 미치는 사항에 대하여 자신의 이익을 위한 무리한 요구를 충분히 자제시킬 수 있어야 한다. 발주자의 안전책무에는 반드시 벌칙이 수반되어야 하며, 안전보건 책무의 불이행이나 위반 시 벌칙의 수준은 발주자의 무리한 요구를 억제시킬 수 있는 수준이어야 한다.

아홉째, 발주자의 입장에서 자신의 안전보건 책무를 인지시킬 수 있는 장치가 제공되어야 한다. 아무리 훌륭한 제도가 있어도 이행 의무가 있는 수범자들이 이를 인지할 수 있는 경로가 없다면 이행을 기대하기 어렵다. 몰라서 의무를 이행하지 못한 경우에 처벌을 받는다면 억울하게 생각할 수 있다. 따라서 안전책무 규정이 실효성을 확보하기 위해서는 건설사업의 착수와 동시에 발주자로 하여금 자신의 안전책무를 인지하게 할 수 있는 장치가 마련되어야 하며, 발주자의 대리인이나 수급자에게 안전보건 책무 고지의무를 부여하고, 국가차원에서는 건설사업의 신고나 인허가 절차에 인지 여부를 확인하는 기능을 포함시켜 이행 여부를 확인하여야 한다.

정부나 지방자치단체 등 감독기관의 차원에서 개별 건설사업에 접근과 감독의 경로가 확보되어야 하며, 기존의 인허가서류나 착공신고서 등에 기능을 추가함으로써 쉽게 해결할 수 있다.

열째, 필요한 역량의 확보에 초점이 맞추어져야 한다. 모든 사고의 근본원인은 이행자의 역량 인원의 부족에 있다. 이는 주문자가 이익의 극대화를 위하여 적정한 비용의 지불을 회피한 결과로서, 최소한의 자원(역량)을 구매하지 않은 것이다. 제도의 이행력 담보를 위해서는 적정한 자원, 특히 요구되는 역량이 확보될 수 있도록 해야 한다. 사고의 근본원인은 필요한 기술의 부재에 있으며 필요한 기술은 공사에 참여하는 사람들 속에 있을 때만 발휘될 수 있으므로, 발주자를 비롯한 모든 안전보건 책무 이행의 마지막 관건은 역량에 달려있다. 구체인 내용은 CDM에서 기술한 바와 같다.

이밖에 고려가 필요한 사항은 다음과 같다. **먼저 규정은 최대한 단순해야 한다. 발주자 책무는 목표설정 방식으로 규정하여, 달성해야 할 목표를 명확히 제시하고, 달성 방법은 하위 규정이나 지침으로 하여 수범자의 이행방법에는 최대한의 자율성을 부여하여야 한다.** 중대재해처벌법이 대표적 실패 사례로서 지침 수준의 달성 수단을 상위 법률에 규정함으로써 사업의 특성과 규모에 적합한 자율적 안전관리를 원천적으로 봉쇄하고 법률가에게 의존을 심화시켰다. 건설사업 안전관련 법령에 누락이나 중복이 없도록 조정하여 통합적으로 적용이 가능해야 한다. 부처나 법령별 소관이 다르더라도 건설사업의 안전관련 법령에는 동일한 원칙이 구현되어야 하며, 용어 등도 통일적으로 사용되어야 한다.

다음으로 우리나라의 문화와 관행 중 안전을 저해하는 불합리한 관행을 억제할 수 있어야 한다. 안전을 저해하는 요인 중의 하나는 갑의 위치에 있는 권력자, 즉 발주자의 무리한 요구(속칭 '갑질')로서 이를 자제시키기에 충분한 억제력이 있어야 하며, 주문자가 요구만하고 책임은 지지 않는 관행을 근절시킬 수 있어야 한다.

기존 인적 자원과 역량 수준 및 공사규모에 따른 단계별 시행을 고려할 수 있지만, 원칙은 반드시 준수되어야 한다. 제도의 순조로운 정착을 위해서는 대상 공사의 범위를 점진적으로 확대해 나가는 방안을 고려할 수 있다. 발주자 책무 중심의 안전관리제도의 목표는 궁극적으로 사고발생률이 높은 중소규모 공사의 안전을 확보하는 데 있으므로, 영국의 경우처럼 점진적으로 자가 공사까지 확대하여 모든 건설공사에 대하여 적용할 필요가 있다. 중소규모 공사의 경우 이러한 접근과 감시경로가 없는 무작위적 접근 방법으로는 근본적인 한계가 있음을 인정할 필요가 있다. 구체적인 발주자의 안전책무는 '5장 다른 나라 건설안전제도의 시사점'에서 기술하였다.

건설산업의 초기부터 최근까지 장기간 발주자가 배제된 건설사업과 안전 관련 제도에 익숙한 우리나라의 발주자에게는 CDM이 영국에서 산업의 지각변동으로 받아들여진 것처럼 '발주자 주도의 총체적 안전관리체제'는 커다란 부담이 될 수 있을 것이다. 나아가서 기존의 도급 관행에 따라 도급을 주었으니 모든 책임은 수급자에게 있다고 반론을 제기할 수도 있을 것이다. 하지만 사고비용은 궁극적으로 발주자의 손실로 귀결되며 발주자의 합리적인 의사결정이 없이는 사고방지가 불가능하다는 것을 받아들여야 할 것이다. 나아가서 발주자부터 생명 존중을 넘어 사회적 책임을 다함으로써 건설사업 종사자 모두의 동반성장에 기여한다는 긍지를 가져야 할 것이다.

비전문가인 발주자를 위한 의사결정 지원 장치

우리 나라에서 발주자를 책임체제에서 원천적으로 배제시킨 이유는 두 가지로 추정된다. 하나는 앞에서 기술한 정부 부처의 입장과 안전 부서의 전문성과 위상이었으며, 다른 하나는 대부분이 건설에 문외한인데 어떻게 책임을 물을 수 있겠는가 하는 것이다. 건설산업 혁신을 부르짖어 왔지만 혁신의 논의에서 고객이자 주문자인 발주자는 항상 소외되었다.

똑똑한 발주자가 똑똑한 건설산업을 만든다고 했다. 그러면 건설에 비전문가인 대다수 발주자를 어떻게 똑똑하게 만들 것인가? 발주자에게 책임을 물으려면 발주자가 합리적인 의사결정을 할 수 있는 장치의 제공이 선행되어야 한다. 이러한 이유로 영국에서는 발주자로 하여금 자신의 법적 안전책무를 이행하게 하는 장치로 안전전문가를 선임하게 한 것이다. 하지만 이런 장치는 예전부터 있었다. 똑똑한 건축주는 유능한 건축사를 찾았으며, 발주자 자신이 역량이 부족할 경우는 외부 전문가로부터 조력을 받았다. 전통적으로 건축주가 좋은 건축물을 얻으려면 도목수부터 장인들을 극진히 대접해야 했다. 물론 안전조정자는 소속에 구애받지 않으며 법에서는 최소 요건만 규정하고 발주자의 요구만 충족시킬 수 있으면 된다. 발주자 중에서도 사각지대는 중소규모공사와 비슷하게 어쩌다 간혹 발주하는 공공발주자와 CPC, 개발사업자 등 사업주이기는 하나 의사결정 권한에 비해 감당 능력이 취약한 발주자들이다. 발주자로서 안전책무 이행을 담보하기 위해서는 확실한 감시체제의 구축과 운용이 필수적이다.

4. 간과되고 있는 암 ; 심의제도

부실과 사고의 조력자; 불공정한 심의

안전이 주제인데 무슨 심의제도를 거론하느냐고 의아해 할 수도 있을 것이다. 불공정한 심의는 우선 사업비의 남용으로 건설사고의 보이지 않는 원인 중의 하나이며, 사업의 안전에 직접적인 영향을 미치는 부적합한 설계자나 시공자의 선정으로 드러나지 않는 건설사고의 근본 원인에 해당한다. 삼풍 참사로부터 세월호참사 등 거의 모든 사고의 근본에는 기술의 실패가 아닌 비리와 부조리가 있었으며, 최근 광주 학동 사고에서도 다시 증명되었다.

공공부문에서 비리와 부조리는 낙찰자 선정을 위한 심의 이전부터 시작된다. 컨소시엄, 턴키 방식을 비롯한 모든 공사와 설계 관련 제도는 먼저 심의 방식부터 투명하고 공정해져야 한다. 그래야 건설기업은 기술역량 경쟁을 하게 되고 역량있는 기술자를 우대하게 되어 건설산업의 선순환 발전이 가능해진다. 기술역량보다 관계로 좌우되는 영업력이 수주의 성패를 좌우하는 현실을 부정하기 어렵다. 관행이 이렇다 보니 건설기업은 전 직원을 동원하여 전국의 심의위원을 상대로 연중 관계 맺기에 나서지 않을 수 없는 환경이다. 구성원의 입장에서는 당락의 여부를 영업과 결부시키고 고과에 반영하니 움직이지 않을 도리가 없다. 영업력이 당락을 좌우하는 현실에서 정직하게 역량을 키워 우수한 작품으로 도전한 사람들이 고배를 마셔 좌절하는 경우도 많았다. 한번 실패하고 나면 다음에는 일보다 관계 맺기에 동참하지 않을 수 없게된다.

발주자는 경제적인 사업의 수행을 위해서도 시공자나 감리자 선정 시 최고 적격자 선정에 더 공을 들일 필요가 있다. 부실한 설계는 부실과 사고의 근원이며, 부적절한 설계자나 시공자를 선정하게 되면 답이 없다고 보아야 한다. 수급인은 한 번 선정되면 바꾸기 어려우며, 사업의 수행과정에서 교정하는 것은 심의에서 최선의 선택을 하는 것보다 훨씬 힘이 들며 개선에도 한계가 있을 수밖에 없다. 부실한 설계는 수급자에게 엄청난 부담을 안겨주는데, 그나마 상위 건설사들은 자체 설계검토 절차가 있어서 착공 전에 설계상의 오류를 바로잡고 공사에 들어간다. 하지만 대부분의 시공사는 도면 수준 이상의 공사 수행을 기대하기 어렵다.

건설사들은 공사비의 5%에 상당하는 비용을 수주를 위한 영업비용으로 쓰는 것으로 알려져 있다. 이 영업비용의 대부분은 심의위원을 설득하고 회유하는 데 소요되며 담당자를 정해서 연중 관리한다. 건설사마다 차이는 있지만 본사와 현장을 막론하고 소장을 비롯한 팀장급 이상은 거의 1/3정도의 시간을 본업이 아닌 영업을 위해 자리를 비운다. 현장소장이 안전을 챙기기 어려운 보이지 않는 중요한 이유 중의 하나이다. 시공사의 인원이 감리단 인원보다 적은 경우도 있는데, 인당 생산성 등의 명목으로 부족한 인원으로 공사를 수행하면서 영업까지 해야 하니 현장에 공백이 생길 가능성이 커지는 것이다.

이러한 과도한 영엽비용의 지출은 수주에 실패한 업체에게도 치명적이지만 수주에 성공한 업체에게도 결국 공사단계의 공사비 부족이라는 최고의 사고유발 요인으로 작용한다. 영업비용은 결국 현장에 부담시킬 수밖에 없으므로 현장소장이 실행예산으로 집행해야 할 공사비가 줄어드는 것이다. 건설사 직원의 입장에서 실행예산이 부족한 현장에 배치되는 것 만큼 재수없는 일은 없다. 공사비와 공사기간이 부족한 어려운 현장을 잘 마무리해도 공사비를 남기지 못했기 때문에 인센티브도 없다. 고생은 고생대로 하고 인정도 받지 못하는 최악의 상황을 겪어야 한다.

발주자의 입장에서 자신의 비용이 이런 방식으로 낭비되는 것을 안다면 기겁을 할 것이다. 최종 목적물의 품질을 확보하는데 쓰여야 할 비용이 공사의 시작 전부터 낭비되고 있는 것이다. 공공공사의 경우는 국가의 세금이 낭비되는 것이며, 만약 심의자들이 금전적이나 다른 향응을 받았다면 세금을 오용하는데 동참한 것이다. 하지만 이렇게 오용된 비용은 꼬리가 잘 잡히지 않는다. 모두가 공범이기에 담합을 어겨 누군가가 필요 이상의 불이익을 당했을 경우만 수면 위로 떠오르게 된다. 건설사 내부에서도 과오를 저질러 중대사고가 발생해도 책임자를 처벌할 수 없다. 회사가 처벌하려 해도 그동안 누적된 비리를 까발리겠다고 하면 속수 무책이다. 도리어 제발 가만히 있어달라고 부탁해야 할 정도로 입장이 바뀌게 된다. 반복되는 사고 정보로 재발을 막을 수 없는 보이지 않는 이유이다.

심의위원들은 학연, 지연, 인맥 등을 통해 사전에 어떤 형태로든 건설기업의 압박을 받고 있다. 최근에는 심의 과정이 생중계되고 심의위원의 평가 점수가 공개되므로 여러 회사와 관계를 맺고 있는 심의위원의 입장은 난처할 수밖에 없다. 그럼에도 불구하고 ○○마피아 등 밀어주기가 성행하고 있다. 극단적으로 경쟁사의 점수를 깎아내리게 하여 반사이익으로 당선이 되는 전략도 통하는 실정이다.

불공정한 심의 관행은 사업비의 오용으로 실무에 종사하는 건설기술자에 대한 대우를 열악하게 만든다. 공공부문의 공사를 수주하기 위하여 해당 기관이 퇴직자를 영입하는 것은 오래된 관행이다. 최근에는 이러한 경향이 더욱 심해져서 영업만을 위해 영입한 공기관의 퇴직자 수가 증가해왔다. 이러한 현상은 건설산업이 비리와 부조리 산업으로 잘못 가고 있는 현상 중의 하나임에도 다수가 침묵하거나 여기에 편승하고 있는 것으로 보인다. 영업만을 위해 고용한 임원진들의 과도한 인건비는 실무 기술자들의 대우를 취약하게 만들어 유능한 인재의 이탈을 부추길 것임에도 발주기관은 퇴직 후의 자리 만들기로 공생하고 있다고 할 수밖에 없다. 우리나라 건설산업이 실력보다는 영업력이 좌우하는 비리의 산업임을 증명하는 것임에도 국가, 발주기관, 건설업 경영자의 관심은 미미한 것으로 보인다.

심의위원의 입장에서 설계, 시공계획 등에 대한 본인의 소신을 반영할 수 없는 상황이다 보니 눈치를 보며 따라가는 경우도 생길 수 있다. 철저하게 익명성을 보장하면 공정해질 수 있다는 의견이 있는 반면, 다른 한편에서는 심의 결과가 공개되지 않으니 친분이나 금전적 결탁으로 밀어주기가 더 쉬워질 것이라는 우려도 있다. 심의 관행이 관계맺기 중심이 되다 보니 영업을 하는 자와 영업의 대상이 된 자가 도리어 이러한 환경을 즐기고 있는 것은 아닌지 의심스럽다. 심의자들은 심의 대상자들로부터 종종 자사의 역량부족을 탓하기보다는 그럴지는 몰랐다고 심의자를 탓하는 소리를 듣기도 한다. 대책에는 영업 맨의 입장에서 성과와 자리가 걸려있어 당락이 중요하니 사활을 걸 수밖에 없다는 점도 고려해야 할 것이다. 수급인 선정을 위한 심의는 긴 건설사업의 기간 중 찰나利那에 불과하지만 심의 결과는 사업의 질과 사고방지에 결정적인 영향을 미친다.

심의 제도 개선에 대한 논란

극심한 관계 맺기로 심사자의 심사 결과에 공정성이 의심되는 경우가 많이 발생하고 있다. 규모가 크고 이윤이 보장되는 턴키공사일수록 심사자의 횡포가 심한 편이다. 최근 한 공공기관의 불공정한 관행이 문제가 되면서 심의 방식도 쟁점이 되고 있다. 보도[10]에 의하면 심의 혁신 방안으로 '심사위원회 구성 시 내부위원 배제' 항목이 건설엔지니어링 업계의 반발을 사고 있다는 것이다. 업계가 반발하는 이유는 전문성 약화와 과도한 영업 등의 부작용이 일 것이 우려된다는 것이다. 업계가 보는 기존 외부심의의 부작용으로 "대학 교수나 국책연구원 연구위원 등이 중심인 외부위원 평가단은 기술력보다 사실상 친밀도를 토대로 사업자 평가를 하고 있는데, 외부 위원 평가 의존도를 높이면 외부위원들을 대상으로 한 엔지니어링사의 과한 영업이 기승을 부릴 것"이며, "솔직히 종합심사제에 대한 외부위원들의 이해도가 내부 위원에 비해 떨어지는 편인데, 무엇을 믿고 외부위원에게 평가를 맡긴다고 하는 것인지 이해가 되지 않는다."고 하였다. 대안으로 "평가에 대한 전문성과 공정성을 동시에 잡으려면 내부위원 평가를 중심으로 하면서 준비감사관제 등을 통해 관리감독을 강화해야 한다."고 하였다.

위 의견들을 더 구체적으로 들여다보면 이제까지 기존의 심사는 비리의 온상으로서 심사위원 특히 외부심사위원이 공정하게 평가를 하지 않아서 전반적으로 공정성이 결여되었음을 시인하는 것이다. 공정성이 결여된 이유는 과도한 영업으로 심사자가 관계망 속의 영업에서 자유로울 수 없다는 점도 있지만 심사자 본인이 청렴하다면 문제가 되지 않을 것이다. 실제 영업에 종사했던 분의 말을 빌리면 억대 수준의 눈먼 돈의 유혹을 뿌리치는 사람은 매우 드물다는 것이다. 검은 거래가 있어도 공범으로 흔적을 남기지 않을 뿐만 아니라 결코 드러내놓고 얘기할 사안이 될 수 없기에 비리는 계속되고 있는 것이다. 어쩌면 내외부 심사자와 영업자가 서로 부조리한 이러한 상황을 도리어 즐기지는 않았는지 돌아볼 필요가 있다.

간과되고 있는 것은 업체들이 영업을 위해 수많은 퇴직자를 고비용으로 보유하고 있는데, 내부 심사위원만으로 할 경우는 관련 기관의 퇴직자를 많이 보유한 업체가 유리한 고지를 점령하는 불공정이 시정될 수 없다는 것이다. 내외부 심사자를 불문하고 업체 역량이 평준화되어 변별하기가 어려운 상황이 대부분으로서 편파 심의의 의혹을 받지 않고도 얼마든지 특정 업체를 밀어주는 일은 가능하다. 물론 사전접촉을 금지하고 전화기를 포렌식한다고 하지만 이러한 실무에서는 이러한 규칙이 무용지물임을 누구나 알고 있다. 심의 상황을 생중계하는 것도 말하는 것을 공개하여 주의하게 하는 효과는 있겠지만 말과 다른 채점은 해결할 방법이 없다. 심사자를 원천적으로 각성시킬 수 없기에 형식만 그럴듯하게 보일 수밖에 없다. 나아가서 심사가 공정해지면 불필요한 영업이 줄어들어 일자리를 잃는 사람이 생길 수도 있다. 심사가 공정해야 할 이유는 발주자의 비용이 공정하게 집행되어야 하기 때문이기도 하지만, 과도한 영업 인원과 퇴직자의 채용은 실제로 일하는 실무기술자의 임금수준을 떨어뜨려 대우를 열악하게 하고 있으며 궁극적으로는 건설산업을 피폐하게 만드는 길이 될 수 있기 때문이다.

공정한 심의를 위한 대안

공사보다 중요한 것은 공사의 내용이며, 그보다 더 중요한 일은 적격의 수급자를 선택하는 것이다. **심의 비용이 전체 건설사업비에서 차지하는 비중은 무시할 만한 수준이지만, 그 결과는 비용으로 환산하기 어렵기 때문에 비용대비 효과성이 간과되고 있다. 설계, 감리, 공사를 잘하는 것보다 잘할 수 있는 수급인을 선정하는 것이 훨씬 중요함에도 역량있는 수급인을 선정하는 사전적 노력은 관행으로 처리되고 있다.** 우선 발주자가 가격이 당락에서 차지하는 비중을 최소화시켜야 한다. 즉 가격을 깎더라도 당락에 거의 영향을 미치지 못하는 구조를 만들어야 기술력에 집중하게 될 것이다. 평가 방식에서 예정가격의 100%를 기준으로 입찰금액(공사비, 지가보상 등)의 다과가 차지하는 비중을 대폭적으로 줄여야 부실시공, 사고, 공기지연, 설계부실 등을 최소화할 수 있을 것이다. 공기, 품질, 안전, 설계 등은 비용이 충분치 않으면 절대 보장될 수 없다. 시공과 설계안 중에서도 설계안의 비중이 커야 한다. 아무리 역량이 있는 건설업체라도 설계가 제대로 되지 않으면 공사중에 품질, 안전, 공기 등을 확보하기 어렵기 때문이다.

공정한 심의를 위한 대안은 심의 결과에 대한 완전한 익명성 보장과 완전한 투명성 확보라는 스펙트럼 안에 있으며, 양 극단이 모두 현실적으로 고려해야 할 요인들이 많다. 가장 중요한 요인은 우리나라는 안면사회로 심사자와 심사대상 모두가 학연, 지연, 혈연 등으로 끈끈하게 얽혀있다는 것이다. 이러한 관계망 속에서 심사자는 심사 대상에 속해있는 사람들과 불편한 관계가 되는 것을 결코 바라지 않는다. 여기서는 극단적인 투명화 방안을 제안한다.

첫째, 가장 어려운 과제이지만 평가기준이 대상 건설사업의 평가에 적합해야 한다. 평가기준에서 변별력을 확보하기는 쉽지 않다. 특히 반복되는 유형의 사업일 경우 제안서 등의 수준이 빠르게 평준화되기 때문이다. 향후 발주자 안전책무에 대한 리스크를 줄이려면 안전분야에 대한 비중을 대폭 높여야 할 것이다.

둘째, 사후에 심의위원과 심의 결과를 공개하여 철저하게 심의위원이 책임지게 한다. 심의자로 하여금 심의 내용의 공정성이나 합리성에 대하여 최대한 책임을 지게 하는 것이다. 심사자에게 철저하게 책임을 물음으로써 공정한 심사에 자신이 없는 사람은 원천적으로 심사자로 지원하지 못하도록 해야 한다. 사적인 이해관계에 따라 불공정해질 소지를 최소화해야 한다.

셋째, 심의 시간을 늘여서 심의 내용을 최대한 구체적으로 작성하게 한다. 우열을 판정한 이유, 장단점 등을 최대한 상세하게 기술하게 한다. 공정성을 담보하기 위해서는 심사의견서가 몇 쪽이 되든지 순위를 판정한 근거를 충분히 자세하고 분명하게 작성하게 하고 공개하여 끝까지 책임을 지게 해야 한다. 점수와 순위를 부여한 근거를 객관적으로 제시하게 해야 한다.

넷째, 심의비용을 심의 강도에 맞게 현재의 몇 배 이상으로 충분히 지급하여 노고를 보상하여야 한다. 소액의 심사비용에 비해 편파적인 심의의 폐해는 너무나 크기 때문이다. 세상에는 공짜가 없다. 현재의 심의 비용으로는 전문가 집단의 헌신적인 심의를 기대할 수 없을 뿐만 아니라 향응이나 금전적 유혹에 약해지기 쉽다.

다섯째, 심의 결과에 대하여 제3자에 의한 2차 평가를 실시하여 누가 보아도 불공정한 내용을 가려내어 심사자 명단에서 영구 제명하는 것이다. 불공정한 심의가 의심되는 심사자는 심의에서 배제하고, 공공부문의 경우는 명단을 공유함으로써 공정한 심의가 될 수 있게 하여야 한다. 우열을 가리기 어려운 경우는 차치하고라도 대다수의 눈에 우열이 분명하게 보이는데 부적절한 판정을 내리는 것은 사회적 신뢰가 바닥인 건설산업을 더욱 부패시키는 것이다. 일정 수준 이상의 전문가라면 대다수가 비슷한 심의결과가 나올 수밖에 없는데, 다수 의견에 반하는 채점이 있다면 문제가 있는 것으로 봐야 한다. 위와 같이 사후관리를 철저히 하면 심사자의 사전공개 등은 의미가 없어진다. 심사자가 심사에 필요한 시간을 낼 수 있는 수준이면 충분하다.

여섯째, 공정한 심의가 어려운 사람이라면 처음부터 제척되는 구조가 바람직하다. 공정한 심의가 어려운 이유는 심의자가 심의 대상과 이해관계에서 자유로울 수 없다는 것과 불공정한 심의를 해도 심의가 종료된 후에도 책임을 물을 수 없다는 점이다. 이해관계에 좌우되어 불공정한 심의를 해도 되는 이유는 심의로 모든 것이 종결되고 심의자에게는 일고의 책임도 돌아가지 않기 때문이다. 물론 평가 내용에 대한 2차 검증을 하면, 일부 심의자들은 아예 심의에 참여하지 않거나 자신의 소신보다는 중간 정도의 무난한 평가를 할 수도 있을 것이다. 하지만 적어도 이해관계로 순위가 뒤집히는 위험을 줄일 수는 있을 것이다. 심의자로 하여금 떳떳하게 장단점을 피력할 수 있는 분위기와 문화를 조성해서 건설사업비의 오용을 차단해야 한다.

그럼에도 불구하고 여전히 해결될 수 없는 영역이 존재한다. 심의 결과에는 심의자의 가치관이 반영될 수밖에 없으며, 기술 분야보다 예술성이 중요시되는 의장분야에서는 더욱 그렇다. 그럴수록 이러한 심의자의 가치관이 분명하게 드러나게 하여 공공의 평가를 받게 해야 공정하고 투명한 심의가 가능해질 것이다. ESG가 화두가 되고 있듯이 기술력을 향상시켜야 할 시간에 관계 맺기를 위해 전국을 누비는 불합리한 관행을 청산해야 한다. 영업비용으로 치부될 수도 있지만 이는 국민의 세금으로부터 나오는 발주자의 비용이 오용된 것으로 결코 용납될 수 없는 식자들의 비리이다. 시민의 이름으로 결코 심사가 이해관계가 반영된 심사로 끝나게 해서는 안될 것이다.

발주처로 하여금 심사위원회가 자신의 책임을 전가하고 희석하는 도구가 되지 않도록 해야 한다. 발주기관은 국민에 대해서 심사의 공정성과 가치에 대해 끝까지 책임을 져야 한다. 심사의 불공정은 고객인 발주자의 입장에서 결코 용납될 수 없는 일이며 국민의 입장에서도 용납될 수 없다. 공정한 심의를 위해서는 원칙을 바로 세우고 어렵더라도 껍데기만 준수하는 기존 규칙을 혁신해야 한다. 심사자가 사심을 버리고 심사하면 심사자의 의견은 거의 일치하여 대부분 오차의 한계를 벗어나지 않는다. 또한 응모자 입장에서 실패 비용을 줄이고 보전해주는 배려가 있어야 한다. 공모에 참여하는 데는 많은 비용이 소요되므로 최소의 적격 대상만 참여할 수 있게 하고 탈락자에게도 비용을 보전해 주어야 한다. 과도하게 다수가 참여하여 국가적으로 시간과 비용이 낭비되는 것을 줄여야 한다. 참여자가 당락을 예측할 수 있도록 공정하게 심사할 수밖에 없는 기준, 절차, 환경이 이러한 경향을 완화시켜 줄 수 있을 것이다.

5. 발주자의 안전책무 이행 전략

공사Output보다 투입Input 단계 관리에 주력해야 한다

공사단계보다 공사 이전의 적격 수급자 선정이 훨씬 중요하다. 건설사업 수행 관행을 공사 이전 단계와 공사단계로 구분하여 비교하면, 이제까지의 관행은 최저가 낙찰제 등으로 부적합한 수급자를 선택한 대가로 공사단계에서는 많은 어려움을 겪으면서도 상대적으로 공사 이전 단계에서 적격의 수급자를 뽑는 데는 소홀한 편이었다. 효과적인 사고방지를 위해서는 수급자 선정에 모든 역량을 집중할 필요가 있으며 노력을 들인 만큼 중대재해의 리스크를 경감시킬 수 있을 것이다. 수급인은 발주자의 요구에 따를 수밖에 없기 때문에 원도급사와 하도급업체의 신속한 체질 개선에도 크게 도움이 될 것이다. 이 원칙은 발주자, 원청사, 협력업체 모두에 공통으로 해당되며 구체적인 수급자 관리 전략은 '종합건설사의 안전경영 혁신'에서도 기술하였다.

공공발주자는 안전책무에 상당하는 권한을 회복해야 한다

대부분의 발주자는 아직 비합리적인 최저가 낙찰을 비롯한 국가조달제도에 묶여 있다. 부분적으로 개선되어 가고 있지만 책임에 상응하는 발주 권한을 되찾아야 한다. 앞에서 언급한 총사업비관리제도, 최저가 낙찰제, 실적공사비 제도 등 예산 절감 위주의 발주 관행을 탈피하여 가치중심, 질 중심의 건설사업 수행이 되어야 한다. 일부 공종에 대한 불필요한 분할 발주 의무도 발주자의 권한을 제약하는 것이며, 주도급사의 관리상의 부담으로 작용하고 있다.

원수급자를 제대로 시켜야 한다

이전에 거론한 바와 같이 우리나라의 안전관리제도에는 건설사업에 부적합한 제도가 있으며, 취지는 좋으나 실제 현장에서는 취지대로 이행되지 못하는 경우도 있다. 유능한 발주자라면 이러한 불합리를 시정해줄 수 있어야 한다. 대표적인 사례가 감리자의 안전감리 역량 부족, 원도급사의 과도한 계약직 고용과 공사팀의 안전 역량과 인원 부족, 안전관리자가 대행하는 안전관리실무, 유해위험방지계획서의 외주작성 등 바로 잡아야 할 일들이 많다.

역량있는 협력업체 선정을 독려해야 한다

주지하다시피 공사현장의 수준은 하도급업체의 안전관리 역량에 포함되는 소속 건설기능인의 수준에 좌우된다. 원도급사로 하여금 검증된 협력업체를 선정하도록 계약조건 등에 반영하여 적극적으로 주문하고 개입하여 최저가로 협력업체가 선정되는 일이 없도록 해야 한다.

이를 위해서는 먼저 발주자가 공사비나 공기의 부적정을 초래하는 최저가 발주를 지양하여야 한다. 원수급자는 발주자가 발주하는 대로 협력업체에게 물려줄 수밖에 없기 때문이다. 손해보면서 제대로 일할 사람은 아무도 없으며, 일시적 손해를 다음 공사에서 보전해주던 원하도급사 사이의 신뢰도 사라진지 오래다.

단기적 안전분위기 쇄신 방법

안전관리실무의 문제점 중의 하나는 대부분 단기적 대책과 중장기 대책을 구분하여 실행하지 못하고 있다는 점이다. 하인리히가 제시한 바와 같이 안전대책에는 단기적 대책과 장기 대책이 있다. 하인리히는 그의 저서 산업사고방지론Industrial Accident Prevention에서 초기에 제시

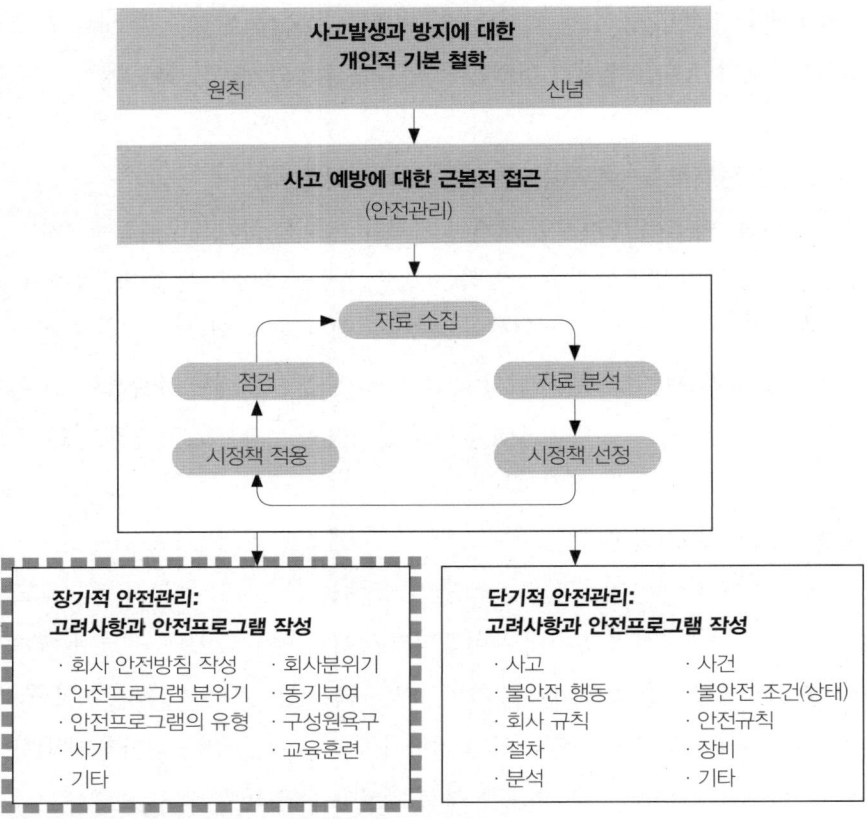

그림 8.2 하인리히의 갱신된 사고예방원칙 중 장기적 대책

한 '사고방지의 기초와 5단계the foundation and the five steps of accident prevention(1959)' 모형을 수정하여 '갱신된 모형The Updated Model(1980)'을 제시하였다(**그림 8.2**).[11] 새 모형의 상부에는 신념·철학(안전방침)과 사고방지에 대한 근본적 접근으로 안전관리가 추가 되었으며, 하부에는 안전활동을 장기적 대책과 단기적 대책으로 구분하여 추가하였다. 이 모형의 맨 위에 내외부 환경으로서 맥락context을 추가하면 최근 ISO 45001과 유사해진다.

조직의 안전분위기를 단기적으로 고양시키려면 CEO의 진정성 있는 안전리더십 이행이 필요하다. 중대재해처벌법 제정시 바쁜 CEO가 어떻게 직접 현장점검을 할 수 있느냐는 논란이 있었는데 이는 명백히 잘못된 발상이다. 안전도 CEO의 중요한 경영성과 중의 하나로서 선택이 아닌 필수항목에 속한다. 법에 사업의 특성에 따라 자율적으로 선택해야 할 이행 방법을 법으로 정해준 것이 문제로서, 기업의 특성과 규모에 따라 적절한 방법으로 이행하도록 하면 된다. 공공과 민간을 불문하고 법이나 규정이 없어도 CEO가 몸으로 의지를 보여주면 구성원은 이를 따를 수밖에 없다.

임원을 포함한 CEO는 월 1회, 적어도 분기별 1회는 사업부서를 직접 방문해서 부서장들에게

'주요한 위험요인을 정확하게 파악하고 있으며 대책은 이행하고 있는지'를 직접 질문하여야 한다. 직원의 헌신을 끌어 내려면 다음 질문으로 '안전을 확보하는데 장애는 무엇인지, 내가 무엇을 지원해주어야 하는지'를 물어야 한다. 대부분의 CEO나 사업주는 직원을 독려하는 데는 익숙하지만 직원에게 필요한 자원을 제공하여 업무를 효과적으로 수행하도록 지원하는 데는 소홀한 편이다.

CEO의 한마디는 문서가 없이도 모든 사업장에 바로 전파된다. 직원은 해바라기처럼 CEO를 향하고 있으며, CEO의 일거수일투족을 평가한다. CEO나 임원이 현장을 방문하면 수지(공사비)와 공기를 먼저 묻는데 이는 하수가 하는 일이다. 공사비나 공기는 상사가 독려하지 않아도 알아서 챙기는데 굳이 여기에 채찍질은 더 하는 것은 직원의 입장에서는 안전을 하지 말라는 암시로 받아들일 우려가 있다. 구성원의 안전을 효과적으로 독려하려면 CEO가 직접 나서야 한다.

장기적 과제와 접근 방법

조직의 시스템 안정화화 역량 강화를 통한 성과의 달성에는 시간이 필요하다. 안전보건경영시스템을 구축하여 인증을 받았다고 해도 싱가포르의 사례에서 보는 바와 같이 준비에서 성과를 측정하는 데는 최소 3년이 걸린다. **작금의 정부 정책은 단기적 대책과 중장기 대책의 구분이 없이 단기적 성과만을 독려하는 경향이 강하다. 국가 차원이든 단위 조직 차원이든 안전대책을 준비할 때는 대책이 작용하는 부분을 중심으로 사전에 개선효과를 단기적 관점과 중장기적 관점에서 예측해 본다면 추후에 정책을 수정하거나 변경하는 데 도움이 될 것이다.** 기존의 대책 수립에서 간과되고 있는 것은 계획서 작성 등 학습을 통하여 안전역량이 향상되는 데는 시간이 걸림에도 대책을 내놓기만 하면 당해 문제가 해소되는 것으로 간주하고 또 그러한 대책을 수립하는 경향이 강하다.

시스템의 인증과 재심사를 넘어서 이행수준에 대한 주기적 평가가 필요하다. 구성원의 역량강화 측면에서도 안전전담요원(전담부서)과 사업부서를 따로 현재 역량을 측정하여 중장기적으로 개선 목표를 설정하고 계획적으로 이행할 필요가 있다. 공공과 민간 모두 순환보직이 일반적이어서 전담부서의 역량강화에 근본적 걸림돌로 작용하고 있으며, 공공부문의 경우 특히 취약한 실정이다. 공공부문의 경우 안전전담부서 근무자에 대한 인사제도의 개선이 선행하여야 지속적인 안전수준의 개선이 가능할 것이다. 공공부문에서 지속적으로 안전역량을 개선하려면 안전부서 전담요원의 인사제도부터 개선하여 기피 대상 부서가 아닌 누구나 선호하는 부서로 인사제도를 개선하여야 한다. 가장 쉬운 방법은 미국의 건설사처럼 진급에 필수 경로가 되게 하면 쉽게 해결된다. **가치있는 역할인 안전직을 기피하게 만든 것은 국가 차원의 법제와 정책의 근본이 잘못된 것이다.**

9장
안전감리 기능의 정상화

"훌륭한 선수가 되려면 훌륭한 코치가 필요하다."

1. 첫 단추를 잘못 꿴 감리제도

감리제도 도입의 배경과 연혁

미래를 알려거든 먼저 지나간 일을 살펴보아야 한다고 했다(慾知未來 先察己然, 명심보감). 우리 나라의 감리제도는 다른 건설관련 제도와 마찬가지로 민간과 공공의 구분이 명확하다. 우리나라 감리제도는 먼저 민간부분에서 1962년 '건축법'의 제정과 1963년 건축법의 주 이행자로서 건축사의 역할을 규정한 '건축사법'의 제정으로 시작되었다. 건축사가 '시공의 적법성과 설계도서대로 시공이 되는지 여부를 확인'하도록 한 것이다. 설계를 전문으로 하는 건축사에게 시공감리까지 위임함으로써 이후에 '기술사법'과 건설기술자 체계가 정립되었음에도 오늘에 이르기까지 민간공사에서는 시공분야 전문가가 아닌 건축사가 시공감리까지 수행하고 있다. 시공이나 품질기술사조차도 '건축사보'라는 명칭으로 모든 기술영역이 건축설계자에게 종속되는 불합리가 시정되지 않고 있다.

공공부문에서는 건설공사의 증가에 따른 감독인력의 부족을 해결하고 기술능력 및 공사품질 향상, 시공과정의 감리역량 강화를 위해 '건설공사 시공감리 규정'이 마련되었다. 이어서 1986년 8월 독립기념관 화재사고를 계기로 더 강화된 '건설공사 제도개선 및 부실대책'이 입안되었다. 하지만 감리원이 발주청 감독관의 보조자 수준에 머물러 실효성이 없었다. 공무원 중심의 감독체계의 한계를 극복하기 위하여 1987년에 '건설기술관리법'을 제정하여 공공부문에 감리

제도를 도입하였으며, 1994년에는 책임감리제도를 시행하여 오늘에 이르고 있다. 이후 성수대교 붕괴사고, 삼풍백화점 붕괴사고 등으로 부실방지대책을 지속적으로 강화하여 왔지만 반복되는 건설사고는 아직 공사현장이 안전해지지 못했음을 경고하고 있다.

감리자의 역할은 공사현장 경험이 풍부한 기술자가 시공사 소속의 기술자를 지도·감독하는 것이다. 이는 감리자의 역량이 시공자의 역량보다 우위에 있음을 전제로 한다. 감리제도의 실효성은 감리자의 권한과 함께 시공사의 기술자보다 우위의 기술자를 배치하는 데 있다. 하지만 초기 공공공사에 감리제도 도입 시 제반 간접경비를 무시하고 원가에 실근무 시간만 인정하는 등 경직된 감리비 산정으로 시공사 소속 기술자보다 현저히 낮은 보수를 책정하게 함으로써 건설공사의 감리제도는 초기부터 제 역할을 할 수가 없었다. 지금은 국토안전관리원으로 통합되었지만, 주요 공공발주자는 '건설관리공사'라는 자회사를 만들어 민간감리시장이 활성화되는 데 장애가 되기도 하였다. 건설업에 감리시장의 개장으로 건설기술자의 이동이 있었으며, 최근에 개선의 기미는 보이고 있으나, 첫 단추가 잘못 끼워진 탓에 지금까지도 감리원의 권한, 자질, 보수 문제 등의 논란이 끊이지 않고 있다.

전제가 잘못된 발주자 없는 감리제도

초기 감리제도 도입 시 근본적인 문제가 있었다. 건설사업에 절대적인 권한을 행사하는 발주자가 책임져야 할 자리를 감리자로 대체한 것이다. 감리는 발주자의 대리인이자 조언자로서 발주자의 이익을 대변하고 대신한다. 따라서 발주자는 자신의 역할을 감리자에게 위임할 수는 있으나 책임까지 전가할 수 없다. 컨설턴트Consultant가 컨설팅을 잘못하였다고 하여 책임지는 경우는 없다. 최종 책임은 의사결정권자인 발주자에게 있기 때문이다. 영국의 CDM에서도 발주자에게 의사결정권한에 상응하는 안전한 공사조건을 제공하는 포괄적 의무를 부여하고 있다. 수급인에게 역할은 위임할 수 있으나 책임은 전가할 수 없음을 명시하고 있다. 감리자의 제반 책임도 발주자에 대해서 지는 것이지 시공자나 설계자의 오류에 대한 책임은 감리자가 직접 지지 아니하며 자신을 고용한 발주자에 대해서만 책임을 지면 되는 것이다.

하지만 건축법, 건설산업기본법, 시설물의 안전 및 유지관리에 관한 특별법, 건설기술진흥법 **등 거의 모든 건설 관련 법령에서 의무주체인 발주자(건축주)가 대리인인 감리자나 관리주체(관리자)로 대체되어 발주자의 책임이 수급인에게 전가할 수 있게 되어 있다.** 안전관리업무를 예로 들면 초기의 건설공사 안전관리 지침에는 설계자, 발주자, 원청사, 하도급사 등은 모두 '해야 한다'로 규정되고 있지만, 발주자만 유일하게 '노력하여야 한다'고 규정하여 발주자의 책임을 무력화시켰다.

공동주택공사에서 공공기관이 감리자를 선정하는 것도 책임 원칙에 맞지 않는다. 이해관계가 없는 제3자 감시라는 측면에서는 긍정적이나, 포괄적인 책임을 져야 할 건축주(시행자)의 책임을 희석시키는 불합리한 방식이다. 등록받은 감리자를 돌아가면서 지정하는 것도 시장경쟁의 원칙에 위배된다. 문제의 근원은 건설사업 관련 제도에서 처음부터 발주자/건축주를 책임체제에서 배제하였기 때문이다. 최상위 의사결정권자의 책임이 합리화되지 못한 상태에서 대책을 찾다 보니 제3자 감시에 필요한 감리자를 국가가 선임함으로써 민간 사업주가 져야 할 건설사업 전체에 대한 책임을 국가가 떠맡게 된 것이다. 이 방식은 발주자로 하여금 비용을 사전에 예치하게 함으로써 건설산업의 고질인 비용 부족 문제를 투명하게 해결할 수 있다는 긍정적인 측면도 있다. 하지만 이러한 문제는 사업승인 과정에서 인허가기관이 발주자로 하여금 역량과 비용을 보장하게 하여 해결해야 한다. 구체적인 감리자 선정 방식은 안전자문사 선정방안에서 기술하였다.

등록된 감리사는 돌아가면서 감리를 맡게 되므로 역량을 강화시킬 필요성이 없게 만들 수 있다. 감리자의 등록을 받을 때도 회사를 기준으로 등록하게 함으로써 필요 역량을 보장하지 못하고 있다. 비용의 절감을 위해서 실제 현장에 배치되는 감리기술자는 등급이 내려갈 수밖에 없다. 감리자도 건축주가 선임하게 하여 확실하게 책임을 묻는 것이 올바른 방법이다. 작금의 감리자 책임과 벌칙에 대한 논의는 이러한 기본 원칙을 비켜가는 것이다.

일부 지자체에서는 안전의 중요성을 인정하여 안전분야를 별도의 감리업무로 발주하기도 하지만, 아직도 대부분 공공공사 시공감리의 경우 안전담당자는 감리원 중에서 안전의 전문성과는 상관없이 상대적으로 업무 부하가 작은 분야의 감리원에게 맡기는 불합리한 관행이 지속되고 있다. 발주자의 책임과 역할이 명확해야 발주자가 유능한 감리자를 고용하여 자신의 책임을 다하게 함으로써 감리기능의 선순환 향상이 가능한 것이다. 하지만 발주자가 아닌 지자체 등 외부자의 순환식 감리자 지명, 논의중인 국가인증감리원 제도 등은 기본적인 책임의 원칙을 철저히 무시한 것으로 결코 실효적 감리가 될 수 없다.

안전분야가 감리자의 기본 역할에서 빠진 이유

우리나라의 감리제도에서 발주자의 역할과 책임이 빠진 이유는 크게 세 가지로 추측된다. 첫째, 발주자 지위에 있는 국가의 책임 회피로 기존의 건설 관련 법률들이 발주자는 열외로 하고 건설사업의 수급인들에 대해서만 규정한 불공정한 책임 프레임을 답습한 것이다. 잘못된 기존 제도의 틀 안에서 감리제도를 도입하다 보니 자연스럽게 감리자의 역할과 책임만 규정하게 된 것이다. 공공공사의 경우는 국가기관 자체가 발주자이면서 법령의 제·개정 권한을 가지고 있기 때문에 발주자의 책임에 대해서는 매우 소극적일 수밖에 없었던 것으로 보인다.

둘째, 감리제도 도입의 직접적 배경이 독립기념관 화재사고로서, 전통적인 안전관리로서 노동자 안전보다는 부실시공의 방지에 초점이 맞춰져 있다. 최근까지도 노동자의 안전은 산업안전보건법의 영역으로 간주되어 왔다. 1987년에 현재의 건설기술진흥법의 전신인 건설기술관리법이 제정되면서 공사현장의 안전관리는 기술안전과 산업안전보건법에 의한 노동안전으로 이원화되면서 아직도 노동안전은 산업안전보건법상 안전관리자의 역할로만 인식되는 경향이 강하다.

셋째, 건설노동자의 안전을 규제하는 산업안전보건법의 내재적 한계에 기인한다. 제조공장의 틀에 맞추다 보니 노동자를 직접 고용한 협력업체 중심의 제도일 수밖에 없어 감리자, 발주자 등 상위의 건설공사 참여자들의 역할과 책임을 규정할 수 없었다. 자연스럽게 안전관리에 발주자를 대신하여 '제3자 감시' 역할을 해야 할 감리자는 산업안전보건법에는 존재할 수가 없었다. 나중에 고용노동부에서 감리자용 지침 등을 발간하기는 했지만 법에 의무와 책임이 없는 안전관리를 감리자가 챙길 이유가 없었다.

현장 노동자의 보호는 산업안전보건법에 의존해왔기 때문에 원청사 소속의 안전관리자의 역할로 오해되었으며, 건설관련 법령에서 감리자의 역할로 규정은 되어 있으나 아직까지 사고예방은 감리자의 중요한 역할로 자리잡지 못하고 있다. 사고예방 기능에 대하여 감리자의 역할 여부를 논의하는 것 자체가 원칙을 크게 벗어난 것인데, 이는 건설기술자나 경영자가 전제가 잘못된 건설 관련 법령의 틀을 생각 없이 답습한 데 기인한다. 통상 제도가 마련되면 제도의 올바름이나 합리성을 논하기보다는 제도의 순응과 준수에 급급한 결과로 판단된다.

발주자에 대해서는 앞에서 논의한 바와 같이 감리자는 발주자의 이익을 대변하는 역할을 해야 한다. 따라서 공정, 원가, 품질, 안전의 4대 건설사업관리 분야 전반에 걸쳐 서비스를 제공해야 한다. 발주자의 이익을 보전하기 위한 감리자의 첫 번째 역할은 안전관리로서 사고로부터 손실을 방지하는 데 있다. 건설사업관리 4대 분야는 따로 분리될 수 없으며, 사고로 인한 손실은 다른 여타의 수단으로 대체할 수 없는 순수한 손실로서 감리자의 최우선 역할이 되어야 한다. 해외 공사의 경우 안전은 감리사의 부단장 수준에서 맡고 있으며, 불안전하게 공사가 이루어질 경우 바로 공사중지 명령이 내려진다.

사고로 인한 손실은 외형상으로 시공자가 지는 것으로 보이지만, 시공사는 발주자의 비용으로 영위되기 때문에 시공사의 손실은 발주자의 손실로 귀결된다. 유수의 건설사업 발주 기업들이 안전관리에 철저할 수밖에 없는 이유이다. 국내 건설사들이 해외공사를 수행하며 얻은 교훈이기도 하나, 국내에서는 원칙 없는 감리가 이루어지고 있다고 할 수 있다. 아직도 감리사 대표의 절반 정도는 안전은 감리자의 일이 아니라고 생각하고 있는 것으로 보인다.

건설사업 안전감리 정상화 방안

법령에서는 감리의 역할을 감리와 CM기능의 통합 개념인 건설사업관리기술인으로 지칭하고 있다. 우리나라의 건설사업관련 제도는 주로 발주청이 발주하는 공공공사를 대상으로 하고 있어 민간공사는 사각지대가 되는 경우가 많다. 감리자의 안전관리 업무는 공공공사에 대하여 국토교통부 고시인 '건설공사 사업관리방식 검토기준 및 업무수행지침'에서 규정하고 있다. 설계안전성 검토 관련 업무는 안전관리계획서 상에 설계단계에서 넘겨받거나 시공단계에서 검토한 위험요소, 위험성, 저감대책에 관한 사항들이 반영되어 있는지 검토·확인하여야 하며, 보완해야 할 사항이 있는 경우에는 시공자로 하여금 이를 보완하는 것이다. 따라서 향후에는 모든 건설사업에 대하여 유럽의 방식처럼 공공과 민간을 불문하고 안전감리가 설계단계부터 다른 분야와 마찬가지로 안전에 관한 사항을 조정하고 감시할 수 있게 해야 한다.

감리자는 여러 건설사업 참여자를 조정하는 절점節點에 위치해 있다. 따라서 발주자의 안전책무 부여와 함께 사고예방 원칙에 따라 감리자의 위상과 역할이 정상화되어야 한다. 감리자의 역할은 제3장 3절에서 제시한 '안전관리 3원칙' 중 세 번째 '제3자 감시'에 해당한다. '제3자 감시' 기능이 작동하기 위해서는 역할의 수행에 필요한 여건이 보장되어야 한다. 하지만 감리업의 정상화를 위해 논의된 문제나 대책은 많았지만 아직 역할(의무), 책임, 권한의 세 가지가 균등해야 한다는 3면 등가의 원칙은 제대로 구현되지 못하고 있다. 권한이 없으면 책임도 없어야 한다. 하지만 건설업과 같은 수주생산에서 의무주체를 명확히 하는 것은 매우 중요함에도 기존 제도가 이러한 근본원칙에 부합하는지에 대한 검토는 소홀하였다.

이러한 불합리한 상황이 장기간 지속된 데는 정책적으로 장기간이 소요되는 공사수행의 여건 개선보다는 단기적 효과를 내는 수급자에 대한 벌칙 강화 쪽을 우선해왔기 때문이다. 하지만 국가의 책임과 함께 각자도생의 생리와 관행으로 이의 시정을 제대로 요구하여 관철시키지 못한 업계의 책임도 크다고 본다. 부작용도 당연히 업계의 몫이 될 수밖에 없었다.

감리와 CM의 불편한 구별과 동거도 문제이다. 감리는 본질적으로 발주자의 이익을 대변하는 것이므로 발주자의 형편과 공사발주 방식에 따라 감리자에게 위임하는 범위는 발주자가 결정하게 하고, 발주자로 하여금 적격의 건설사업관리용역을 위탁하게 하면 되는 것이다. 발주자가 감리사의 전문성과 역량에 따라 프로그램관리, 건설사업관리, 설계감리, 시공감리 등을 맡게 하는 것이 원칙이라고 생각된다. 감리와 CM을 분리하고 업역을 제한하는 것은 시장원리에 맞지 않을 뿐만 아니라 발주자의 권리를 제한하는 불합리한 접근이라고 할 수 있다.

최근에 추진되고 있는 국가인증 감리자제도도 여전히 잘못 꿴 첫 단추는 그대로 둔 채 이어달기를 반복하는 것이다. 감리자의 역량을 키우려면 감리업체가 유능한 기술자를 보유하게 할 정책을 고민해야 한다. 현재처럼 회사를 차릴 때만 요건을 충족하면 되고 실제 현장에서는 역량이 부족한 감리자를 내보내도 되는 구조로는 역량을 키울 수 없다. 저임금 계약직으로 현장을 전전해야 하는 근무 여건과 대우로는 감리원의 직무충실을 기대하기 어렵다. 건설안전특별법과 같이 발주자의 책무가 강화된다면 발주자의 주문에 의해 감리자와 감리사의 역량이 가려질 것이다.

2. 건설안전 전문가의 역할·명칭·위상

건설사업에서 안전전문가의 역할과 명칭

안전관리체제에서 안전전문가의 위상과 역할은 매우 중요하다. 하지만 앞에서 기술한 바와 같이 현재의 산업안전보건법상 안전관리체제는 다수 이해당사자가 참여하는 건설사업에는 부적합하며, 건설관련 법령에서도 안전감리 기능은 산업안전보건법상의 안전관리자 역할로 오인되어 왔다. 다행히 발의된 건설안전특별법안에서는 건설안전전문가의 명칭을 '안전자문사'로 하여 EU의 안전조정자 역할을 반영하고 있다.

참모로서 안전전문가(안전전담부서, 안전담당임원, 안전감리 등 포함) 역할에 혼란을 가져온 근본 원인은 생산조직의 실행 기능인 안전'관리'manage활동과 참모로서 자문하는 안전'감사'audit/consult활동을 구분하지 못한 데 있다. 산업안전보건법에서 안전참모의 명칭은 안전관리자이지만 역할은 지도·조언·자문·건의로, 안전자문사라는 명칭은 발주자를 보좌하는 역할로서 타당한 측면이 있다. 이하에서는 발주자를 보좌하며 건설사업 참여자의 안전을 조정하고 독려하며 감독하는 역할을 하는 안전전문가를 안전자문사로 기술한다. 안전자문사는 기존의 안전감리자. 안전조정자, 안전관리자, 명예산업안전감독관, 기술지도 종사자 등을 포괄하는 개념으로 사용한다.

향후 다기화된 안전전문가의 역할은 발주자가 선임하는 안전자문사로 통합되어야 할 것이며 감독의 영역도 건설기술진흥법과 산업안전보건법을 통합관리하도록 해야 한다. 건설사업에서 기술안전과 작업안전은 결코 분리될 수 없으며, 감리단에 두 가지 역할을 담당하는 자를 분리하여 선임하게 하는 부담을 지울 필요가 없다. 독일의 사례와 같이 안전자문사는 소속을 불문하고 발주자의 권한으로 제3자 감시 역할을 수행할 수 있어야 한다. 본질적으로 안전감시 역할은 감

리/CM의 기본 기능에 속한다. 혼돈하지 말아야 할 것은 소요되는 전문 역량은 비슷하지만 시공자가 공사팀을 지원하기 위한 안전전문가의 역할과 발주자의 대리인으로서 제3자 감시 역할은 전혀 다르다는 것이다. 국가에서는 발주자가 자발적으로 자신의 안전책무를 이행할 수 있게 하고 건설사업 참여자 전체를 감시하는 제3자 역할만 규정하고 관리하면 된다. 안전감리가 제3자 감시 역할을 제대로 하게 되면, 시공사 내부에 별도의 안전전문가 선임 의무를 규정하지 않아도 발주자의 요구에 따라 전담부서를 설치하여 공사팀 중심으로 공사와 안전이 일체가 된 안전활동을 하게 될 것이다. 따라서 산업안전보건법에 의존해왔던 발주자의 대리인으로서 CM/감리의 안전관리 역할의 재정립이 필요하다.

발주자, 시공자 등 어느 조직을 불문하고 조직차원에서 안전전문가의 도움이 없이 자발적인 학습으로 안전수준이 향상되는 것은 기대하기 어렵다. 모든 조직의 안전수준은 조직 내부 안전전문가의 역량에 좌우되며, 건설사업의 안전수준도 안전전문가의 위상과 역량에 달려 있다. 안전전문가로서 안전감리자는 '제3자 감시' 역할을 할 수 있는 수준의 전문성이 요구된다. 우리나라의 경우는 안전을 누구나 쉽게 할 수 있는 것으로 생각하는 경향이 있으며, 안전전문가의 역량경쟁 체제와 역량 제고에 필요한 학습 기회도 부족한 실정이다.

우리나라 안전전문가는 안전관리자라는 틀에 갇혀 제 기능을 하지 못하였다. 선임 방법 개선을 위한 연구[1]도 있었으나 빈번한 산업안전보건법 개정에도 불구하고 개선되지 못하여 초기의 잘못된 개념을 그대로 답습하고 있다. 이 연구에서는 안전관리자 선임기준이 되는 상시근로자수 산정 방식을 기존의 공사금액 중심에서 공사기간과 공사금액을 동시에 반영하도록 한 것이다. 기존 노무비율을 기준으로 한 방식에 공사기간을 반영하여 월평균 1인당 공사금액을 기준으로 선임하는 것을 제안하였다.

발주자의 참모로서 건설안전 전문가의 역할은 발주자를 보좌하여 발주자에게 안전책무를 고지하고 이행 결과를 공사신고서에 서명하여 인허가기관에 신고하는 것이다. 건설안전 전문가 명칭은 유럽의 안전조정자 역할에 적합하게 발주자의 대리인으로서 권한을 갖는 제3자 감시 역할로 명명하여야 한다. 국가별 명칭은 **표 4.1**에 제시한 바와 같다. 건설안전특별법안에서는 안전자문사의 업무범위 등을 하위 규정에 위임하고 있는데 주요한 역할은 다음과 같다.

- 발주자의 안전책무에 대하여 발주자에게 조언과 지원을 제공
- 설계단계에서 안전을 고려한 설계가 되도록 하기 위한 조치
- 공사 착수 전 정보의 파악, 수집 및 제공에 관한 조치
- 공사 착수 전 건설사업 참여자 간의 협력 및 조정에 관한 조치

- 안전관리계획의 검토에 관한 조치
- 시공단계에서 시공자 간의 협력 및 조정에 관한 조치

EU의 안전전문가 선임 방법

안전자문사 선임 방법을 제시하기 위해 먼저 EU의 선임방법을 참고할 필요가 있다. EU에서 건설안전 전문가의 명칭은 안전조정자이며, 영국의 경우는 안전계획감독, 안전조정자, 주설계자로 명칭이 진화하였다. 발주자 중심 안전관리의 실질적 의미는 발주자가 안전관리 능력을 갖게 한다는 의미이며, 이는 유능한 건설안전 전문가를 발주자가 참모로 기용하는데 있다. 즉 안전관리에 전문성이 없는 대다수의 발주자로 하여금 안전전문가를 고용하여 수급자로 하여금 안전책무를 이행하게 하는 것이다. 따라서 안전전문가는 발주자가 선임, 고용하여야 하며, 이 과정에서 유능한 안전전문가가 선발되는 시스템을 자동으로 갖추게 되어 안전전문가의 지속적인 역량 향상이 가능해지며, 궁극적으로는 조직차원, 산업차원 및 국가차원에서 안전수준의 지속적인 향상을 기대할 수 있다.

국내의 경우에는 시공자 조직의 일원인 안전관리자가 있으나, 영국과 독일의 안전관리 프로그램에서 발주자를 보좌하고 안전관리 전반을 감시하는 안전감독자를 규정하고 있는 법령은 아직 없다. 기존의 안전관리체계에서 지도 조언하는 역할의 안전전문가를 실제 사고방지활동을 하는 '관리'감독자와 동일한 명칭을 사용하여 안전'관리'자라 부르는 것은 사업장의 안전활동에 심각한 오해를 초래하고 있다. 안전전문가의 본연의 역할에 맞게 SC나 안전감리 등으로 명칭부터 바로잡아야 한다. 발주자 중심의 안전관리체계에서 SC는 반드시 발주자가 선임하되, 선임 방법은 건설사업의 발주방식, 수행방식, 입낙찰 방식에 무관하게 공사의 규모나 위험도에 따라 발주자가 자율로 선임할 수 있어야 한다.

안전감독의 소속은 발주자의 요건만 충족하면 발주자, CM, 감리자, 원도급자, 외부 전문기관 등 소속에 무관하게 선임할 수 있어야 한다. 기존의 건설사업단계별 건설기술자를 그대로 활용하게 되므로 추가로 비용이나 인력이 소요되지 않는다. 안전감리 역량의 강화를 위해서 구성원의 성분이 단순한 건설기술자에서 건설기술과 안전관리능력을 겸비한 자로 바뀌는 것에 불과하다.

발주자의 안전전문가 선임 방식은 **그림 5.5**에 제시한 독일의 방식처럼 안전전문가의 소속이 감리단, 시공자, 외부 전문기관 등에 구애받지 않게 함으로써, 현재 보다 훨씬 유연한 안전관리체계의 운용과 안전전문가 및 안전수준의 선순환적 향상을 기대할 수 있다. 공사의 종류나 위험도는 안전관리계획서 작성, 유해위험방지계획서 작성, 안전관리비 계상 기준 등의 건설기술

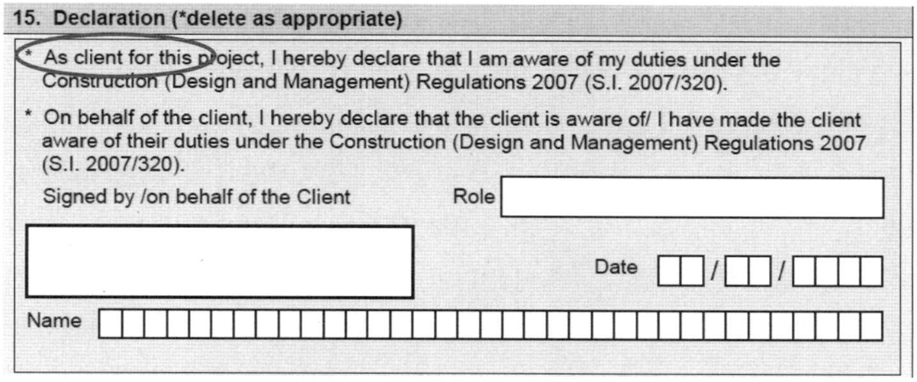

15. Declaration (*delete as appropriate)

* As client for this project, I hereby declare that I am aware of my duties under the Construction (Design and Management) Regulations 2007 (S.I. 2007/320).

* On behalf of the client, I hereby declare that the client is aware of/ I have made the client aware of their duties under the Construction (Design and Management) Regulations 2007 (S.I. 2007/320).

Signed by /on behalf of the Client   Role

Date □□ / □□ / □□□□

Name □□□□□□□□□□□□□□□□□□□□□□□□□□□□□□□□

그림 9.1 CDM 공사신고서의 발주자와 SC 서명란

진흥법과 산업안전보건법상 관련 기준을 수용하면 된다.

안전감독은 1인이 전체 사업과정을 감독하는 것이 바람직하나, 발주자의 의도나 공사 발주 방식에 따라 설계단계의 안전감독과 공사단계의 안전감독으로 구분하여 선임하는 것도 발주자의 재량에 속한다. 제도의 취지를 이해한다면 발주자 입장에서는 자신의 이익을 위하여 위험을 줄이고자 한다면 건설사업의 초기에 유능한 안전전문가를 선임하려고 할 것이기 때문이다. 선임방법은 독일의 사례와 같이 공사발주 유형에 무관하게 선임할 수 있도록 발주자의 선택권을 보장하되, 인허가 과정에서 안내하고 역량을 검증하면 될 것이다.

CDM에서 발주자의 주요한 책무 중의 하나는 공사를 신고하는 것이며 SC는 신고업무를 지원해야 한다. **영국의 공사신고서에서 유의해야 할 사항은 발주자가 스스로 '법적 안전의무를 인지했다는 것을 서명'하게 하는 것과 '인지하게 할 책임을 발주자가 선임한 참모인 SC에게 부여'하여 발주자가 스스로 무리한 요구를 자제하게 할 수 있는 장치라는 것이다.** 인허가 서류나 착공신고서 등의 절차와 양식을 활용하면 이러한 기능은 쉽게 추가할 수 있을 것이다(**그림 9.1**).

건설사업 규모별 안전자문사 선임 방법

건설안전특별법안에서는 안전자문사의 자격만 법에서 규정하고 선임기준은 하위 규정에 위임하고 있다. 기존의 감리나 안전전문가 선임 방법은 합리적이지 못하다. 때문에 하위 규정에서 올바른 안전자문사 선임 규정은 매우 중요한 사안으로서 이하에서 좀더 구체적으로 논의하고자 한다. 먼저 안전자문사의 선임 대상은 안전의 사회적 책무성 구현을 위해 모든 건설사업에 적용하는 것을 원칙으로 해야 한다. 특히 '건설안전 혁신방안(2020.4.23.)'의 핵심과제로서 사고사망자의 비중이 큰 민간 소규모 현장의 안전확보를 위해서는 사각지대가 없도록 적용 범위를 확대할 필요가 있다. 발주자에 의한 안전감리자 선임 및 신고의 실질적 효용은 지금까지 접근 경로가 없었던 소규모 공사현장까지 감시·감독의 경로를 확보하는 것임에 유의할 필요가 있다. 특별법에서 안전감리자의 역할은 건설기술진흥법 등 건설 관련 법규와 산업안전보건법 등 타법의 안전사항을 포괄적으로 조정하고 감독하는 것이므로, 기존의 감리와 안전전문가 역할을 수용하여 발주자에게 추가적 선임에 따른 이중의 경제적 부담이 되지 않도록 해야 한다.

적용 방안은 중규모 이상 공사는 기존의 유사한 상주(전담) 선임기준을 준용하고, 기타의 소규모 공사는 공사규모에 따라 복수 현장에 선임이 가능한 비상주로 모든 건설공사에 선임하게 하는 것이다. 상주 경우는 감리자의 수급 여건 등을 고려하여 일정 규모 이상 건설사업에 적용하되, 기준으로는 1) 현 건축법 및 주택법의 상주감리 대상 사업, 2) 건설기술진흥법 설계의 안전성 검토 및 소규모 건설공사의 안전관리 대상 사업, 3) 산업안전보건법 안전보건대장 작성 대상 사업(총공사비 50억 원) 등의 기준을 참고할 수 있을 것이다.

비상주 경우는 사고사망자의 점유 비중이 큰 중소규모 건설사업(허가대상 사업)으로 확대한다. 유럽 기준은 작업일수 30일 이상, 최대 동시 작업자수 20인 이상, 연인원 500인·일 이상의 공사이지만, 국내의 경우 사고율이 높은 중소규모 공사의 안전을 위해서는 공사금액 3억 원 이상으로 하되, 단계적으로 1억 원 규모까지 확대할 필요가 있다.

상주시 선임 방안으로서 기존의 제도에 따라, 현 건축법 및 주택법의 상주감리 대상 사업, 산업안전보건법의 안전보건대장 작성 대상 사업(총공사비 50억 원), 건설기술진흥법의 설계의 안전성 검토 및 소규모 건설공사의 안전관리 대상 사업의 세 유형이 기준이 될 수 있다. 기존 선임 방식을 준용한 상주(전담) 안전감리자 선임 방안 중 앞의 두 대상은 공사규모가 유사하며, 세 번째 대상은 규모보다는 공사의 난이도로 결정되는 방식이다. 각 방법별 기준과 장단점은 다음과 같다(표 9.1).

1) 현행 건축법 및 주택법의 상주감리 대상 사업을 기준으로 하는 경우
(기준) 설계 및 시공단계 모두 건축법 시행령 제119조 제5항에 따른 연면적 5천㎡ 이상 건축공사 등과 주택법 시행령 제47조에 따른 주택공사
(장점) 국토부가 관리하는 상주감리 지정과 안전감리 기준을 일원화하여 실무에서 혼선이 없다.
(단점) ① 현 제도에서 설계단계 상주감리 지정 관련 내용이 없기에, 설계단계에 이 기준을 적용하는 것은 현실적으로 무리일 수 있다. ② 설계 및 시공단계 모두 안전 관련 계획서 작성 의무가 없는 사업이 다수 존재할 수 있기에 안전감리자가 검토해야 하는 문서가 명확하지 않다.
2) 건설기술진흥법 설계의 안전성 검토 및 소규모 건설공사의 안전관리 대상 사업
(기준) 설계단계는 건설기술진흥법 제62조 제18항에 따른 설계의 안전성 검토 대상 사업, 시

표 9.1 1단계 안전감리자 선임대상 사업 규모기준 요약

대상 구분	설계 단계	시공 단계
1	건축법 및 주택법의 상주감리 대상 사업	
2	기본 · 설계 · 시공안전보건대장 작성 사업(총공사금액 50억원 이상)	
3	설계의 안전성 검토 대상 사업	소규모안전관리계획 수립 대상 사업

공단계는 신설된 제62조의2에 따른 소규모안전관리계획 수립 대상 사업

(장점) ① 안전감리자가 검토해야 할 문서가 명확하다. ② 소규모안전관리계획 수립 대상 사업 규모 결정에 따라 상대적으로 소규모 사업까지 포함할 수 있다.

(단점) ① 설계단계와 시공단계 안전감리자 선임대상 사업이 상이하여 혼선을 야기 할 수 있다. ② 설계단계 선임대상 사업은 상대적으로 대규모 사업에 한정될 수 있다.

3) 산업안전보건법 안전보건대장 작성 대상 사업(총공사비 50억원)을 기준으로 하는 경우

(기준) 설계 및 시공단계 모두 산업안전보건법 제67조에 따른 기본 · 설계 · 시공안전보건대장 작성 대상 사업(총공사금액 50억원 이상)

(장점) ① 타 법에서 명시하고 있긴 하나 안전감리자가 검토하고 확인해야 할 문서가 계획 · 설계 · 시공단계별로 명확하다. ② 2023년 7월 1일까지 확대 예정인 산업안전보건법 제15조에 따른 안전관리자 선임대상 사업과도 기준이 일치하는 등 업계의 혼선을 줄일 수 있다.

(단점) ① 불필요한 문서이지만 기본 · 설계 · 공사안전보건대장은 산업안전보건법상 문서로 국토교통부에서 요구하는 기술안전 성격의 문서와 전혀 다르다. ② 산업안전보건법의 기준을 국토부 소관 법률에 적용에 따른 부처 간 협의가 필요하다.

안전자문사의 소요 역량 및 자격

건설안전 전문가의 역량은 해당 분야 건설기술자격에 안전보건분야 자격(자격+경력+학력)을 겸비하여야 한다. 건설안전 전문가의 역량 조건은 크게 대인관계 기술능력Interpersonal Skill, 시공과정에서의 안전위험 관리능력 및 설계프로세스 이해 능력이다. 대인관계 기술능력은 의사소통능력, 정보보급 및 공유 능력 등이 포함된다. CDM에서는 발주자가 안전조정자의 전문성을 다음 2단계에 거쳐 평가하여 선임하도록 명시하고 있다.

1단계에서는 개인 또는 법인의 관련 직무에 관한 보유지식을 평가하고, 2단계에서는 관련 직무에 관한 과거의 경험 및 보유실적을 평가한다(**표 9.2**). 소형공사의 경우에는 평가항목별로 신청자(개인 또는 법인)가 간단한 이력Profile을 중심으로 작성 · 제출한 서류를 평가하고, 대형공사의 경우에는 평가항목별로 전문성을 입증하는 관련 서류 일체를 제출하게 하여 평가한다.

표 9.2   CDM에서 건설안전 전문가 역량 평가 절차

구분	소형공사		대형공사	
	평가항목	제출자료	평가항목	제출자료
1단계	자문실적	최근 1년간 개인 또는 법인이 자문한 공사 이력	기술 및 관리지식	개인 또는 법인 보유 국가인정자격 제출 예: ICE, RIBA, CIOB
	교육이수	개인 또는 법인 이수 교육 이력	안전보건 지식	개인 또는 법인 이수 계속교육 인증서 제출 예: NEBOSH 인증서 등
	국가인정 자격	개인 또는 법인의 국가인정자격 보유자 이력		
	사고조사	개인 또는 법인이 최근 2년간 수행한 고조사 이력		
	안전감독자 계획	개략적인 상호협력 증진방안		
2단계	수행경험 및 실적	개인 또는 법인의 안전보건 직무수행 공사의 간단한 이력	수행경험 및 실적	개인 또는 법인 수행 유사공사 안전감독자 실적자료

안전자문사의 자격도 CDM 방식을 준용하는 것이 바람직하다. 안전자문사도 원칙적으로 학력, 자격 및 경력이 모두 반영된 토목, 건축 등 고유의 건설기술역량(기존 건설기술인 등급 기준)과 안전관리 역량(안전기술사, 안전기사, 안전산업기사 등)을 동시에 보유한 건설기술인으로 하되, 공사 규모에 따라 단계적으로 최저 역량으로 규정하는 것이다. 중소규모 건설사업까지 확대 적용으로 가용 인원의 부족시 자격 보유자에게 일정 수준의 교육을 이수할 경우 한시적으로 인정할 수 있을 것이다. 법에서는 최저 요건만 규정하여도 실제 선임시 발주자는 이력서를 통하여 자격, 학력, 경력 등을 종합적으로 고려하여 선임할 것으로 예상된다. 건설안전 전문가 자격 요건을 규정하는 방법은 건설기술역량이나 안전역량을 우선으로 할 수 있으나 중요한 것은 두 분야 모두에 역량을 갖추게 해야 통합적인 안전감리가 가능해진다는 점이다.

두 방식은 원칙적으로 해당 사업 분야의 기술역량과 안전관리 분야의 역량을 동시에 갖추고 특별법의 내용과 안전감리자의 역할에 대한 기본적인 교육을 이수하여야 한다는 원칙은 동일하다. 하지만 건설기술역량을 우선할 경우는 해당사업 분야의 등급을, 안전역량을 우선할 경우는 안전관리 분야의 등급을 우선 한다는 점에서 차이가 있다. 두 가지 경우에 대한 구체적인 자격요건을 제시하면 다음과 같다(**표 9.3**).

1) 건설기술역량을 우선할 경우: 해당 사업 분야 등급 + 안전관리 자격 + 교육이수 + 발주자 요구사항

표 9.3   안전자문사 선임대상 사업 규모 제안

분야: 건설기술인 등급	자격증	교육	발주자 요구사항
해당 사업(건축, 토목)	안전관리	특별교육	필요시 발주자 선택사항
안전관리	해당 사업		

- (기준) ① 해당 사업(건축 또는 토목)의 건설기술인 일정 등급 이상(사업의 난이도에 따라 고급 또는 특급)인 기술인 + ② 안전관리 분야 일정 자격증 소유자(사업 난이도에 따라 기술사, 기사, 산업기사) + ③ 안전감리자 역할에 대한 특별 교육 이수 + ④ 발주자 요구사항(해당 사업 분야의 경력 혹은 현장 안전감리자 경력 등)
- ①, ②, ③은 의무사항, ④는 선택사항

2) 안전역량을 우선할 경우: 안전관리 분야 등급 + 해당 사업 분야 자격 + 교육이수 + 발주자 요구사항

- (기준) ① 안전관리 분야 건설기술인 일정 등급 이상(사업의 난이도에 따라 고급 또는 특급)인 기술인 + ② 해당 사업 분야 일정 자격증 소유자(사업 난이도에 따라 기술사, 건축사, 기사, 산업기사) + ③ 안전감리자 역할에 대한 특별 교육 이수 + ④ 발주자 요구사항(해당 사업 분야의 경력 혹은 현장 안전감리자 경력 등)
- ①, ②, ③은 의무사항, ④는 선택사항으로서, 이상의 기준을 요약하면과 같다.

최근까지 안전분야가 각광을 받으면서 상당한 인원의 증가가 있었겠지만 2013년 자료에 의하면[2] 건설기술자격과 안전관리자격을 겸비한 건설기술인은 총 31,138명이었다. 자격별로는 건설안전기술사 728명, 건설안전기사 18,199명, 산업안전기사 2,800명 건설안전산업기사 6,021명, 산업안전산업기사 3,390명이었다. 일정 규모 이하(현재 산업안전보건법상으로는 건축공사 120억 미만, (토목공사 150억 미만)의 현장은 복수현장에 선임이 가능하므로 인력은 충분한 것으로 판단되며, 인원의 부족시 기존 건설기술인이 안전관리자격을 취득하게 함으로써 부족을 해소할 수 있을 것이다.

공사규모별 안전자문사 선임 방법

선임 원칙은 준수가 용이하도록 핵심만 단순하게 규정하고 세부적인 사항은 발주자가 선택하게 하여 선택의 자유를 최대한 보장하는 것이다. 선임기준에 고려할 사항은 다음과 같다.

- 공사방식 및 규모와 무관하게 모든 건설공사에 선임하게 하여 발주자 책무 인지와 동시에

감리자를 통하여 제3자 감시경로가 확보되어야 한다.

- 점진적 안전관리수준의 향상을 목표로 역량 등은 가용 인원수를 고려하여 최소한으로 규정하여 발주자 선도의 시장기능에 의한 선순환 안전역량의 경쟁을 유도할 수 있어야 한다.
- 비전임(비상주)을 기본으로 하여 기존 인원을 최대한 활용함으로써 발주자의 부담을 최소화하고 공사와 안전의 괴리를 방지해야 한다.
- 공사규모의 구분은 건설기술진흥법, 산업안전보건법 등 기존 법령의 범주에서 운용될 수 있어야 한다.
- 안전감리 역량은 건설기술에 대한 자격(지식)과 실무 경력을 기본으로 안전 관련 자격요건을 단순하게 규정하여 기존 안전관리자의 건설기술역량 부족 문제를 해소할 수 있어야 한다.
- 공사규모에 무관하게 최소한의 전문 역량을 확보하도록 하여 공사규모에 따른 자격요건의 변동을 최소화함으로써 시장의 부담이 없도록 하여야 한다.
- 공사금액보다 공사기간이 공사 부하를 좌우하므로 투입 인원은 공사비와 공사기간이 동시에 반영된 월평균공사비를 기준으로 산정하는 것이 합리적이다.
- 안전감리자의 소속은 자율로 하여 발주자, 시공사, 설계사, 감리단, 전문기관, 프리랜서 등 역량에 필요한 자격요건만 충족하도록 하여 기존 자원을 최대한 활용하여 안전감리자 개인 차원의 역량이 우선하게 하여 조직을 대상으로 한 선임에 따른 실제 안전감리자의 자격 및 역량의 하락을 방지해야 한다.
- 공사규모에 따른 자격요건의 강화, 상주 여부, 인원의 추가 배치 등은 발주자 자율로 하며, 투입 시간과 대가는 안전감리의 수준에 따라 발주자와 안전감리가 협의하여 자율로 결정하도록 한다.
- 지침 등을 통하여 공사규모와 공사의 위험도에 따른 안전감리자의 구체적인 소요 역량을 제시하고 자격요건에 대한 점검표를 제공함으로써 실무에서 발주자가 실질적으로 기준을 상회하는 역량 있는 자의 선임을 유도하여야 한다. 과거에도 기술인력이 부족할 경우 한시적으로 기준을 완화한 인정기술자 제도를 운영한 적이 있었다. 일부 발주자는 이를 인정하지 않고 본래의 자격 요건을 요구할 수 있었으므로, 발주자에게 최종 책임이 있는 한 발주자의 자율로 하여도 문제가 되지 않을 것이다.

외국의 경우 기술자격 요건은 기술사 수준의 PEProfessional Engineer로 단순하며, 공사규모에 따른 자격요건은 별도로 두지 않고 있다. 일정 수준의 학력, 자격 및 경력을 구비하면 어떠한 공사든지 참여할 수 있게 하고 있다. 중소규모공사라고 해서 전문가의 역량이 덜 필요하지 않음에도 자격을 구분하는 것은 별로 합리적으로 보이지 않는다. 시장원리에 따라 공사의 난이도가 높아지면 자격을 구비한 사람 중에서 더 역량이 나은 사람을 선택하면 되기 때문이다. 안전자문사의 자격 부여시 학력, 자격, 경력 등을 통합적으로 심사하고 있으며, 일관된 전문성의 확보 차원에서 공사규모가 작다고 하여 자격 요건을 하향 조정하는 것은 바람직하지 않으며, 투입 시간으로 조정하는 것이 안전전문가의 바람직한 역량관리 방법이다. 최근까지 기술자격자의 배출인원에 따라 초기에는 선임기준을 완화하고 단계적으로 강화하는 방안도 고려할 필요가 있다. 제도의 예고로 건설기술인 중 배출 인원이 가장 많은 건설분야 기사 및 기술사의 조기 안전기사 및 기술사의 자격 취득이 촉진되어 수요에 따라 유자격자가 증가할 것으로 예상된다.

안전감리자의 핵심 역량은 안전관리계획서와 유해위험방지계획서의 작성 및 검토 능력이다. 최소자격으로 설정된 실무경험 기간은 최소한의 시공경력을 확보하기 위한 것으로서, 공사경력과 안전경력을 구분하지 않은 이유는 기존의 유자격자를 최대한 수용하고 실질적인 선택은 발주자의 권한으로 돌리기 위한 것이다. 외국의 경우 감리는 공사 경험이 풍부한 노련한 기술자가 담당하는 것이 일반적이며 이에 상당하는 보수를 받는다. 이상의 요인과 유사한 다른 자격자의 선임기준을 고려한 공사규모별 안전자문사 선임 방안을 정리하면 **표 9.4**와 같다.

복잡해져 가는 제도와 시스템 속에서는 단일 기술자격만으로 안전관리 업무를 효과적으로 수행하기 어려우며 다른 기술분야도 마찬가지이다. 기존에는 한 가지 기술자격만 구비하면 해당 업무를 담당할 수 있었다. 하지만 향후에는 업무의 난이도나 범위에 따라 두 가지 이상 복수 자격을 갖추도록 해야 한다. 건설기술자가 산업안전보건법 등 안전 관련 법령과 이의 이행에 필요한 역량이 부족하면 바로 형사적 처벌의 대상이 될 수 있다. 하지만 앞에서 기술한 바와 같이 건설

표 9.4 공사규모별 안전감리자 선임 방안

공사규모 (공사금액)	인원	최소 자격	유사 기준
800억원 이상	1인 이상	• 건설분야 기사이상 + 건설안전기술사 이상 +시공분야와 안전분야 합산경력이 10년 이상	안전관리자 : 700억원마다 1인 추가 선임
800억원–120억(토목 150억)원 이상	1인	• 건설분야 기술사 + 안전분야 기사 이상 +시공분야와 안전분야 합산경력이 10년 이상	전담 안전관리자
120억원–50억원	1인	• 건설분야 기사 이상 + 안전분야 기사 이상 + 시공분야와 안전분야 합산경력이 5년 이상	전담 안전관리자, 안전보건조정재(2개 공사 이상으로 분리발주시)
50억원–20억원	1인		안전보건총괄책임자 선임
20억원 미만–3억원	1인		기술지도 대상
기타 공사기간 30일, 동시작업 인원 10인, 총작업인원 500인 · 일 이상	1인		영국 CDM 기준

기술자격 소지자는 자신이 책임져야 할 안전관리와 노동안전에 관한 역량이나 자격이 미비하며, 건설분야를 전공하지 않은 노동안전분야 자격 소지자는 건설기술에 대한 전문성이 충분하지 못하다. 안전 관련 법령은 이원화되어 있지만 건설사업마다 건설기술안전 전문가와 노동안전전문가를 복수로 두는 것은 비효율적이다. 건설기업은 두 분야의 건문성을 겸비한 인재 양성이 필요하며, 가장 쉬운 방법은 기존의 건설기술자에게 노동안전관리 역량을 습득하게 하는 것이다. 최근 중대재해처벌법 등 안전책무의 강화로 공공과 민간을 불문하고 안전전문가의 부족을 호소하고 있다. 이제 건설안전전문가를 외부에서 구할 것이 아니라 내부의 건설기술자에게 노동안전관리 역량을 습득하도록 지원하여 사내에서 해결하는 것이 바람직하다. 건설기술자의 입장에서도 앞에서 제시한 방안이 바람직한 이유는 산업안전보건법 등에서 규정하고 있는 안전확보 의무는 안전전문가의 역할이 아니라 생산라인에 있는 건설기술자의 법적 역할이자 책임이기 때문이다.

공공과 민간을 불문하고 안전확보를 위해서 해결해야 할 근본적인 과제는 안전부서의 근무를 기피하게 하는 여건 해소가 필요하다. 조직의 안전역량은 안전전문가의 역량에 좌우되므로, 안전전담부서는 우수한 인력이 근무를 선호하는 부서가 되어야 하며, 안전역량의 확보를 위해서는 해당 업무를 장기적으로 담당할 수 있어야 한다. 하지만 아직까지 대부분의 안전부서는 사고 때마다 사고를 수습하고 보고하느라 바쁘다. 나아가서 노력한다고 해서 사고가 바로 근절될 수도 없기 때문에 성과로도 인정받기 어려워 안전이라는 높은 가치에도 불구하고 누구나 근무를 꺼리는 부서로 전락해있다. 외국의 경우는 현장소장이 되려면 반드시 안전부서를 거치도록 하여 우수한 직원부터 안전부서에 근무할 기회가 주어진다는 점을 본받을 필요가 있다.

10장
설계자의 안전 책무

"계획하지 않는 것은 실패를 계획하는 것이다."

1. 건설사업 성패의 관건; 설계단계

건설사업 안전은 설계단계에서 결정된다

일이 힘든 것은 계획이 없었기 때문이며, 사고도 마찬가지다. 안전은 설계단계에서 확보되어야 한다. 영국에서는 2015년에 CDM을 전면 개정하여 안전의 중심자로서 설계자 중에서 주설계자principal designer를 지정하여 설계단계에서 안전을 확보하고 있다. 설계자에게는 설계안전선 평가DfS가 기본적 안전책무로 부여되어 있다(표 10.1).

표 10.1 CDM 중 설계자 역할

설계자의 역할	세부 내용
발주자 안전업무 지원	발주자가 안전에 관한 의무를 효율적으로 수행하도록 조언
	발주자에게 설계 시 충분한 안전비용의 반영 권고
안전을 고려한 설계대안 창출	잠재적 안전영향요소가 안전에 미치는 영향을 고려
	설계대안의 안전영향요소가 안전에 미치는 영향을 고려
	안전영향요소의 제거 및 완화를 위한 설계대안 창출
	안전이 반영된 가설계획을 설계에 반영
정보제공 및 의사교환	설계 대안을 창출하는데 활용된 정보의 제공
	각 주체와 안전관리 이슈에 대한 자유로운 의사교환
타 참여주체와 협력	안전감독자와 협력방안 모색
	다른 분야(전기, 기계, 설비) 설계자간의 자유로운 의사교환
안전관리계획의 작성	입찰이전 안전관리계획서의 작성
시공자 선정지원	시공자의 입찰서류 작성 시 시공자의 지원
	시공자가 제출한 입찰 서류의 안전관리계획에 대한 평가
	시공자 평가의 근거자료(사고율, 시공사례 등) 제공

우리나라도 안전감리 기능이 정상화되면 다시 안전관리체제를 개선하여 설계단계에서 안전을 확보해야 하며 감리기능을 통하여 이의 이행 여부를 감시하는 체제로 발전시켜야 한다. 우리나라의 경우는 아직도 CDM의 초기 단계인 안전관리계획의 이행능력이 매우 부족하며, 안전전문가에 의한 제3자 감시 기능도 정립되어 있지 못하기 때문이다.

영국 CDM에서 안전의 중심이 주설계자로 변경된 것은 향후 설계자의 안전설계 역량이 매우 중요함을 시사한다. 설계 안전성 검토 제도가 시행되고 있지만, 아직도 초보 단계로서 설계 안전성 검토도 미흡할 뿐만 아니라 여기에 참여하는 전문가의 역량도 충분하지 못하다. 부실한 설계 내용을 감리자나 시공자가 만회하기는 어려우므로 시공자의 역량 이전에 설계자의 역량이 충분해야 한다. 최근 건설업자라는 명칭의 건설사업자로의 순화와 함께 용역업도 엔지니어링으로 용어가 순화되는 긍정적인 변화가 있었다. 하지만 건축설계/엔지니어링* 사업자도 경쟁을 통해서 선정되기 때문에 심의과정에 불합리가 개입할 여지가 많다. 대부분의 설계/엔지니어링사는 인력 중심의 비용구조로서 설계 오류를 배상할 능력이 없어 보험제도로 보완이 필요하지만 아직 도입되지 못하고 있다.

건축사업에서 참여자 역할의 합리화

우리나라는 엔지니어링과 건축설계가 이원화된 제도로 운영되고 있다. 건설산업은 사업의 단계별로 역할의 분업이 철저한 편이다. 우리나라는 엔지니어링업이 건축업보다 나중에 생긴 까닭에 기존의 건축설계업에 엔지니어링이 덧붙여진 제도로 운영되고 있다. 건설사업은 공공과 민간, 토목, 건축, 플랜트 등 공사유형 따라 수행방식과 요소기술이 서로 다르기 때문에, 나름대로 관행이 정립되어 있다. 하지만 공공이 주류인 토목공사의 경우는 설계를 의미하는 엔지니어링과 시공의 업역이 명확하게 구분되어 있지만, 민간이 주류인 건축공사의 경우는 먼저 출발한 건축법과 건축사법의 고수로 구조, 전기, 설비 등 건축 이외 분야의 설계와 시공단계 기술자의 역할이 건축사에게 종속되어 있다. 토목이나 플랜트 사업에는 별 문제가 없으나 건축사업의 경우 엔지니어링업이 도입되면서 기존의 틀을 정비하지 않았기 때문에 아직도 건축물의 설계에 포함되는 구조, 전기, 설비 등은 독립된 건축설계나 엔지니어링으로 취급되지 못하고 있다.

건축산업에서는 설계자가 모든 것을 다해야 한다는 의식이 공고한 편이다. 이제 건축산업 종

---

* 광의의 설계는 공학적 설계Engineering와 의장고안Design을 포괄하는 개념이나, 우리나라는 먼저 마련된 건축사제도로 인하여 두 개념이 명확히 구분되어 있지 않아서 건축물을 위한 설계는 건축사가 한 설계만 설계로 인정되며, 토목 플랜트 등 다른 영역은 엔지니어링으로 불리고 있어 부득이 두 분야의 명칭을 함께 기술하였다.

사자의 역할과 책임도 정상화되어야 한다. 건축산업도 기술의 발전에 따라 끊임없이 전문화, 분업화되었음에도 구시대의 유물인 건축사법의 굴레를 벗어나지 못하였다. 불합리의 근원은, 통합 조정의 역할은 필요하지만, 건축설계의 개념에서 디자인과 다양한 기술분야가 존재하는 설계를 모두 건축설계로 오인하는 데서 비롯된 것이다. 결과적으로 건축사업은 건축사가 다해야 하는 것으로 인식되어 구조, 설비, 전기 등의 분야는 설계자로 취급받지 못하고 있다.

건축산업에서 설계자 역할과 지배구조의 불합리도 시정돼야 한다. 앞에 제기한 것처럼 대다수 건축설계 분야 종사자의 삶은 피폐하며, 그 정점에는 불합리한 건축사법으로 독점적 설계권을 보장 받은 건축사가 있다. **건축산업에서는 순수한 건축설계design와 공학설계engineering에 대한 개념을 재정립하고 이에 따라 역할과 책임도 합리화할 필요가 있다.** 구체적인 내용은 이전 저서[1])에 소개한 바 있으며, 세 가지 측면의 오류[2])만 요약해서 소개하면 다음과 같다.

첫째, 건축설계 개념에서 디자인과 설계를 동일 선상으로 정의하여 제정되어 있는 건설 산업 사회 철학의 오류다.

둘째, 산업구조의 제도화가 업역 보호의 명분으로 설계, 시공의 철저한 분리주의를 채택하고 있다.

셋째, 건축사에 의한 시장 지배구조를 형성하였다면 그에 따른 독주를 제어할 수 있는 권한과 책임이 부여된 감시, 제어 및 피드백 시스템이 갖춰져야 하나 현 제도에서는 이러한 기능이 전혀 배제되어 있다.

기술분야도 토목분야에서는 엔지니어링산업으로 관리되고 있지만 건축산업에서의 기술분야는 건축사의 의장설계업무에 예속되어 열악한 건축설계 대가代價가 다른 설계분야까지 대물림되고 있다. 감리분야도 감리 목적과 기술분야에 따라 의장감리, 시공감리, 구조감리 등 분야별로 전문화되어야 하나 건축사와 동등한 지위의 기술사조차 건축사보라는 명칭으로 건축사에 종속되어 안전의 근간이 되어야 할 기술의 발전에 걸림돌이 되고 있다. 안전에 역량이 없는 자가 안전업무에 종사하는 것도 중대한 사고요인에 해당된다. 현실적으로 건축사가 모든 설계 분야를 책임질 수 없다. 시공기술에는 전문성이 부족한 공사단계의 감리업무도 건축사에게 맡기는 것은 공사단계의 품질과 안전확보에 바람직하지 못하다.

2. 안전설계 이행 방안

안전의 무게중심은 설계단계여야 한다

설계단계에서 안전을 확보하기 위한 설계가 안전설계이며, 제도적으로는 '설계 안전성 검토 DfS이다. 설계안전성검토 제도의 실효성을 확보하기 위해서는 안전관리체제의 혁신이 필요하다. DfS는 사고예방의 본래 취지대로 활용되지 못하고 있으며 기본 개념조차도 제대로 인식되지 못하여, 제대로 이행되고 있는 건설사업은 극소수에 불과한 것으로 판단된다. 이전의 유해위험방지계획서와 같은 제도들이 안전전문기관의 일거리로 전락하여 제대로 취지를 발휘하지 못한 상황이 되풀이되고 있다. 이 모두가 근본원인은 법률에서 규정한 건설사업의 안전관리체제가 건설사업의 수행방식을 제대로 반영하지 못하고 있기 때문이며, 정부나 전담기관의 감독방식이 이러한 약점을 강화시키는 역기능을 하고 있기 때문이다.

건설사업의 단계별로 안전관리체계의 문제점을 도출하기 위한 21건의 사망사고 원인에 대한 선행 연구[3]에 의하면, 21개 사망안전사고의 원인으로 7개 영역별로 총 169개가 도출되었다. 7개 영역별 분포를 보면 프로젝트 기획상의 결함: 2개(1.2%), 프로젝트 설계상의 결함: 12개(7.2%), 부적절한 현장조건 6개(3.6%), 공사계획상의 결함 36개(21.3%), 공사운영상의 결함 47개(27.8%), 공사제어상의 결함 8개(16.6%), 부적절한 작업자의 행동 38개(22.5%)로 분석되어 기획과 설계단계에서 안전확보가 중요함을 시사한다(표 10.2).

부적절한 프로젝트 설계의 세부 항목은 시공성을 고려하지 않은 설계, 관행적 설계, 시공법에 대한 설계자의 전문성 부족의 빈도가 높았다. 다른 항목에서는 빈도가 없는 것으로 나타났으나 실제 실무에서는 앞의 원인 외에도 촉박한 설계기간, 설계비 부족, 건설사업의 대규모화와 고기능화에 따른 복잡성 증가, 열악한 설계인력 대우로 인한 설계 자원 감소와 경험 부족 등의 위험을 안고 있는 것이 현실이다. 요약하면 공사운영상의 결함과 공사 계획상의 결함이 중

표 10.2 사망사고 원인의 7개 영역별 분포

안전관리의 결함영역	사망사고 요인 수	비율(%)
부적절한 프로젝트 기획	2	1.2
부적절한 프로젝트 설계	12	7.2
부적절한 현장 조건	6	3.6
부적절한 공사 계획	36	21.3
부적절한 공사운영	47	27.8
부적절한 공사제어	28	16.6
부적절한 작업자 행동	38	22.5
합계	169	100

표 10.3　사망사고 원인중 설계단계의 세부 요인별 빈도

유형	안전관리 분야 부적절한 프로젝트 설계	빈도 12	% 7.2
1	설계기간 축소	0	0.0
2	부적정한 설계예산	0	0.0
3	설계 복잡도의 증가	0	0.0
4	설계의 하도급	0	0.0
5	설계자원의 감소	0	0.0
6	해당 프로젝트 설계의 경험 부족	0	0.0
7	시공방법, 시공절차를 고려하지 않은 설계대안 창출	4	2.4
8	관행적인 설계대안 창출(유사 설계대안의 복사)	4	2.4
9	설계자의 시공방법, 절차에 관한 전문성 부족	4	2.4
10	기타	0	0.0

대사고의 주요 원인으로서 안전관리체제의 합리화로 공사이전 단계부터 안전을 확보해야 함을 시사한다(**표 10.3**).

　최근에는 평택국제대교 붕괴사고와 같이 시공역량을 고려하지 않은 공사비 절감만을 위한 설계로 부재의 단면을 줄여서 작업안전뿐만 아니라 기술안전측면에서도 리스크가 커지고 있다. 가치 향상의 취지는 좋으나 이러한 상황에 과도한 VE로 안전이 위협받고 있다.

설계 안전성 검토의 이행

　국제적으로 설계단계에서 안전성에 대한 고려는 1800년대 기계설계에서 시작되었다. 1955년 미국의 NSC에서 PtDPrevention through Design 관련 매뉴얼을 작성하였으며, 1985년에는 ILO에서도 설계자의 의무로 규정하였다. 영국에서는 1995년에 CDM 규정에 설계자의 의무로 반영하였으며, 1990년대 이후 지속적인 연구를 통하여 2008년까지 구체적인 내용이 마련되었다.[4] 외국의 경우 설계 안전성 검토 제도는 노동안전분야 대책의 일환으로 도입되었으나, 우리나라에서는 2016년부터 일부 고위험 공사를 대상(건설기술진흥법 제62조 17항, 시행령 제75조의2)으로 시행되고 있다. 설계 안전성 검토 대상 공사는 안전관리계획서 작성 대상 공사 중 건설기계가 사용되는 건설공사는 제외된다. 세부 사항인 설계의 안전성 검토의 방법 및 절차 등은 고시인 '건설공사 안전관리 업무수행 지침'으로 규정하고 있다. 향후 안전감리에 의한 공사단계의 안전관리가 일정 수준에 오르면 관리의 중심이 설계단계로 옮겨져서 주설계자가 공사중의 안전에 관한 사항을 통합관리하게 될 것이므로 설계자의 안전설계 역량이 확보되어야 할 것이다.

　설계 안전성 검토에는 분야별 전문가가 참여해야 하며, 공사단계의 건설안전 전문가보다 고도의 전문성이 요구된다. 설계 안전성 검토는 개념/기본 설계 검토, 상세/실시 설계·유지관리·보수 작업검토 및 시공전 검토의 3단계로 이루어지며, 보통 다음의 5단계GUIDE로 수행된다.

- 1단계(Group together): 이해 당사자들로 구성된 설계 안전성 검토팀 구성
- 2단계(Understand): 전체 설계개념을 이해
- 3단계(Identify): 설계 또는 시공방법에서 기인하는 위험요소를 파악
- 4단계(Design): 위험 요소를 제거하거나 감소시킬 수 있는 설계안을 도출
- 5단계(Enter): 안전보건 또는 경감될 수 있기는 하나 아직 존재하는 위험에 영향을 주는 결정적인 설계 변경을 포함한 모든 정보를 안전보건대장에 기록

우리나라에서는 설계 안전성 검토가 아직 안전관리계획서 작성 이상으로 취약한 분야로서 전문가의 육성이 필요하다. 영국의 경우 설계자의 안전설계 의무를 저해하는 요소로 상세한 설계 규정을 무시하고 완성된 구조물의 안전성만 고려하는 습성, 설계자의 안전보건 관련 지식의 부족, 설계자의 재료, 공법, 공정 등 시공지식의 부족, 건설사업 참여자 사이의 의사소통 부족 등이 지적되었다. 우리나라에서도 향후 충실한 설계 안전성 검토에 유의하여야 할 사안으로 사료된다. 전문가 집단에 의한 개략적인 설계 안전성 검토 절차는 **그림 10.1**과 같다. 구체적인 내용은 관련 매뉴얼[5]을 참고할 수 있다.

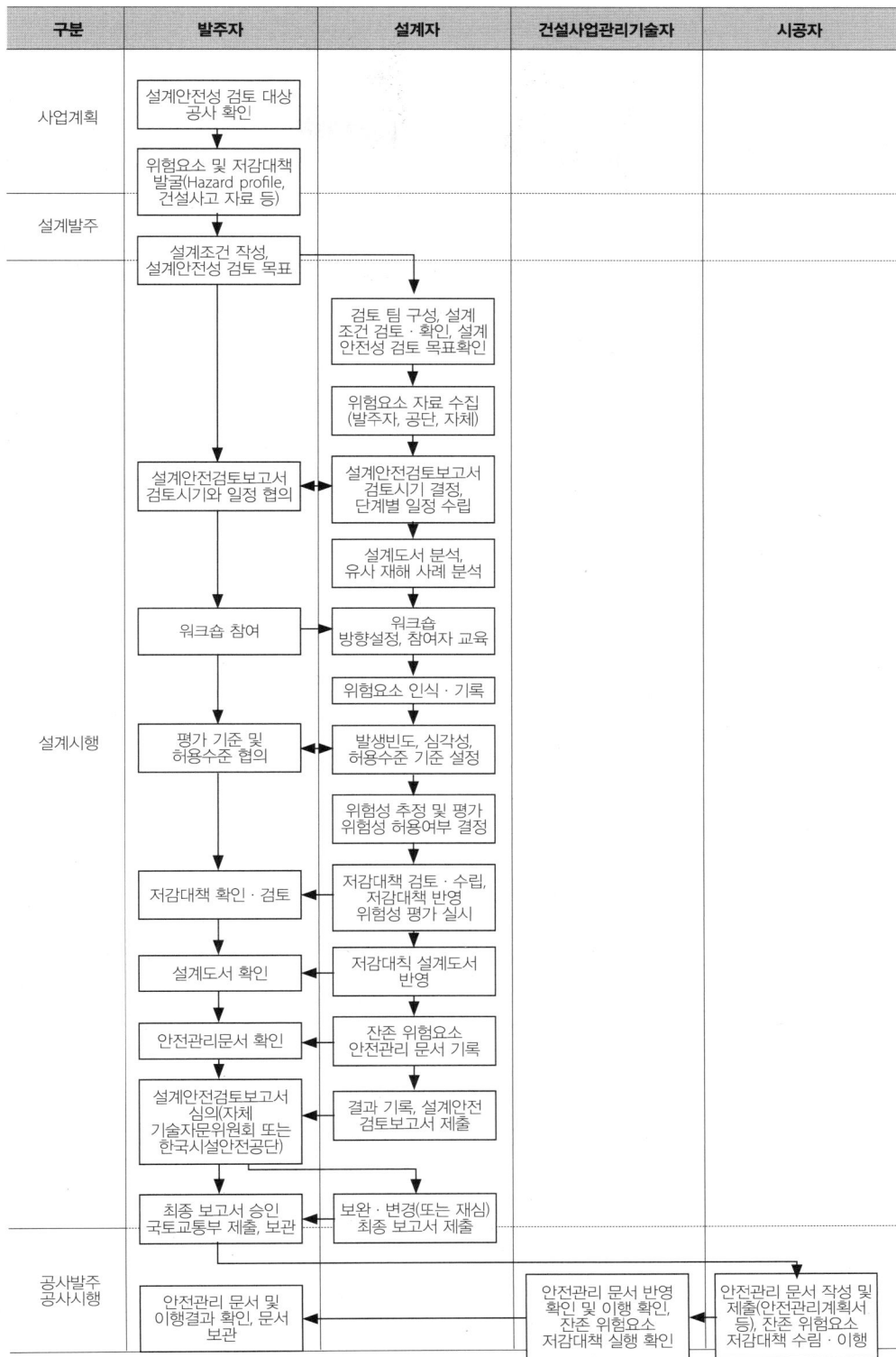

그림 10.1 설계 안전성 검토 단계별 · 참여자별 업무 내용 및 절차

11장
종합건설사의 안전경영 혁신

"직원들이 조직 내부의 위험에 대처하는 데 급급하다보면, 외부 위험에 대한 전체 조직의 역량은 줄어들 수밖에 없다." - 사이먼 사이넥, 리더는 마지막에 먹는다 -

1. 안전에도 탁월함이 필요하다

법정 의무는 기본이 되어야 한다

거의 모든 기업은 법정 안전의무를 매우 부담스러워하며 의무의 성실한 이행보다는 의무를 이행했다는 증거를 만드는데 더 치중하는 경향이 있다. 이러한 바람직하지 않은 반응은 원칙을 비켜간 안전 법제와 불합리한 정부의 감독 방식 때문이다. 하지만 이제 발상의 전환이 필요하다. 탁월한 기업일수록 법적 요건보다 높은 사내기준을 유지하고 있음을 본받을 필요가 있다. 소위 '준수를 넘어서beyond compliance'라는 사내 방침이자 목표이다. 우리나라의 산업안전보건법과 하위 안전보건기준도 복잡한 것처럼 보이지만 핵심은 단순하다. 사업주 책임의 원칙에 따른 유해위험예방조치의 유형은 다음의 5가지에 불과하다.

- 안전한 작업장소 제공(Place)
- 안전한 장구, 도구, 장비 제공(Method)
- 안전한 작업자의 선택적 고용(Employment)
- 작업의 위험성 관한 정보 제공/교육(Instruction)

• 안전규칙의 준수 독려(Enforcement)

안전에도 탁월함을 추구해야 한다

경영 성과가 모두 최고경영자의 몫이듯이 안전도 최고경영자의 리더십으로만 달성될 수 있다. '역사상 조직이 경영을 통해 위기를 극복한 예는 없다. 모든 위기는 리더십을 통해서 극복됐다.'[1] 하지만 탁월한 안전성과의 달성은 쉽지 않으며 외국에서 꼽고 있는 주요한 이유는 다음과 같다. 여기에 우리의 경우는 문화와 제도적 장치 측면의 장애요인이 더 많다는 것도 고려해야 한다.

• 탁월한 안전관리는 기술력 및 유해·위험에 대한 체계적이고 지속적인 관리에 기반하며 이를 통해 정기적/주기적인 점검 및 개선점 등에 대한 보완이 가능하다.
• 조직의 체계가 복잡해질수록 단순 기술을 통한 조직적 방식organizational patterns 및 절차 procedures에 대한 수치분석이 아닌 안전에 직접·간접적으로 영향을 끼치는 기업문화, 인식 및 행동 등에 대한 심층적 분석이 필요하다.
• 복잡해지는 내·외부 환경 및 비용절감에 대한 압박 등을 극복해야 한다.

결국 탁월함이란 효율성과 효과성으로 넓은 시간과 공간의 범위에서 성과를 달성하는 것이라 할 수 있다. 현재 건설사업에서 안전관리는 중소규모 현장에서는 잘 이루어지지 않고 있지만, 상당한 노력을 기울이고 있는 상위 건설사의 안전활동도 투입된 노력에 비해 성과는 기대에 미치지 못하고 있다. **안전경영은 사고방지라는 목표의 달성과 함께 노력의 효율성과 효과성도 함께 달성할 수 있어야 한다.** 안전은 다른 영역보다 단기간에 개선이 어렵기 때문에 관건은 품질의 원칙인 지속적인 질적 개선CQI; continuous quality improvement에 달려 있다. 플루오사 Fluor Co.에서는 안전의 개선 목표를 'plus 1%'로 하여 점진적 향상을 방침으로 하고 있다.

탁월함에 이르러면 '준수를 넘어서야 한다'. 안전수준이 비교적 양호하다는 상위 회사들도 아직은 법적 요건의 준수에 급급하고 있다. 법적 안전기준은 최저 기준임에도 대다수가 최고기준으로 인식하고 있다. 세계적으로 우수한 회사들은 국가의 표준을 상회하는 기준을 사내 규정으로 정하여 운영하고 있음을 본받을 필요가 있다.

최고경영자의 안전리더십

건설업은 아니지만 회사를 어려움에서 구한 최고경영자의 안전리더십으로는 알코아사Alcoa

Co.의 폴 오닐Paul O'Neill을 꼽을 수 있다(그림 11.1). 미국의 재무부장관을 지낸 폴 오닐은 알코아의 최고경영자로 13년간 회사를 경영하면서 단 하나의 습관, 바로 안전작업 습관으로 위기의 알코아를 5배 이상 성장시켰다. 직원, 주주를 위해 내가 할 일은 품질, 인사관리, 이익창출 등 경영개선이 아니라 근로자의 안전보건으로서, '나쁜 습관 하나' 고치기로 모든 것을 해결함으로써 이익 5배, 주가 상승 5배를 달성하였다. 재임 중에 구축해둔 시스템 덕분에 그가 퇴임 후에도 안전지표가 계속 개선되었다.[1]

그림 11.1   알코아 CEO 폴 오닐

   폴 오닐이 사용한 방법은 산업재해 경감을 조직의 최우선 목표로 설정하고, 핵심습관을 설정하여 직원 개인의 습관, 조직 습관으로 승화시키고, 습관화 정도를 안전수치로 평가 지표화하여 위기의 기업에 성장 동력으로 작용하였다. 핵심 목표로 사전지표를 철저하게 활용한 것이다. 그는 안전에서도 집요함이 필요함을 보여주었는데 알코아의 최고경영자로 취임하기 전에 정부 조직에 함께 근무했던 직원의 폴 오닐에 대한 평가다.

> *"나는 폴 오닐을 사랑합니다. 하지만 다시 그와 함께 일하라고 하면 억만금을 주어도 안 할 겁니다. 내가 대답을 제시할 때마다 또다시 20시간을 일해야 답을 얻을 수 있는 질문을 던졌습니다."*

   폴 오닐은 정부 부처에서 일하면서 중진국보다 높았던 미국의 유아사망률을 획기적으로 낮추었는데 그가 시행한 대책은 고등학교 생물학 교사들에게 영양교육을 시켜 학생들에게 영양교육을 하게 한 것이었다. 폴 오닐이 높은 유아사망률의 근본 원인을 찾기 위해 부하 직원이 미칠 정도로 집요하게 질문을 던졌던 것처럼 근본 원인을 추구해야 한다.

   노동자 조합의 영향력이 커지면서 안전은 노동자 단체와도 소통할 수 있는 중요한 의제가 되고 있다. 탁월한 성과는 안전 위에 있다. 경영자라면 안전 위에서 성과가 나도록 해야 한다. 앞서가는 소수 건설사조차 안전을 최우선 한다는 방침에도 불구하고 내부적으로 투명성을 확보하지 못하여 이행에 어려움을 겪고 있다. 경영자라면 '진정으로 안전을 최우선하는가?'에 답할 수 있어야 한다.

완벽을 달성하기 위한 7가지 황금률

안전경영의 2대 축은 구조Structure와 역량Competence이다. 이 두 가지 축은 맥킨지 7S; Shared Value · Strategy · Structure · System · Staff · Skill · Style를 포괄한다. 안전은 여러 경영 목표 중 하나이지만 ASSE에서 안전전문가의 소요 지식분야를 열거한 것처럼 소요 지식의 광범위함과 복잡성은 다른 어느 분야보다 높다. 다중 요인의 관리 및 설계 역량을 확보하기 위해서는 메타 사고 역량이 필요한 이유이다.

탁월함에 이르겠다는 목표가 설정되면 목표를 달성할 수 있는 전략이 따라야 한다. 국제사회안전보장협회ISSA에서 제시한 무상해 전략 지침VISION ZERO Strategy Guideline의 7가지 항목은 다음과 같다. 보편적 사고방지의 원칙이 그대로 반영된 것으로서 리더십, 특히 최고경영자의 역할이 가장 중요함을 시사한다.

1) 리더십을 체득하여 헌신을 보여줄 것
2) 위험을 인지하고 통제할 것
3) 목표를 명확히 하고 프로그램을 개발할 것
4) 안전보건체계의 원활한 운영
5) 안전하고 건강한 기계 · 기구의 사용
6) 자격을 향상시키고 역량을 강화
7) 사람에 투자로 참여 동기부여

무사건 · 무상해 비전 달성의 전략으로 다양한 방법과 기법들이 제시되고 있다. 우선 다음 개념과 방법론에 대한 충분한 이해가 필요하다고 생각한다.

- 복잡한 맥락에 대한 이해
- 규정 및 규율의 수립(시스템)
- 성과지표 : 선행(성공)지표 채택
- 안전문화/안전분위기/조직문화
- 사회심리학적 접근
- 행동과학적 접근(BBS)[2] 등

2. 안전의 바이블 ISO 45001

ISO 45001의 탄생

1980년대 말부터 WTO 체제가 출범하면서 선진국의 유리한 입장을 선점하고자 하는 의도를 바탕으로 국가 간 월활한 교역을 위해 품질·안전·환경 등에 대한 국제규격화가 시작되었다. 1994년 영국에서 가장 먼저 HS(G) 65Health and safety management Systems를 안전보건경영체계에 관한 기준으로 제정하고 경영자를 위한 안전경영시스템 5단계를 설정하였다. 이 기준은 1996년 산업표준 BS 880으로 제정되었다. 이후 여러 국가가 안전보건경영시스템을 도입하기 시작하였으며, 1999년에는 유럽의 13개 다국적 인증기관이 OHSAS 18001Occupational Health and Safety Assessment Series 18001을 개발하여 보급하였다. 2018년 ISO 45001이 제정되기 전까지는 안전보건경영시스템은 국가마다 노동환경이 다르기 때문에 국제표준규격이 될 수 없다고 하여 많은 국가들이 자국만의 명칭으로 보급해왔으며 안전보건경영시스템으로서 민간의 규격이나 ILO 권고사항으로 활용되어왔다.

우리나라에서는 산업안전보건공단이 2001년부터 KOSHA 2000 Program으로 인증업무를 시작하였으며, 이후 세계적 추세에 따라 명칭이 K-OHSMS 18001, KOSHA 18001로 변경되었다. KOSHA 18001의 경우 본사와 현장의 역할을 바탕으로 발주자 용, 종합건설업체 용, 전문건설업체 용 및 CM사 용으로 구분되어 건설사업의 수행방식이 비교적 잘 반영된 것으로 평가되고 있다. ISO 45001의 제정으로 지금은 KOHSA-MS라는 명칭으로 보급되고 있다.

진보된 ISO 45001 요소

ISO 45001은 이전 시스템과 비교하여 영향 범위는 조직내부의 안전보건 이슈관리에서 조직외부의 사업 및 규제 환경의 맥락에 대한 고려, 구조적 측면에서 절차procedure 기반에서 과정process기반으로, 적용성을 정적인 규정에서 동적인 규정으로, 초점 요소를 위험에서 위험과 기회를 모두 고려할 수 있게 발전된 것이다. ISO 45001에 새로 추가된 세부 사항은 **표 11.1**과 같다.

안전보건경영시스템의 건설업 적용시 고려 사항

1993년 영국 안전보건청의 연구로 "모든 사고의 85% 정도는 '관리적 조치management action'로 예방이 가능하다"는 것을 증명하였다. 효과적인 사고방지를 위한 안전관리 차원에서 안전보건경영시스템에 대한 이해와 실행은 필수적으로서 정책차원에서 적극적인 활용을 유도할 필요가 있다.

표 11.1 ISO 45001에 추가된 내용

ISO 45001 주요 항목	추가된 내용
4. 조직의 상황	조직이 안전보건상의 책임을 관리하는 방식에 긍정적 혹은 부정적으로 영향을 미칠 수 있는 중요한 문제에 관해 더 높은 이해를 제공
4.2 근로자 및 기타 이해관계자	근로자 및 기타 이해관계자의 요구와 기대를 고려하고 이러한 요구가 시스템 안에서 수용되어야 하는지를 결정하는 부분에 관하여 더 자세한 내용을 규정
5. 리더십과 문화	최고경영진이 긍정적인 안전보건 문화를 촉진하고 이에 관한 리더십과 실행 의지를 보여줘야 한다는 세부적인 요구사항
5.4 참여와 협의	안전보건경영시스템의 수립과 실행에 있어서 근로자의 참여와 협의에 관련된 강화된 요구사항
6.1.2 위험과 기회	경영시스템과 연계된 리스크와 기회는 물론 안전보건상의 리스크와 기회도 포함
7.5 문서화된 정보	문서 및 기록을 대체
8. 운영 계획 및 관리	고용주가 복수인 사업장, 관리의 단계, 변경관리, 아웃소싱, 구매 및 협력업체에 관한 좀 더 자세한 요구사항
9. 성과평가	법적 요구사항, 운영관리, 안전보건 리스크, 기회와 성과 그리고 목표달성을 위해 진행에 영향을 미칠 수 있는 안전보건 운영의 측정
9.1.2 준수 평가	조직의 준수 상태에 대한 이해와 지식을 유지하는 것을 포함하여 조금 더 자세한 프로세스 요구사항
9.3 경영검토	경영검토의 입력사항과 출력사항에 대한 조금 더 상세한 요구사항
10.1 사건, 부적합 그리고 시 정조치	현재는 리스크 접근법으로 대체된 예방조치와 더불어 조금 더 자세한 프로세스 요구사항

안전보건경영시스템의 구성 요소는 안전방침(리더십과 참여), 조직화, 계획과 실행, 성과측정 및 평가의 5 요소로서, ISO 9000시리즈나 ISO 14000 시리즈와 상위 구조가 동일하여 다른 분야와 통합적으로 운용이 가능하다. ISO 45001은 모든 산업에 적용이 가능하나 건설업의 핵심 기능인 하도급 기능을 관리하는 데 유의할 필요가 있다. 안전보건공단에서 건설사업의 참여자 별로 인증프로그램을 제공하는 것은 이러한 약점을 보완하는 긍정적 측면이 있기는 하지만 국 제적으로 인증은 민간의 영역으로 공공기관의 참여는 바람직하지 않다. ISO 45001의 체계는 '8. 운용' 단계의 '조달'기능에 치중하여야 성과를 거둘 수 있을 것이다(**그림 11.2**).

3. 종합건설사의 안전관리 장애 요인

종합건설사의 안전관리 취약 요소

건설사고의 메카니즘을 충분히 설명할 수 있는 모델은 없으며 한눈에 볼 수 있도록 정리하기 도 어렵다. 아래 건설사고 인과지도는 경영자 차원에서 안전관리를 조망할 수 있도록 PDCA 관

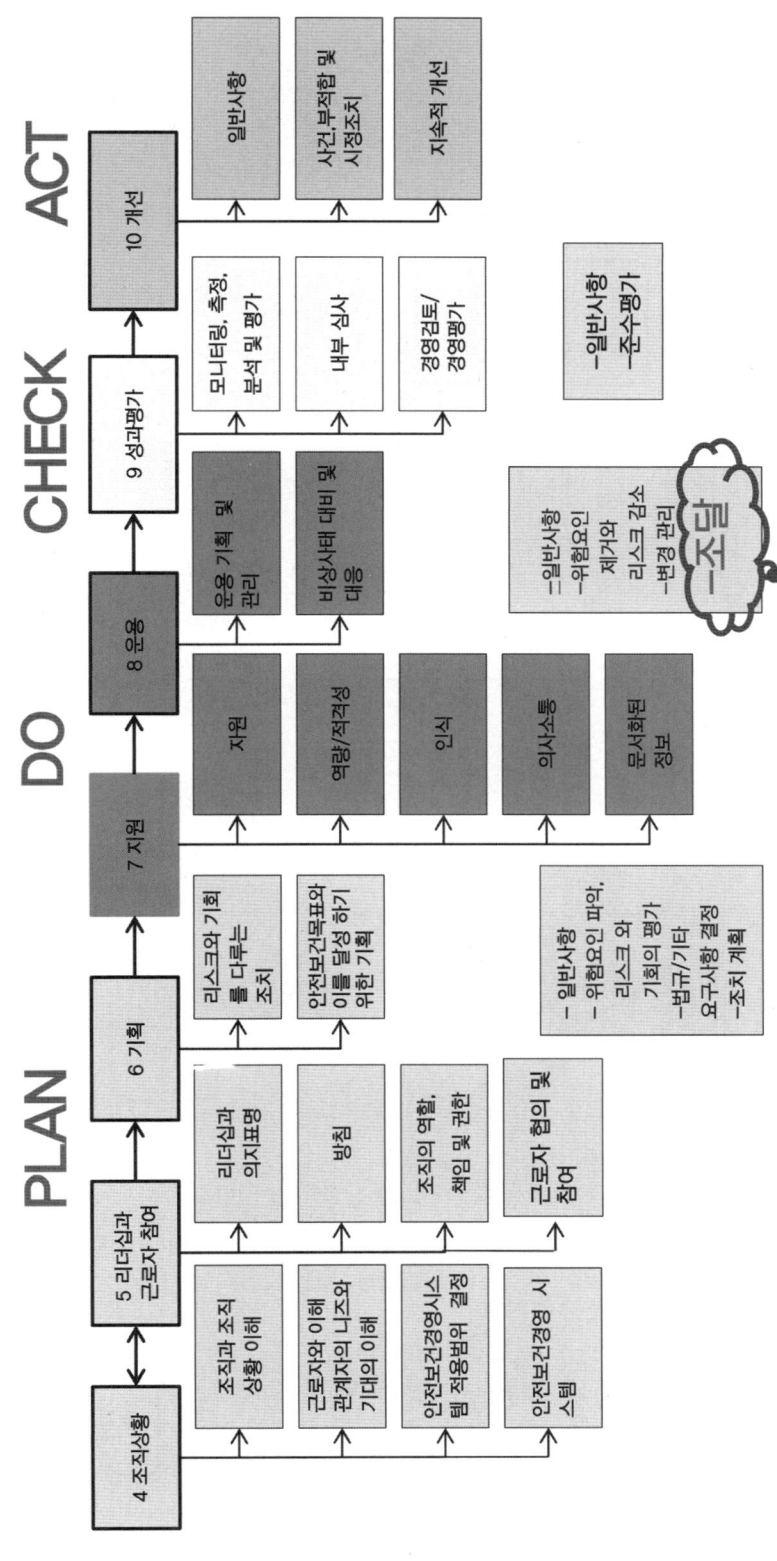

그림 11.2 ISO 45001 요소와 건설사업의 관건

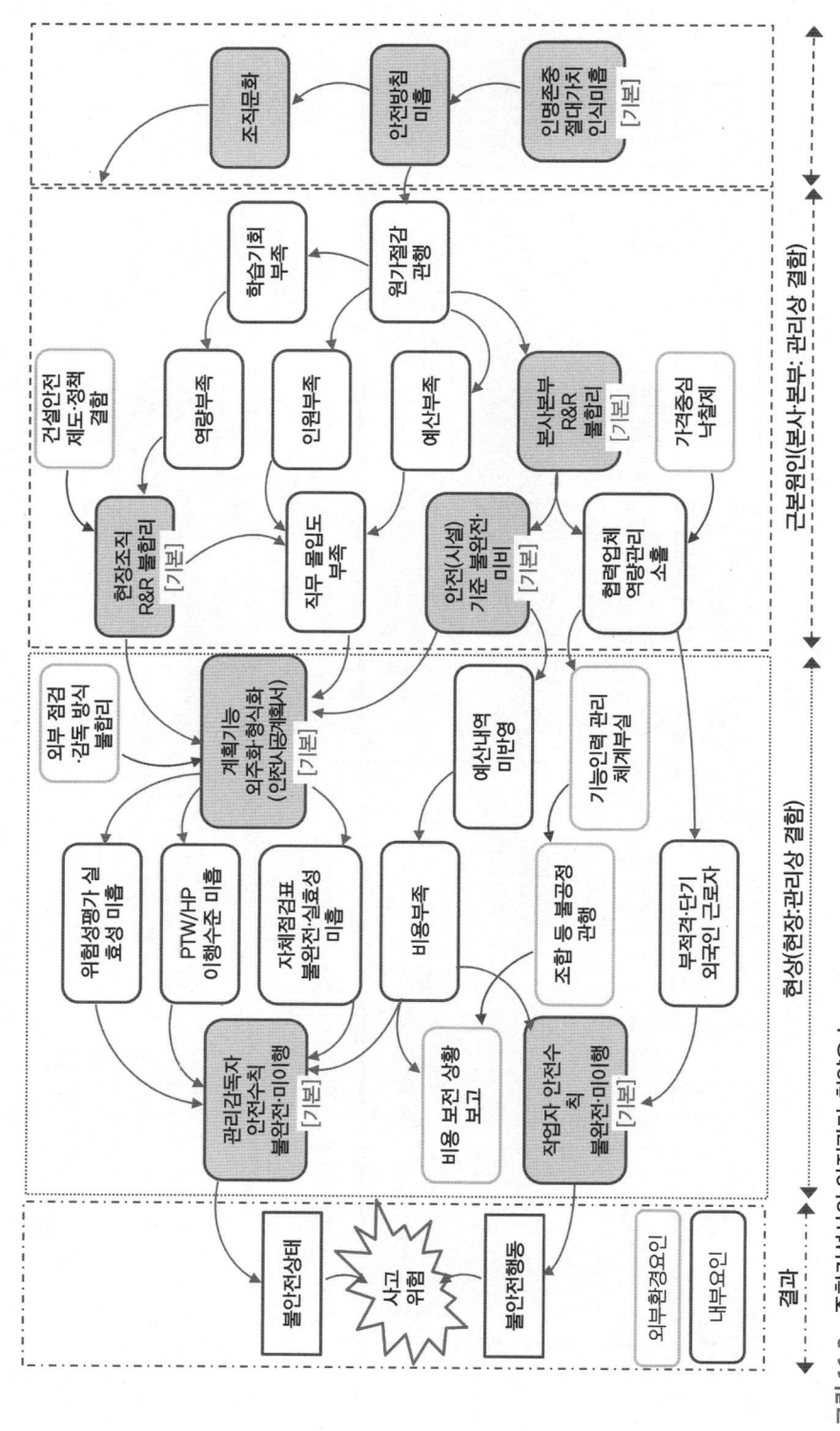

그림 11.3 종합건설사의 안전관리 취약요소

리싸이클, ISO 45001 및 국내 건설산업의 생리를 반영하여 작성한 것이다(그림 11.3).

종합건설사의 안전관리 특징은 한마디로 안전관리 수준이 빈부의 격차보다 크다는 것이다. 건설현장은 본사의 지배를 받으며 최근 전산화로 모든 활동은 본사의 통제를 받으며 본사에서 실시간 모니터링하는 체제이다. 따라서 사고발생에 영향을 미치는 원수급자로서 종합건설사의 안전관리 취약 요소와 장애 요인은 본사와 현장 차원으로 구분이 필요하다. 건설사의 안전수준은 최고경영자의 안전의식에 좌우되며 다음으로 본사의 영향력에 따라 현장의 안전수준이 결정된다. 물론 현장소장의 역량에 따라 차이는 있지만 기본적으로 현장의 안전수준은 실행예산 편성, 현장직원의 배치, 협력업체 선정 등 본사의 의사결정에 따라 결정된다. 이들 요인은 도급 순위에 무관하게 모든 건설사들이 공통적으로 가지고 있는 문제점이며, 100위 밖의 대다수 건설사와 전문건설사는 더욱 취약한 것으로 판단된다. 제반 요인들 중 기본으로 표시한 핵심적인 안전활동들이 제대로 이행되지 않고 있는데, 문제는 이러한 기본 활동의 적정성을 좌우하는 근본 원인이 최저가 협력업체 선정 등 안전관리의 영역 밖에 있다는 사실을 대부분의 상위 건설사조차 깨닫지 못하고 있는 것으로 보인다.

안전관리 수준에 따라 발생하는 사고의 유형도 달라진다. 예를 들면 최근 소수의 상위 종합건설사는 추락 등 안전시설이 비교적 양호한 편으로 보인다. 사고의 유형이 추락에서 전도 등 사소한 가설통로의 미비에서 비롯된 사고가 많은 편이며, 그 이하의 대부분 건설현장에서는 안전시설의 미비로 추락의 위험이 여전히 높은 편이다. 따라서 관리수준에 따라 중점 안전관리 항목도 달라져야 하며, 자사의 사고사례를 기초로 하여야 한다.

우리의 경우는 일부 상위 건설사를 제외하고는 원도급사와 하도급사 모두에 **공통적인 약점은 기본에 취약하다는 것이다. 예를 들면 건설현장에서 안전의 기본은 정리정돈과 통로의 확보에 있으나 이 두 가지를 제대로 이행하는 현장은 매우 드물다.** 이 두 가지는 버드의 수정된 도미노 이론의 핵심이자 사고의 근본 원인인 '관리상의 결함'에 해당함에도 여전히 사고의 원인을 작업자의 '불안전한 행동' 탓으로 돌리는 편견이 남아 있다. 다른 의도를 가진 극단적으로 특별한 경우를 제외하고는 모든 작업자는 행복하기 위해서 일하러 왔지 일로서 다치거나 생명을 희생하러 출근한 사람은 없기 때문이다. **작업자의 입장에서 자신의 불안전한 행동은 주어진 상황에서 최선의 선택을 한 결과이다.** 작업자의 불안전한 행동은 고용자가 제공한 작업환경이 작업자로 하여금 그러한 선택을 할 수밖에 없도록 만들었음을 인정할 필요가 있다. 안전의 선진국으로 갈수록 사고예방 대책을 설계단계에서 찾는 이유이기도 하다.

안전경영이 효과적이려면 회사 자체의 시스템과 함께 시스템 외부의 여건을 정확하게 파악할 수 있어야 한다. 먼저 건설사의 안전경영의 외부 여건을 보면 공공부문은 시정이 되어가고 있으나 발주자와 감리자의 안전책무가 여전히 취약하며, 산업안전보건법으로 운영되는 건설업 관련 제도는 작동성이 부족한 제조업 틀을 벗어나지 못하고 있고, 협력업체의 경우도 최저가 입찰에 의한 가격경쟁으로 안전 역량을 개선할 수 있는 여지가 주어지지 않고 있다.

조직문화 관점의 취약 요인

관점과 깊이에 따라 대상의 차원과 경계가 달라지므로 일반 원칙을 적용할 때는 먼저 어느 차원에 적합한 원칙인가를 구분하여야 한다. 앞에서 건설사고의 원인을 10차원으로 구분한 것처럼 대책의 적용 수준을 결정해야 한다. 이는 산업안전보건법에서는 일반 법령과 달리 하부 규정은 준수해야 할 기술적인 사항으로 구성되어 있다. 따라서 원도급사를 대상으로 할 경우 위로는 본사 차원의 방침에서부터 현장 물리적인 기술 사항들까지 관리 대상이 되며, 모든 경제활동은 우리나라와 건설산업만의 외부 환경에 제약을 받는다. 따라서 **안전관리 원칙이나 외국의 사례를 도입할 때도 우리나라의 정치적, 사회적 및 문화적 맥락을 고려해야 한다.**

이러한 관점에서 일반 원칙인 안전보건경영시스템을 조직 문화적 요소를 고려할 수 있는 맥킨지의 7S 관점에 종합건설사의 안전경영시스템의 현상을 분석해 볼 필요가 있다(**그림 11.4**). 분석 대상은 상위의 종합건설사로서 나머지 대부분의 건설사는 안전경영시스템이 구축되지 않아서 7S 조직 진단을 하는 데는 무리가 있다고 본다. 그림은 내부시스템의 구성요소를 원수급자의 안전경영시스템과 ISO 45001에서 맥락으로 정의한 시스템의 외부 여건을 맥킨지의 7S 조직진단 관점에서 정리한 것이다. 7S 관점에서 안전경영의 구성요소를 보면 지칭하는 용어는 다르지만 ISO 45001과 거의 유사한 요소로 구성되어 있다. 7S 관점에서는 리더십style과 공유가치shared value는 안전방침에 해당하며, 구조structure는 안전관리체제에 해당한다. 안전경영 측면에서 대부분의 건설사는 7S의 모든 요소에서 취약하며, 상위 건설사조차 취약한 요소는 방침, 구성원의 역량skill·staff, 시스템 중 계획 기능과 하위 시스템인 협력업체 관리이다. 그림에서 상자표시는 현재 중요한 기능이나 상대적으로 취약한 단계를 표시한 것이다.

외부환경context 측면에서는 상위종합건설사도 경영전반에 한국적 문화와 불합리한 건설제도와 관행, 제조업 방식의 안전관리제도에 제약을 받고 있다. 그럼에도 불구하고 최고경영자의 안전 리더십leadership style은 안전의 제1원칙으로서 조직문화와 조직의 건강성에 대한 진단이 필요하다. 안전경영분야가 다른 경영분야와 다른 점은 최고경영자의 방침policy이 모든 것을 좌우한다는 것이다. 동영상 배포 등 구시대적 안전방침 강요는 효과적인 방법이 될 수 없으며, **먼저 애로를 듣고 함께 해결해나가는 진정성이 있어야 구성원의 신뢰를 획득할 수 있으며 노력도 성과를 발휘할 것이다. 신뢰는 모든 안전관리활동의 접착제bond이다 신뢰구축이 선행하여**

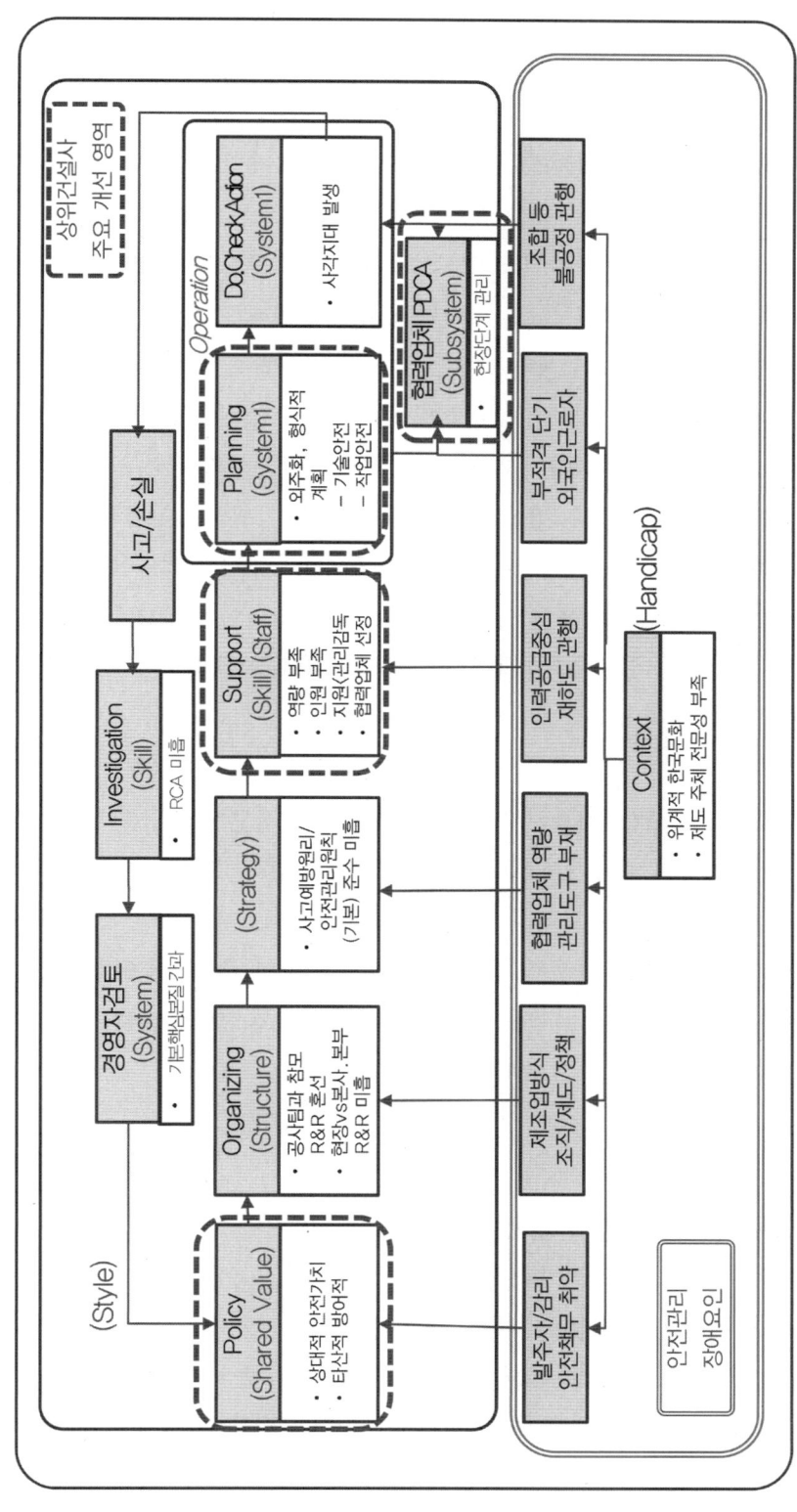

그림 11.4 7S 관점 건설안전경영시스템의 취약 요소와 장애 요인

야 한다. 기존 안전관리경영은 현장의 공사단계에 치중하여 현장의 안전수준을 좌우하는 지원 support 단계의 중요성이 간과되고 있어, 전원 참여(전사적 안전관리; Total Safety Management)가 이루어지기 어려운 실정이다. **주요 고려사항은 직원 수와 역량, 자원, 협력업체, 공사준비단계 등의 투입Input 관리이다. 안전관리활동만 잘하면 사고를 방지할 수 있다는 착각을 버려야 한다.**

PDCA 관리사이클의 실효성은 P^{plan}단계에서 결정되나 계획서 작성의 외주화가 만연하여 안전관리활동의 실효성 확보와 공사팀 및 회사 전체의 기술력 향상에 장애가 되고 있다. 협력업체의 안전경영과 관리사이클PDCA(subsystem)는 중요성에 비해 간과되고 있는 요소이다. 현장의 안전수준은 일차적으로 협력업체와 기술인의 수준에 좌우되므로 협력업체의 역량 강화와 동반은 필수적 과제로서, 기존 제도의 불비함에도 불구하고 선순환 관리장치를 마련할 필요가 있다. 함께 일한 협력업체를 보유하여 계속 끌고 가는 것은 현장의 관리부담과 리스크를 줄이는 가장 효과적인 방법임에도 상위 건설사조차 대부분 본사 차원의 계약과 현장의 관리는 통합적으로 운영되지 못하고 있다. 단기적으로 해결이 어려우나 부적격 외국인 근로자 문제, 노동조합의 불공정 관행 등으로 인한 위험의 최소화에도 자사 차원의 영향 최소화를 위한 대책 마련이 필요하다. 근로자 참여는 필수적이나 방법은 신중할 필요가 있으며, 안전신문고 등도 활성화를 위해서는 신뢰 구축이 선행되어야 한다.

조직화organizing 즉, R&R 측면에서는 라인(공사팀)과 참모(안전 품질 총무 등)의 R&R을 개선하고 정착시켜야 한다. 잘못된 안전관리체제와 핵심을 비켜간 정부의 감독 방식으로 안전이 본업이 되어야 할 공사팀은 안전을 안전팀의 역할로 착각하여 안전 역량의 개선이 더디며, 안전팀은 건설기술에 취약하여 공사팀에 대한 지도, 조언이 아닌 보조자로 전락해있음을 인지하여야 한다. 향후에는 공사팀의 안전 역량을 강화하고 안전팀이 아닌 공사팀의 인력을 보강하여 공사팀이 안전관리도 공사와 일체로 이행할 수 있도록 바로잡아야 한다. 안전의 기본을 바로 세우고 생력화省力化해야 할 중요한 혁신 과제이다.

4. 종합건설사의 안전경영 혁신 전략

종합건설사의 안전혁신 전략에는 먼저 ISO 45001의 첫째 요소인 내외부 맥락 파악이 선행하여야 한다. 발주자에 대한 안전책무 부여와 강화는 건설산업에 지각변동을 예고하고 있다. 중대재해법의 제정과 건설안전특별법안의 발의로 발주자의 원도급사에 대한 안전역량 요구에 대응하여야 한다. 하지만 앞에서 기술한 바와 같이 건설안전의 인프라는 극도로 취약하여 인프라가 개선되기 전까지는 노력한 만큼 중대재해를 완벽하게 방지하는 데는 한계가 있음도 인정하고 대비하여야 할 것이다. 이하에서는 원도급자의 입장에서 시급하게 개선해야 할 사안들에 대하여 효과적인 방안을 제안하고자 한다.

지행합일知行合一의 안전방침이 출발점이다

건설기업의 경영자가 안전을 확보하는 두 가지 도구는 안전방침(방침은 정책과 동일한 의미로 사용함)과 안전관리규정(안전프로그램, 시스템)이다. **안전방침은 PDCA 안전관리활동의 엔진에 해당한다.** 보통 관리활동은 PDCA 사이클을 통해서 수행되지만 PDCA안에는 사이클을 돌릴 수 있는 엔진이 없다. 안전방침은 저절로 돌아가지 않는 관리사이클이 돌아가도록 하는 엔진 역할을 한다(**그림 11.5**). 안전방침이 안전경영시스템의 핵심요소로서 사고방지활동의 출발점이 되는 이유이다.

안전방침은 경영이념으로부터 나온다, 경영이념은 기업이 생산활동의 의미와 가치를 어떻게 생각하고 있는가, 그리고 어떤 자세로 하고 싶다고 하는 것이다. 방침은 구성원에게 납득, 공유되고 사회적으로 통용되는 것이어야 한다. 게다가 경영자의 흉중에 있다거나 관리층의 머리 속에 있다고 하는 것이 아니고 전원의 눈에 보이는 형상으로 명시되어야 한다.

다음에 그 이념을 어떤 방책으로 실현해 나가는가 하는 경영방침이 명시되어야 한다. 현재와 같은 가혹한 경영환경 하에 있어서 사람·물자·돈·시간이라고 하는 자원은 매우 제한이 있다. 그러나 정보라고 하는 자원은 사고방식 여하에 따라 풍부하게 얻을 수 있고, 창의 연구에 이어질 수 있을 것이다. 모두가 납득할 수 있는 경영 이념·방침에 의거하여 그것과 연계된 사업이나 작업을 전개하는 것이야말로 '하고자 하는 마음'의 원천이라고 할 수 있다. 본서에서 안전방침은 하인리히가 도표로 정리한 바와 같이 안전의 출발점으로서 안전에 대한 철학과 신념을 나

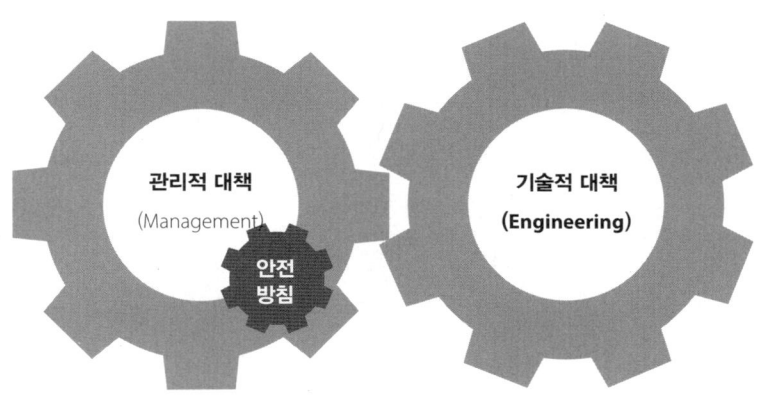

그림 11.5 안전시스템에서 안전방침의 기능

타낸다. 안전방침은 안전의 첫 번째 원칙인 '사람의 생명은 절대가치로서 다른 무엇과도 타협될 수 없다.'는 것을 명확히 하고 모든 이해당사자가 공유하는 것이다. 안전방침은 품질, 환경, 윤리 등 여러 경영방침 중 하나로서 대기업에서도 최근에야 주요한 경영방침 중의 하나로 자리잡기 시작하였다. 기업의 경영이나 조직의 운영에 있어서 안전을 첫째 조건으로 하여 경영의 이념이나 운영방침에 표현되어 구석구석까지 침투해야 한다. 안전은 인간에 있어서 공기처럼 당연한 것이라고 생각하여 소홀하게 취급되기 쉬워 경영자가 안전에 대한 이념·방침을 명확히 하는것은 대단히 중요하다.

안전보건관리규정은 이 철학을 이행하기 위한 장치로서 안전보건경영시스템과 동의어로 간주해도 무방하다. 안전확보를 위한 경영자의 역할은 자신의 안전에 대한 의지 즉, 안전방침의 천명과 안전방침을 구현하는 도구이자 시스템으로서의 안전관리규정을 만드는 것이다. 이 두 가지 수단의 효과성이 조직의 안전수준을 좌우한다. 안전방침과 안전관리규정은 조직의 모든 구성원이 명확히 알고 있어야 한다. 이를 위해서는 다양한 의사소통 수단을 활용하여 최고경영자의 의지·실천·안전보건 활동을 모든 조직 구성원이 알 수 있도록 과시되어야demonstrate 한다. 듀퐁 창업자 E. I. Dupont의 철학인 "안전하게 할 수 없다면, 그 일은 하지 않아야 한다.If we can't do it safely, we won't do it at all."는 "안전하게 할 수 없다면, 그 일은 시키지 않아야 한다."로 바꿔 말할 수 있을 것이다. "내가 하고자 하지 않는 바를 남에게 베풀지 말라己所不欲 勿施於人(논어 위령공편)"와 "무엇이든 남에게 대접을 받고자 하는 대로 너희도 남을 대접하라(마태복음 7:12)"와 같은 말이다. **누구도 '내(사업주)가 그곳에서 작업할 수 없다면 다른 사람(노동자)에게도 그 일을 시키지 말아야 한다'는 원칙을 지켜야 한다.**

안전방침의 기능·요건·구성 요소

경영관리의 안전확보를 위한 첫 번째 수단은 문서화된 안전방침(안전목표)의 천명으로서 여기에는 주기적인 검토 및 갱신이 포함된다. 건설기업의 경우 일부 상위 회사들을 제외하고는 아직 안전방침이 미흡한 경우가 많다. 나아가서 문서로 안전방침은 제대로 작성되어 있으나 실제 경영에서 경영진부터 단기적 이윤추구를 위해 방침을 무시할 경우 안전방침은 더 이상 효력을 갖지 못한다. 아무리 좋은 문구라도 최고경영자가 솔선수범하여 이행하는 모습을 구성원에게 보여주지 못한다면 구두선에 불과해진다. 안전방침이 결정되면 문서화하여 모든 구성원이 숙지하도록 하고 일관되게 실시하여야 한다. 또한 안전방침은 시공기술의 진보와 작업환경의 변화에 따라 취지, 방호수단 등도 새로운 위험에 대응하도록 자사의 수준 향상에 맞게 주기적으로 갱신해야 한다. 경영진을 위해 안전방침의 기능, 효력, 구성 요소에 대해 간단히 소개한다.

1) 안전방침의 기능

- 경영자의 안전한 작업장소 및 작업방법의 제공 및 유지에 대한 일반 선언
- 방침을 실행하고 유효성을 감시하는 내부조직에 대한 기술
- 현장에서 문서화된 안전방침의 요건을 독려하는 장치

2) 안전방침이 효력을 발휘하기 위한 조건

- 경영자의 포괄적 책임 선언과 소요 자원에 대한 보장
- 안전방침은 조직 구성원이면 누구나 알아야 한다.
- 책임이 명확히 정의, 위임 및 이해되어야 한다.
- 책임에 대한 필요 수단이 확립되어야 한다.
- 적절한 비용 및 기타 자원이 제공되어야 한다.

3) 안전방침의 구성 요소

- 기본요소
  - 안전한 조건의 확보에 대한 명확한 보장
  - 기준의 적용에 대한 보장
  - 필요한 지원 또는 조언의 제공 보장
  - 필요한 설비의 제공 보장
  - 적절한 정보 및 교육 기회의 제공 보장
  - 방침의 구현을 위한 필요한 지원 및 이행에 대한 보장
- 조직
  - 구체적인 직책에 있는 사람들이 전반적 또는 부분적인 책임을 인식하도록 필요한 교육과 권한의 부여
- 제도적 장치
  - 위험의 처리를 위한 절차 등

4) 안전방침의 내용

- 안전에 관한 최고경영자의 태도
- 사고방지 조직 및 지원 기능
- 관리자와 근로자들에게 진행 중인 훈련의 필요성을 인식
- 회사의 안전규정 : 문서화된 안전작업수칙과 각 작업에 대한 지침
- 신규채용근로자의 안전교육 등

안전관리규정의 작성 및 운용

안전관리규정Safety Program/System은 조직내 시스템이나 안전방침의 구현을 위한 수단이다. 안전관리규정 제정 시에는 안전방침의 목표와 일관성이 있어야 한다. 안전방침의 의도가 아무리 좋고 문서화되어 있더라도 이러한 방침을 이행하게 하는 안전관리규정이 없으면 무의미하다. 이하에서 안전관리규정은 안전보건경영시스템이 내재화된 문서로서 안전프로그램이나 안전관리 매뉴얼(지침, 절차서 포함)과 유사한 의미로 사용하였다.

안전관리규정의 중요성은 산업안전보건법 제2장 제2절에 "안전보건관리규정(제25조~제28조)"으로 독립된 장을 차지하고 있는 것으로 알 수 있다. **안전관리규정의 두 가지 요소는 첫째, 규정 자체이며, 둘째, 규정내부의 자가갱신 기능(시스템)이다.** 안전관리규정이 있더라도 실제로 작동하지 않으면 무용지물이며, 이 규정은 수시로 갱신되지 않으면 기대하는 효과를 가질 수 없다. 안전관리규정이 제대로 기능하기 위해서는 다음 요소들이 명확히 구현되어야 한다.

1) 안전책임의 부여
2) 기준의 설정
3) 근로자 참여
4) 위험의 인지, 평가 및 통제
5) 건강진단 및 교육훈련의 제공
6) 규정의 주기적 평가와 경영자 검토

또한 안전관리규정이 효과적으로 제정 및 운용되기 위해서는 다음과 같은 핵심 인자들이 구비되어 있어야 한다.

1) 안전전문가(안전관리자)
2) 안전보건위원회/협의체/안전공정회의
3) 안전방침
4) 안전기준에 적합한 일반안전규칙

안전관리규정의 일반 요건

ISO 45001과 같은 안전경영시스템의 요건으로 볼 수 있는 안전관리규정의 일반적 요건은 다음과 같다.

1) 안전프로그램은 항상 최고경영자로부터 시작되어야 한다. 사고예방과 모든 관련기준 및 규정의 준수에 대해 최고경영자가 확고한 신념을 지니고 있다면 이는 분명하게 모든 관리감독자와 근로자들에 전달된다. 만약 최고경영자가 사고 및 상해예방에 대해 진지한 관심을 가지고 있지 않다면 마찬가지로 조직내 누구도 이에 관심이 없을 것이다. 어떤 사고방지 프로그램이든 근로자들의 협조와 참여를 얻기 위해서는 최고경영자가 먼저 관심을 표명하고 솔선하여 이를 문서화된 안전방침으로 만들어 내고 예외 없는 강제규정으로서 이행하여야 한다. 이와 같은 방식을 통해 모든 관리감독자들과 근로자들이 조직이 진지하게 자신들과 자신들의 복지에 관심을 지니고 있다는 사실을 느끼게 될 것이다.

2) 각 단계의 관리자들은 회사의 안전·보건·환경에 대한 목적에 부응하여 안전규정을 준수하는데 솔선수범하여야 한다. 각각의 개인은 안전에 대해 상사나 지니고 있다고 생각되는 만큼의 관심만을 보일 것이다. 관리자의 관심(최고경영자로부터 각 부서장까지)은 명확히 언급되어야 하며, 가시적이고 지속적인 것이어야 한다.

3) 관리자들은 안전모임이나 집회에 참석한다든지, 안전 게시판이나 성명서에 서명을 한다든지 또는 근로자들과 이에 대해 토의하는 등의 모든 기회를 활용하여 안전·보건·환경프로그램을 장려하여야 한다. 예를 들면 영업전략회의에서 관리자는 길거리에서 영업사원의 안전에 관해서도 언급하여야 한다. 현장관리자는 안전작업이 효율적임을 회의석상에서 밝혀야 한다. 경영진의 관심을 표명하는 기타 방법들에는 시상행사, 안전연회, 집회, 회식 등에 최고경영자가 참석하여 그동안의 성공적인 안전작업 노력에 개인적으로 감사를 표하는 방법도 포함된다. 이러한 행사의 규모, 행사기획에 투여되는 노력, 경영자가 참여하는 성실성 등은 근로자들과 관리감독자들에게는 경영자가 안전을 중시하는 진지한 느낌으로 받아들여질 것이다.

4) 안전에 대한 경영자의 태도는 서면형식의 안전방침으로 신중하게 문서화하여 모든 근로자들과 관리감독자들에게 알려야 한다. 문서화된 방침은 안전과 신속성의 둘 사이에 마찰이 발생할 때 판단기준으로 사용될 수 있고 관리감독자들이 안전규정을 강요하는데 유용한 수단이 된다. 문서화된 방침은 양식의 정교성보다는 경영자의 진지한 희망을 명료하게 알리는 것이 더욱 중요하다. 각 문구는 안전프로그램에 각 안전규정, 규제, 표준들이 지니는 긍정적 영향을 인정하는 것이어야 한다.

5) 소규모 단일지역조직도 문서화된 규정집을 가지고 있어야 한다. 대규모의 조직, 특히 여러 군데 분산되어 있는 조직은 안전방침을 정형화하여 발간하지 않으면 어려움을 겪게 된다.

6) 규정집에는 다음의 기본적 문구가 포함되어야 한다.
• 회사는 모든 안전규정, 규제, 표준을 준수하고자 한다.

- 근로자, 시민, 시설의 안전보건과 환경보호는 모든 것에 우선한다.

- 안전은 신속성이나 편의성에 우선한다.

- 사고와 상해를 방지하기 위한 모든 노력이 경주될 것이다.

　7) 규정 내용은 사장이나 조직의 최고임원이 서명하고 회사내에 널리 알려야 한다. 이를 통해 현장관리자들과 근로자들의 실천이 시작되고 다음의 효과를 가져올 것이다.

- 훌륭한 방침은 최고경영자의 안전목표를 조직의 것으로 하고 전 조직내 안전중시태도를 확산시킨다.

- 안전프로그램을 마련하는데 권위를 부여한다.

- 모든 근로자들에게 안전책임의식과 협동심을 심어준다.

- 훌륭한 방침은 안전프로그램의 지속적인 평가와 개선을 촉진한다.

　8) 최고경영자는 근로자, 시설, 제품, 일반 공중 그리고 환경에 대한 최종적 책임을 지닌다. 그러나 이 책임은 부서 조직에 의한 직접적인 계통을 통해 근로자들에게까지 확대되어야 한다. 경영자는 이러한 책임이 완전히 수용되고 있는지 확인하고 관리감독자들이 각자의 부서에서 안전업무수행을 책임지도록 하여야 한다. 이는 효율적인 안전프로그램에 의해 성취된다.

리더십과 안전방침 사례

　안전수준의 격차를 가장 잘 반영하고 있는 것이 안전방침이다. 상위 건설사의 경우 안전방침에 괄목할 발전이 있었다. 물론 아직 이윤을 주요한 실적으로 평가하기 때문에 완벽하게 안전방침이 이행되고 있다고 보기는 어렵지만 다음의 안전방침 사례들은 고무적이다. 이러한 방침이 발주자부터, 건설사업의 기획단계부터 협력업체와 현장의 기능인까지 공유된다면 성숙한 안전문화로 볼 수 있을 것이다.

　S사 P현장의 안전방침은 다음 세 가지로서 안전이 절대가치임과 안전은 공사와 분리될 수 없음을 천명하고 있다. 기존의 안전활동이 공사팀이 수행하는 공사활동과는 별개로 수행되는 문제점을 인지한 것으로 보인다. 하지만 기존의 제도와 정책으로부터 비롯된 시공과 안전의 괴리현상을 바로잡는 데는 추가적인 노력이 필요할 것으로 판단된다.

> *안전이 경영의 제 1 원칙이다*
> *안전보다 더 높은 가치는 없다*
> *안전과 공사는 하나다*

D사의 현장에 게시된 안전방침은 '대표이사 특별 지시사항'으로서 다음 네 가지이다. 대표이사는 '본업이 안전관리, 부업은 시공관리라는 마인드'로 안전을 우선할 것을 강력하게 주문하고 있다. 생산과 안전은 일체라는 원칙을 넘어 이렇게 강력하게 주문한 것은 안전의식을 강화시키는 데 효과적일 것으로 판단된다. 현장의 실행예산 편성이나 현장 직원의 안전활동에 대한 충분한 지원도 따를 것으로 기대된다.

> 1. 현장 전 직원은 본업이 안전관리, 부업은 시공관리라는 마인드로 업무에 임할 것!
> 2. 현장 안전관리의 기본인 작업장 정리정돈 및 청소청결을 철저히 실시할 것!
> 3. 작업 전에 유해 위험요인을 제거하기 위해 위험성평가 절차를 내실있게 운영할 것!
> 4. 재해발생 원인 대부분은 시공관리 미흡임에 따라 기술안전을 철저히 실천할 것!

이하 세 가지 지시사항도 모두 안전의 원칙에 부합하는 것이다. 더 고려해야 할 사항은 정리정돈의 경우는 원청사와 협력업체의 책임 한계를 명확하게 하고 처리비용이 적정하게 지급되어야 할 것이다. 위험성평가의 경우 실효성을 높이기 위해서는 앞에서 언급한 바와 같이 기존의 제조업 용 위험성평가 기법을 순차적 건설작업에 적합한 작업위험분석기법JHA으로 전환하고, 안전수칙, 표준안전작업절차 등으로 일반적인 유해위험은 걸러내고 실질적인 잠재위험을 찾아 대책을 수립하는 방향으로 개선할 필요가 있다. 네 번째 작업안전 이전에 기술안전을 철저히 이행하는 것은 맞다. 하지만 이원화된 건설기술진흥법에서 요구하는 안전관리계획서와 산업안전보건법에서 요구하는 유해위험방지계획서를 산업의 관례처럼 외주화하고 공사팀에서 작성하지 않는다면 실효성을 확보할 수 없을 것이다. 나아가서 이 두 계획서는 공사팀이 동시에 작성하여야 한다. 공사와 안전은 분리될 수 없기 때문이다.

안전도 TSM이다

품질이 전사적 품질경영TQM; Total Quality Management이어야 하듯이 안전도 TSM(전사적 안전경영; Total Safety Management)이어야 한다. 건설사고를 효과적으로 방지하기 위해서는 국가차원에서는 건설사업 이해당사자 모두가 참여하는 TSM이어야 하며, 원수급자 차원에서도 TSM입장에서도 전사적 안전경영이 되어야 한다. 공사현장 뿐만 아니라 본사의 역할인 수주단계, 실행예산 편성, 현장 요원의 배치, 협력업체의 선정 등 사내의 모든 부서와 구성원이 참여하여야 한다. 하지만 산업에서는 건설현장에서 발생한 사고에 대한 책임을 현장소장을 비롯한 공사팀에게만 물어왔다. 공사현장에서 발생한 사고에 대해서는 현장뿐만 아니라 현장에 인력을 배치하고 자원을 제공한 본사의 모든 부서가 함께 책임을 져야 한다.

투입Input 단계에서 안전이 확보되어야 한다. 원수급자의 최대 위험은 하수급자이다. 현장의 안전수준은 선정된 협력업체의 수준에 좌우된다. 더 정확하게 말하면 협력업체가 동원하는 건설기능인의 역량이다. 하지만 규모를 불문하고 모든 건설사는 협력업체 선정시 최저가입찰을 고집해왔다. 발주자에게 최저가 방식을 대물림받았으니 우리도 그렇게 할 수밖에 없다고 항변할 수 있겠지만, 원청사가 잘못 선택한 부담을 하청사에게 전가하는 것은 잘못된 것이다. 극히 일부 회사가 저가심의를 한다고 하지만 실제 계약은 최저가로 돌아간다. 전문건설사가 저가투찰을 하니 원청사 입장에서도 선택의 여지가 없을 수 밖에 없다. 나중에 타절로 인한 위험을 피하기 위하여 공사를 해나가면서 손실을 보전해주는 방식을 택한다. 그러니 협력사의 입장에서는 일단 저가로라도 공사를 수주하고 보는 것이다. 협력사의 공사가 타절되면 협력사는 물론이지만 원청사가 감수해야 할 타격도 만만하지 않다. 손해를 보전해주다 보니 협력업체는 계속 저가입찰을 감행하는 것이다. 계약에 대해 아무도 책임을 지지 않는 구조이다. 현장의 모든 자원은 현장에 투입되기 이전에 관리되어야 한다. 방법은 원청사가 명확하게 기대 수준과 준수해야 할 기준을 제시하고 여기에 부적격한 협력업체는 입찰에 참가하지 못하도록 제한하여 소수만 입찰에 참여시키고, 내역에도 필요한 비용이 반영되었는지를 철저하게 확인하는 것이다. S사에서 시행하고 있는 5단계의 안전 게이트Safety Gate 방식을 더 발전시키면 협력업체의 역량 강화를 유도할 수 있으며, 그만큼 원청사의 협력업체의 부실로 인한 원천적인 리스크를 줄일 수 있을 것이다.

원수급자가 모든 공사를 직영으로 하지 않는 한 중대재해처벌법 등 벌칙의 위험을 줄이는 최선의 방법은 튼튼한 협력업체를 육성하여 장기 보유하는 것이다. 결국 원도급사는 협력사와의 안전수준 격차만큼 안전에 대한 노력을 들여야 한다. 하지만 불필요하게 다수의 업체를 최저가 입찰에 참여시키고 있다. 현장의 입장에서 보면 사고에 대한 책임은 협력업체를 선정한 본사(외주팀)가 져야 하며, 외주팀 또한 최고경영자의 지시에 따른다. 그래서 모든 사고에 대한 책임을 최고경영자에게 둘을 수밖에 없는 것이다.

다른 회사들이 협력업체 선정시 최저가 낙찰 방식을 쓰니 우리도 어쩔 수 없다는 관행을 극복해야 한다. 한 두 회사가 먼저 안전역량부터 평가하여 적정한 비용을 기준으로 협력업체를 선정하기 시작하면 첫 번째 펭귄이 물에 뛰어들면 나머지 펭귄들이 따라서 물에 뛰어들 듯이 확산될 것이다. 지금은 다른 회사가 먼저 하기를 기다릴 때가 아니다. 국가와 사회는 더 이상 인명을 담보로 한 건설을 용납하지 않을 것이기 때문이다.

전문건설을 변하게 하는 힘은 원청사가 쥐고 있다. 근로자 조직의 과도한 공사 개입 등 작금의 불합리한 관행은 국가의 책임 이전에 원청사의 책임도 크다. 착취적 최저가 방식으로 상대하다 보니 협력업체는 유능한 기능인력을 보유할 수 없다. 공사를 수주하면 그때그때 일용직을 모아서 공사를 수행할 수밖에 없다. 부족한 공사비의 채산을 맞추기 위해서는 임금 수준이 상대적으로 낮은 부적격 외국인 근로자를 동원할 수밖에 없는 구조를 원청사가 제공하고 있는 것이다. 이러한 상황에서 언어가 안통하는 외국인 근로자 때문에 안전관리가 어렵다고 하는 것은 앞뒤가 맞지 않는다. 적정한 비용을 제공하면서 적격의 기능인을 요구하는 것이 사리에 맞다.

영국 밸포어 비티|Balfour Beatty사 사례

밸포어 비티사[4]는 1909년 설립된 영국 1위의 다국적 건설사로서 2020년 매출액은 8,587백만 파운드(약 12조 원), 직원은 26,000여 명이다. 이 회사는 4명이 사망하고 70명 이상이 부상한 하트필드 열차충돌사고(2000)로 2005년에 노동안전보건법 위반으로 137억 원의 벌금을 선고받았다. 이 회사는 다른 회사와 노동자 블랙리스트를 공유하여 법원의 제제를 받기도 했다. 이 회사의 안전보건목표는 '안전의 개인화로 무위험Zero Harm 추구(2008년부터 시행)'이다. 안전보건방침은 매년 개정되는데 리더십이 강조되며, 안전의 개인 책임화로 모든 구성원의 참여를 유도하고 있다. 유의할 점은 비슷한 매출을 올리는 국내 건설사보다 직원의 숫자가 2배 정도 많다는 점이다. 영국이 인건비 등 물가가 결코 우리나라보다 낮지 않다는 점을 감안한다면 우리의 공사에 배치되는 기술자의 숫자가 필요보다 훨씬 부족한 상태에서 공사를 수행하고 있다고 볼 수 있다. 관리의 한계를 넘는 것은 건설사고의 원인인 '관리상의 결함'을 유발할 수 있는 더 근원적인 요인이다.

다른 나라 건설사와는 사업의 유형 차원에서 주로 수익을 내는 분야와 직접적인 공사수행 방식으로서 위험성 평가 수행 방식, 작업자와 기술자의 자격관리 체계, 가설공사 관리체계, 공사 규모 당 기술자 배치 인원 등 공사수행 여건과 공사수행 방식에 많은 차이가 있어 직접적인 비교는 어려울 수 있지만, 외부 환경으로 공사발주 및 수주방식(공사비와 공기의 적절성), 협력업체 실태와 선정방식, 기능인력 고용구조 및 역량관리체계, 공사의 안전을 좌우하는 외적 요인들을 더 깊이 짚어볼 필요가 있다. 영국에서는 설계 등의 입찰에서도 대부분 예정가의 100% 수준에서 낙찰되는 것으로 알려져 있는데, 우리도 지향해야 할 방향이 되어야 할 것이다.

안전수준 발전 단계와 상위건설사의 안전경영 혁신 방안

모든 상황의 개선에는 현재 상황에 대한 불만과 함께 먼저 필요성의 대두가 선행되어야 하며, 혁신을 위해서는 위기의식과 같은 경각심이 선행될 필요가 있다. 일반적인 효과적·총체적·전사적 안전프로그램의 평가·개발·실행 전략의 순서는 다음과 같다.

1) 안전성숙도 평가: 문화culture, 규제준수compliance, 기술자본Capital
2) 총체적holistic 안전전략 수립
3) 규제준수complianc 및 평가assessment 방법 수립
4) 발생위험에 대한 완화 및 안전프로그램 실행계획 수립
5) 수립한 프로그램에 대한 확인verify, 승인validate 및 유지

일부 1군 종합건설사를 제외한 대부분의 건설사는 전사적 안전관리체제가 구축되어 있지 못하기 때문에 안전경영시스템의 모든 요소에서 노력이 필요한 것으로 보인다. 여기서는 안전경영 수준이 비교적 양호한 상위 종합건설사를 기준으로 개선 방안을 제시하고자 한다. 우선 다른 결과를 얻기 위해서는 다른 수준의 눈높이와 사고방식이 필요하다. 원칙이 전략에 우선하며, 안전의 가치를 제대로 이해하고 안전확보를 위해 지켜야 할 원칙을 정하고 예외 없는 이행을 최고경영자가 가시적으로 보여주어야 한다.

근본원인을 고치기 위해서는 앞에서 소개한 폴 오닐의 집요함이 필요하다. 올바로 진단한다면 고칠 수 없는 문제는 없기 때문이다. 안전문화 수준의 개선에는 지름길이 없으며 성장단계를 모두 거쳐야 하므로, 최소 3~5년이 소요됨을 인정하여야 한다. 단기적 성과에 매몰되어 한꺼번에 모든 것을 고치려는 욕심을 부리는 것은 합리적이지 않다. 조급한 성과의 추구는 나중에 치유가 필요한 부작용 증상으로 짐이 될 수도 있음을 인정하여야 한다. 안전문화 성숙의 첫 번째 요소는 CEO의 안전 리더십이며 마지막 요소는 유능한 안전참모이다. 한국적 문화와 이면 질서가 지배하는 건설산업의 부정적 생리를 제어할 수 있는 수준의 시스템과 도구의 개발이 필요하다. 안전보건경영시스템은 모든 산업과 조직에 적용이 가능하지만 건설사업에는 여전히 취약하므로 각별히 유의할 요소가 있음을 간과하면 안될 것이다.

최저가 낙찰 방식 협력업체 선정을 폐기해야 한다

발주자로부터 비롯된 최저가 낙찰 방식은 원청사의 협력업체 선정에도 그대로 답습되고 있다. 전문건설의 저가 입찰은 공사 중에 타절되거나 원청사의 보조금으로 유지되고 있다. 원청

사의 입장에서 타절되면 새로운 협력업체를 선정하는 번거로움을 겪어야 할 뿐만 아니라 공기에도 상당한 영향을 미치기 때문에 협력업체의 손실을 보전해줄 수밖에 없다. 협력업체는 이러한 관행에 의존하여 저가 입찰을 반복하게 된다. 최근에 노동단체의 불합리한 공사 개입은 원도급사가 협력업체를 제대로 육성하지 못하여 대다수 건설기능인이 소속이 없이 일용직을 전전하게 만든 탓도 크다고 본다. 일부 상위 건설사가 도입에 노력하고 있듯이 협력업체 선정시에도 정규직 비중과 안전 역량을 우선하여 선정할 필요가 있으며, 앞으로 공공공사의 경우 피할 수 없는 선택이 될 것이다. 뒤에서 소개한 독일의 사례를 눈여겨볼 필요가 있다. 협력업체의 선정에 현장안전관리 이상의 공을 들여야 한다. 투입Input 단계의 협력업체 선정 절차는 다음과 같은데, 실무에서는 첫 번째 단계가 가장 취약한 것으로 판단된다. 건설사업의 경우 안전경영시스템의 요소 중 절반은 협력업체가 대상이 되어야 한다.

1) 협력업체에 대한 기대치 명확화 및 자격요건 확정
2) 안전역량 기준 후보군 모집 및 적격자 선정
3) 안전이행보장 계약서 준비
4) 이행 역량의 확인 및 계약 체결
5) 오리엔테이션 및 훈련을 통한 재확인
6) 상시 협력업체 관리(복수 작업자로 간주)
7) 주기적 사후 계약 평가(장기 보유 전략)
8) 후속 공사에 참여 인센티브 보장

위험성 평가는 JHA 방식이어야 한다

위험성 평가는 사전에 위험을 예지像知하는 것으로서 안전활동의 핵심 중의 핵심이라 할 수 있다. 건설과 안전 모두 지식의 영역은 기술적Engineering 지식과 관리적Management 지식으로 대별할 수 있다. 위험성 평가는 기술적 대책과 관리활동을 통합해 주는 연결고리로서 사고방지에 필수적 기능이다(그림 11.6).

하지만 다른 안전관리기법과 마찬가지로 건설공사에 사용되는 위험성 평가 기법도 개선의 여지가 크다. 우리나라는 위험성 평가가 2013년부터 꽤 오랫동안 시행되었지만 최근 조사에 의하면 정기적으로 위험성 평가를 실시하는 사업장은 23.7% 수준에 머무르고 있으며[5], 평가의 수준도 미흡한 것으로 나타났다. 제조업 방식의 위험성평가 방법은 공정에 따라 시시각각으로 변하는 건설작업의 위험요인을 체계적으로 발굴하는 데는 적합하지 않다. 기존에 건설공사

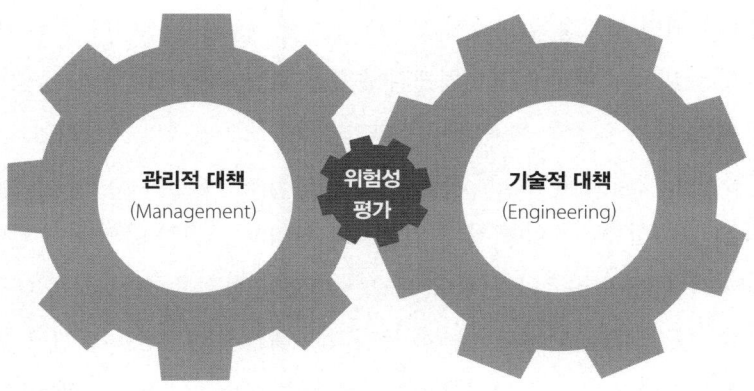

그림 11.6　위험성 평가의 관리 · 기술 통합 기능

현장에 보급되어 활용하고 있는 위험성 평가는 일반적인 평가 기법으로서 한시적이며 순차적으로 수행되는 건설작업의 특성을 반영하지 못하고 있다.

　위험성평가 활동이 필수적임에도 기존 위험성평가의 근본적 취약성은 유해위험요인의 누락 여부를 확인할 수 없다는 것이다. 여기에 시행 지침에는 상위 법률에도 없는 '모든' 위험요인을 발굴하도록 하여 위험성평가 서류는 방대하지만 막상 현장에서 활용하기 어려운 실정이다. 선진국에서는 '모든'이 아니라 '적절하고 충분한'suitable and sufficient 수준을 요구하고 있다. 위험성 추정에 관리도를 반영하여 현장의 수준에 따라 선택과 집중이 가능해야 실효성을 확보할 수 있을 것이다.

　시중에 소개되고 있는 일반적인 위험성 평가 절차는 사전준비, 유해위험요인 파악, 위험성 추정, 위험성 결정, 위험성 감소대책 수립 및 실행의 6단계로 구성되어 있다. 하지만 정부에서는 사업장에서 위험성평가를 손쉽게 하도록 하겠다는 명목으로 위험성 추정을 삭제한 것은 유해위험요인의 선별 근거를 없앤 것으로 심각한 오류라 할 수 있다. 나아가서 건설작업에 대해 위험성 평가를 적용하면서 건설작업의 특성을 간과하고 있다. 본래 위험성 평가의 첫 단계인 '작업 활동과 절차의 분류Classify work activities and prrocess'임에도 자료의 정비나 공종 수준의 분류로 간주한 것이다. 건설작업은 일회한으로 순차적으로 수행되기 때문에 작업순서가 결정적으로 중요하다.

　이러한 관점에서 건설작업에는 일반적인 위험성 평가기법보다는 작업의 순서를 중요시하는 작업위험분석기법JHA; Job hazard Analysis이 훨씬 더 효과적이다. 건설작업의 위험성 평가가 기존의 무작위 방식으로 수행되면 유해위험요인이 누락될 가능성이 크며, 완성된 위험성 평가라도 MECEMutually Exclusive Collective Exhaustive원칙에 따라 유해위험요인이 누락 없이 도출되었는지를 보장할 수 없다. 위험성평가는 매우 중요하기 때문에 초판에서는 실무에 참고할 수 있

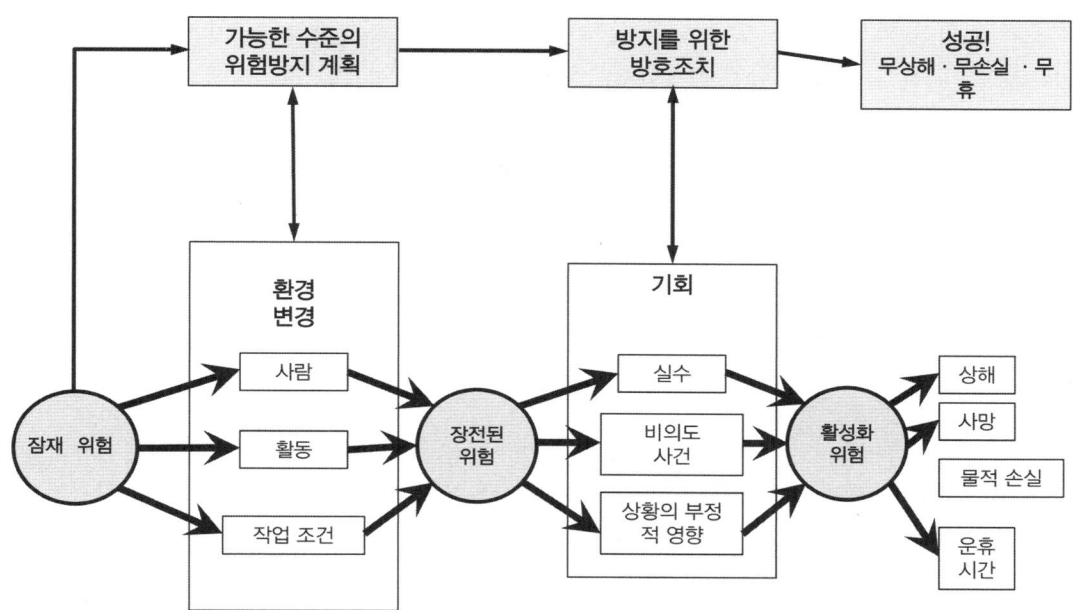

그림 11.7 위험성 평가 시 유해위험요인 도출 과정

표 11.2 위험요인 및 방지대책 매트릭스

위험 유형	위험원 제거		위험원 방어		안전요소 제공		2차 안전요소 제공		신뢰성 제공
	위험원	안전조치	위험원	안전조치	위험원	안전조치	위험원	안전조치	
자연/환경									
구조적/기계적									
전기적									
화학적									
방사 에너지									
생물학적									
인공지능									

도록 JHA 수행 절차를 부록에 실었으나 동영상 등으로도 쉽게 접할 수 있기에 개정판에서는 삭제하였다.

상위건설업체의 경우 위험성 평가시 위험성을 위험성평가 등록부에 등록하지만 실제 활용도는 등록에 들이는 노력만큼 크지 않는 것으로 보인다. 유해위험요인의 수준은 공사현장의 안전관리수준에 따라 달라지므로 도출되는 위험성도 달라진다. 필수 기본수칙이 잘 지켜지고 있다면 유해위험요인의 수효는 현저하게 줄어들 것이지만 기존의 위험성 평가는 제로 베이스에서 모든 유해위험요인을 도출해야 하다 보니 번거롭고 노력이 많이 소모될 수밖에 없다. 건설작업에 대한 위험성 평가는 각 공종별 작업의 순서별로 수행되어야 한다. 작업 단계별 유해위험요인의 도출 과정은 잠재 위험, 발현된 위험, 활성화된 위험의 순으로 진행된다(**그림 11.7**).[6]

기존 위험성 평가의 가장 큰 약점은 유해위험요인의 인지단계에서 누락이 없었는지 확인할 수 없다는 점이다. 이러한 약점을 보완하려면 대조용 유해위험요인 분류체계를 활용하면 효과적일 것이다(표 11.2). 각 위험 유형은 다시 하위 요인으로 상세하게 분류하여 해당 요인의 유무를 확인하고 그림 11.5의 과정에 따라 유해위험요인별로 안전대책을 도출하여야 한다.

위험성 평가는 기본 수칙이 지켜진 상태에서 잠재된 유해위험요인을 발굴하는 것이어야 한다. 위험도의 평가 시에는 발생 빈도와 강도 외에 조직마다 다른 수준에 있는 관리도까지 고려할 필요가 있다. 작업은 JHA 방식으로 순차적으로 평가해야 유해위험요인의 누락 가능성을 줄일 수 있다.

다음은 영국 HSE의 감독관이었던 닉 윌슨Nick Wilson이 제시한 일반적인 위험성 평가의 오류를 방지하는 12가지 방법[7]으로서, 건설작업의 위험성 평가에도 참고가 될 수 있을 것이다.

1) 직원이 적절한 역량을 갖추게 할 것
2) 혼자 하지 말고 다른 사람을 참여시킬 것
3) 다른 평가자료도 교차로 참고할 것
4) 유해위험요인hazards과 위험성risk을 구별할 것
5) 관련 지침을 참고할 것
6) 출입, 사전확인 등 주요 포인트에 유의할 것
7) 일반적이고 애매한 용어를 사용하지 말 것
8) 정량적 평가에 대한 분명한 정의와 기준을 제시할 것
9) 발견한 사실은 문서로 남겨 공유할 것
10) 위험성 평가를 자주 다시 검토할 것
11) 쉽게 참조할 수 있게 체계적으로 관리할 것
12) 기본적 위험성 평가가 구체적 상황에 적용될 수 있도록 할 것

안전계획서는 반드시 공사팀이 직접 작성해야 한다

유해위험방지계획서와 안전관리계획서는 수요자가 직접 제대로 작성해야 한다. **불변의 계획서 작성원칙은 이행자가 작성하는 것이다.** 하지만 유해험방지계획서는 시행된지 30여년이 지났음에도 거의가 외부 전문기관에서 대신 작성해주고 있으며, 나중에 도입된 안전관리계획서도 똑같은 경로를 밟고 있다. **안전계획서는 공사의 진척에 따라 해당 공종의 착수전에 공사팀이 직**

접 작성하여 필요시 개정할 수 있도록 원본을 관리해야 한다. 외부자에 의한 외주 작성은 공사팀의 역량에 도움이 되지 않을 뿐만 아니라, 공사의 변경에 따른 갱신도 불가능하여 관리될 수 없다. 외부 전문가의 역할은 계획서의 작성을 지원해야지 직접 작성해주는 것은 현장의 안전수준 개선을 가로막는 일이다.

유해위험방지계획서는 이천물류센터현장 화재사고에서 이행력이 문제로 부각되었는데 근본원인은 외주작성에 있음에도 시정될 기미를 보이지 않고 있다. 30년을 시행했다면 현장의 절반이라도 자체 작성이 가능했어야 제도가 제대로 작동한 것이다. 최종 결과에 책임질 수 없는 국가가 계획서의 심사에 직접 개입해서는 안된다. **국가의 지나친 직접 개입을 지양해야 현장에서 계획서를 자체 작성할 수 있다. 국가는 시스템을 통해 2차적으로 점검하여 부실한 현장을 선별적으로 감시해야 한다.** 제도의 시행 초기에는 현장의 작성과 검토 역량이 부족하여 계획서의 수준이 떨어질 수 있다는 우려에서 그럴 수도 있었겠지만 그럼에도 불구하고 처음부터 자체 작성할 수 있게 해야 실무 이행자의 역량 향상이 가능해지며 이것이 본래 계획서 제도의 목적이다. 싱가포르와 같은 안전의 선진국에서 국가가 직접 개입하지 않고도 현장에서 자율적으로 안전수준을 개선하게 하는 방식이다.

작업허가 제대로 이행해야 한다

작업허가제도PTW; Permit to Work는 작업의 착수 전에 작업의 준비 상태를 확인할 수 있는 효과적인 안전활동이다. 하지만 반드시 필요한 작업에도 적용하지 않는 경우가 많으며 반대로 불필요한 작업까지 PTW 대상으로 하여 관리상의 부담을 증가시키는 경향도 있다. PTW는 위험도가 높은 작업을 시작하기 전에 사전에 필요한 안전조치가 준비되었는지를 반드시 확인하고 본작업에 착수하게 하는 것을 말한다. PTW를 실행할 경우 다음 사항에 유의할 필요가 있다. PTW 대상 작업은 가능하면 3개 이하로 최소화하고 일반적인 사항은 필수안전수칙 등을 통해서 관리한다. 건설기계작업계획서와 작업전 안전점검, 비계·시스템 동바리 등 작업계획서와 작업전 안전점검 등도 PTW대상 작업이 될 수 있다. 주요 대상 작업을 예시하면 다음과 같다.

1) 2m 이상의 고소작업 중 안전벨트에만 의존하여 수행하는 작업 : 철골작업 등

2) 밀폐공간(본래 의미는 제약이 있는 공간Confined Space으로서 질식 또는 중독 위험 공간이 정확한 표현임) 작업 : 환기 불충분, 유해가스, 산소결핍 건강장해 또는 인화성 물질에 의한 화재·폭발위험 장소의 작업 : 반응탑, 오수처리장 정화조, 반응기 내부작업 등

3) 1.5m 이상 굴착작업 : 지면 아래 1.5m 이상 굴착작업 등

PTW 대상 작업은 사고발생 시 사망으로 이어질 가능성이 높아서 밀착 관리가 필요한 작업이다. PTW 대상 작업이 많으면 집중하지 못하고 형식적으로 이행될 가능성이 크니 대상 작업의 수를 최소화해야 한다. PTW 이행 절차는 다음과 같다.

1) 작성 : 작업 전일에 협력업체가 작성
2) 검토/승인 : 작업 전일 원도급사
3) 작업 전 안전조치 : 협력업체와 원도급사가 공동으로 확인/서명
4) 작업 개시 : 협력사의 PTW 작업장 게시
5) PTW는 작업팀(개소) 마다 작성, 작업기간 동안 1회 승인 , 작업 전 안전조치 확인 매일 실시

상위 건설사의 경우 PTW는 하향식Top Down과 상향식의 통합적 운용이 바람직하다. 하향식은 본사에서 중점위험관리 대상 공종을 선정하며 현장에서 반드시 본사 도움과 승인 받을 항목과 실시 방법을 결정한다. 상향식은 본사 지정 공종 이외에 현장에서 자체 위험공종을 선정하는 것으로, 현장은 최초 중점 위험공종 선정 후 위험성평가 결과에 따라 대상 위험공종을 선정한다. PTW 대상작업으로 본사 선정 대상 작업은 본사 승인을 의미하며, 본사의 기술적인 지원이 필요한 위험 및 사회적 이슈가 되는 위험공정이어야 한다. PTW 양식은 특정할 수 없으며 개념 정립과 위험요인에 대한 안전대책이 반드시 포함되어야 한다. 일반적인 PTW 양식은 가능하면 1쪽에 잠재위험 및 대책이 보이도록 해야 하며, 질식·중독위험작업 허가서, 화재·폭발위험작업 허가서 등 작업의 특성에 맞게 작성되어야 한다.

화재가 발생했던 이천 물류창고공사의 경우도 본사 지정 PTW, 본사 승인, 본사 지원 등이 필요한 경우이다. 화재 원인이 단순한 것이 아닌 복합적이므로 1년 동안 정확한 기준을 잡아서 전체 현장에 정착시킬 필요가 있다. 이천 물류창고화재의 경우 내용에는 화재·폭발 방지대책으로 필요한 가스와 산소농도 측정, 급배기, 기타 조치사항이 제대로 되어 있는지 구체적인 확인 후 승인하는 양식이어야 한다. 현재의 위험성평가표는 단편적인 부분으로 구체성이 부족한 편이다.

필수확인점을 지켜야 한다

필수확인점(또는 작업중지점)HP; Hold Point은 PTW와는 목적이 다르다. PTW는 안전한 작업을 위하여 제반 준비 상태를 확인하는 것이 주목적이라면, HP는 공사의 품질과 안전확보를 위하여 중요한 시점마다 다음 공정을 진행하기 전에 현재 공정이 적정하게 이행되었는지를 점검표를

표 11.3　해체공사 필수확인점 점검표

해체작업 점검표(Hold Point)						
검측일자		검측위치			해체공사감리자 서명	
검사항목		검사기준 (허용범위)	검사결과(H.P)			조치사항
			전문(1차)	원청(2차)	감리(3차)	
1) 마감자재 철거 전						
*						
*						
2) 지상층 해체 전						
*						
*						
*						
3) 층별(2,3,4개층 마다)해체 전						
*						
*						
*						
4) 지하층 해체 전						
*						
*						
*						

참고) 첨부자료, 상세도면, 전체배치도, 일일 검사부분 표사
* 세부 검사항목은 작업순서에 따른 시공주요사항과 구조허용범위가 필요한 내용 기재
* 조치사항은 부적합사항에 대한 작업지시 근거를 표시

가지고 현장에서 직접 확인하는 것이다. 여기에는 기술사항을 관리하는 ITPInspection and Test Plan 중 안전관련 항목이 포함된다. 협력업체와 원수급자의 확인이 필요하지만 최종 확인은 감리자의 역할이다. 앞서 기술한 자체 안전점검표 작성방법에 따라 개별 공사에 적합한 점검표를 작성하여 사용하여야 한다. 해체공사를 예로 들면 마감자재 철거 전, 층별 해체시작 전, 지하층 해체 전 등의 시기에 이전 작업의 품질이 다음 작업의 수행에 적절하게 준비되었는지를 HP로 확인해야 한다(표 11.3). HP는 공사계획서 작성시 미리 준비되어야 하며, 해체계획서는 법정 문서로서 시공자와 감리자는 현장에서 원본에 개정사항을 반영하여 문서의 관리본으로 개정 이력과 함께 관리해야 한다. 확인 결과는 공사 종료 후에도 안전관리대장으로 관리하여 후속 공사 자료로 제공되어야 한다.

안전점검부터 점검해야 한다

사고의 예방에는 3E 대책 중의 하나인 적극적인 독려도 필요하지만, 더 근원적인 대책은 외부

의 독려가 없이도 스스로 움직이도록 동기를 부여하는 것이다. 안전점검은 사고방지에 필수적인 활동 중의 하나이지만 한시적·유동적인 건설현장의 속성에 적합하게 실시되어야 한다. 건설현장에 대한 안전관리가 강화되면서 건설현장에 대한 안전점검의 빈도가 급격하게 증가하고 있다. 중앙부처와 산하 기관, 지방자치단체, 기술지도기관 등에서 건설현장을 빈번하게 방문하고 있다. 어떤 현장의 경우는 한해 동안 200회가 넘는 외부점검이 있었다고 한다. 비용과 시간을 들인 점검이니 점검자와 점검 대상인 현장 모두에 도움이 되어야 하는데 과연 현장에서 불편을 감수한 만큼 도움이 되었는지 냉정하게 돌아볼 필요가 있다.

실제로 공사현장의 노동자 중 다치기 위해서 일하는 사람은 없다. 단지 주어진 작업환경이 사고를 초래했을 뿐이다. **따라서 근본적인 사고예방 대책은 공사현장의 원청사 직원, 협력업체 작업자가 어떤 여건 때문에 안전을 이행하기 어려운가를 파악하여 이러한 요인을 해소시켜 주는 것이 더 근본적인 대책이며, 안전점검의 궁극적인 목표가 되어야 한다.** 수많은 공사현장을 쫓아 다니면서 불안전한 상태나 행동을 지적하여 사고를 막고 안전 수준을 높이는 전략은 드는 노력에 비해 지속적인 효과를 기대하기 어려움을 깨달아야 한다.

효과성이 부족한 안전점검에 인력이 낭비되고 있다. 특히 정부기관에서의 점검은 일벌백계의 의도도 있겠지만 더 효과적으로 수행할 필요가 있다. 정책의 추진에서 개선이 필요한 분야로는 공사현장에 대한 점검을 통하여 사고예방을 독려하고 있어 언론에서는 '두더지 잡기'식 안전대책으로 우려되고 있다. 건설현장은 착공한 날부터 준공할 때까지 모든 작업은 일회적으로 수행되기 때문에 동일한 상황인 날은 하루도 없다. 현장에서의 즉각적인 시정조치도 필요하지만 안전점검의 궁극적인 목적은 필요한 안전조치나 안전활동이 이행되지 못한 근본 이유를 찾아서 정책이나 제도를 개선해나가는 것이어야 한다.

따라서 특정 시점에서 지적한 효과는 한시적이며 당일에 그칠 수도 있다. 안전난간, 방망 등 안전시설의 경우도 다음 작업을 위해 해체해야 할 상황이 종종 발생한다. 감독기관의 점검인 경우는 벌칙을 피하기 위해 아예 공사를 중단해 버리는 경우도 허다하다. **하루라도 작업을 중단 하는 것은 공기의 손실이며 협력업체도 불필요한 대기비용이 추가되며 작업자도 수입이 줄어들 어 여러 가지로 손실이 크다.** 이러한 손실을 감수하고라도 지적을 받지 않는 것이 더 유리하기에 작업 중단까지 하게 만들고 있는 것이다.

일상적 점검은 자체 감리원이 하게 해야 하며, 외부 점검은 공사에 불편을 주지 않는 최소한의 범위에서 해야 한다. 안전점검이 효과적이려면 횟수는 공사에 불편이 없는 수준으로 최소화해야 한다. 점검 시에는 설계단계, 공사계획단계, 공사준비 단계에서 시정이 가능하도록 해주어야 한다. 건설현장은 거의 대부분이 공사팀의 인원이 부족하며, 공공공사의 경우는 감리단의 인원이 시공사 공사팀의 인원보다 많은 경우도 있다. **인원이 부족한 공사팀은 놔두고 감시인원만 늘리는 것은 본말이 전도된 것이다.** 안전점검은 일회성 지적이 아니라 부적절한 공사수행 여건을 개선해주는 것이어야 한다.

안전점검시 가장 유의할 점은 역량이 충분한 유자격자에 의한 점검이어야 한다는 것이다. 건설현장에는 공정, 품질, 시공법 등 건설공사 전반에 정통한 건설안전 전문가를 보내야 현장과 소통이 가능하다. 안전에 종사한다고 아무나 건설현장에 내보내는 것은 학습시키기 보다는 점검에 대한 불신을 키울 우려가 더 크다. 직접적인 이해관계가 없는 제3자의 개입은 현장의 불편과 불만을 야기할 우려가 크며 불안전한 상태의 실질적 개선이나 공사 전반의 안전수준 개선은 기대하기 어렵다.

공사현장의 불안전한 상태는 발주자–설계자–감리자–시공자로 이어지는 건설사업의 수행체제를 이용하여 상위 수급자가 하위 수급자를 관리하도록 해야 한다. **건설공사는 주문자, 비용을 지불하는 자가 요구할 때만 실효성을 갖는다. 한시적 이동성의 건설현장에서 일회성 안전점검의 효력은 대부분 그날로 끝난다. 안전점검의 목표는 '관리상의 결함' 찾기여야 한다. 안전점검 자체부터 점검이 필요하다.**

현장에 대한 안전점검이나 안전진단을 통한 문제점이 발견되면 안전관리체계의 상위 활동으로 거슬러 올라가며 이 문제가 어느 단계에서 누구에 의해 발생했는지를 판단해야 한다. 문제의 발생 단계를 변별해야 안전관리체계를 보완하여 유사한 문제의 발생을 차단할 수 있게 된다. **그림 11.8**은 안전경영체계의 상류단계로 거슬러 올라가며 문제의 발생 위치를 찾는 과정을 정리한 것으로 조직의 안전기준, 절차뿐만 아니라 안전방침까지도 개선이 필요할 수 있다.

사후지표의 쳇바퀴에서 벗어나야 한다

올바른 목표를 제시하고 성과를 평가하는 기준은 매우 중요하다. 성과의 측정방법에는 적극적 방법과 수동적 방법이 있다. 적극적 방법은 현재의 상황을 대상으로 평가하는 것이며, 수동적 방법은 사고율이나 사고비용 등 과거의 결과로 평가하는 것이다. **안전수준을 측정하고 관리하는 지표는 크게 사고발생 결과인 사후지표(후행지표)lagging indicator와 평소의 안전활동을 측정하는 사전지표(선행지표)leading indicator로 구분할 수 있다. 안전은 공사과정에만 존재한다. 따라서 재해율과 같은 사후지표를 관리 대상으로 삼는 것은 실질적 사고방지에 도움이 되지 않는다.** 사고사망만인율과 같은 사후지표는 사고를 방지하기 위해 무엇을 해야 하는지를 말해주지 않음에도 대부분 사후적 현상일 뿐인 재해율을 안전관리 지표로 사용하고 있다. 기존의 안전수준평가에는 재해율, 손실비용 등 결과중심의 후행지표가 많이 사용되었으나, 최근에는

검토 단계	개선에 필요한 주요 점검 방안
지적사항	• 토공,가시설,콘크리트공,철근공,건설기계 등 공종별로 분류 • 상황별로 구분
TBM	• "안전한 작업방법"을 선택 하였는지 여부? • 근로자 구성의 문제점?　＊작업반장과 작업자 계약관계
작업허가제도 (PTW)	• 반드시 필요한 작업을 선정하였는지 여부 　＊일반적인 사항은 필수 안전수칙 등을 통해서 관리한다
필수확인점 점검 이행	• 필수확인점 점검표에 포함되어야 할 사항 　＊상세도면, 전체배치도, 일일 검사부분 표시 　＊세부 검사항목은 작업순서에 따른 시공 주요사항과 구조허용범위 내용 기재 　＊조치사항은 부적합 사항에 대한 작업지시 근거를 표시
위험성 평가	• 위험의 인지→위험성평가→위험의 제어를 위한 대책수립의 전과정 • 공종에 대하여 최소한 1 싸이클의 실제 모의테스트 시행 여부 • 공종별 위험성 평가는 협력업체, 공종간의 인터페이스는 원청자가 위험성 평가서 작성　＊작업위험분석(JHA) 방식 적용 권장
안전관리계획서 및 위해·위험방지계획서	• 모든 계획서는 현장에서 공사담당자가 작성했는지 확인 필요 　＊두 계획서의 내용을 충분히 숙지하지 못하면 개선사항 발굴이 어려움
설계안전성 검토 및 안전보건대장	• 계획서에 포함되도록 조치된 잔존 위험 요소에 대한 관리 확인 　＊설계에서 가정된 각종 시공방법과 시공절차에 관한 사항 　＊설계에 잔존 하여 시공단계에서 반드시 고려해야 하는 위험 요소, 위험성, 저감 대책에 관한 사항 　＊설계에서 확인하지 못한 위험요소, 위험성, 저감대책에 관한 사항
안전체계 구성원에 대한 점검	• 발주자:합리적인 공사비와 공사기간 실행 여부 • 감리자:원청사와 협력사의 적정 이행 여부 확인, 보고 • 시공사:형식적인 점검/검측 지양 • 협력사:공기,공사비 맞추기 위해 돌관작업 강행/위험요인 존치 • 근로자:안전수칙 미준수, 무리한작업
안전관리체계 개선사항 도출	• 각종 규정사항이 미비, 미이행, 잘못 규정되어 있는지를 검토 　＊본 사: 사업비의 적정성, 협력업체 선정, 구성원에 대한 교육 미흡 여부 등 　＊현 장: 현장소장은 안전보건체계가 효과적으로 운용되는지 확인을 위한 주요 이행 체크 　＊팀, 부서에서는 이행 여부, 효과 및 위험관리와 연관된 상세한 항목 필요

그림 11.8　안전점검 결과의 환류 절차

선행지표의 적용이 증가하고 있다. 후행지표의 단점은 다음과 같다.[8]

- 지표 자체의 근원적 한계로서 가치 있는 것에 대한 측정이 어렵다
- 상해와 같은 원하지 않는 것을 측정
- 단기적, 근시안적인 사고와 책무성을 유발
- 적극적인 노력보다 수동적이게 만듦
- 프로그램보다 새로운 유행을 추구하게 함
- 사고지표에 몰두되어 과정 지표의 추구 의욕을 꺾음
- 성과를 정당화하기 위해 후행지표의 독창적 해석을 시도
- 사고를 축소하거나 요행에 의지
- 지표가 과거의 기록으로서 뚜렷한 미래상을 보여주지 못함

이에 반하여 선행지표는 '작업장에서 사고나 재해를 유발할 수 있는 유해·위험을 찾아내고 제거하기 위한 선제적Proactive, 예방적Preventive, 예측적Predictive 도구로서, 좋은 선행지표는 조치가능Actionable, 접근가능Achievable, 설명가능Explainable, 유의미Meaningful, 적시의Timely, 투명한Transparent, 유용한Useful, 유효한Valid 등의 조건을 갖추어야 한다. 선행지표는 후행지표와 비교하여 안전경영시스템의 성과, 활동 및 과정을 감독하고 현 상황에 대한 정보를 제공해주며, 잠재적 문제에 대한 경고 및 예측을 통해 예방활동을 가능하게 해준다는 장점이 있다.

선행지표를 활용하는 방법은 이미 성과측정을 위해 수집한 자료measured를 활용leverage하는 것이다. 선행지표는 지표를 새로 개발하는 것보다 누적 안전훈련 시간 등과 같은 기존 지표로부터 시작하는 것이 쉽다. 완벽한 범용적 선행지표는 없기 때문에, 사소하게 보일 수 있지만 현존하는 지표를 사용하기 이전까지는 가치를 알 수 없다. 현존하는 지표도 시간이 지나면서 상황에 맞게 조정되어야 미래에 가치를 나타내게 된다.

선행지표의 활용을 위해서는 의미있고 실행가능한 정보를 추적하여 수집된 정보를 기반으로 안전을 어떤 방법으로 증진시킬 것인가에 대하여 효과측정 방법을 명확하게 제시하여야 한다. 안전훈련을 예로 들면 누적된 안전훈련 시간을 집계한다면 훈련 후 주기적 구두시험으로 훈련의 효과성을 추적해야 한다. 의사결정자Leadership의 지원 확보도 중요하다. 선행지표에 대한 권한이 기업 및 조직의 최고 관리층에서 하부로 내려오는 것이 이상적인 조직문화가 있는 반면, 조직내부의 세부 조직 간에도 문화가 상이한 경우가 있다. 선행지표의 실행 절차는 PDCA 모델과 같다(표 11.4).

표 11.4 안전평가 시 선행지표의 실행 절차

계획Plan	실행Do
• 기존 지표 탐색 및 실행	• 다양한 부서 및 기능의 역할과 책임 이해
• 선행지표에 대한 소통 계획 수립	• 소수의 저위험 선행지표로 시작
• 경영진 개입Input 및 지원 확보	• 프로그램 실행에 대한 기대치 계획
• 이해관계자 역할 및 책임 구분	
조치Act	**확인Check**
• 실행지표 재정의 및 실행방법 변경	• 선행지표 평가를 위한 후행지표 활용
• 기존 선행지표목록에 추가내용 삽입	• 선행지표 평가를 위한 질문
• 유효성이 떨어지는 선행지표 재검토	• 위험 관리도에 대한 평가
• 변경점의 공식화Institutionalize	• 이해관계자 개입 요청

평가자체가 관리활동 중에서도 어려운 활동 중의 하나이지만 건설안전활동의 평가에는 두 가지 어려움이 더 있다. 하나는 평가의 대상으로서의 안전은 정량화가 어렵다는 것이며 다른 하나는 측정방법이나 평가의 척도가 미비하다는 것이다. 안전평가가 어려운 점은 다음과 같은 요인에 기인한다.

1) 안전활동에 의해서 얼마만큼 재해가 줄었는가의 객관적 측정이 어렵다.

2) 안전투자의 성과를 구체적으로 측정하기 힘들다.

3) 손실방지를 증명하는 객관적인 측정방식이 공식화되어 있지 않다.

4) 안전 및 재해에 대한 이익 또는 손실의 분석기술이 확립되어 있지 않아서 안전의 경제성 평가가 정량화, 객관화되지 못하고 있다.

또 하나의 어려움은 안전활동의 장이 이동성과 유동성이 극심한 건설현장인데 기인한다. 건설공사는 자체의 특수성으로 인하여 일반적 관리기술의 적용에 있어 생산기술에 비해 관리기술이 뒤떨어진다. 건설공사는 공사마다 위험의 유형 및 정도가 다르며 위험성도 공정의 진척에 따라 유동적으로 동일 회사 내에서도 현장에 따라 안전수준이 상이하여 객관적, 정량적 평가에 어려움이 있다.

건설현장 안전평가 사례로는 전문업체에서 개발된 안전평가 도구가 많이 있으며 안전보건경영시스템도 일종의 평가도구이다. 우리나라에서는 연구과제로 작업안전수준의 평가도구가 개발되어 있으며, 국토교통부에서도 공사참여자 역량평가도구를 개발하여 일정규모 이상의 공공발주공사에 적용하여 그 결과를 공표하고 있다. 앞에서 외국의 사례로 싱가포르에서 원도급사를 평가하는 ConSASS와 전문건설업체를 평가하는 bizSAFE를 소개한 바 있다.

이윤추구는 손실제어로부터

국가가 주도적으로 노동자의 안전을 지켜야 하는 이유는 헌법상 국가의 책무이기도 하지만 교통 등 다른 어느 분야보다도 국가 경제에 미치는 손실이 훨씬 크기 때문이다. 교통안전, 학교안전, 가정안전, 공중안전, 레저안전 등 많은 안전분야 중에서 노동안전 즉, 근로자의 안전만을 모든 나라가 특별히 국가적 과제로 챙기고 독려하는 이유는 사고건수에 비해 손실이 크기 때문이다.

경영자의 역할은 다른 사람을 통하여 변화 즉, 다가올 미래에 대비하는 것이라면, 안전은 비교적 새로운 가치로서 변화가 필요한 영역이기 때문에 경영자의 핵심 과제 중 하나가 되어야 한다. 건설기업이 경쟁력 확보를 통한 생존을 위해서는 품질, 공정, 원가, 안전등 4대 공사관리 목표를 달성하여 더 나은 건설물을 사고 없이, 더 싸고, 더 빠르게 만들 수 있어야 한다. 그러나 사고는 나머지 세 목표를 무산시키는 요인으로서 구조물의 기초에 해당하며 기업 생존의 제1 요소이기도 하다(**그림 11.9**).

경영자의 이윤추구 방식은 공격적 이윤추구를 통한 이윤창출과 방어적 이윤추구를 통한 이윤보전으로 나누어 볼 때 공격적 이윤추구는 방어적 이윤이 확보된 상태에서만 가능하며 안전을 통한 이윤의 보전이 선행되어야 한다.

노동재해로 인한 손실에서 산재로 인한 기업부담은 기업매출이익의 5~10%에 달한다. 영국의 안전보건청이 1989-1993 기간에 조사한 결과를 보면 산재로 인한 손실은 직접비와 직접비의 4~11배에 이르는 간접비(보험비와 비보험비)가 수반된다(**표 11.5**).[9]

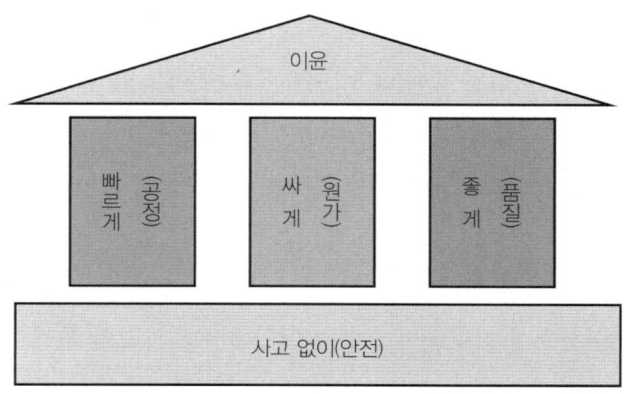

그림 11.9 기업의 경쟁력과 이윤확보의 전제조건

표 11.5 보험비용:비보험비용의 비율

건설업	낙농업	운수업	유전업
1 : 11	1 : 36	1 : 8	1 : 11

표 11.6 손실보충에 소요되는 매출액(단위 : 천원)

사고로 인한 연간비용	매 출 이 익 률				
	1%	2%	3%	4%	5%
1,000	100,000	50,000	33,000	25,000	20,000
5,000	500,000	250,000	167,000	125,000	100,000
10,000	1,000,000	500,000	333,000	250,000	200,000
25,000	2,500,000	1,250,000	833,000	625,000	500,000
50,000	5,000,000	2,500,000	1,667,000	1,250,000	1,000,000
100,000	10,000,000	5,000,000	3,333,000	2,500,000	2,000,000
150,000	15,000,000	7,500,000	5,000,000	3,750,000	3,000,000
200,000	20,000,000	10,000,000	6,666,000	5,000,000	4,000,000

따라서 기업은 경쟁력 차원에서 산재에 따른 비용부담을 계산하고 철저히 관리할 필요가 있다. 이를 영국 등 선진국에서는 손실제어Loss Control 또는 위험관리Risk Control라고 하며, 생산성 관리Productivity control, 품질관리Quality control와 함께 성공적 경영의 핵심 요소이다. 손실제어에는 안전, 보건, 환경이 포함된다.

전통적으로 안전의 당위성은 인명 존중이라는 인도적 의무, 경제적 동기, 법적 의무, 기업의 이미지 등에서 찾고 있으며, 네 분야 모두에서 안전의 필요성은 증가하고 있다. 특히 중대사고는 기업의 성장동력을 마비시켜 오늘과 같이 경쟁이 극심한 시기에는 기업에 치명적이다.

경제적 차원에서는 산재보험과 보상비 등이 손실로 기록된다. 사고로 인한 손실과 이윤의 상관성을 보면 5% 이윤율의 경우 사고로 인한 손실 만회를 위한 소요 매출액은 손실액의 20배가 필요하다. 사고손실액이 1억원일 경우 20억원의 매출 증가가 있어야 손실을 상쇄할 수 있다(표 11.6).[10] 안전보건이 최고경영자의 책임인 이유이다. 향후에는 산재보험료와 사고비용이 경영에 더 큰 압박으로 작용할 것이므로 경쟁이 격화될수록 손실이 없어야 한다.

스마트 안전기술의 효용과 한계

스마트 안전기술이 정책적 지원을 받으며 건설업에서도 사고의 해결사로 부상하고 있다. 스마트 안전기술을 적극적으로 활용할 필요가 있지만 기술의 효용을 과대평가하여 과도하게 의존하는 것은 바람직하지 않다. 본서에서 스마트 안전기술을 구체적으로 기술하지는 않겠지만 스마트 안전기술의 발전 추세를 보면 인식기술은 완성단계로 거의 모든 위험을 인식하고 인공지능을 통해 위험을 조기에 알려줄 수 있다. 하지만 건설현장의 경우는 비용이 별도 소요되지 않는 기본적인 조치를 소홀한 채 스마트 안전기술을 도입한다면 스마트 안전장비의 설치와 유지관리가 어려워 효용에 비해 과도한 비용이 소모될 우려가 있다.

종합건설사에서 발주기관까지 각종 센서 기술을 통합한 지능형 스마트관제시스템 구축이 일반화되고 있지만 PDCA 관리사이클에서 핵심기능인 계획기능Planning의 지원에는 한계가 있다. 점검표나 교육자료 등을 자동으로 생성해줄 수 있지만 안전수준과 공사상황이 다양한 건설현장을 맞춤형으로 지원하는 데는 한계가 있다. 더 우려되는 것은 스마트 기기가 과다한 문서작성 업무의 부담을 경감하기 위해 자동생산된 문서에 의존하여 필수적인 안전관리활동을 생략하거나 잘하고 있는 것으로 착각하게 할 수 있다는 것이다. 스마트 안전업체의 화려한 소개에 의지하지 말고 제공되는 기능이 과연 우리 조직과 현장에 기여할 수 있는가를 면밀히 판단할 필요가 있다. 기존의 안전정보가 대부분 결함이 있기 때문에 지능형의 경우는 입력되는 정보나 학습에 쓰이는 자료의 질에 대해서도 검증이 필요하다. 스마트 안전기술은 어디까지나 사람의 노동을 보조해주는 것으로 인간의 사고력을 대체할 수 없음에 유의해야 한다.

각자도생에서 상호연대로

건설사 경영자의 담합이 필요한 시기이다. 건설기업의 상호관계는 기본적으로 경쟁구도이지만 건설사업의 질 확보 차원에서는 상호 연대가 필요하다. 건설산업의 지속가능 발전을 위해 국가 정책차원에서 필요한 사안은 연대하여 강력하게 요구하고 상한 음식(부적절한 건설사업과 발주자)은 함께 사절하여야 한다. 안전방침에서 기술한 바와 같이 자사의 입장에서는 건설기업 경영자의 안전방침이 중요하지만 **산업차원에서는 불합리한 제도와 취약한 안전인프라의 개선에는 공동의 노력이 필요하다.** 건설기업의 최고경영자가 유의해야 할 사항은 모두의 리스크로 작용하고 있는 취약한 건설안전 인프라의 개선이다. 이는 한 회사만의 노력으로는 달성하기 어려우므로 건설사, 특히 리더 역할을 하는 상위 건설사의 연대가 필수적이다. 앞에서 불합리한 제도나 감독 방식, 건설기능인력 수급 등 국가가 책임져야 할 일은 제대로 요구하고 산업차원에서 해야 할 일을 연대하여 적극적으로 이행할 필요가 있다.

내 먹거리에 급급하여 불량식품을 예전처럼 수용한다면 중대재해처벌법 등 강화된 벌칙을 피해가기 어려울 것이다. 높아진 사회적 요구와 벌칙은 양심없는 발주자가 제공하는 '상한 음식'를 담합하여 거절할 것을 요구하고 있다. 상한 음식도 먹어야 한다는 반론도 있지만 우리 사회는 더 이상 역량과 자원이 불비한 공사의 무리한 수행을 용납하지 않을 것이기 때문이다. 국가의 역할도 중요하지만 개별 회사의 역할, 업종별 역할, 건설산업에서 해야 할 역할들이 있다. 방향이 잘못된 국가의 역할에 대해서는 적극적으로 개선을 건의하여야 한다. 이제까지 건설산업은 경영상의 편의에 집착한 탓에 적정 건설기술자 선임을 소홀히 하여 면허대여, 페이퍼 컴퍼니 등이 근절되지 않고 있다.

정책을 입안하고 집행하는 국가의 입장에서는 대부분 사업주의 생각과 직원의 생각이 다르다는 것을 고려하여야 한다. 건설기업의 경영자 입장에서는 기술자 배치 기준의 강화를 공사수행 여건의 개선으로 받아들이고 발주자에게도 이행에 필요한 만큼 적정한 비용을 청구하는 방향으로 개선해 나가야 할 것이다. 수급자는 적정한 공사 조건의 보장을 요구할 권리가 있으며 발주자의 비용을 남용하지 않고 가치를 창출하는데 제대로 집행해야 할 의무가 있다. 건설산업은 발주자로부터 신뢰를 받을 때 지속가능 발전이 가능할 것이다.

12장
전문건설과 건설기능인 육성

"우리는 안전권 안에서 소속감을 느낀다." - 사이먼 사이넉 -

1. 건설산업의 인프라 전문건설

최종주자인 전문건설과 건설기능인을 지원해야 한다

공사의 품질은 물론이고 사고방지의 관건도 전문건설업의 역량에 달려있음에도 아직 상위원도급사에서도 전문건설의 관리는 블랙박스 영역으로 남아 있다(그림 12.1). 건축골조공사를 예로 들면 전문건설사가 공사를 수행하는 방법은 5가지 이상이다. 사장의 직속으로 현장소장을 고용하여 수행하는 방식, 다른 1인에게 하청(속칭 시다오케 오야지)을 주어 하청의 소장이 수행하는 방식, 시공평가액 회사의 건대로 관리이사가 현장소장을 고용하여 수행하는 방식, 제1실행 관리이사(실행소장)이 제2실행 소장(월급소장)을 고용하여 수행하는 방식, 다수 하청자(오야지)가 현장소장을 고용하여 수행하는 방식 등 매우 다양하다. 현장소장이 정규직으로 고용되어 일하는 경우는 거의 없는 것으로 알려져 있다. 협력업체의 공사수행 방식은 안전관리에 직결되는데도 거의 모든 원청사는 이러한 수행방식에는 거의 관심이 없으며 알려고도 하지 않는 것으로 보인다.

전문건설이 공사를 수행하는 구체적인 체계나 방법은 대형 건설사조차도 구체적으로 파악하려 하지 않으며 그 이면에는 관리가 불가능하다는 체념이 깔려있다. 하수급인은 근로자를 직접 고용한 자로서 산업안전보건법의 주 수범자이지만 독려할 장치를 별로 가지고 있지 못하며, 건설업의 경우는 특히 그렇다. 협력업체는 대부분 원청사의 본사에서 선정한다. 상위 건설사일수

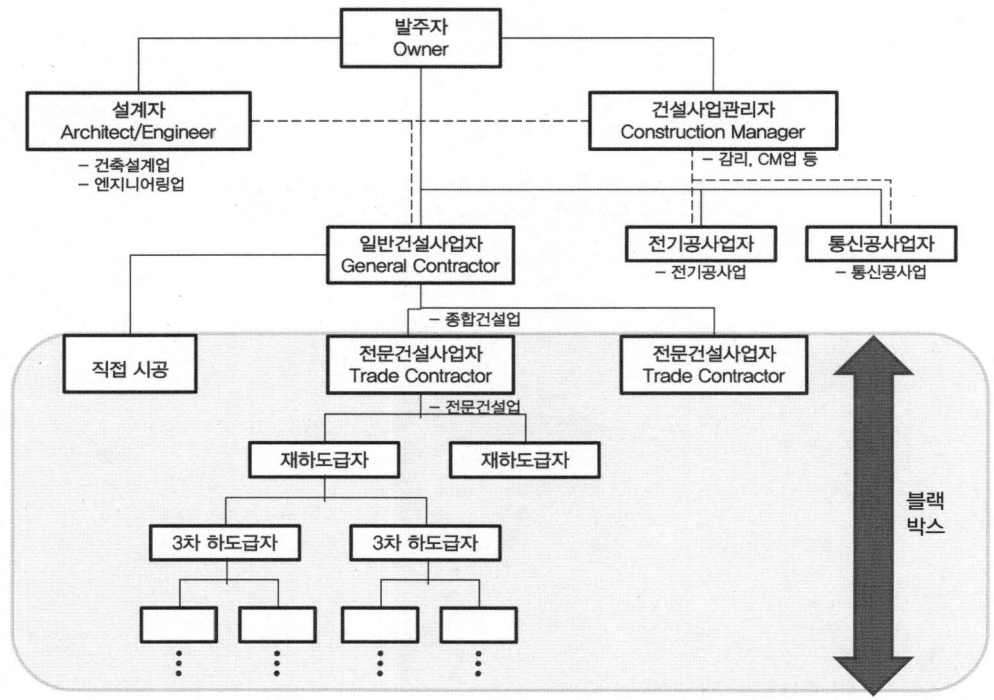

그림 12.1 블랙박스로 남은 전문건설 영역

록 재무상태 등 일반적인 사항을 등록업체의 조건으로 설정하고 있지만 다단계 일용직으로 고용되는 협력업체의 소장 이하 기능인력까지 조달되는 과정에는 전혀 개입할 수 없는 실정이다.

건설생산시스템의 하부구조인 전문건설 영역의 강화와 건전화는 건설사고의 방지뿐만 아니라 품질확보, 건설산업의 지속가능 발전의 관건이다. 소수 직영 인원을 제외한 대부분의 기능인력은 전문건설사를 통해서 동원되기 때문에, 기술을 구사해야 할 기능인력이 없는 전문건설은 기술의 조달이 아닌 인력공급 역할에 불과한 것이다. 전문건설까지 안전 역량을 발전시킬 수 있어야 효과적인 사고예방이 가능해진다. 안전관리의 영역 밖으로 생각되겠지만 기능인력을 최대한 전문건설의 정규직으로 흡수하여야 현장의 리스크를 줄일 수 있으며, 노동자 단체의 불합리한 관행으로부터도 자유로울 수 있다.

제도적 측면에서는 전기, 통신, 소방 등 타 부처 소관의 업종도 건설업종으로 통합하여 분리발주 등 발주자의 권한을 침해하는 제도는 의무가 아닌 자율로 개선해야 한다. 분리발주는 발주자의 계약자유원칙을 침해한 것이며, 주도급자에게 분리발주에 따른 별도의 관리비를 지급하지 않는 것도 불공정한 것이다. 발주자에게 안전에 대한 포괄적인 책임을 지운 만큼 발주자는 자신의 권한에 합당하게 원청사를 선정하고 원청사로 하여금 여타의 전문공종을 관리할 수 있게 하여야 한다. 일부 전문업종의 이익을 위하여 분리발주를 고집하는 것은 주도급자의 권한을 제한하는 불합리한 조치이며, 주수급인의 수급자 사이의 통합·조정도 어렵게 하여 공사의 위험을 증가시킬 뿐만 아니라 책임을 명확히 하는 데도 도움이 되지 않는다.

원도급사는 협력사에 더 깊이 개입하여 역량을 검증하고 역량을 키우도록 지원하여야 한다. 최저가낙찰을 폐기하고 역량 중심, 특히 안전역량 중심의 협력사 선정을 해야 한다. S사 등에서는 외주팀보다 먼저 안전부서에서 가장 먼저 협력사를 평가하여 입찰 참여 자격을 심사하고 있다. 더 깊이 개입하여 역량을 평가하고, 현장설명 등 공사발주 조건 속에 안전확보를 위해 필요한 비용에 누락이 없는지를 확인하여 협력업체의 역량을 확보하고 공사비 부족이 없도록 하여야 한다. 중대재해처벌법 등 여러 법령에서 주문자의 책임이 강화되고 있는 만큼 수급인의 안전역량 부족은 바로 발주자나 도급자의 리스크가 되기 때문이다.

2. 전문건설업과 건설기능인력 현황

전문건설사 현황

건설산업의 안전수준은 전문건설사의 안전수준에 좌우되므로 전문건설사의 육성은 건설의 품질뿐만 아니라 안전의 관건임에도 일용직 고용에 따른 유동성 때문에 관리에 한계가 있어 사고방지 대책에서도 직접적으로 다루어지지 못했다. 전문건설은 건설산업의 인프라로서 보호의 대상인 건설기능인력을 고용하고 있어 제도와 생태계에 대한 면밀한 분석이 필요한 사안이다. 건설산업의 경쟁력 강화를 위해 종합건설사와 전문건설사의 40여 년간 이어진 업역 규제가 건설산업기본법 개정을 통해 2021년 공공공사부터 단계적으로 철폐되어 2022년부터 민간공사까지 전면 시행되었다. 아직 정착단계는 아니지만 수요자인 발주자와 최종 수요자인 시민의 입장에서 유익한 조치인지 평가가 있어야 할 것이다.

전문건설업종은 2022년부터 기존 28개에서 14개로 통폐합되어 대업종 체제로 전환되었다. 시설물유지관리업이 폐지되거나 종합 또는 전문건설업으로 전환되는 과정에서 갈등이 있었다. 이 개편은 공종 간 연계성, 발주자 편의성, 현실 여건 등을 종합적으로 고려하여 진행되었으나, 개별 공종의 기술력을 변별하기는 더 어려워진 것으로 보인다. 구조물해체비계공사업의 경우도 해체와 비계 중 어느 공종이 주력 공종인지 변별하기 어려운 측면이 있다. 등록의 구비 요건에서도 종합건설사의 등록 요건에 비해 다수 전문공종을 등록하는 데는 인력과 자본이 더 많이 요구되어 형평성 문제도 제기되고 있다. 2018년 8월 기준 전문건설업체수는 42,902개사, 등

표 12.1　전문건설사 현황(대한전문건설협회, 2025.8.)

구분	등록수	업체수	지반조성포장	실내건축	금속창호 지붕건축물조립	도장습식 방수석공사	조경식재 조경시설물설치
계	86,435	57,715	13,458	12,093	10,925	11,764	8,433
구분	철근콘크리트	구조물해체비계	상하수도설비	철도궤도	철강구조물	수중준설	승강기삭도
계	13,457	5,256	8,78	44	937	456	31

록수는 63,681종이었으나, 2025년 8월말 기준 전문건설업체수는 57,715개사, 등록수는 86,435종으로 공종별 업체수는 표 12.1과 같다. 2018년과 비교하여 전문건설업체수는 34.5%, 등록수는 35.7%가 증가하였는데, 건설수주액의 증가도 있지만 면허를 등록제에서 신고제로 완화하여 신규 업체의 진입에 제한이 없었기 때문으로 풀이된다.

건설재해자의 대다수는 전문건설사 소속으로 전문건설사의 역량이 중요하나, 정부 정책에는 전문건설사에 대한 대책은 상대적으로 소홀한 편이다. 종합건설사의 책임강화도 중요하지만 전문건설사의 역량이 뒷받침되지 못하면 공사의 안전을 확보하기 어렵다. 건설사고의 취약성은 전문건설사의 건설기능인 고용구조에 있음에도 일용직 기능인력의 고용에 따른 위험은 논의조차 되지 않고 있는 것이 현실이다. 기존의 건설사고 방지대책은 핵심을 한참 비켜간 것이며, 대책의 실효성이 미흡한 이유도 여기에 있다. 향후의 건설안전 대책에서는 전문건설업체 사이에 기술경쟁을 유도하는 방안과 일용직 인력 조달에서 오는 리스크를 어떻게 해소할 것인가를 고민해야 한다. 이는 건설산업의 생태계를 바꾸는 일로서 국민의 복지에 책임이 있는 국가의 과제가 되어야 한다.

산업의 토대는 전문건설사와 건설기능인이나 이제까지 건설생산체계의 말단에서 상위의 불합리로 인한 피해를 마지막으로 감수해야 하는 위치에 있다. 건설현장의 실질적인 안전수준을 높이려면 4만여 전문건설사의 체질(고용 안정, 재하도급 지양)과 역량을 강화해야 하며, 그중에서도 비중을 많이 차지하는 철근콘크리트, 상하수도, 금속창호, 토공, 실내건축, 조경석재, 비계·철거 등 7개 업종을 집중적으로 관리할 필요가 있다. 하도급 합리화를 위한 제도가 강화되어 왔지만 사업을 접을 각오가 없이는 원수급자와 동등한 입장에서 불공정한 요구를 거절하거나 시정을 요구하는 것은 결코 쉬운 일이 아니다. 건설산업이 안전해지려면 전문건설과 건설기능인, 전문건설과 종합건설사가 동료 관계로 동반성장하는 생태계 조성이 필요하다.

건설기능인 현황

건설 기능인력은 높은 유동성으로 인원을 정확히 집계하고 관리하기 어려운 측면이 있다. 산업안전보건법에서도 법의 적용대상을 구분할 때 근로자수가 아닌 공사금액을 기준으로 할 수밖에 없는 이유이다. 건설기능인력을 보유하지 못한 전문건설은 인력공급업체에 불과하여 전문기술을 보유해야 할 전문건설사로서는 존재의 의미가 없다. 안전의 주요 대상인 건설기능인력의 현황을 구체적으로 기술하는 데는 한계가 있지만, 건설기능인력의 실상은 "건설근로 '허리세대' 급감 현장 허리 휜다"에 함축되어 있다.[1] 2020년 말 기준으로 건설기능인력 중 60대 이상이 20%로 10년 새 두 배가 늘어 고령화가 심각하다. 건설기능인력의 수급 문제는 단순히 고령화로 연령별 구성비만 악화된 것에 그치지 않는다. 산업의 기반이 취약해진 것이다. 젊은 층 근로자는 외국인 근로자에게 의존하고 있는데, 외국인 근로자는 불법 근로자가 다수인데다가 고용 연한도 제한이 있어 건설기능인력의 문제는 매우 심각하다고 할 수 있다.

최근 우리가 당면하고 있는 문제의 대부분은 이제까지 일용직을 전전하며 천대받았던 건설기능인의 반격으로 볼 수 있다. 이제까지 산업에서는 전문건설사와 건설기능인을 동료로 대우한 적이 거의 없었다. 건설기능인력의 문제는 중장기적 노력이 필요한 사안임에도 여러 부처가 관여하고 있어 어느 부처도 해결이 어려운 사안을 주도적으로 떠맡으려 하지 않았다.

아쉬운 점은 적정임금제의 도입을 위한 논의가 10여년 이상 계속되었음에도 반대로 아직도 시행되지 못하고 있다는 것이다. 적정임금제는 정부가 내국인 임금을 보장해주는 것으로 사업주에게는 부담이 전혀 없는 제도임에도 소극적인 반응이나 반대로 일관하여 왔다. 건설기업의 사업주는 건설기능인력의 복지나 건설기술자의 근무 여건 개선에는 관심이 없음을 드러내고 있다. 건설사의 경영자는 중장기적 관점에서 이제까지 해왔던 과거의 건설기능인에 대한 대우를 되돌아보고 정부가 나서서 보장하는 적정임금제를 건설기능인력의 기반을 다지는 계기로 활용해야 할 것이다. 이제 부적격 외국인 근로자를 이용한 임금 따먹기식 채산 맞추기를 청산해야 한다.

건설기능인력의 위기는 원수급자가 대물림받은 발주자의 최저가 낙찰제가 근원으로서 전문건설사의 기능직이 모두 일용직이 된 데 있다. 건설기능인력의 부족으로 인한 어려움을 완화시키려면 내국인의 임금을 대폭 올려서 건설업에 사철 머무를 수 있게 해야 한다. 독일의 사례에서 증명된 바와 같이 발주자와 원수급자가 핵심인력을 전문건설사가 정규직으로 보유하게 하는 것이 최선의 길이다. **독일의 사례처럼 전문건설사의 정규직 비중을 80% 수준으로 유지해야 영업이 가능하도록 중장기적으로 산업의 생태계를 변화시켜야 한다. 이러한 상태가 되면 현재 논란이 되고 있는 안전뿐만 아니라 노동단체의 무리한 요구 등 당면한 거의 모든 문제가 선순환으로 해결될 것이다.** 국제적 행복지수에 나타난 바와 같이 임금 이전에 근무 여건의 개선이 필요한데 안전으로 해결이 가능하다. 임금 문제도 안전을 통해 적정공사비를 확보함으로써 가능해진다.

건설공사비에 대한 착각도 경계해야 한다. 주택 가격에서 공사비나 공사비 중에서 노무비가 차지하는 비중은 낮은 편이며 고가 아파트일수록 그 비중은 미미하다. 아파트 시세가 전국 평균은 2천만원, 서울 평균은 4천만 원대이다. 이중 실제 공사비는 전국의 경우 시세의 1/5 이하이며 서울의 경우는 1/10도 안된다. 공사비에서 3할 정도를 차지하는 노무비가 주택 가격에 미치는 영향은 무시할 정도임에도 지대가 아닌 공사비의 삭감에만 주력하는 것은 본말이 전도된 것이다.

3. 전문건설도 안전으로 거듭나야 한다

발주자 안전책무 강화가 전문건설에 미칠 영향

건설의 궁극적 목적은 건설인의 행복이며 전문건설은 건설산업의 토대이자 행복의 주체이다. 그러나 국내 건설산업은 200조 원을 넘는 외형적 성장에도 불구하고 건설인의 행복지수는 악화일로를 걸어왔다. 그중에서도 산업의 일선에서 직접 시공을 담당하는 전문건설은 이러한 구조적 모순의 최종 당사자로서 가장 어려운 상황을 견뎌왔다.

문재인 정부의 국정 목표인 '국민생명 지키기'로 건설산업에서도 안전관련 제도가 많이 변했으나, 들인 노력에 비해 근본은 바뀌지 않았다. 정부는 현장 노동자의 안전확보를 위한 발주자, 설계자, 감리자, 원청사 등 공사 참여자에 대한 책임과 벌칙의 강화는 전문건설에도 지각변동을 예고하고 있다.

주목할만한 변화는 이제까지 안전책무가 면제되었던 발주자에게도 안전책무가 부여되었다는 것이다. 발주자의 안전책무를 가장 먼저 법제화한 영국에서도 발주자의 안전책무는 산업의 지각변동으로 받아들여졌으며, 국내에서도 건설산업의 혁신을 예고하고 있다. 국내의 발주자 안전책무의 법제화 수준이 아직은 선진국의 수준에 미치지 못하고 있으나, 기획재정부에서 관할하는 공공기관의 경우는 많은 변화가 있었으며 향후 공공부문에서부터 불합리한 관행은 크게 개선될 것으로 기대된다. 앞으로는 발주자가 원청사의 역량을 철저하게 검증할 것이며, 원청사도 발주자의 요구에 맞추어 협력사의 안전역량을 요구하고 평가할 것이다. 실제 상위 건설사는 어떻게 협력업체의 안전역량을 평가하고 선정할 것인가를 심각하게 고민하고 있다.

이제 전문건설이 대응해야 할 차례이다. 이제까지는 원청사가 산재보험에 일괄 가입한 탓에 전문건설은 비교적 자유로웠다. 하지만 앞으로는 산재 사고를 투명하게 신고해야 할 뿐만 아니라, 산업재해율도 전문건설사별로 산출하여 제공함으로써 안전역량이 영업의 핵심 요소가 될 것이기 때문이다. 전문건설의 입장에서도 국가적 차원의 변화를 이해하고 이에 대한 철저한 대비가 필요할 것으로 본다.[2)]

안전한 공사의 수행을 위해서는 여러 가지 조건이 필요하다. 우선 적정한 공사비와 공기가 보장되어야 하며, 참여자들의 안전역량에 대한 검증도 있어야 한다. 개별 건설사 차원에서는 직원을 가족으로 보호하고자 하는 확고한 안전방침을 토대로 작업자를 해칠 수 있는 위험을 알고, 위험으로부터 작업자를 보호할 수 있는 수단을 학습하고, 이를 실천해 나가는 끊임없는 노력이 필요하다. 산업안전보건법상의 제반 규정들은 노동자의 보호에 필요한 기본적 조치를 다시 정리해둔 것에 불과하다고 보아야 한다.

건설현장의 안전과 품질은 전문건설의 손에 달려있으나 기존의 제도나 정책은 전문건설의 불리한 여건을 개선하는 데는 매우 소홀하였다. 안전에는 인명 보호를 넘어 부조리나 불공정을 개선하는 신비한 힘이 있다. 정부의 최근 안전강화 대책을 통하여 전문건설이 안전한 공사수행에 필요한 적정한 공사 조건을 확보함으로써 안전한 건설, 행복한 건설, 지속가능 발전이 가능한 건설로 재도약할 수 있기를 기대한다.

전문건설업 육성 방안

전문건설사를 육성하려면 첫째, 착취적 경제 수단인 최저가 낙찰제부터 무력화시켜야 한다. 최저가 낙찰제는 상위 종합건설사를 포함한 모든 건설사가 쓰는 방식으로서, 최근 정부의 강력한 감독으로 한두 회사가 최저가 낙찰제 폐지를 선언하였지만 제대로 시행이 될지는 미지수이다. 일부 회사에서는 저가심의를 한다고 하나 결국 최저가를 선택하는 관행을 버리지 못하고 있다. 건설산업의 생리로 볼 때 원수급자가 최저가 낙찰제를 자발적으로 폐기하는 것을 기대하기는 어려우므로 발주자부터 먼저 최저가 낙찰제를 폐기하게 하고 발주자가 원수급자에게도 최저가 낙찰제를 폐기하게 하는 것이 순리일 것이다. 다행히 공공부문에서는 기획재정부가 사고사망자 감소에 적극적으로 나서면서 최저가 낙찰제의 폐기가 가능할 것으로 전망된다. 발주자에게도 안전책무를 분담시키는 건설안전특별법이 시행되면 민간에서도 최저가 낙찰제를 고집할 수 없게 될 것이다. 중대사고가 발생하면 공공기관의 기관장이 해임될 수도 있는 상황에서는 과거처럼 예산절감을 위한 무리한 공사발주는 감행하기 어려운 시기에 접어들었기 때문이다.

둘째, 원수급자는 협력업체의 평가시 가격 이전에 안전을 비롯한 필수 역량을 평가하여 역량평가에 통과한 업체만을 입찰 참가 대상으로 선정하여 입찰가가 무리하게 하락되지 않도록 해야 한다. 원수급자가 최저가 낙찰의 관행을 스스로 폐기하는 것을 기대하기는 어려우므로 발주자는 당연히 자신의 안전책무 이행을 위해서도 원수급자에게 이러한 방식으로 협력업체를 선정하도록 주문하여야 한다.

전문건설의 안전역량 향상을 위한 평가지표의 개발과 활용이 필요하며, 국가가 전문건설의 안전역량에 관한 지표를 개발하여 보급하여야 한다. 원청사와 발주자가 협력업체 선정시 이러한 지표를 활용할 수 있게 하면 전문건설의 풍토를 바꿀 수 있을 것이다. 앞에서 다른 나라의 사례로 소개한 싱가포르의 협력업체의 자발적인 참여를 유도하는 bizSAFE와 같은 제도는 우리나라에도 적극적으로 시행할 필요가 있다. 감시나 독려가 아니라 안전하지 않으면 영업이나 수주가 어려운 시장환경을 조성하는 것이 훨씬 효과적이다. 영업에 영향을 미치는 일이라면 사업주가 최우선으로 챙길 것이기 때문에 기존처럼 굳이 독려할 필요가 없다.

전문건설을 바로 세우는 데는 국가의 정책적 지원과 원청사와 발주자의 공동노력이 필요하다. 먼저 원청사는 협력업체의 선정시 가격보다 안전역량을 우선하여 평가하여야 한다. 일부 상위 종합건설사가 협력업체의 안전역량평가 지표를 마련하여 시행하고 있지만 아직 실효성있는 지표는 적용하지 못하고 있다. 국가적으로 신뢰성이 없는 재해율 외에는 쓸만한 지표가 없기 때문이기도 하지만, 핵심인력 정규직 고용 상황 등 실질적인 지표가 공정거래법 등에 제동을 받을 우려가 있기 때문이다. 안전 역량의 평가에 필요한 지표라면 수급자가 자유로 요구할 수 있게 하여야 한다.

종합건설업과 전문건설업의 업역 철폐의 효과가 주목받고 있다. 이는 당연한 것으로 원청사건 협력업체건 선택은 발주자의 고유 권한이기 때문에 발주자의 선택권을 법으로 제한할 이유가 없다. 국가가 나서서 발주자의 권한을 무시하고 수급인 등의 선택에 제약을 주면서 안전책무는 다하라고 하는 것은 이치에 맞지 않다. 국가와 산업의 차원에서는 발주자가 수급자의 선정에 필요한 적절한 정보를 제공하는 역할에 그치고, 건설사업 참여자 각자가 자신의 책무를 제대로 이행하고 있는지를 감시하여야 한다.

건설근로자공제조합의 노력과 기대

유일하게 지속적으로 건설기능인의 복지를 위해 노력하고 있는 기관이 있다면 건설근로자공제조합일 것이다. 정부 부처의 노력 이상으로 실질적으로 건설기능인의 복지에 노력하는 기관이 건설근로자공제조합이다.

근로자 단체인 노동조합은 최근에는 건설기능인력의 복지를 넘어선 공사에 개입으로 건설기업에는 폭염보다 부담스러운 요인이 되고 있다.[3] 공제조합은 '건설근로자의 고용개선 등에 관한 법률'에 따라 '건설근로자를 위한 퇴직공제, 복지증진, 직업능력 향상 사업을 실시함으로써 건설근로자의 고용개선과 복지증진을 도모하기 위하여' 설립되었다. 아직 직원수가 150여 명에 못미치는 규모이기는 하지만, 주요 기능은 퇴직공제, 부금운용, 복지지원, 고용지원 등으로서 고용노동부와 국토교통부의 정책을 지원하고 있다. 여러 기능 중 고용지원 분야의 기능훈련, 취업지원, 경력관리 등은 건설기능인력의 육성과 유지에 절대적으로 중요한 기능들이다. 조합에서는 적정공사비 제도를 지속적으로 추진해왔으며, 최근에는 기능인력 등급제를 마련하여 건설기능인의 복지와 지위 향상에 노력하고 있다. 하지만 이미 때늦은 대책으로서 효과를 보기까지는 장기간이 소요되니 더 늦기 전에 중장기적으로 실효성이 있는 대책을 마련해야 할 것이다. 건설 기능인력의 수급의 관건도 안전에 달려있다.

정부에서는 '제4차 건설근로자 고용개선 기본계획(2020~2024년)' 및 '건설 일자리 지원 대책', '건설근로자법 개정' 등을 통해 건설근로자 일자리를 개선하기 위한 다양한 정책을 마련하고 있다. 건설근로자 고용구조 혁신 정책으로는 적정임금제, 기능인등급제, 전자카드제 도입을 통한 양질의 건설 일자리 조성을, 내국인 건설 일자리 확대 정책으로는 청년 건설인력 성장 경로 구축 지원, 기능인등급제와 연계한 숙련인력 양성 등으로 내국인의 진입·성장을 촉진하는 대책들이 담겨있다. 대책에도 불구하고, 실상은 공사현장의 외국인 근로자에 대한 의존은 더 심화되고 있으며 내국인 근로자조합의 불합리한 압력도 커지고 있어 더 근본적인 대책 마련이 절실한 시기이다. 건설산업의 인프라 강화를 위해서 내국인을 위한 적정임금제와 기능인력 등급제는 지체 없이 시행되어야 한다.

해법은 독일의 사례처럼 내국인 건설기능인을 정규직으로 고용할 수 있도록 모든 정책을 집중하고 공공공사부터 적정임금제로 외국인 근로자 때문에 내국인 근로자의 임금이 하락되지 않도록 하여 국가 본연의 역할인 국민의 복지에 기여하는 것이다. 지금까지의 실효성으로 보아 여타의 다른 제도는 모두 부수적일 수밖에 없다. 요체는 건설기능인을 건설기술자와 동등하게 대우하고 고용안정을 통해서 건설기능인의 임금을 열악한 작업조건에 부합하는 수준으로 높이는 것이다. **임금 상승이 건설기업의 경영에 지장을 준다는 반론이 있을 수 있으나 건설기업 모두가 적정한 작업조건의 제공에 필요한 비용을 공사비에 반영하고 산업의 임금수준이 전체적으로 높아지면 이 상태가 새로운 정상이 될 것이며, 중대재해처벌법 등의 사법적 리스크도 벗어날 수 있을 것이다.**

4. 전문건설이 지향해야 할 외국의 사례

독일 전문건설사의 고용구조

독일의 경우도 우리나라와 유사하게 외국인 노동자의 증가로 건설기능인력의 수급이 위기에 처한 적이 있었다. 이러한 난관을 극복하고자 독일에서는 건설산업 차원의 전담기구인 건설산업인적자원개발위원회를 설치하여 건설기능인력의 육성책을 지속적으로 실시하였다. 주요한 대책으로는 동절기 휴무기간의 휴업급여, 직업양성교육 지원금 지급 등으로서, 다각적인 노력의 결과 현재는 협력업체의 경우도 정규직 비율이 80%를 상회하고 있다. **산업의 구조가 협력업체도 핵심 기능인력을 보유하지 못하면 공사에 참여가 불가능한 구조로 운영되고 있다. 협력업체의 직접시공 원칙으로 건설업체의 경쟁력은 "다른 곳에서 찾기 어려운 우수한 숙련인력 보유", "사람이 재산(공종, 규모, 지역)"인 것이다.** 독일의 전문건설사 사례는 우리나라가 앞으로 나가야 할 방향이다. 독일에서는 협력업체 선정시 '사람'을 중요시 하기 때문에 정규직 고용은 지극히 당연한 것이다.

낙찰자를 선정하는 기준은 전문적인 시공능력, 건설업체 규모(자본금 등), 업체의 성실도와 신뢰성, 가격의 적정성 등이다. 이러한 낙찰자 선정 요소는 페이퍼 컴퍼니의 수주를 불가능하게 만든다. 정상적인 건설업체인지 여부는 수공업회의소 등록증, 조세 납부 상황, 사회보험료 납부 상황 등으로 확인이 가능하다. 실질적인 시공실적은 목적물과 유사한 시공실적 및 최근에 수행한 공사에 대해 과거의 발주자에게 시공 과정의 문제점과 직접 시공 여부를 확인하고 실제 사용자에게 품질을 확인한다. 기술인력 및 기능인력의 참여 여부는 목적물과 유사한 과거의 시공에 참여했던 기술인력 및 기능인력이 얼마나 존재하는지 그리고 자신의 목적물을 시공하는 데에도 참여해 줄 수 있는지 등을 확인하고 상위 자격증 보유자일수록 높게 평가된다.

이러한 환경으로 건설업체의 기술 및 기능인력의 중요성을 인식하면 정규직 고용을 통해 고용안정으로 청년층 진입을 촉진하는 선순환의 생태계가 완성된다. 이러한 기본 사항에 미달되는 건설업체는 자동적으로 고려대상에서 배제되어 원천적으로 무자격자의 진입이 불가능한 시장이 형성되어 있다. 결국 페이퍼 컴퍼니 수주 불가 > 부적격사 설립 유인 부재 > 물량 대비 업체 수 균형 > 업체의 연간 조업 가능의 선순환 구조가 작동하게 된다(**그림 12.2**).

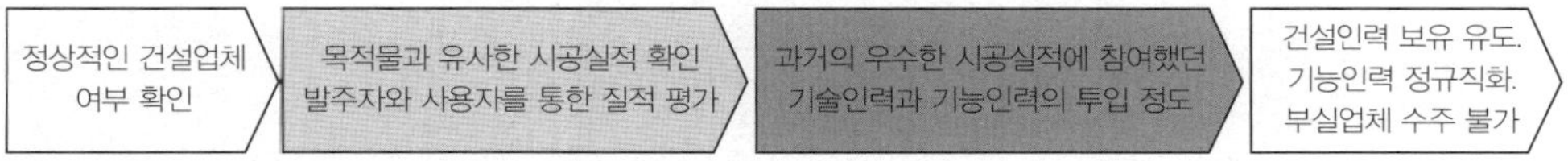

| 정상적인 건설업체 여부 확인 | 목적물과 유사한 시공실적 확인 발주자와 사용자를 통한 질적 평가 | 과거의 우수한 시공실적에 참여했던 기술인력과 기능인력의 투입 정도 | 건설인력 보유 유도. 기능인력 정규직화. 부실업체 수주 불가 |

그림 12.2 독일의 정규직 중심 전문건설사 작동 체계

표 12.2 독일 조직 전문건설사(ISELBORN) 직원 고용 현황

근속연수/연령/직종 (단위: 명)	5년 이하	10년 이하	15년 이하	20년 이하	25년 이하	30년 이하	35년 이하	계	18세 이하	25세 이하	30세 이하	35세 이하	40세 이하	45세 이하	50세 이하	55세 이하	60세 이하	65세 이하
사무직	2	–	2	–	–	2	–	6	–	–	1	–	1	2	–	1	1	–
기술직	2	1	–	–	1	–	–	4	–	–	2	–	–	–	–	–	1	1
현장소장	1	1	–	3	1	1	–	7	–	–	1	–	2	–	–	2	1	1
현장감독(자격자)	–	–	–	–	–	1	–	1	–	–	–	–	–	–	1	–	–	–
사업장인정현장감독(자격자)	–	–	2	–	1	1	1	5	–	–	–	–	–	1	2	1	1	–
팀장	3	–	2	–	2	1	1	9	–	–	–	–	4	3	1	1	–	–
콘크리트공	–	1	1	–	–	–	–	2	–	–	–	–	1	1	–	–	–	–
조적공	8	4	7	9	2	4	1	35	–	6	4	4	6	6	4	1	3	1
지정(청)고공	–	–	–	1	–	–	–	1	–	–	–	–	–	1	–	–	–	–
기술/기계수리공	–	–	–	1	–	–	–	1	–	–	–	–	–	1	–	–	–	–
트럭 운전사	–	1	–	1	–	–	–	2	–	–	–	–	–	–	–	1	1	–
굴착기조종사	–	–	1	1	–	–	–	2	–	–	–	–	–	–	–	2	–	–
크레인조종사	–	–	1	2	–	1	–	4	–	–	–	–	–	2	1	–	–	1
양성교육 마이스터 보조공	–	–	–	2	–	–	–	2	–	–	–	–	–	–	1	1	–	–
직업교육훈련생	7	–	–	–	–	–	–	7	2	4	1	–	–	–	–	–	–	–
청소	–	–	1	–	–	–	–	1	–	–	–	–	–	–	–	–	1	–
계	23	8	17	20	7	11	3	89	2	10	9	4	14	17	10	10	9	4

협력업체의 정규직 고용사례로서 조적분야의 전문건설업체 ISELBORN 경우 모두가 정규직으로서 전문노동자(숙련공)이 70명이다(표 12.2). 전체 직원 89명 중 직업훈련교육생을 제외한 5년 이하 근무자는 16명에 불과하다. 연령별 구성비에서도 45세 이하가 56명으로 전체인원의 63%를 차지하고 있다. 직원의 대부분을 정규직으로 보유하지 않으면 안되는 이유는 직접시공이 원칙으로 건설업체의 경쟁력은 '다른 곳에서 찾기 어려운 우수한 숙련인력 보유'로서, 공종, 규모, 지역 측면에서 '사람이 재산'이기 때문이다.[4]

일본의 다능공 육성 사례

건설업의 생태계가 불안정하고 발전이 없는 것은 건설사업의 한시적·일회적 속성에 기인한 건설기능인력의 높은 유동성 때문이다. 따라서 건설산업 지속가능 발전의 해법도 건설기능인력을 장기보유하게 하는 것이다. 기능인력을 장기보유하려면 정규직화해야 하고, 독일의 사례처럼 협력업체로 하여금 정규직화 하지 않으면 안될 환경을 제공해야 한다. 정규직화의 걸림돌은 작업의 일시성으로서 한 현장에서 오래 일할 수 없다는 것이다. 해결 방법은 회사 차원에서 정규직으로 오래 일할 수 있게 하는 것이다. **한 현장에서 또 한 회사에서 오래 일할 수 있게 하는 방법은 한 사람이 여러 공종을 수행할 수 있는 다능공多能工으로 육성하는 것이다.**

일본 건설업의 취업 최강의 스펙은 '다능공'이다. 일본 건설업계는 인재난 타개 및 생산성 향상을 위해 다능공에 주목하고 있다.[5] [6] 최근 일본은 역대 최고수준의 고용 호황으로, 업종을 불문하고 많은 기업에서 인재확보에 어려움을 겪고 있다. "다능공"은 "멀티 스킬"이라고도 불리며, 주로 제조업 등에서 혼자 여러 업무와 행정을 다루는 작업원을 의미한다. 건설업에 종사하는 인력, 특히 노하우와 기술을 보유하는 고급인재의 고령화 및 이직도 두드러져, 일본 정부 및 업계에서 관련 인재의 확보 및 육성을 주요 과제로 삼고 있다. 이러한 흐름 속에서 제한된 인재의 효율적인 활용 및 생산성 제고를 위한 화두로 다능공이 급부상하고 있다.

다능공이란, 복수의 기능이나 전문지식을 보유하여, 서로 다른 공정을 도맡아 할 수 있는 인재를 말한다. 가령 철근콘크리트구조인 경우 토공사, 콘크리트 형틀 작업, 철근 가공, 배근 작업, 콘크리트 타설에 이르는 여러 공정 중 두 가지 이상의 기능을 갖춘 경우가 이에 해당된다. 건설 현장의 실기뿐만 아니라 설계나 기술영업과 더불어 일정 시공의 관리업무가 가능하거나, 토목과 배전/배관 관련 기능을 동시에 보유한 경우 현장 감독과 고객 사후관리가 모두 가능한 인재도 다능공에 해당한다. 일본의 조사에 의하면 약 80%의 기업이 다능공 육성의 필요성을 인식하고 있는 것으로 나타났다. 다능공을 투입하면 업계에서는 시공기간의 단축, 발주와 수배 업무의 집약화, 전반적인 비용 절감 등의 순기능이 있을 것으로 보고 있으며, 개보수 공사(리모델링), 토목공사, 엔지니어링 분야에서 다능공의 필요성이 특히 높은 것으로 드러나고 있다.

최근 일본정부와 업계에서는 다능공 육성을 위한 다양한 움직임이 나타나고 있다. 국토교통성은 2018년 5월, 건설업의 생산성 향상을 위해 다능공의 육성 및 활용을 지원하는 정책으로 '다능공화 모델사업'을 개시하여 중소·중견 건설기업 및 교육훈련 단체에 다능공 육성 관련 연수에 지원금을 지급하고 있다. 일본 최대 종합건설기업인 가지마Kajima(도쿄 소재 매출액 약 20조 원)는 2017년부터 건물 설비공사와 관련된 복수의 기능을 익힌 다능공 육성에 적극 나서고 있다. 향후 계열사 및 협력회사에도 다능공 인재를 확산시켜, 생산성 향상 및 새로운 건설 생산시스템을 구축할 계획이다.

나고야에 본사를 둔 주택 리모델링 전문기업 니카 홈Nikka Home(1987년 설립, 종업원 수 900명)은 다능공의 적극적인 확보 및 활용을 통해 좋은 실적을 거두고 있는 대표적인 사례다. 해당 기업은 부엌, 화장실, 욕조, 세면대 등 주택 내 수도와 연결된 설비 리모델링에 특화된 기업이다. 주택 리모델링 기업은 공사 수주 후 시공의 일정 부분을 타기업에 위탁하는 경우가 대부분인데, 이 회사는 모든 공사를 자사 직원이 담당하는 것이 큰 특징이다. 또 도배, 전기공사, 배관 등 서로 다른 복수의 공정을 할 수 있는 다능공을 수십 명 보유하고 있어 시공시간이 빠르고 비용도 타사 대비 20% 이상 저렴하게 제공하고 있다. 타 리모델링 기업에서는 영업과 실제 공사, 사후관리를 서로 다른 부서에서 담당하는 경우가 많은데, 이 회사에서는 건별로 전담 다능공이 최초 견적부터 애프터 서비스에 이르기까지 일괄해서 담당하기 때문에 고객의 재이용률과 고객만족도도 높다. 일반적인 기업과 니카 홈의 영업방식을 비교하면 전통적으로 여러 직원이 분담해왔던 영업, 현장, 사후관리를 다능공 한 사람이 전담하여 처리하게 하는 것이다.

니카 홈은 2017년 일본 내 리모델링 전문기업 중 가장 많은 연간 5만4,400건의 리모델링 공사를 시공하였으며, 306억 엔(약 3,000억 원 이상)의 매출액을 올렸다. 회사 관계자에 의하면, "다능공의 확보 및 활용이 우리 회사의 가장 특징적인 노하우 중 하나로 향후에도 여러 공정을 도맡을 수 있는 인재를 집중 육성해나갈 방침"이라고 밝혔다.

일본 후생노동성 조사에 의하면 급여 측면에서도 건설업 분야의 급여수준은 상승 경향에 있으며, 여타 제조업 대비 높은 수준을 보이고 있다. 건설기술자들이 탈건설을 외치는 우리 건설이 반면교사로 삼아야 할 때다. 기능인력과 건설기술인의 대우를 소홀히 하면 80년대처럼 보유하고 있는 기능인력조차 일본으로 유출될 수 있음을 경계해야 할 것이다. 건설사고 방지를 위해서는 현장 작업조건이 안전해야 하지만 현장의 고용 개선을 통해 기능인력을 장기보유하지 못하면 일용직 기능인력의 리스크를 원하도급사와 발주자 모두가 부담해야 한다는 사실을 직시하고, 국가에만 의존하지 말고 산업차원에서 건설기능인 우대와 고용안정이라는 근원적인 대책을 지금부터라도 중장기적으로 추진해야 한다.

절대다수 기능인력의 정규직화는 향후 우리나라의 협력업체 육성 방안이 되어야 하며, **협력업체 선정시 정규직 비율을 가장 중요한 요소로 평가함으로써 건설산업의 불공정 관행을 시정해 나갈 필요가 있다.** 전문건설의 육성을 통한 건설기능인력의 장기 보유 전략만이 건설사고를 효과적으로 방지할 수 있으며, 건설산업의 지속가능발전도 가능할 것이다. 전문건설사 소속 기능인력의 정규직화가 안전과 무슨 관계가 있는지 의아해 할 수도 있겠지만, 건설현장의 안전수준은 결국 현장 건설기능인의 수준에 달려 있으며, 기능인력은 소속된 전문건설사가 일용직이 아닌 정규직으로 대우할 때만 가능하다. 우리나라의 건설산업의 생태계를 전문건설사가 핵심인력을 정규직으로 장기보유하는 풍토였다면 근로자 단체와의 불협화음도 없었을 것이다. 이제까지 최저가 낙찰제로 전문건설과 건설기능인을 도구로만 취급한 결과이다. **사고방지 대책을 안전활동에서만 찾을 것이 아니라 산업구조와 생산방식의 혁신에서 찾는 '상자 밖 사고'가 필요하다.**

13장
건설기술인의 역할·책임·인식

"우리는 모두가 삼풍백화점의 고객이고 세월호 승객일 수 있다. 모든 문제는
내 문제로 인식될 때만 해결이 가능하다. 따라서 당신이 문제의 해결책의 일부
가 아니라면 당신도 문제의 일부분이다."

1. 건설기술인의 위상과 역할

부지불식간에 희생양이 된 건설기술인

미래를 알려거든 지나온 과거부터 돌아보아야 한다(欲知未來 先察已然). 작금의 번영은 산재통
계에 나타난 바와 같이 근로자들의 희생을 담보로 한 것이다. 조직의 성과는 경영자의 책임이
라는 경영의 원칙에 따르면 핵심 기여자는 당연히 사업주와 경영자이다. 산업안전보건법 체계
에 따르면 실질적인 이행책임은 사업주로부터 역할을 위임받은 관리감독자에게 있기에 이제까
지 기술자가 일차적 처벌의 대상이 되어왔다. 하지만 관리감독자는 부족한 인원과 역량에도 불
구하고 최선을 다한 것으로서 궁극적인 책임은 최고의사결정권자에게 있다. 하지만 매체에 회
자되었듯이 꼬리자르기식 하수인 처벌에다 솜방망이 처벌이라는 비판이 끊이지 않았다. 이러
한 처벌 관행은 제한된 여건에서 최선을 다한 기술자에게는 매우 불공정한 것이었음에도 형평
성의 결여에 대한 논의는 미흡했던 것으로 보인다. 기술자들의 각성이 필요한 부분이다.

기원전 약 2,200년에 제정된 함무라비법전에는 건설사업가의 책임에 대한 벌칙 5개 조항으
로 간략히 규정되어 있다. 건축자가 지은 집이 붕괴되어 사람이 사망하면 건축자는 목숨을 내

1. 만약, 건축자가 사람을 위해 집을 짓고, 그 건설이 잘못되어, 세워진 집이 무너지고, 그 집의 소유자가 사망케 되면 건축자는 죽음을 면할 수 없다.
2. 만약 집이 붕괴되어 집의 소유자의 자식이 사망했다면, 건축자의 자식이 죽음을 면할 수 없다.
3. 만약 집이 붕괴되어 집의 소유자의 노예가 사망했다면, 건축자는 사망한 노예와 동등한 가치를 지니는 노예를 집의 소유자에 주어야 한다.
4. 만약 집이 붕괴되어 재산이 파괴되었다면, 건축자는 그 재산이 얼마일지라도 원래대로 복구해야 한다. 건축자의 공사 잘못으로 집이 붕괴되었다면 건축자는 자신의 비용으로 그 집을 재건시켜야 한다.
5. 만약 건축자가 사람을 위해 집을 지은 후 그 건설이 요구사항과 합치되지 않아 벽이 무너지면 건축자는 자신의 비용으로 그 벽을 보강해야 한다.

함무라비 법전에서
바빌론 왕(기원전 약 2,200년)

그림 13.1   함무라비법전의 5가지 건설안전 규칙

놓아야 했다(그림 13.1).[1] 오늘날은 이해당사자와 참여자가 늘어 책임 관계가 복잡해졌지만 기본 원칙은 건축기술자는 건축주와 사용자의 안전을 보장해야 한다는 것이다. 이 법전에 비하면 오늘은 벌칙은 비교가 안될 정도로 약한 것이다.

건설기술인의 역할과 책임

건설산업이 지속가능 발전을 이루려면 먼저 안전한 산업이 되어 내부 고객인 종사자부터 보호하고 대우해야한다. 건설기술인은 건설사업의 기획단계부터 발주자의 이익을 위해 참여하여 기술적인 의사결정을 하거나 지원하는 역할을 담당하지만, 건설기술인에게는 소속된 조직이나 업역에 불문하고 사업주를 대신하여 건설기능인의 안전을 지켜야 할 책임이 있다. 1차적 보호의 대상은 건설기능인이지만 일선에서 건설기능인의 안전을 책임져야 할 사람은 건설기술인이다. 하지만 건설기능인 못지 않게 대다수 건설기술인도 비정규직으로 인원도 턱없이 부족한 열악한 근무여건에 위험하게 노출되어 있다. 건설업의 높은 사고사망자수는 건설기술인의 위태한 근무환경으로부터 비롯되었다고 보아야 한다. 그럼에도 이제까지 발주자 조직 등 상류 단계에 종사하는 건설기술인조차 감리자, 설계자, 시공자, 기능인 등 하류 단계의 종사자를 보호하는 데는 매우 소홀하였다.

이제 건설기술인은 사업주로부터 부여받은 역할에 걸맞는 권한과 자원을 보장받아야 하며, 정무적인 선택으로 기술인의 기술적인 의사결정이 무력화되어서는 안된다. 발주자의 이익을 위해서도 건설기술인은 발주자로부터 기능인까지 모두를 동료로 대우하고 존중하고 존중받아야 한다. 따라서 건설기술인에게도 이러한 역할을 수행할 역량과 권한이 부여되었으며 책임을 지고 있는가에 대한 진지한 성찰이 요구된다.

'패권의 비밀(김태유)'에서 국가의 패권은 기술력에 좌우된다고 하였다. 건설기술자 중 고급 기술자가 기술사이다. 기술사는 나라의 기술력을 대변하는 지표로서 그 권한과 위상을 회복해야 한다. 우리나라에서 기술사는 사업주나 경영자의 지위에 있기도 하지만 근로자 즉, 고용된 직원의 신분이 더 많을 것이다. 기술자로서 최고 위치에 있는 우리 기술사에게는 당연히 산업 현장의 사망을 포함한 사고에 직접적인 책임이 있다. 심각한 후진국 수준의 건설사고지표로 보는 바와 같이 기술자 중 많은 비중을 차지하는 건설분야 기술사의 안전책무 또한 막중하다고 할 수 있다. **의사가 실수하면 한 사람의 생명이 위태롭지만 건설기술자가 실수하면 수백명의 생명이 위험해질 수 있다.**

2. 위기의 건설기술인

건설기술인의 무자각

건설기술인에 대한 열악하고 불공정한 대우는 이미 앞에서 기술하였으므로 재론하지 않기로 한다. 기억해야 할 것은 건설기능인의 안전이 보장되어야 하듯이 건설기술인도 이에 상당하는 대우을 받아야 한다는 것이며, 건설기술자 스스로가 이러한 권리를 찾아야 한다는 것이다. 건설산업은 최저가낙찰제, 실적공사비 적용, 총사업비관리제도, 부적격 외국인노동자의 증가 등 개별 기업이 해결하기 어려운 문제로 구조적 위기에 처해있다.

건설기술인은 이제까지 정무적, 정치적 선택의 희생양이었음에도 자신의 위기에 대한 자각이 거의 없는 것으로 보인다. 최근에 건설기술인협회와 기술사회를 중심으로 긍지를 회복하려는 노력으로 어느 정도 진전이 있었지만 건설산업의 구조적 모순에 대한 인식과 이를 해결하려는 의지는 미약한 것으로 보인다.

건설산업의 근본적 혁신에는 기술적 의사결정을 하는 건설기술인의 주도적 역할이 필요하다. 제도와 정책의 객체에서 벗어나 주체가 되어야 한다. 단순한 법적 요건의 준수를 넘어 제도나 정책이 공정하며 합리적인지를 검토하여 이의 시정을 요구할 수 있어야 한다. 다행히 최근 들어 건설기술인협회의 노력으로 건설기술진흥법 제22조의 제3항에 근거하여 '건설기술인 권리헌장'이 제정되는 성과가 있었다. 하지만 제반 법률에서는 건설기술인에게는 책임만 있지 열악한 근무여건 속에서 기술에 대한 합리적인 의사결정권한을 보장받지 못하고 있다. 대학에서도 공학윤리에 대한 교육은 일부 공학인증을 취득한 학과에서만 이루어지고 있다.

산업 안에서부터 대우받는 풍토가 조성되어야 바깥 사회로부터도 존경을 받을 수 있다. 건설기능인과 건설기술인이 산업 내부로부터 적정하게 대우받을 때 긍지를 가지고 더 의미 있는 건설에 다가갈 수 있을 것이다. 개인, 조직, 국가를 막론하고 정도를 버리고 손쉬운 길을 택한 경우는 언제나 더 큰 대가를 치르는 것이 자연의 법칙이다. 하지만 양적 성장에 비해 건설기술자와 건설기능인을 대우하려는 노력은 찾아보기 어려웠다. 호황기에는 호황기대로, 불황기에는 불경기를 탓하며 마른 수건짜기 식으로 이윤만을 독려해왔다. 하지만 불변의 경영 원칙은 '성과를 올리기 위해서는 외부 고객보다 내부 고객을 먼저 만족시키는 것'이다.

현장의 기능인은 보호되어야 하며 보호 역할을 담당해야 할 건설기술인의 위상과 역할도 수단에서 주체로 재정립되어야 한다. 국가가 국민생명 지키기와 노동자의 안전에 진력하는 지금이 주객이 전도된 건설산업을 바로 세울 적기이다. 더 이상 미래에 있을 시설물의 이용자를 위하여 오늘을 사는 건설인이 희생되어서는 안된다. 건설인으로서 긍지를 회복해야 한다.

건설사업의 심의에서 전문가의 역할

건설사업의 수행과정에서 짧지만 가장 중요한 단계는 수급인을 선정하는 심의단계이다. 이러한 심의에 참여하는 건설기술인의 공정한 역할은 건설산업의 건전한 발전에 필요한 핵심 조건이 될 것이다. 건설기술인은 발주자 이상으로 공정한 심의의 중요성을 자각하고 청렴하게 심사할 의무가 있다고 본다. 대학교육과정이나 실무교육에서는 경시되고 있지만 건설기술인의 핵심 역량이자 가치는 높은 도덕성과 윤리이다. 기존 심의 방식의 문제점과 개선 방안은 '발주자' 편에서 제시한 바와 같다.

건설인의 무사건 · 무상해 비전

사고방지 원리에 의하면 자연재난이 아닌 인위재난은 예방이 가능하며, 안전한 작업 조건의 제공은 근로계약의 기본 조건에 해당한다. 따라서 건설기술인으로서 이러한 역할과 책임을 다할 수 없다면 문제가 있는 것이다. 건설인으로서 건설안전 전문가를 포함한 모든 건설기술인은 자신의 책임인 타인의 보호를 위해 기본적 사고방식의 점검 차원에서 다음 질문에 자신만의 답을 확인해보기 바란다.

- 건설의 궁극적 목적과 일하는 이유는?

- 사고, 안전에 대한 당신의 정의는?
- 공사관리 4대 분야 중 '안전'이 다른 분야와 다른 점은?
- 무사건 무상해Zero Harm; No incident & injury는 가능한가?
- 안전비는 비용인가 투자인가?
- 안전보건경영시스템의 시작은?
- 기술적 대책과 관리적 대책의 통합 도구는?
- 주기give와 받기take 두 유형 중 나는 어느 쪽인가?
- 건설안전; 왜, 무엇이 어려운가?
- 산업안전보건법과 기준은 나에게 무엇인가?
- 나의 '안전방침/철학/신념'은?
- 나의 역할·책임과 위치는?

사업주 단체의 부정적 기능과 건설기술인 단체의 역할

필자는 건설 관련 민간단체를 크게 학계, 업계, 건설기술인 단체로 구분하고자 한다. 건설기술인단체로는 기술사회와 건설기술인협회가 있다. 우리나라의 경우 과학기술인력이 대우받지 못하고 있어 국제경쟁력 강화에 걸림돌이 되고 있다. 건설은 사람이 하며 건설사가 망하면 전화기와 책상만 남는다고 말할 정도로 기술자의 역할이 중요함에도 불구하고 말뿐이지 실제 산업에서는 건설기술인은 제대로 대우받지 못하고 있다. 최근에는 협회장이 선출직으로 바뀌면서 건설기술인의 위상을 되찾기 위한 노력이 성과를 거두고 있다. 업계는 건설업의 다양한 업역별로 업계의 이익을 대변하는 협회가 활동하고 있는데, 문제는 건설산업의 장기적 발전보다는 사업주의 단기적 편의와 이익을 우선한다는 것이다. 대부분의 협회가 공익과 공정성보다는 자신들만의 이익을, 좀 더 구체적으로 말하면 사업주 자신의 이익을 추구하는데 급급하고 있는 것으로 보인다. **영업을 지속해야 한다는 명분에 따른 과도한 경쟁으로 종사자의 처우나 시장의 건전성은 별로 고려의 대상이 되지 못하고 있다.** 건설기업 사업주 단체의 경우 경영상의 편의를 추구하는 경향이 강하여 종사자에 대한 대우는 매우 소홀한 편이었다. 이제까지 정부에서는 대형 건설사고가 발생할 때마다 건설사고를 방지하기 위해 건설기업의 설립이나 건설현장에 건설기술자 배치기준을 강화하고자 하였으나 관련 협회의 반대로 실현되지 못했다. 내국인 건설기능인력을 보유하기 위한 정책으로 오랫동안 논의되던 적정임금제도도 번번히 관련 협회의 반대에 부딪혀 도입되지 못하고 있다.

건설기업에서 직원의 대다수를 비정규직이나 일용직으로 고용하는 것은 지양해야 한다. 건설업이 경기의 영향이 크기 때문에 어느 정도의 비정규직화는 필요하지만, 지금과 같이 경쟁적으로 현장 기술자의 태반을 계약직으로 채용하는 것은 지나친 것이며 건설산업의 지속가능 발전에도 근본적 장애가 될 것이다.

3. 경계해야 할 사유의 무능

불합리·불공정한 발주자의 배후에는 건설기술인이 있다

건설기술인은 소속된 조직과 무관하게 국가기관에서부터 발주자, 설계자, 감리자, 시공사 등 건설사업의 생애주기에 걸쳐 중요한 기술적인 의사결정을 하는 위치에 있다. 따라서 작금의 부실이나 건설사고는 일차적인 책임이 건설기술인에게 있다. 건설기술인의 각성이 부족한 측면과 열악한 업무 수행 여건으로 충분한 역할을 할 수 없었다고 본다.

공공 발주기관에 소속된 건설기술자의 각성이 필요하다. 공공발주자의 갑질은 어제오늘의 일이 아님에도 근절되지 않고 있다. 공공발주자의 갑질은 합리적인 공사비와 공사기간을 무시한 불공정 관행으로서 건설사고의 근본원인에 해당한다. 부적절한 수급자를 선정하여 건설기능인이나 시민을 사상케하는 일이 없어야 한다. 오죽하면 안전을 담당하는 부서가 아닌 기획재정부가 나서서 공공기관 안전등급제까지 시행하게 되었겠는가? 건설사업은 공공기관에서도 건설기술자가 담당한다. 건설기술자는 공공기관의 갑질을 수치로 생각하고 거부할 수 있어야 한다. 안전에 책임이 없는 공공기관의 과욕에 건설기술자가 대리인 역할을 하는 것을 거부해야 한다.

이제까지 예산절감, 원가절감이 미덕이었고, 성과로 평가되었다. 결과는 건설기능의 사상, 전문건설의 몰락, 건설기술자의 탈건설로 건설산업의 황폐화를 초래한 것이 작금의 현실이다. 일말의 양심이 있다면 발주자 갑질의 주구 행세를 자제해야 한다. 공공기관에서 건설사업을 수행하는 궁극적인 목적은 시민의 복지에 있으며, 일차적인 복지의 대상은 건설산업의 진흥으로 오늘을 사는 건설사업 종사자를 잘살게 하는 것이다. 부족한 예산을 건설기업이 충당하게 하는 횡포는 반국가적, 반사회적인 범죄다. 공공발주기관에 종사하는 건설기술자의 각성이 필요하다. 공공기관의 건설기술자도 피고용인 입장에서 논란에도 불구하고 중대재해처벌법, 건설안전특별법 등이 필요한 이유를 다시 생각해보아야 한다. 공정하고 건전한 건설사업의 수행으로 최고경영자와 시민을 보호해야 한다.

최근 기사[2])에 의하면 최고경영자에 대한 중처벌이 논의되고 있는 와중에도 유수한 공공발주자 중의 하나인 지자체가 지금도 비용 깎기에 열을 올리고 있는데, 이전에도 지속적으로 보도된 것처럼 이 기관에만 국한된 현상은 아닐 것이다. 이 기사의 내용을 조금 더 소개하면 조달청은 정부공사비 신뢰도 제고를 위해 건설사·협회 등과 협업팀을 가동하여 가격조사 검증 등 시장변화를 반영하고 단가산정 기준이 없는 재료나 공법은 시장시공일위대가 대상으로 확대하고 있다. 반면에, 어떤 지자체에서는 재량권을 내세워 표준단가·품셈으로 예가를 산출한 후 차액만큼 재량항목서 감액하여 발주하고 100억 미만 표준단가를 적용하는 '꼼수'로 현장 근로자와 도민의 안전을 위협하고 있다. 더욱 민망한 것은 이 기관은 재량권을 활용해 사실상 표준시장단가를 적용하는 효과를 내 공사비를 절감하는 것은 '행정의 전환'이라고 미화하고 있다는 것이다. 이제는 경제의 발전과 국민의 복지를 외면한 예산 절감이 미덕이라는 전근대적 관행을 버릴 때가 되었다고 본다. 이제 시민은 양이 아닌 질을 원한다. 이제는 부족한 공사비로 건설사와 인명을 담보로 하는 건설사업 발주는 아무도 원하지 않는다.

공공발주기관 중 최근 조달청의 변화는 건설산업에 희망을 주고 있다. 조달청장이 공사비의 책정을 예정가격대로 100%에서 입낙찰을 시작해야 한다고 말한 것이다. 우리는 예정가격은 산정해두고 집행은 80%로만 해야 하는가? 예정가격이 잘못 산정되었거나 낙찰가격이 잘못되었거나 둘 중의 하나이다. 한심한 것은 우리가 이제까지 이러한 근본적인 모순을 당연하게 수용해왔다는 것이다. 공사비를 예정가격의 100%에서 시작해야 된다는 지극히 정상적인 발언이 조달청장의 입에서 나와야 하는가? 공사비, 공사기간 등은 정책적 고려사항이 아니라 자연법칙에 따라 건설기술자가 결정해야 할 사안이다. 우리 건설기술자들은 지금까지 어디에서 무엇을 하고 있었는가를 물어야 할 것이다. 삼성은 1994년에 프랑크푸르트 선언을 통해 애니콜의 화형식을 하고 양에서 질로 패러다임의 전환을 선언하였는데, 우리나라의 공공발주자는 아직도 시민이 분노하는 양量의 패러다임에 갇혀있다.

외국 기술자가 본 우리나라 건설기술인

프랑스 기술자가 우리나라 건설현장의 모습을 10가지로 정리했는데, 불편한 내용이지만 도움이 될 것 같아 전문을 인용한다.[3] 외국 기술자의 눈에 비친 상황이 이 정도라면 실제 상황은 더 심각할 수 있다. 안전분야의 경우도 별반 다르지 않다고 본다. 특히 안전이 공사팀으로부터 괴리된 문제와 기술자의 학습과 역량 신장에 장애가 크다는 문제는 심각하게 인식하고 혁신해야 할 사안이다. 똑똑한 조직보다 건강한 조직이 강한 조직이다.

첫째, 한국은 '상명하복' 문화가 깊숙하게 자리 잡고 있다. 법과 제도가 전 과정

을 지배하는 것도 이런 이유로 해석했다. 신기술이나 새로운 기술용어는 중시하지만 실제 활용에서는 외면하는 모습이 눈에 띈다.

둘째, 중층하도급이 일반화돼 있다. 중층하도급은 BIM과 같이 정보와 기술이 통합되는 데 큰 장애 요인이 될 것으로 지적했다.

셋째, 안전과 품질관리의 이원화 구조를 지적했다. 안전과 품질관리가 실제 업무를 수행하는 기술자의 몫인데도 불구하고, 제3자를 관리전담자로 지정하는 문제를 지적했다.

넷째, 공사현장에 필요한 주자재를 발주자가 공급하고 소모성이나 잡자재를 하도급자가 공급하는 실태를 지적했다. 이 구조는 글로벌 시장에서 한국기업이 경쟁력을 높이는 장애 요인으로 작용할 것이라는 조언을 덧붙였다.

다섯째, 계약이 문서보다 관행에 지배받는 구조가 작동하고 있다는 지적이다. 문서와 기록관리 부재는 글로벌 시장에서 분쟁 발생 시 한국 업체에게 일방적으로 불리하게 작용할 것으로 우려했다.

여섯째, 건설현장에서 매일 열리는 조기 체조를 신기해하면서도 부럽게 봤다. 집단체조를 통해 의사전달과 팀워크 강화 효과를 보고 있다는 시각이다. 팬데믹으로 이 효과를 누리지 못할 것이라는 염려도 나타냈다.

일곱째, 정부가 주도하는 K방역의 연장선에서 국토부가 발 빠르게 대응하는 모습이 프랑스와 너무 다르다는 시각이다. 3월 말까지 국토부가 건설현장의 코로나 대응 가이드를 5판까지 발행하는 것을 목격했다. 임기응변에 강하지만 산업체의 자율적 기술이나 전략 개발 역량 저하를 우려하는 것처럼 비춰졌다.

여덟째, 건설현장이 기술과 사람보다 법과 제도에 강제된 모습이라는 것이다. 기술자 혹은 산업체가 경험을 통해 축적하는 학습효과 활용에 대한 제약을 들었다. 경험 자료가 문서와 기록으로 쌓여 지식으로 활용되기보다 그냥 사라지는 데 대한 안타까운 지적이다.

아홉째, 과다한 규제와 강제된 기술은 결과적으로 산업체의 역량을 하향 평준화시켜 기술혁신을 더디게 만들어 급변하는 외부 환경에 대응력이 떨어질 수 있음을 지적했다.

열째, 건설현장이 상명하복의 군대식 문화가 코로나 팬데믹 대응에 일사분란하게 대처할 수 있을 것이라는 시각이다. 부럽게 보이지만 일시적 현상으로 끝날 것이라는 우려를 감지했다.

건설사고의 직접적인 원인은 건설기술인의 '관리상의 결함' 때문으로서, 비록 종사자의 위치에 있을지라도 일차적으로는 사업주로부터 역할을 위임받은 건설기술인의 책임이다. 역량이 부족했거나 인원이 부족해서 바쁜 탓에 필요한 안전조치를 미처 챙기지 못한 사유는 사업주가 책임져야 할 일이지만 모든 책임이 현장의 건설기술인에게 전가되어 왔다. 건설기술인도 역량이 부족했다면 더 학습해야 할 것이며, 인원이 부족했다면 더 요구해야 할 것이다. 사고에 대한 변명은 어떠한 이유로도 더 이상 용납될 수 없음을 인식해야 한다. 건설기술자의 역량도 10년의 경력자라도 1년의 경험을 열 번 반복한 1년짜리 수준인지, 매년 성장한 10년짜리 경력자인지 검증이 필요하다.

지시받는 사람들의 사유思惟 무능無能과 무책임화

지시받았다고 책임까지 면제될 수 없다. 정치철학자 한나 아렌트는 명부상으로만 6백만 명이 희생된 유태인 홀로코스트의 주역이었던 아돌프 아이히만의 재판을 지켜보았다. 그녀는 '예루살렘의 아이히만'이라는 저서에서 '사유의 무능'으로 빚어진 '악의 평범성banality of evil'이 홀로코스트의 근원이라고 지적하였다. 하지만 철학자이자 역사학자인 베티나 스탕네트는 '예루살렘 이전의 아이히만'이라는 저서에서 대량학살자의 밝혀지지 않은 삶을 통해 책임의은폐에 유용되는 '악의 평범성'을 환기시켰다. 아이히만은 거대한 살인기계이 작은 톱니바퀴가 아니라 나치 이데올로기에 충실한 능동적 행위자로서 과격한 주장, 기만과 궤변, 위선과 변명임을 증명하였다. 저자는 '독일은 과거사를 숨기지 않고 잘 처리했는가?'를 묻고 생각을 많이 한다고 '니쁜 생각'이 없어지지 않는다고 했다. 진실을 밝히는 법정 공방에서 쉽게 볼 수 있는 장면이다.

심각한 수준에 있는 건설기능인의 희생 또한 건설기술인의 사유의 무능에서 비롯된 것이 아닌지 성찰이 필요하다. 우리 건설기술인은 아이히만이 평범한 시민인 것처럼 기만한 것을 포함해 타인의 입장에서 자신의 행위를 생각할 줄 모르는 사유의 부재 상황을 경계해야 한다. **건설기능인과 시민을 보호해야 할 최종 책임은 사업주에게 있지만, 일선에서 이들을 보호하는 것은 건설기술인의 몫이다. 관행에 의존하고 지시에만 순종해서는 안될 것이다.**

제4부

당면 과제별 해법과 안전의 힘

14장
건설안전 당면 과제의 해법

"문제가 발생했던 당시의 사고방식으로는 중대한 문제를 해결할 수 없다."

- 앨버트 아인슈타인 -

1. 건설안전 난제의 유형과 특성

각고의 노력에도 불구하고 유사한 사고가 재발하는 사고 유형, 공종, 기인물 등이 있다. 사회적으로 물의를 불러온 대표적인 사례는 공사규모별로는 사고사망자의 7할을 차지하는 중소규모 건설현장, 공종별로는 폴리우레탄 단열재를 사용한 물류창고화재 사고와 해체공사장 붕괴사고, 기인물별로는 타워크레인 붕괴사고, 비계 붕괴사고, 사다리에서 추락 사고, 제한된 공간에서 중독과 질식 사고 등이다. 이러한 사고 유형은 사고가 반복되면서 제도가 강화되었음에도 불구하고 반복해서 발생했다는 특징이 있다. 그러면 반복적으로 사고를 겪으면서 정비한 관련 제도나 대책들이 앞으로는 제대로 작동하여 유사한 사고는 다시 일어나지 않을 것이라고 자신할 수 있겠는가 확인이 필요하다.

위에 든 사고 공통점은 기존의 제도가 보편적인 사고예방원칙을 제대로 구현하지 못했기 때문이며, 사고의 발생 형태는 다르지만 공통적인 원인이 내재하고 있다. 본질은 기술 자체의 실패가 아니라 기술의 조달이나 적용에 실패한 것임에도 기술의 실패로 착각하고 있다는 것이다. 기술의 문제가 아니라 기술자의 문제다. 그러나 앞에서 제시한 기본적인 원칙에 부합하게 기존의 제도를 정비한다면 효율적이고 효과적으로 예방이 가능할 것으로 생각한다. 이 장에서는 아직까지도 건설안전에서 난제로 남아있는 과제에 대하여 원칙 중심의 근본적인 해결방안을 제안하고자 한다. 각각의 주제가 하나의 장 이상으로 고찰이 필요하지만 쟁점을 중심으로 요지만 기술하기로 한다.

2. 산재통계의 실질화와 산재보험의 정상화

> "안전문화에서 가장 중요한 요소는 투명한 사고보고 문화이다."

정확한 사고통계 없이 효과적 산재예방은 없다

안전문화에서 가장 중요한 요소는 투명한 사고보고 문화이다. 건설사고의 효과적 방지에 필요한 핵심 과제는 사고정보의 실질화를 통한 신뢰성 회복이다. 건설현장에서 발생한 대부분의 사고는 새로운 환경에서 발생한 사고가 아니다. 과거의 사고가 반복해서 발생한 것으로서 효과적인 사고예방대책의 마련을 위해서는 사고발생 상황에 대한 정확한 정보가 필수적이다. 제반 사고통계는 이러한 목적에 충실해야 한다. 부분적인 사고정보만으로 정책이나 제도, 예방대책을 마련한다면 비현실적인 대책이 되거나 사각지대가 발생할 수밖에 없다.

양적 측면에서 사고정보는 누락이 없어야 하며, 질적 측면에서는 사고방지에 충분한 정보가 들어있어야 한다. 하지만 우리나라의 산재통계 중 건설업 분야 통계는 양적인 측면에서 일반재해가 대부분 누락되고 있을 뿐만 아니라 신고의 내용도 부실하여 사고예방 자료로 사용하기에는 미흡하다. 사고정보의 질적 측면에서는 단순한 기술적 원인뿐만 아니라 관리적 원인 등 근본 원인까지 밝힐 수 있어야 한다. 하지만 제조업 방식의 산재신고와 재해조사표는 건설사고의 특성을 제대로 반영하지 못하고 있으며, 신고된 자료도 정밀하게 관리되지 못하고 있다.

사고사망자수가 핵심지표가 된 배경과 한계

다양한 재해율 지표가 있지만 얼마전부터 상대적으로 신뢰도가 높은 사고사망자수가 국가차원의 핵심지표로 사용되고 있다. 사고사망자의 절반을 차지하는 건설업이 핵심 분야로 인식되면서, 건설업중에서도 재해유형별 비중이 큰 추락사고의 방지에 모든 역량이 집중되고 있다.

문재인 정부 들어서 사고사망자수가 산업재해예방의 핵심지표가 된 이유는 첫째, 일반재해의 미신고로 현실을 반영하지 못하고 있으며, 둘째, 산업재해로 인한 사망자 중 질병으로 인한 사망자수는 계속 증가하고 있어 전체 사망자수를 낮추는 데는 근본적인 한계가 있기 때문이다.

일반재해를 관리지표로 삼을 경우 이제까지 경험해 온 바와 같이 산재 미신고나 은폐가 더욱 심해질 것이기 때문이다. 일반 재해자수와 사망자수를 합산한 사망환산재해율의 경우도 각종 평가에 지표로 사용되기 때문에 산재 신고를 기피하게 만들어 산재보험의 본래 기능을 심각하게 왜곡시킬 수 있기 때문이다. 국민건강보험, 119 출동 기록 등으로 추정할 때 건설업의 경우는 산업재해 40건중 한건 정도만 보고되는 것으로 알려지고 있다.

산재신고를 기피하는 근본 원인 중의 하나는 산재보험을 국가가 관리함으로써 산재통계가 언제든 민간기업을 단속하는 도구로 사용될 수 있다는 점이다. 오래전부터 일정 규모 이상의 건설회사에 대한 환산재해율을 산정하여 공표하고 이에 따라 감독의 면제, 집중 감독 등의 혜택과 벌칙의 기준으로 삼고 있다.

오래전에 시도되었던 산재보험의 민영화가 무산된 적이 있었다. 외국의 경우는 산재보험을 민간이 운영하므로 회사별 재해통계가 쉽게 노출되지 않는다. 보험회사에서는 보험료의 지출을 줄이기 위해 가입한 회사들에 대하여 사고예방 서비스를 하고 있으며, 회사 차원에도 경쟁력에 장애가 되는 보험료를 줄이고자 자발적으로 사고방지 활동을 하고 있다.

사고사망자수 위주 안전대책의 문제는 여러 가지가 있을 수 있다. 우선 건설업에서 500여 명 미만인 사고사망자수는 국가차원에서는 개략적인 안전수준을 나타낼 수는 있겠지만 실질적인 안전수준을 대변한다고 보기 어렵다. 개별 기업차원에서도 수만여 건설사 중에서 사망사고는 많아야 400여 회사 정도로 개별 건설기업의 안전수준으로 볼 수 없다. 또한 어쩌다 발생하는 중대사고에만 관심을 두게 함으로써 일반 상해와 일상에서 관리해야 유해위험요인을 경시하게 만들 우려가 높다. 이는 하인리히의 사고방지 원칙과 '깨진 유리창 이론'에 반하는 것이다. 국가차원에서는 지표가 될 수 있지만 개별 기업차원에서 어쩌다 한번 발생하는 사고사망자수로는 결코 안전수준을 측정할 수 없다는 것이다.

산재통계를 실질화하여 재해율을 중심지표로 삼되 감독이나 처벌의 기준으로 삼지 않아야 한다. 중대재해는 숨길 수가 없기 때문에 투명한 정보이나 일반 산재는 미신고가 가능하기 때문에 재해율을 감독이나 처벌의 기준을 삼으면 신고를 기피할 수밖에 없다. 사망사고 감소에 주력하다 보면 일반재해도 함께 줄어들겠지만 결코 원칙에 입각한 올바른 접근 방법이라고 할 수 없다. 결과치인 사후지표 대신에 평소의 수준을 나타내는 사전지표를 보급하여 기업 스스로가 안전수준을 측정하게 만들어야 한다. 사고사망자수는 국가 차원에서는 척도가 될 수 있지만 개별 기업차원에서 사고사망은 어쩌다 발생하기 때문에 안전수준을 반영하고 있다고 보기 어렵다.

바로 잡고 공유해야 할 산업재해 통계

올바른 사고방지 방법은 하인리히가 제창한 안전관리 원칙이다. 안전관리원칙은 '자료의 수집과 분석', '대책의 선정과 실시'이다. 사고정보의 수집과 분석은 안전관리 활동의 핵심이다. 하지만 건설사고, 특히 산재보험 처리가 필요한 사고는 제대로 보고되지도 않으며 보고된 내용도 사고예방 정보로 사용하기에는 구체성이 매우 부족하다. 산재통계의 주요한 문제점은 다음과 같다.

첫째, 산재를 제대로 신고할수록 집중 감독의 표적이 되기 때문에 산재를 정상적으로 보고하면 불리해진다. 여기에 산재의 은폐, 미보고에 대한 단속이 미온적이기 때문에 굳이 정확하게 신고할 필요가 없다. 일반재해의 대부분이 미보고되므로 산업차원이나 개별 건설사 차원에서 결국 안전대책의 수립에 필요한 정확한 사고정보를 보유할 수 없게 된다.

둘째, 정부의 사고정보 활용과 사업장에 대한 감독 방식은 사고보고 문화 개선에 근본적인 장애가 되고 있다. 산재 사고의 미보고 동기는 제도와 정책이 조장한 것이다. 산재보험료를 납부했으니 사고가 나면 보상을 받아야 하는 것은 당연하다. 그러나 다른 불이익이 더 커서 공상처리와 이에 수반되는 비용을 감수하는 것이 더 유리하기 때문으로 생각된다.

특히 대형건설사 위주의 보여주기식 감독의 기준이 되는 재해율은 사고보고 문화에 부정적인 학습효과를 가져와 공정한 사고보고를 더욱 꺼리게 만들고 있다. 정직한 사고보고 문화가 정부 단속을 자초함으로써 실무자와 경영자 모두에게 올바른 사고보고 문화의 확산에 제동을 걸고 있는 셈이다.

이러한 이유로 안전의 성과를 측정하는 척도를 은폐나 미보고가 어려운 사고사망통계에 의존하게 만들었다. 하지만 사고는 필연이고 손실은 우연이며, 사고사망은 빙산의 일각으로 전체상을 반영하지 못한다. 또한 일반재해를 경시하는 문화를 조장하여 중대재해로 발전할 수 있는 사고요인도 경시하게 만들며, 경상해를 가볍게 여기는 안전의식을 조장하게 된다. 경영의 구루 피터 드러커 교수는 '안전수칙을 위반한 것' 자체를 사고로 정의해야 한다고 하였다. 사고 피라미드로 불리는 하인리히의 1:29:300의 법칙 등은 사소한 사고요인을 방치하면 중대사고로 발전한다는 원리이다. 중대사고 중심의 사고방지 접근방식은 뉴욕시가 중대사고를 줄이기 위해 지하철 청소부터 시작하여 성과를 거둔 '깨진 유리창 이론'에도 배치된다. 사후지표인 사고사망자 지표는 명확하여 신뢰성이 있다는 장점이 있으며 국가차원에서는 경향을 보여 줄 수 있다. 하지만 개별 사업장의 입장에서는 무엇을 해야 하는지에 대한 정보를 전혀 제공해줄 수 없다. 변별력이 없어 12,000여 종합건설사와 45,000여 전문건설사에 비해 500여 명 수준의 사고사망자수는 건설사의 안전수준을 나타내는 변별력 있는 지표가 될 수 없다. 산재통계의 개선

없이 올바른 건설사고방지 제도나 정책 수립에 근본적인 한계가 있다.

재해율이 공사의 수주나 감독의 대상 선정에 영향을 미치는 건설사의 입장에서는 후유 장애로 남지 않은 사고는 공상처리하는 것이 관행이 되고 있다. 상위 건설사조차도 현장에 배치된 직원에게 가장 먼저 하는 교육 중의 하나는 사고가 나면 119 등에 함부로 신고하지 말고 내부에 보고하여 방침을 받으라는 것이다.

강화된 산재은폐나 미고보에 대한 벌칙 때문에 현재와 같은 상황에서는 자료에 기반한 과학적인 안전관리를 할 수 없다. 현재로서 대안은 정부의 단속 대상이 되지 않는 아차사고near miss를 최대한 수집하여 자료로 활용할 수 밖에 없을 것이다. 하지만 아차사고까지 수집하여 안전관리에 활용하는 건설사는 찾아보기 어렵다. 아차사고 정보를 수집하려면 건설기능인력의 참여가 필요한데 대부분 건설사가 아직 이 수준에는 도달하지 못하고 있기 때문이다.

올바른 사고보고 문화가 불이익이 되는 감독 정책

정직하고 구체적인 사고보고는 데이터에 입각한 과학적 안전관리의 필수 요소이며, 안전문화의 형성에도 절대 요소이다. 안전에 대한 관심이 증가하면서 우리나라에서도 2015년 상위 건설사부터 시작된 투명한 사고보고 문화로 계절별, 공종별 등 사고의 경향과 패턴을 분석하여 구체적인 대책을 마련함으로써 사고 이면의 사고 인자를 개선할 수 있어 사고예방에 효과적임이 증명되고 있다. 사고보고 문화는 2018년초 10대 건설사 안전담당임원 모임에서 G사의 일반 사고 100% 보고 문화를 공유한 이후 다수 건설사들이 이에 공조하려 하고 있었다.

하지만 우리나라의 경우는 극소수 상위 건설사가 시도한 사고보고 문화조차 후퇴시키는 감독 정책을 펼치고 있다. 국토교통부의 안전점검 및 합동점검 시 현장 선정기준을 재해 다발 현장으로 선정, 현장 관할 공무원 인사평가 기준을 재해와 연계 평가, PQ감점, 재해다발사업장 공표 등 많은 법규들이 환산재해율(부상+사망)로 평가하고 있어 산재 미신고 경향은 더욱 심해져 정부 정책이 사고보고 문화 저해요인으로 작용하고 있다.

건설사 입장에서는 투명한 사고보고 문화로 인하여 정부의 벌칙과 사내 인사상 불이익, 사고 발생 시 공상처리 등으로 업무 및 비용 손실 발생, 감춰진 사고로 인해 정확한 문제점을 도출하지 못해 사고 원인의 근원적 해결이 어려워진다. 공상처리 사유로는 발주처의 묵시적 요청, 근로자의 요청, 부상 정도 경미 등이 해당되며 특히 후유장애가 남지 않은 경우는 공상처리가 더 관행화 되고 있다. 하지만 일부 언론, 국회 관계자, 정부 부처 등에서 부상 사고를 근거로 점검을 확대하여 기업 이미지 등에 도리어 부정적인 영향을 주고 있어 다시 산재 미신고로 회기할 조짐을 보이고 있다.

표 14.1　상위 건설사 사고보고문화 추진 현황

순서	건설사	개선여부	비고	산재건수 2017년	산재건수 2018년	비고
1	삼성물산㈜	NO		200	99	
2	현대건설㈜	–	검토 중	250	140	
3	대림산업㈜	OK	'18.02 개선	140	350	210 증가
4	㈜대우건설	OK	'18.02 개선	200	320	120 증가
5	지에스건설㈜	OK	'15.06 개선	261	376	115 증가
6	현대엔지니어링㈜	–	검토 중	–	39	–
7	㈜포스코건설	–		80	60	
8	롯데건설㈜	–	검토 중	105	138	33 증가
9	에스케이건설㈜	–	검토 중	105	77	
10	현대산업개발㈜	OK	'18.03 개선	70	120	50 증가

　2019년 기준 10대 건설사의 사고보고 문화 개선 현황을 보면 사고보고 문화를 개선하면 초기에는 사고건수가 급격하게 증가하는데 이는 기존에 보고하지 않았던 사고들이 정식으로 사고통계에 포함되기 때문이다(**표 14.1**). 사고보고 문화의 개선을 검토 중인 회사들조차 다시 예전의 사고 미보고 관행으로 회기시키는 과오를 범해서는 안된다. 일반재해건수가 증가한 것은 올바른 안전활동으로 안전수준이 개선되어 가고 있는 것임을 인정하고 벌칙이나 감독의 기준으로는 싱가포르의 ConSASS와 같이 예방활동 중심의 사전지표를 개발해서 사용해야 한다.

　일벌백계식 처벌도 필요하지만 마녀사냥식의 불공정한 단속은 사고보고 문화의 성숙에는 치명적이다. G사가 중대사고를 겪으면서 사고보고가 어려운 여건에도 불구하고 추진해온 성과를 보면 사고보고 문화 이전에는 2009~2014년(6개년)동안 사망 47명/부상 432명으로 연평균 사망 7.8명/부상 72명이었으나, 사고보고 문화를 실천한 이후에는 2015~2018년(4개년) 동안 사망 13명/부상 932명으로 연평균 사망 3.2명/부상 233명으로 사망자수는 절반 이하로 감소하였으나, 부상자수는 4배나 증가하였다. **그림14.1**과 같이 이전에 부상자수가 적었던 이유는 제대로 보고되지 않았기 때문이며 이후 부상자수가 증가한 것은 적극적인 사고보고 문화 때문이다. 매출액이 상당한 수준에서 사망자수가 감소한 것은 안전수준이 개선되었음을 의미한다. 이러한 성과는 사고보고문화를 통해서 안전관리제도를 개선한 결과로서, 사고 피라미드의 비율에도 부합하는 것이다. 그럼에도 불구하고 이 회사는 정부의 집중감독 대상이 되었다.

　정상적인 산재 신고가 어려운 상황에서 올바른 사고보고 문화를 실천하려는 노력은 격려를 받아야 마땅함에도 부상자수와 사망자수를 종합하여 재해율이 높다고 일벌백계의 대상으로 삼아서는 안될 것이다. 일벌백계식의 단속이 필요할 때도 있겠지만 대상의 선정에는 실상을 반영하지 못한 왜곡된 지표가 아니라 실제 수준이 반영되어 누구나 납득할 수 있는 합리적인 기준

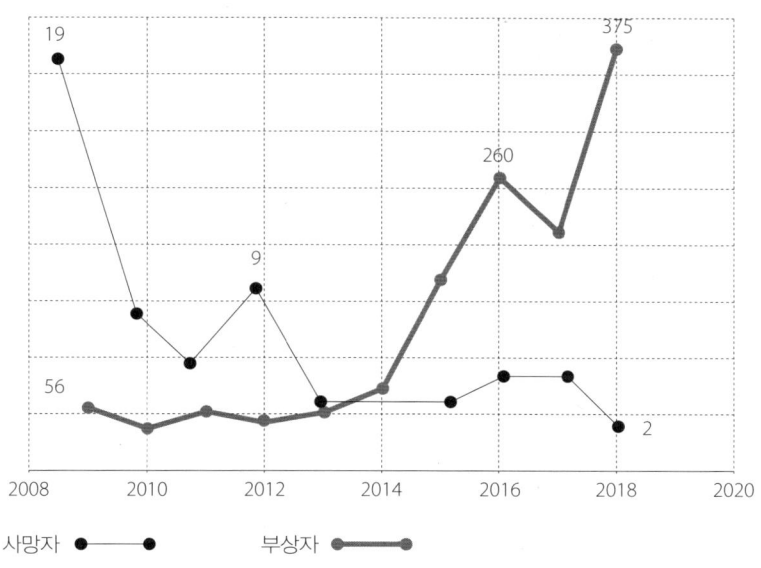

그림 14.1   G사의 사고보고 문화와 안전수준 개선 추이

이 적용되어야 한다. 하인리히의 사고 피라미드로 돌아가 경미한 유해위험부터 철저히 관리할 때 중대재해도 효과적으로 예방할 수 있기 때문이다. 사고방지 대책에 중대재해와 일반재해를 구분하여 실시하기는 매우 어렵다.

투명한 산재 신고가 어려운 환경에서 재해율만으로 일벌백계의 대상으로 삼는 것은 자율적인 안전수준의 개선 노력을 촉진하려는 취지에 비해 부정적 영향이 훨씬 큰 것으로 판단된다. 하인리히 법칙으로 돌아가 경미한 유해위험부터 철저히 관리할 때 중대재해도 효과적으로 예방할 수 있기 때문이다. 사고방지 대책에 중대재해와 일반재해의 구분은 없다. 사고에 대한 제재의 강화로 산재 미신고에 대한 벌칙의 강화에도 불구하고 일반 재해의 신고를 기피하는 경향이 더욱 강해지고 있다. 공공발주자를 독려하다보니 공공발주자조차 일반 재해를 보고받는 것을 꺼리고 있다. 이는 가장 기본적인 원칙을 무시한 것으로서 감독 방식은 즉시 시정되어야 한다. 올바른 사고보고 문화 없는 효과적인 안전정책의 수립은 불가능하다. 산재신고를 기피하는 가장 근본원인은 산재보험을 국가가 운영하면서 사고정보를 정부 기관이 독점한 결과이다. 산재보험이 정상적으로 작동되려면 과거에 노력이 있었듯이 산재보험을 민영화하는 것이 가장 근본적인 대책이며, 민영화를 못하더라도 신뢰성이 부족한 산재통계를 기업을 처벌하는 기준으로 이용해서는 투명한 사고보고 문화를 기대할 수 없다. 평소의 안전활동을 평가할 수 있는 사전지표를 개발해서 활용해야 한다.

사고원인은 근본원인까지 끝까지 조사해서 공유해야 한다

사고조사의 목적은 근본원인을 찾아내는 것이다. 기존의 도미노 이론을 적용할 때 사고의 원인을 한 가지 방향의 선형적 인과관계로 인식하는 경향이 있다. 상위의 사고원인 A를 제쳐 두고 하위의 직접원인 B만 다룬다면 이 단계만 막을 수 있을 뿐이므로 사고조사에서는 모든 원인이 도출되어야 하며 근본 원인까지 다루어야 모든 단계의 불리한 사상을 예방할 수 있다(그림 14.2).[1] 상류 단계에서 오류는 하류 단계에서 한 가지에만 문제가 되지 않으며, 하류단계의 모든 요소에 영향을 미친다. 따라서 근본 문제를 해결하려면 어렵지만 상류 단계의 문제부터 해결해야 한다. 상류단계의 근본적 문제에 대한 해결책은 역도미노 이론으로 여타의 다른 사고원인을 무력화시킬 수 있을 것이다.

건설사고정보 실질화와 의료보험 정상화

산재 미신고는 현재의 제도와 정책만으로도 얼마든지 단속할 수 있다. 우선 미신고는 강력하게 단속하여 규정된 벌칙을 부과하면 된다. 재해율이 입낙찰에 영향이 없는 중소규모 건설사가 아니라면 재해율보다 벌칙에 따른 벌점이 수주에 더 큰 영향을 미치기 때문에 신고를 하지 않을 수 없다. 다음으로 119와 의료보험에 접수된 기록을 대조하면 후유장애가 없는 중상해까지 식별이 가능할 것이다. 국가적으로 재해율 지표가 상승하는 것이 우려가 될 수 있으나 확실한 감독 의지만 있다면 사고정보의 실질화는 얼마든지 가능할 것으로 본다.

산재 신고가 투명해져야 산재보험제도도 정상적으로 운영되어 의료보험과의 불균형을 해소해야 하는 일도 없어질 것이다. 앞에서 논의한 선행지표 중심의 사고예방 정책도 대안이 될 수 있다. 최근에 국토교통부에서는 국토안전관리원의 CSIConstruction Safety Information를 통하여

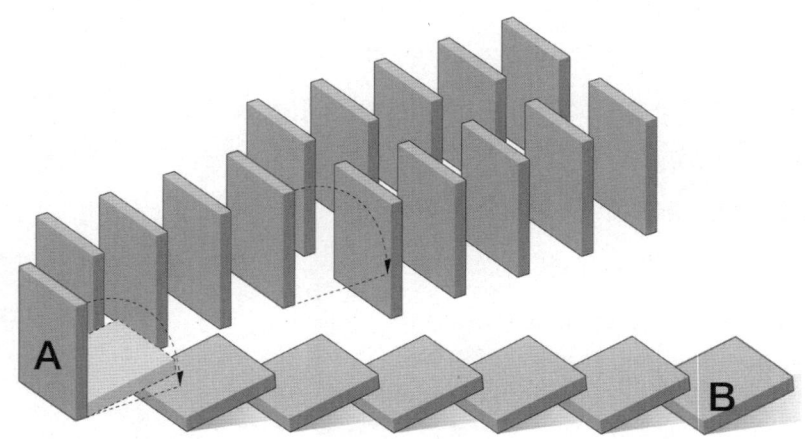

그림 14.2   도미노 이론의 확장

사고정보를 누구나 볼 수 있게 공유하고 있다. 미국의 경우 노동통계국Bureau of Labor Statistics 에서는 원자료를 제공하여 누구나 원하는 형식으로 자료를 추출하여 용도에 맞게 분석하여 활용할 수 있게 하고 있다. 우리도 산재사고 정보를 충분히 공개하여 누구나 활용할 수 있게 해야한다.

3. 사고사망자 비중이 높은 중소규모 건설공사

앞에서 기술한 바와 같이(그림 2.3) 건설업에서 사고사망자의 8할은 공사금액 120억 원 미만의 중소규모 건설현장에서 발생하고 있으며, 규모가 작아질수록 비중이 높아지고 있다. 사고 피라미드로 유추하면 일반재해에서도 유사하게 높은 비중을 차지할 것이다. 앞에서 상위 소수 건설사와 기타 건설사와의 안전수준 격차는 빈부의 차보다 크다고 했다. 가장 중요한 요인은 사업주의 안전의식일 것이나 이 안전의식 또한 발주자와 원도급자의 불공정한 관행의 소산이라 할 수 있다. 중소건설현장은 발주자의 안전에 대한 관심, 사업주의 안전의식과 관리 역량, 안전관리 체계와 역량, 도급소장 1인에 의한 공사 수행, 노동자의 이동 빈도 등 모든 분야에서 상대적으로 취약하며, 공사규모가 작아질수록 이러한 상황은 더욱 심각해진다(표 14.2).

중소규모현장은 짧은 공사기간으로 공사현장의 생성과 소멸이 단기간에 이루어지는데 반해 감시와 감독차원에서는 공식적인 접근 경로가 미비하여 필요한 시기에 확인하기가 매우 어려운 실정이다. 중소규모현장의 경우 안전에 대한 투자를 기대할 수 없어 4차산업 기술을 활용하여 사고를 줄이는 데도 한계가 있다. 중소 영세건설업체와 현장에 대한 실효성 있는 대책이 필

표 14.2 중소규모건설현장의 안전관리 취약 요소

구 분	소규모 현장 (20억원미만)	중규모현장 (20~120억원, 토목 150억원 미만)	대규모 현장 (120억원, 토목 150억원 이상)
근로자 이동 빈도	높음	중간	낮음
안전관리비 규모	거의 없음	중	대
안전전문가 보유 (안전관리자)	부재	소수	필요 인원
발주자·사업주 안전의식	낮음	중간	보통
안전설계 여부	거의 없음	일부	중간
면허 보유	면허대여·무면허 다수	대체로 면허 보유	면허 보유
제도 변화 인식	둔감	보통	민감
안전관리 수준	낮음	미흡	보통

요하며, 관건은 영국의 안전관리체제와 같이 발주자로 하여금 참모로 유능한 안전전문가를 제대로 활용하게 함으로써 발주자의 적극적인 개입과 참여를 유도하는 것이다. 중소규모현장의 자발적 노력으로 안전수준이 향상되기를 기대하기 어려우므로 대책에는 발주자의 안전역량 요구와 이를 뒷받침하는 국가차원의 지원이 필수적이다. 발주자로 하여금 적극적으로 안전을 요구하게 하고 국가차원에서 중소규모건설업체에서 필요로 하는 역량을 강화할 수 있도록 지원하는 것이 효과적일 것이다. 일시적 효과로 끝나는 현장차원의 물리적 개선보다는 지속성이 있는 공사수행 여건의 개선과 교육 등을 통한 근본적인 안전역량 개선에 치중할 필요가 있다. 클린 사업 등 직접적인 지원보다는 발주자로 하여금 수급자에게 준수하여야 할 안전수준을 요구하게 하여 수급자가 적절한 비용을 확보할 수 있도록 유도하고, 국가와 산업차원에서는 필요한 역량을 지원하는 방식이다.

중소규모공사의 안전을 확보하기 위해서는 앞에서 제시한 사고방지 3원칙이 일관되게 적용되어야 한다. 당연히 발주자 책임으로 모든 안전조치를 이행하게 하는 장치를 가동해야 한다. 중소건설 현장은 상대적으로 안전역량이 취약하므로 이에 대한 감독의 수준은 배로 높여야 하며, 지원도 대폭 확대함으로써 부담을 경감시켜주는 정책이 필요하다. 실효성이 미흡한 외부기관에 의한 일시적 직접적 개입보다는 개별 공사차원에서 감리자를 활용한 상시감시체제를 활용하여야 한다.

소규모 공사일수록 발주자/건축주가 신고하게 하고, 반드시 사업의 초기부터 안전자문사를 선임하게 하여 적절한 보좌를 받도록 해야 한다. 법령의 적용 범위는 영국의 동시 작업 20인 이상, 500인·일 이상, 공사기간 30일 이상보다 확대하여 모든 소규모 공사도 법정 의무의 테두리 안에 포함시켜야 한다. 정책의 궁극적 목표는 역량이 검증된 건설사업자나 건설기능인이 작업하게 하는 것이어야 한다.

중소영세건설현장도 안전수준은 공사의 착공 이전에 결정됨에 유의하여 발주자를 비롯한 상위 의사결정권자들이 더 적극적으로 나서도록 해야 한다. 건설사업의 경우 모든 의사결정권한이 대표이사와 본사에 있으므로 현장 이전에 상위 의사결정권자들을 더 효율적으로 독려할 필요가 있는 것으로 판단된다. 나아가서 건설산업의 토대가 되는 전문건설업체와 건설기능인력에 대한 실질적인 대책이 요망된다.

4. 기술과 관리체계의 통합적 운용

물류창고에는 유기단열재 사용을 금지해야 한다

유기 단열재를 사용한 물류창고 화재는 현재의 기준으로는 방지가 불가능하므로 근본을 고쳐야 물류창고 화재를 막을 수 있다. 필자는 기존 제도의 근본적 한계로 유사한 사고의 재발을 우려하여 해결해야 할 과제를 제시한 바 있다.[2] '21년 4월에 이천 물류센터공사장에서 작업자 38명이 사망한 화재사고가 발생하였다. 더욱 염려되는 일은 신축하는 물류창고보다 우레탄과 같은 유기 단열재로 시공된 기존의 냉동냉장창고이다. '21년 6월에는 사용 중인 물류센터에서 화재가 발생하여 사망 1명, 부상 1명의 인명과 건물이 전소되는 피해가 있었다. 다행히 화재가 발생한 시간이 작업자들이 적었던 새벽이었기에 그나마 인명피해가 적었는데 만일 정상적인 작업시간에 화재가 발생했다면 대피하지 못해 인명피해가 훨씬 컸을 것이다. 시설이 오래되면 보수가 불가피한데 보수작업은 유기단열재의 천적인 용접, 용단 등 화기를 사용하지 않을 수 없다. 또한 개보수작업은 소규모로 영세업자가 할 수밖에 없는데 관리자나 작업자가 밀폐된 공간에 많은 양의 단열재가 사용된 위험을 인지하고 여기에 대비하는 것을 기대하기 어렵다는 것이다.

주의를 기울인다 해도 최근에 물류창고의 사용 중에 발생한 화재처럼 용접·용단 불꽃이나 전기의 과열로 인한 점화원은 현재의 설계로는 완벽하게 분리시킬 수 없다는 것이 근본 문제이다. 해결책은 새로 짓는 창고의 경우 화재에 취약한 유기단열재 대신에 난연 또는 불연의 무기 단열재를 사용하게 하고 비용의 증가를 감수하면 된다. 하지만 기존 냉동냉장창고는 안전대책에서 가장 낮은 수준으로서 대책의 범주에 들 수 없는 주의를 기울이는 것밖에는 대책이 없다는 것이다. 가능한 대책으로는 유기단열재를 사용한 창고는 설비 점검을 더 자주 세밀하게 하게 하고, 개보수 등의 작업은 반드시 유자격자의 작업허가를 받은 후에 화기감시자의 입회하에 작업하게 하는 것이다. 반복된 화재사고를 계기로 신축창고에는 난연 2급 이상의 준불연 단열재를 사용하도록 개선되었지만, 기존 창고의 유지보수작업은 여전히 화재위험에 취약하여 각별한 주의와 관리가 요망된다.

해체공사장 붕괴사고방지의 원칙 중심 해법

반복되는 해체공사장 사고를 방지하기 위하여 건축물관리법이 시행되었다. 건축물관리법에는 해체공사 관련 조문이 4개가 있으며, 이 중 두 조문에서 해체계획서의 작성과 감리에 대하여 규정하고 있다. 새로운 법령의 시행에도 불구하고 2021년 4월에는 장위동 해체공사장에서 작업자 한명이 사망하였으며 같은 해 6월에는 광주광역시 학동4구역 해체공사장에서 해체 중인 건물이 도로에 주차해있던 버스 위로 무너져 시민 9명이 사망하고 8명이 부상을 당하였다. 이 사고 직후 국회에는 관련 법령의 개정안 발의가 줄을 잇고 있다. 발의안들은 안전조치, 감리, 벌칙의 강화를 중요 목적으로 하고 있다. 하지만 개정안들은 기존 접근 방법의 한계를 벗어나지 못하여 '진짜 위험'인 소수 권력자의 다수 약자에 대한 위험 전가를 억제하기에는 미흡한 것으로 보인다.

정부에서도 기존의 대책을 보완하여 정부합동 '광주 붕괴사고 재발방지 대책(2021.8.9.)'과 '건축물 해체공사 안전강화방안(2021.8.10.)'을 연이어 발표하였다. 치밀하게 세부적인 사항을 보완하려는 노력임에도, 기존의 접근 방식을 답습하여 여전히 위험을 생산하는 상류 단계보다 하류 단계에 치중하는 경향은 여전하여 비리나 부조리와 같은 근본적인 원인을 다스리기에는 한계가 있어 보인다.

지난 1995년 삼풍백화점 붕괴사고가 남긴 교훈은 '발주자/건축주의 책임을 바로 세우자'였다. 하지만 지난 26년 동안 별로 달라지지 않았으며, 최근에야 발주자 안전책무가 대두되면서 시정되어가는 과정에 있다. 건설사업과 같은 다단계 공급사슬에서는 책임이 전가되거나 희석되기 쉽다. 위험 생산자가 누구인가를 확실히 해야 한다. 원칙이 전략에 우선하며, 제도는 원칙에 충실해야 한다. 그럼에도 불구하고 학동 사고에서도 여전히 사고의 원인으로 '공기 단축을 위한 철거 순서 무시' 수준에서 더 나아가지 못하고 있다

근본적인 사고 원인 제공자 즉, 위험 생산자가 누구인가를 확실히 해야 한다.[3] 감리를 통한 제3자 감시체계의 확립은 사고 방지에 필수적이다. 하지만 제3자 감시 이전에 책임 소재를 명확히 하는 일이 선행되어야 한다. 인허가기관의 감시 이전에 공사에 대한 안전확보 책임은 건축주에게 주어져야 하며, 당연히 감시해야 할 유자격 감리자의 선임에 대한 책임도 건축주에게 물어야 한다. 감리자 본연의 역할은 발주자가 직접 챙길 수 없는 발주자의 이익을 대변하는 것이다. 두 당사자는 형사 관계가 아닌 민사 관계로 감리자는 자신의 고용주인 건축주에게 자문 수준의 책임만 지면 된다. 감리자가 발주자가 잘못 선정한 시공자가 저지른 과실까지 감리자가 책임질 수는 없다. CDM에서도 발주자가 대리인에게 역할은 위임할 수 있으나 책임까지 전가되지 않음을 명시하고 있다.

우리도 CDM처럼 건축주가 포괄적인 책임을 지게하고 이를 고지하고 감시하는 체계를 운영해야 한다. 앞에서 제시한 상호 견제장치를 통하여 건축법 등에서 건축주의 책임을 바로 세우지 못한 상태에서 수급인의 책임과 벌칙만 강화하는 것은 적정한 공사조건이 미비한 상태에서 여전히 불리한 위치에 있는 을에게만 부담을 가중시킬 우려가 있다. 책임과 벌칙의 강화에는

건축주를 중심으로 공사 참여자의 역할·책임·권한의 형평성을 더 들여다 볼 필요가 있다고 본다. 대책의 실효성은 최종 수급자인 해체전문건설사가 자발적으로 역량 개선에 노력하게 할 수 있는지 여부로 판단할 수 있을 것이다. 원칙에 입각한 해체공사의 안전확보 방안은 다음과 같다.[4]

첫째, 건축주가 들어가야 할 주어 자리에 관리자가 자리잡고 있는 책임 체제부터 바로잡아야 한다. 현 구조에서는 건축주가 지정한 관리자가 모든 책임을 떠안아야 한다. 건축주는 관리자만 지정해두면 건축주의 모든 책임이 관리자에게 전가된다. 최소 비용으로 최대 이익을 추구하려는 건축주에게는 안전에 대한 책임이 전혀 없기 때문에 건축주 입장에서는 안전보다 값만 싸면 되는 것이다.

학동 참사에서는 발주자인 조합장의 선출부터 문제였다. 당연히 시공자 선정부터 이후 과정이 투명하고 공정할 수 없었다. 선진국에서는 건설사고에 대한 최종 책임을 건설사업 소유자, 최고 의사결정권자, 위험생산자인 발주자에게 묻는다. 건설사고에 대한 최종 책임은 건설사업의 소유자이자 최고 의사결정권자로서 위험생산자인 발주자에게 있다. 제3자 감시를 잘못한 책임도 최종 이익 귀속 주체인 발주자에게 물어야 한다. 하지만 지난해 5월부터 시행되어 학동 참사를 막지 못한 건축물관리법에도 기존 건설 관련 제도들의 오류가 그대로 이전되었다.

둘째, 감리의 개념과 감리자의 자격 문제다. 해체공사 감리는 주로 건축사가 담당하고 있는데, 감리에는 설계감리, 시공감리, 구조감리 등이 있으므로 해당 분야별 전문가를 참여시켜야 한다. 의장 등 설계 취지 구현은 설계자의 역할이며, 어떤 방법으로 할 것인가는 시공자가 할 일이다. 해체공사는 시공 분야에 속하므로, 이 분야 전문가를 참여시켜야 한다. 하지만 해체공사 감리도 설계한 사람이면 누구나 할 수 있다는 안이한 사고방식이 공고하다. 의장 등 설계 취지의 구현 여부는 설계자가 감리해야 하지만, 해체공사의 작업방법을 다루는 해체공사 감리는 시공 분야에 자격과 경험이 있는 기술자가 하게 해야 한다.

셋째, 해체공사 감리자를 인허가기관이 등록업체 순번제로 선임하는 것도 불합리한 방식이다. 감리자 선임은 건축주의 고유 권한에 속한다. 그럼에도 건축주의 무리한 요구를 견제하고자 부득이하게 인허가기관이 감리를 선정하고 있다. 하지만 첫 번째 책임원칙에 따라 감리자 임명을 건축주의 고유 권한으로 돌려주고, 건축주가 포괄적으로 책임을 지게 해야 한다. 돌아가면서 맡는 순번제도 시장경쟁 원칙에 어긋난다. 경쟁 없이 순서대로 감리를 맡기면 분명 감리자들의 역량이 떨어질 것이다. 국가는 인허가과정을 통해서 건축주로 하여금 적격의 감리자와 수급인을 선정하게 하고 감리자를 통하여 이행 여부를 감시해야 한다.

넷째, 현행 교육시간으로는 고위험 해체공사의 전문성을 확보하기 어렵다. 시공에 문외한인 비전문가도 16시간의 교육을 받으면 감리를 할 수 있다. 그러나 이 정도 교육으로는 고위험 해체공사에 대한 전문지식을 채울 수 없다. 해체공사 감리는 기술자 자격을 가진 자가 최소 10년 이상의 학력·자격·경력을 지녀야 수행 가능한 분야라는 점을 다시 한번 분명히 해야 한다.

다섯째, 해체계획서 감리는 검토자가 하는 것이 중복된 인력 투입이 없어 효과적이지만, 현재는 해체계획서 검토자와 감리자를 따로 두고 있다. 건설사업은 단계마다 분업을 함으로써 위험은 줄일 수 있으나, 고비용 구조가 되며 부실이나 오류가 내재할 위험도 커진다. 현재와 같이 이원화된 감시체제는 비효율적이며, 낮은 감리 대가는 비상주감리를 부추길 수밖에 없으며, 감리자는 역량과 인원 부족으로 제 역할을 공정하게 수행하기 어려운 실정이다. 건축주 입장에서는 감리자가 상류 단계부터 공사 전반에 대해 조언을 하고, 해체계획서의 검토와 감리 등 이후 단계까지 맡아야 효율을 누릴 수 있다. 앞 외국의 사례에서 기술한 바와 같이 유럽에서는 발주자로 하여금 안전전문가를 설계단계부터 선임하게 하여 발주자를 보좌하게 하고 있다. 국가에서 획일적으로 비용을 책정하게 하는 것도 지양해야 한다. 시장 논리에 맡겨 공사의 난이도에 따라 건축주가 적격의 감리자를 선임하도록 해야 한다. 국가가 비용을 정해주는 것은 시장을 하향 평준화시켜 기술발전이 지체되는 부작용도 커질 것이다.

마지막으로 본말이 전도된 벌칙의 형평성과 감리자에 대한 벌칙이다. 많이 개선되어 가고 있지만 우리나라는 아직 갑질의 갈라파고스로 알려져 있다. 건설사업 시작 단계에서 발주자가 일으킨 오류나 비리는 사실상 하류 단계에서는 시정이 불가능하다. 현재는 많은 발주자가 권한을 남용해 싸구려 부적격자에게 감리 등을 맡기고, 책임까지 전가하고 있다. 부적절한 대가에 권한도 주어지지 않은 감리자를 처벌하는 것은 책임원칙에 맞지 않는다. 제3자 감시를 잘못한 책임도 최종 이익 귀속 주체인 발주자에게 물어야 한다. 건축주가 선정한 부적격 시공자를 감리자가 적격자로 만들 수는 없다. 초등학생이 감시를 받는다고 대학생 역량을 발휘하기를 기대하기는 어려울 것이다. 공사 중에 과실을 범한 시공자에게 일차적 책임이 있다면, 부적절한 시공자를 선정한 발주자에게는 더 근본적인 책임을 물어야 안전이 확보될 수 있다. 부적절한 대가에 권한도 주어지지 않은 감리자를 처벌하는 것은 책임원칙에 맞지 않다. 경찰이 범죄를 예방하지 못했다고 처벌받아야 하는가?

더 나아가 전문건설 업종 중 구조물 해체와 비계공사업도 분리해 기술의 독립성을 보장해야 한다. 다기화된 전문업종의 통합은 바람직하지만 비계공사와 해체공사에 요구되는 기술역량은 전혀 다르다. 두 업종을 분리하여 비계공사 역량이 해체공사 역량으로 오인되는 것을 막아야 한다. 해당 공사에 실적과 기술이 있는 전문건설사를 선정할 수 있도록 해야 한다. 기술역량이 전혀 다른 업종을 통합하여 역량 평가를 어렵게 하는 것보다는 도급할 공사가 2개 공종 이상이 대상이 될 경우는 복수의 해당 공종 면허를 보유한 업체를 선정할 수 있게 하는 것이 합리적이다.

해체계획서도 시공 주체가 직접 작성하게 해야 부실한 업체가 끼어들 여지를 줄일 수 있다. 시공자의 안전역량 평가에서 가장 중요한 요소는 시공계획서를 직접 작성할 수 있는가이며, 나아가서 회사 차원에서는 보유한 기술이 우수한가이다. 간절한 취지에도 불구하고 작동성이 부족한 해체공사 관련 법령도 건설산업의 생리와 안전 원칙에 따라 정비되어야 한다.

건설사고의 절반인 추락사고를 어떻게 막을 것인가?

추락(떨어짐)은 건설사고에서 절반 정도까지 비중을 많이 차지하는 유형으로서 안전의 선진국에서도 여전히 높은 비중을 차지하고 있다. 추락은 작업발판의 문제가 대부분이며, 가시설이 주요 기인물이다. 필자는 최근 연구[5]에서 영향연결망 이론을 추락사고에 적용하여 추락방지대책으로 '4E +M' 모형을 제시한 바 있다(그림 7.4). 요지는 효과적인 추락 방지를 위해서는 영국의 사례처럼 가설작업감독자TWC; Temporary Work Coordinator를 선임하게 하여 가설공사의 설계부터 작업까지 전 과정을 철저하게 관리하는 것이다. 가설구조물은 이용시 보다 설치하고 해체할 때 훨씬 위험하다는 사실에 유의할 필요가 있다. 구체적인 내용은 7장 4절 중 ' 추락사고 예방대책의 한계와 극복 방안'에서 기술하였다.

타워크레인 붕괴, 이제는 안전한가?

건설장비로 인한 사고는 4대 건설사고 유형 중 하나이다. 지금은 조금 수그러들었지만 최근 수년간 타워크레인 사고 등 건설장비로 인한 사고는 사회적 지탄의 대상이 되었다. 크레인 사고 유형은 크게 두 가지로 볼 수 있다. 하나는 크레인 자체의 결함으로 인한 붕괴 등이며, 또 하나는 조립, 해체, 인상 등의 작업시 추락 등으로 작업자가 사상되는 경우이다. 관련 제도를 정교화하여 교육을 강화하고, 타워 크레인의 조립과 해체 작업은 동영상까지 촬영하도록 했지만 유사한 사고는 근절되지 않고 있다. 가장 최근의 대책은 국토교통부 건설산업혁신위원회에서 마련한 골재수급 대책과 함께 타워크레인 안전대책이다(2021.6.24). 이 대책의 골자는 타워크레인 안전성 강화 방안으로 부실 타워크레인 현장 퇴출 등 소형 타워크레인 장비관리 강화, 타워크레인 운영계획 수립을 의무화하여 현장 관리 강화, 정부와 건설기계안전관리원의 현장 관리를 강화하여 공공부문의 관리감독 강화 등이다.

전반적으로 기존의 사각지대는 해소되었지만, 공급사슬망 관점에서 이해당사의 책임원칙의 구현은 아직 미흡한 것으로 보인다. 건설장비로 인한 사고를 근본적으로 방지하려면 앞에서 기술한 시장진입 전단계, 시장 진입단계, 사용단계 등 장비의 공급 단계별로 건설장비의 유통, 소유, 임대, 운전 등 복잡한 공급사슬에서 각자의 역할과 책임을 바로 세우고 이행 여부를 감시하는 장치가 작동되게 해야 한다. 기존의 제도에는 아직 상위단계의 오류를 하위 사용자가 책임져야 하는 불공정한 상황이 발생할 수 있다. 예들 들면 현장에 임대하기 전에 장비의 안전성을 공급자가 책임을 져야 하는데 사용자가 안전성을 모두 검사해야 하는 것은 불합리한 측면이 있다. 앞에서 안전을 확보하려면 건설사업에 투입되는 모든 자원은 유통 단계별로 안전책임을 명확히 하여 전단계의 유해위험이 다음 단계에 전가되지 않도록 해야 한다고 했다. 마찬가지로 유통이나 판매자는 구입자에 대하여 장비 품질을 보증하게 해야 한다. 감시기능도 보완되기는 했지만 건설장비로 인한 사고를 확실하게 방지하려면 자원의 유통단계로 제3자 감시 기능이 확실하게 작동하는지에 대한 검증이 필요하다.

5. 안전보건기준의 합리화와 적시 갱신

"이 규정들은 1912년 타이타닉호가 출항할 때까지도 새로운 대양 항해에 맞춰 업데이트가 되지 않았다. 타이타닉호는 법규가 요구하는 만큼, 즉 16대의 구명보트를 싣고 있었다. 문제는 타이타닉 호가 당시 법률상 분류에 따른 최대 규모 선박보다 네 배나 더 컸다는 점이다." - 사이먼 사이넥 -

시대에 뒤처지는 안전기준이 사고를 조장한다

타이타닉호가 침몰시 승객을 전원 구조하지 못한 원인은 기존의 구명보트 설치 기준을 이전의 페리호보다 4배나 큰 타이타닉호에 상당하는 구명보트 기준으로 개정하지 못했기 때문이다. 이러한 문제점이 배의 건조과정에서 논의되었지만 선주의 반대로 기존 규정을 따르게 된 것이다. 앨빈 토플러 박사는 기업의 변화 속도가 시속 100마일이라면 법률과 제도는 1마일에 불과하다고 하였다. 산업안전보건기준에도 현재 수준에서 불합리하거나 발전하는 기술수준을 따라가지 못하는 기준은 없는지 상시로 살펴야 할 것이다.

기준의 준수가 불가능한 경우는 시스템 비계의 조립시 추락위험 방지조치, 이동식 사다리 사용 등의 경우가 있으며, 과도한 기준으로는 갱폼이나 ACS폼 등을 사용하여 중간층에서는 낙하물이나 추락의 위험이 없는데도 3개 층 마다 낙하물방지망을 설치해야 하는 기준 등이다. 이러한 문제점을 내포한 안전기준은 기준 자체가 위험한 것이다.

시스템 비계는 난간 선조립 방식이어야 한다

건설사고의 획기적 저감을 위해서는 추락사고를 효과적으로 줄일 수 있어야 한다. 추락의 주요한 기인물인 비계의 안전확보를 위하여 시스템 비계의 보급이 적극적으로 추진되고 있는데, 시스템 비계의 설치와 해체작업 자체의 추락 위험도 고려의 대상이 되어야 할 것이다. **현재의 시스템비계는 강관비계보다는 안전성이 높지만, 최상단은 안전난간이 없는 무방호 공간no guard zone으로서 여전히 안전기준을 충족시키지 못한 상태에서 조립과 해체 작업을 수행해야 한다.**[6]

정부에서는 발주자 안전책무를 반영한 산업안전보건법의 전부 개정, 건설기술진흥법령의 개정 등에 이어 최근에는 '공공기관 작업장 안전강화 대책'과 '건설현장 추락사고 방지 종합대책'을 발표하여 건설현장에서 추락사고의 감소에 전력을 기울이고 있다. 추락사고 방지대책에서는 건설현장의 추락사고에 대하여 상세한 현황 분석과 함께 문제점을 진단하여 건설사업의 단계별로 추진전략과 세부 추진과제를 종합적으로 제시하고 있다. 이 대책 중 계획단계의 중요한 대책 중의 하나는 '안전성이 검증된 일체형 작업발판인 시스템 비계의 현장 사용 확대'이다. 시스템 비계의 보급은 오래전부터 고용노동부와 안전보건공단의 '클린 사업' 중 중요한 사업의 하나이다. 이 사업은 안전관리가 취약한 중소건설현장의 안전수준 개선을 위해서 시행하고 있는 정책으로서, 추락방지 대책의 관건이기도 하다. 시스템 비계는 기존의 강관비계에 비해서 안전성이 높은 것은 사실이나, 이 비계에 내재된 취약점에 대해서도 보완이 필요하다고 본다.

얼마 전에 추락사고의 중요한 기인물로 사다리를 지목하고 공사현장에서 사다리 사용을 금지시켰으나, 일선 현장의 불만으로 일정 수준의 사용을 용인하는 수준으로 절충한 적이 있었다. 사다리를 작업발판으로 사용을 금지한 것은 작업자의 안전을 위한 옳은 조치이나, 유예기간을 고려하지 않아 현장에서 대비할 시간적 여유가 없었던 탓에 부분적으로 사용을 허용한 것은 시간을 두고 바로잡을 필요가 있다고 본다. 시스템 비계의 경우도 기술적으로 이와 유사한 상황임을 인지할 필요가 있다. 현행의 산업안전보건기준에 의하면 사다리는 '가설통로'로만 사용할 수 있으며, '작업발판'으로 사용하면 안된다. 그동안 관행적으로 '작업발판'으로 사용해 온 사다리 사용을 금지시킨 조치는 안전측면에서나 법적으로 타당한 조치이다. 실제 1.5미터 이상의 높이에서 올바른 보호구 착용이 없이 추락할 경우 두부 파손으로 사망에 이를 수 있다. 필자가 수행한 추락방지 대책에 관한 연구에 의하면 2011년부터 2015년까지 6년간 사다리에서 추락한 사망자는 79명으로서, 사다리는 추락사고 기인물로서 비계발판, 지붕 단부, 바닥 개구부 다음으로 4위의 중요성을 차지하고 있었다.

우리의 현상을 논하기 전에 먼저 일본의 시스템 비계 정착으로서 일본의 비계 관련 안전기준의 변화를 보면 90년대 초기에는 비계 선행공법의 보급에 주력하였으며, 다음 단계로 난간 선조립 비계의 보급을 추진함으로써 추락사고를 대폭 감소시킨 것으로 나타났다. 일본에서는 비계 선행 공사로 약 70%의 추락사망을 줄였으며, 난간 선조립 비계의 보급도 추락사고 방지에 효과가 큰 것으로 보고되고 있다. 2007년 5월 일본산업안전보건연구소JNIOSH에서는 비계로부터 추락사고 방지 대책을 재검토하는 것을 목표로 '비계로부터 추락 방지 위원회'를 구성하여 여러 나라의 비계로부터 추락방지 수단을 비교 검토하였다. 작업발판의 기준을 개선하고 비계 관련 규정을 강화하여 비계의 설치와 해체시 안전난간을 먼저 설치하도록 하였다. 일본에서 활발한 목조주택의 경우에 대해서는 별도의 촉진책을 시행하였다. 안전난간 선조립 비계 촉진책으로서 1차는 2003년, 2차는 2009년에 실시하여 지금은 대부분의 현장에서 안전난간 선조립 비계가 사용되고 있으며, 이러한 비계에는 X자형 가새도 사용되고 있는데, 이 경우 발끝막이판을 설치하도록 하고 있다. 이러한 노력에도 불구하고 일본에서도 2012년 기준 367명의 사상자 중 추락으로 인한 사망자는 157명으로 43%를 차지하여, 건설현장에서 추락사고의 방지가 어려움을 입증하고 있다.

다음은 사다리 사용 금지대책과 유사한 상황이 발생하지 않도록 시스템 비계의 보급을 통한 추락사고 방지에 추가적으로 고려해야 할 사항이다. 우리나라의 시스템 비계 도입의 활성화 대책에서 추가적인 검토가 필요한 사안으로는 첫째, 현재 국내에서 유통되고 있는 시스템 비계는 조립이 완성된 상태에서는 강관비계보다 훨씬 안전하지만 무방호 공간의 발생으로 조립과 해체작업 시 추락위험이 있어 기존의 안전기준을 충족시키지 못하고 있다는 점이다. 사다리를 작업발판으로 사용하면 안되는 경우와 유사하게 시스템 비계는 조립 후는 안전하지만 비계의 조립과 해체작업은 기본적인 안전시설이 없어 산업안전보건기준을 충족시키지 못한 상황에서 이루어지고 있다. 국내에 유통되고 있는 기존의 시스템 비계 조립 시에는 작업자는 안전난간과 안전대를 걸 부착설비가 없는 상태로 작업할 수밖에 없으며, 마찬가지로 해체시에도 추락의 위험을 감수한 상태에서 작업해야 한다. 실제로 낙하물 방지망 등 안전시설을 설치하거나 해체하는 작업은 일반 작업보다 훨씬 위험한 작업으로서, 유사한 사고는 종종 발생하고 있다. 따라서 기왕에 시스템 비계를 도입한다면 안전기준에 적합하게 안전난간이 선조립되는 비계를 보급하는데 힘을 모을 필요가 있다.

둘째, 안전기준에서 작업발판의 조건으로 규정하고 있는 발끝막이판이 없는 점도 약점이다. 기존의 시스템 비계는 작업발판에 필요한 난간 외에도 작업발판의 제반 기준 중 발끝막이판이 없어 여전히 안전한 시설로는 간주되기 어려운 측면이 있다. 비계는 작업발판 뿐만 아니라 가설통로로도 사용되므로 어느 정도 용인이 가능할 것이나, 장기적으로는 발끝막이판이 구비된 완전한 비계의 사용으로 유도할 필요가 있다.

셋째, 구조물 중 형태가 비정형인 구조물은 시스템 비계를 적용하기 어렵기 때문에 기존의 강관비계를 조립하는 숙련공도 계속 보유할 수 있게 해야 한다. 실제 현장에서 시스템 비계는 비계공 기능이 없는 숙련도가 떨어지는 근로자, 특히 외국인 근로자가 작업하는 경우가 많아서 기존의 비계공이 일자리를 잃어가고 있는 상황도 대비할 필요가 있다. 설비 개보수 등 시스템 비계를 적용할 수 없는 공사의 경우 기존의 비계를 대체할 방법이 없기 때문이다.

넷째, 난간 선조립 시스템 비계의 조기 도입을 위해서는 시장에서 관련 제품이 유통될 수 있도록 관련 인증기준을 먼저 마련할 필요가 있다. 현재 가설업계에서는 난간 선조립 시스템 비계를 도입하려 하고 있으나 인증규격의 미비가 장애요인으로 알려지고 있다.

이제 근본적인 추락 방지를 위해서는 사다리와 마찬가지로 비계도 기존의 안전기준과 실제 공사현장의 관행 사이의 괴리를 면밀하게 검토할 필요가 있다. 비계는 건설공사의 안전한 수행에 필요한 가설통로와 작업발판으로 사용되는 안전의 핵심관리 대상으로서, 현재 통용되고 있는 시스템 비계는 그 첫 번째 검토의 대상이라 할 수 있다. 건설사고 저감을 위해서 모두가 두 팔 벗고 나섰으며, 특히 건설사고 예방의 난제인 추락방지에 온 힘을 모으고 있으니, 이참에 미비한 사안들을 바로 잡아서 건설현장에서의 안전이 근원적으로 달성되기를 기대한다.

불가피한 경우를 제외하고는 사다리 사용은 전면 금지해야 한다

앞에서 기술한 바와 같이 한 때 이동식 사다리에서 추락한 사고로 사다리에 대한 관심이 고조된 적이 있다. 최근 안전난간 등이 장착된 사다리가 보급되면서 사다리의 안전성이 크게 개선되었다. 이제 이동식 1자 사다리의 사용은 전면 금지하는 것이 타당하다. 외국처럼 시저나 난간이 있는 사다리의 사용이 불가능한 경우로서 20분 이내에 3점 지지가 가능한 작업을 2인 1조로 수행할 때만 사용이 가능하도록 제한할 필요가 있다. 사다리 사용으로 중대대해를 경험한 상위 건설사들은 사다리를 창고에 가둬두고 불가피한 경우만 승인을 받아 사용하도록 철저하게 관리하고 있다.

안전관리비제도는 이제 폐기를 고려해야 한다

산업안전보건관리비제도는 산업안전보건법이 도입되었음에도 사업주의 안전의식 부족으로 건설현장에서는 비용이 없어서 안전시설을 설치하거나 안전활동을 하기 어려웠던 시기에 도입된 제도이다. 안전비제도가 시행되면서 질의회시집을 별도로 제작해 보급해야 할 정도로 안전비목에 해당 여부에 시비를 가리는데 많은 노력이 소모되었으며, 안전비의 오남용도 많았다. 아직도 내역의 유무, 사용 목적 등에 따라 안전비로 지출이 가능한지 여부에 대한 논란이 끊이지 않고 있다. 난간 등의 용도에 건설 관련 법령에서도 안전비를 계상하도록 하여 실무자 입장에서는 기술안전과 작업안전에 소요되는 비용을 별도로 계상하여야 하는 불편까지 생겼다.

최근에는 안전비는 낙찰률을 적용하지 못하게 하는 수준까지 개선이 있었다. 하지만 본 공사비가 부족한데 2% 수준의 안전비를 책정한다고 본공사비가 부족해서 서둘러야 할 공사를 정상으로 돌릴 수는 없다. 현재의 계상요율은 안전관리 수준이 현재보다 훨씬 열악했던 때의 기준으로서 실제로 필요한 비용을 담보하고 있다고 보기 어렵다. 여기에 비용이 더 들더라도 받을 수 없는 구조이기 때문이기도 하지만, 최저 요건인 계상요율을 최고 상한선으로 오해하고 있다. 안전비를 정산하는 것으로 되어 있지만 공공의 경우에만 해당하며 민간의 경우는 전체공사비로 퉁치기가 될 수밖에 없다. 안전비의 집행 관행도 소수의 상위 건설사를 제외한 대부분의 건설사에서는 안전비를 제대로 집행하지 않고 있으며 협력업체까지 제대로 전달되지도 않는 것으로 알려져 있다.

경직된 안전비제도는 안전전문가 선임의무의 이행에도 걸림돌이 되고 있다. 안전전문가 선임의무의 확대 이전에도 안전전문가를 고용하는 것보다 어쩌다 발각되는 벌금이 훨씬 경제적이기 때문에 안전전문가 선임을 기피하는 경우도 있었다. 지금도 안전비의 대부분이 안전관리자의 인건비로 소모되어 실질적인 안전확보에는 도리어 걸림돌이 되는 것으로 알려지고 있다. 모든 공사 비용은 발주자에게 돌아가는데, 단일 체제로 이행이 가능한 사고방지업무를 시공사의 안전관리자와 안전보건조정자의 인건비를 이중으로 부담시키는 것도 공정하지 못하다.

안전비가 불편한 점은 건설기술진흥법에도 비슷한 명목의 비목이 존재한다는 것이다. 개념은 기술안전을 위한 비용이지만 실무자에게는 굳이 작업안전에 소요되는 비용과 별도로 구분해서 규정할 필요가 있는가 의문이 들게 한다. 나아가서 필요하면 내역에 반영해서 집행하면 될 일이지 굳이 규정으로 정해야 하는지도 의문이다. 발주자의 안전책무로 적정한 공사비의 보장이 의무화되었으므로 안전비는 공사비에 자동으로 편성되게 해야 한다.

이제는 여러 법령에서 경영책임자의 책무와 벌칙이 강화되었으므로 안전조치는 필요하면 해야 하는 것으로 안전비계상 제도 자체의 폐기 여부를 검토해야 할 때다. 원칙은 안전에 소요되는 비용은 필요하면 반드시 계상하고 사용해야 하는 것이지 획일적으로 하한선을 규정해두고 이 비용만 지출하면 안전을 이행한 것으로 면죄부를 주는 것은 올바른 안전제도가 아니다. 공사비가 부족한데 안전비만 있으면 사고를 방지할 수 있다는 발상은 건설사고의 근본원인이 공사비와 공기의 부족에 기인한다는 것을 희석시키는 조치이다. 달성할 목표만 제시하고 달성하는 방법은 자율에 맡기는 선진국형 제도가 되려면 기존의 규정은 역량이 부족한 사람들을 위한 안내서 정도로 사용하게 하면 될 것이다. 발주자로 하여금 적정한 공사비와 공사기간을 제공하게 하면 공사비의 일부인 안전비용도 공사비에 포함되기 때문에 더 이상 안전비 계상을 고집할 이유가 없다. 하지만 관성과 저항으로 시효가 다한 제도를 폐기하는 것은 고치거나 새로 만드는 것보다 어려울 수도 있지만 원칙 중심으로 돌아가야 한다. 국제적으로도 안전비용을 별로로 규정하여 집행하게 한 나라는 찾아보기 어렵다.

6. 핵심 소프트 요소 강화

이제까지 살펴본 바와 같이 제도나 정책이 제 기능을 하려면 건설산업에 직간접으로 참여하는 모든 사람의 역할이 중요하며 당연히 소요되는 역량을 구비하게 하는 장치가 필요하다. 건설기업 최고경영자 마인드 셋이 중요하나 교육을 통한 변화를 기대하기는 어렵다. 여기서는 더 이상 미룰 수 없는 기능인력의 수급 문제와 안전전문가를 포함한 건설기술인의 역량 강화의 필요성만 제시하고자 한다.

부적격 외국인으로 대체되며 사라지는 건설기능인

부적격 외국인 근로자와 기능인력의 중장기 확보를 위한 중장기 대책이 시급하다. 기존 건설기능인력의 유지와 신규 인력의 확보 장치는 산업의 역할이기 이전에 국가의 책무이다. 하지만 건설기능인력 문제는 여러 부처가 관련되어 있어 어느 부처도 적극적으로 해결하려 나서지 않는 것으로 보인다. 이제까지 건설경기가 호황으로 인력이 부족하면 외국인 근로자를 채용하였으며, 최근에는 취업이 불가능한 근로자가 대다수를 차지하는 수준에 이르러 단속조차 하기 어려운 상황에 직면하였다. 단속으로 피하던 작업자가 부상을 당하는 등 부작용까지 있어 최근의 단속은 명분만 있는 단속이 되고 있다. 현장에서는 법적 부담을 피하기 위하여 장부를 이중으로 관리하는 것이 관행이 되고 있다. 부적격 외국인 근로자뿐만 아니라 적격 외국인 근로자일지라도 내국인으로 귀화하지 않고 일정 기간이 지나면 본국으로 돌아가야 하기 때문에 숙련 기능인력의 양성을 기대할 수 없다. 내국인 기능인력이 없어지면 건설산업의 기반이 사라지는 것이다.

이제 '전문건설사와 건설기능인 육성 정책'에서 제기한 바와 같이 더 늦기 전에 건설기능인의 정규직화를 통하여 최소한의 내국인 건설기능인을 유치하여야 한다. 아무리 좋은 기술을 개발해도 현장에서 이 기술을 사용해야 할 사람이 부적격이면 공사의 안전이나 품질은 보장될 수 없음을 인식해야 한다.

건설기술인의 역량 정의와 교육체계의 혁신

안전교육을 포함한 건설기술자 교육도 근본적인 혁신이 필요하다. 현재와 같은 외형적 건설기술자 등급제도를 탈피하여 종사하는 전문분야에 실질적인 역량이 있는가를 평가하는 체제로 바뀌어야 한다. 앞에서 언급한 바와 같이 10년의 경력자라도 1년을 10회 반복한 기술자들도 있다. 기술자가 어느 수준으로 진급하면 영업직으로 둔갑하여 기술과는 담을 쌓게된다.

대부분의 교육기관은 강사의 자질, 교육 성과의 질 관리가 미흡한 편이다. 인가를 받은 일부 교육기업이 법정 의무교육을 집합교육으로 실시하고 있는데 이는 전근대적인 방식이다. 건설기술자는 역할, 경험, 역량이 모두 다르다. 따라서 필요한 지식도 다를 수밖에 없다. 획일적 집체교육으로는 건설기술자 개개인이 필요한 지식을 재충전하는 데는 별로 효과적이지 못하다.

미국의 경우처럼 평생학점제CEU; Continuing Education Unit로 하여 자격이 있는 기관의 등록을 받아 사전에 기술강좌 등에 대한 등록을 받아 인정해주고 필요한 사람이 필요한 강좌나 연구발표를 이수하도록 해야 한다. 건설기술자는 일정 기간 내에 각자가 세미나, 학술발표 등에서 자신이 필요한 내용을 이수하게 하고 주최자는 이수를 증명해주는 것이다.

법정 의무교육이 교육관련 기관의 밥그릇을 보장해주는 방식이 되어서는 안될 것이다. 필요한 건설기술인이 필요한 교육을 받을 수 있게 해야 한다. 교육기관들이 교육의 질 경쟁을 하도록 해야 한다. 교육비도 획일적으로 규제할 것이 아니라 교육의 질이 높으면 더 많은 비용을 받을 수 있어야 시장경제의 원칙에 부합하는 것이다.

강화되는 발주자의 책임을 보좌할 유능한 건설안전 전문가의 육성이 시급하다. 건설안전 전문가의 경우는 기사와 기술사의 자격요건만 규정되고 있지 실질적인 역량은 관리되지 못하고 있다. 국가차원과 건설사 차원 모두에서 건설기술인 뿐만 아니라 건설안전 전문가의 역량을 분별할 수 있는 역량관리 맵이 필요하다.

국가 차원에서 산업안전교육의 취약점으로는 산업현장에 취업하기 전에 기술계 고등학교나 대학에서 최소한의 기본교육이 이루어져야 하나 이러한 교육이 졸업전에 제공되는 경우는 매우 드물어 취업한 이후에야 안전교육이 이뤄지고 있다는 것이다. 입직入職전의 교육 미비는 산업현장에도 부담으로 작용하고 있으며 개인에게도 사법 리스크가 될 수 있으므로 고등학교와 대학 등 기존 교육체계에서 졸업전에 안전교육을 의무화할 필요가 있다. 다음으로 우리나라의 산업안전 교육체계에서 가장 취약한 점은 국가역량체계NCS가 운영되고 있음에도 불구하고 실제 현장에서는 역량체계에 따라 안전교육이 이루어지지 못하고 있다는 점이다. 즉 필요 분야와 수준에 따라 교육이 이루어져야 효과적이나 대부분의 대기업조차도 안전전문가의 역량체계를 구비하지 못하고 있다. 속히 역량중심 교육체계를 구축하여 교육의 효율성과 효과성을 개선할

Assessment Record

Construction Safety Course for Project Managers (CSCPM)

Approved Assessment Centre:

Candidate Name:
(As in NRIC/Passport)

NRIC/Passport: Course Dates:

Learning Outcome	Assessment Instrument		Comments
	WT	CS	
Understand the legal obligations of duty holders, including a project manager of a worksite, under the new WSH framework			
Perform the role and duty as Chairman of WSH Committee			
Plan and implment safety programme for construction activities including working at height, mechanical and electrical works, material handling, scaffolding and excavation			
Plan and implment an occupational health programme for a construction site			
Plan and implment risk management programme for all construction activities			
Establish and procedures for incident reporting and accident investigation			
Establish and implement Safety and Health Management System in worksite			
Plan and participate safety and health audit and review in worksite			
Marks			

WT = Written Test; CS = Case Studies

그림 14.3 싱가포르의 현장소장 역량교육 기록지

Overall Assessment

The trainee has been assessed as (tick appropriate box):

☐ Pass
☐ Fail

Trainee's signature   Assessor's Signature

Name: _____   Name: _____

Date: _____   Date: _____

Note to candidate

Candidates may appeal against the outcome of the assessment.
By signing, the candidate is agreeing to accept the assessment outcome.

Feedback on outcome by Assessor/ Feedback by candidate:

_____
_____
_____

필요가 있다. 외국의 사례로서 싱가포르에서는 현장소장의 경우 정규 교육 후 시험을 실시하여 전문가가 평가하여 시험을 통과해야 현장 소장으로 선임이 가능하며, 그 기록을 2년간 보존하게 하고 있다(**그림 14.3**).[7] 평가표Assessment Record에 나타난 바와 같이 현장 소장의 역량 전반에 대해 단순한 필기시험이 아닌 필답형과 사례연구로 평가하여 적합성Pass or Fail을 가리고 있다. 건설기업 경영자들에게는 일시적으로 불편할 수 있겠지만 건설산업의 건전한 발전을 위해서는 우리나라에서도 공사의 규모와 관계없이 현장소장에 대한 역량 검증제도를 도입할 필요가 있다.

호주의 건설안전 역량 맵도 참고할 만하다. 이 교육체계에서는 건설안전분야의 교육훈련 표준으로 안전역량을 맵핑하고 교육훈련 표준을 개발하여 활용하고 있다. 구체적인 내용을 보면 건설업 계층별 역량표준을 설정하고, 9개 행동실행 역량으로 분류하여 11개 계층에 따라 39개로 안전직무를 세분하고, 직무별 업무과정 단계 분류와 역량(지식, 능력, 행동) 분류로 목표성과를 기술하고 있다.[8] 우리의 건설안전분야 NCS는 아직 이러한 수준에 도달하지 못하고 있는 것으로 보이며, 부적절한 문제가 종종 출제되는 시험만으로 자격을 부여하는 방식으로는 실질적인 안전 역량을 담보하기 어렵다고 본다.

7. 중장기 과제: 기술안전과 작업안전의 통합적 운용

이원화된 건설안전 제도와 정책의 비효율성

'제4장 건설과 사고원인 바로 보기'에서 생산과 안전은 하나이며 기술안전과 작업안전은 통합적으로 운용되어야 한다고 했다. 다른 법령은 차치하고 산업안전보건법과 건설기술진흥법(건설안전특별법안 포함)은 각각 전자는 노동자의 작업안전, 후자는 안전확보에 필요한 기술적 사항으로서 보호대상을 명목적으로 구분할 수 있지만 실제 건설사업의 수행과정에서는 분리되어 이행될 수 없으며, 경계를 명확히 하기도 어렵다. 작업자를 보호하려면 안전보건기준도 준수해야 하지만 기술적 사항인 사설물과 본구조물부터 안전해야 하며, 기술적인 품질관리나 구조적 안전과 작업자를 위한 안전조치는 일관되게 이행되어야 한다.

소수 상위 건설사들이 작업안전만으로 안전이 달성될 수 없음을 인지하고 기존의 안전보건팀 외에 기술안전팀을 신설하고 담당임원까지 임명하여 이원화된 조직으로 수행되고 있다. 이는 건설사 입장에서는 비효율적인 수행 방식이며 발주자의 추가비용 부담으로 귀결될 것이다. 양 법령에서 유사한 용어와 활동으로 규정하고 있는 사항들을 요점만 정리하면 **표 14.3**과 같은데, 명칭도 실제 현장에서 쓰는 이름이 아니지만 대부분의 안전활동이 외주 등으로 형식적으로

표 14.3 산업안전보건법과 건설기술진흥법의 주요 항목 비교

구분	내용	산업안전보건법	건설기술진흥법
안전조직 및 명칭	현장소장	안전보건관리책임자	안전총괄책임자
	공사부장	관리감독자	안전관리책임자
	공사직원	관리감독자	안전관리담당
	조정 · 감독	안전/보건관리자	감리원
	협의체	· 안전보건협의체/노사협의체 · 산업안전보건위원회	협의체
사전 안전성 검토	목적	근로자 보호	시설물 안전으로 근로자 보호
	형태	유해위험방지계획서	안전관리계획서
	감독	산업안전보건공단	국토안전관리원
사고관련	일반사고	산업재해	건설사고
	중대사고	중대재해	중대건설현장사고
	사고보고	· 중대재해: 즉시 · 산재조사표: 1개월	· 건설사고 : 즉시
	관리	고용노동부 (산업안전보건공단)	국토교통부 (국토안전관리원)
안전비용	목적	근로자의 산업재해 및 건강장애 예방	공사장 주변 피해예방 및 구조적 안전확보
	형태	산업안전보건관리비	안전관리비
사전위험요소관리	감독	고용노동부(발주자)	국토교통부(발주자)
	형태	안전보건대장 (기본 · 설계 · 공사)	설계안전성검토(DfS)
	목적	계획단계부터 준공까지 위험성을 고려 계획 · 설계 · 감독	설계단계에서 시공과정의 위험요소를 제거 · 회피 · 감소
	대상	총공사비 50억이상	안전관리계획 수립대상
	이행자	발주자(설계)	발주자(설계.시공)
안전교육	종류 및 대상	· 정기교육(근로자,관리감독자) · 채용/작업변경교육(근로자) · 특별교육(위험작업) · 기초안전보건교육	· 안전교육(근로자) : 매일

이행되고 있는 것도 문제이다.

부처간 분업은 전문성 확보 차원에서 효과적일 수 있으나 개별 건설사업 차원에서 담당자를 별도로 배치하게 하는 것은 과도한 인원이 소요될 뿐만 아니라 안전업무를 생산과 분리시키는 부정적 기능까지 강화시키고 있다. 기능이 통합되지 못하다보니 정부 기관마다 사고방지를 명분으로 수시로 공사현장을 드나들어 공사현장의 불편과 불만도 큰 실정이다.

부처간 업무의 통폐합은 국가적 차원의 일이지만 최소한 개별 건설사업에서는 일원화된 체제로 일관되게 이행될 수 있도록 관련 명칭과 역할의 통일이 필요하다. 예를 들면 안전감시 기능의 안전보건조정자와 안전감리 기능과 같이 동일한 기능은 안전자문사 등으로 통합하여 선임하게 하는 방안이 있을 수 있다. 개별 건설사업 차원에서는 안전관리와 안전감독의 기능을 현재처럼 법령마다 배타적으로 규정할 것이 아니라 통합적으로 규정하여 자격만 갖추면 복수의 기능을 한 사람이 수행할 수 있게 하여야 한다. 모든 제도와 정책은 정부 감독의 수월성이 우선할 것이 아니라 이행자의 입장에서 효율적이고 효과적으로 준수할 수 있도록 하여야 하며, 민간의 편의를 위해서는 국가가 불편을 감수하는 것이 선진국형 정부이다. 건설안전특별법이 제정되면 개별 건설사업 차원에서는 통합적 이행이 가능해질 것이다.

8. 건설산업의 안전문화와 안전분위기

"문화가 부실한 곳에서는 '옳은 일'을 하려는 마음은 느슨해지고 나한테 좋은 일을 하려는 마음이 강해진다." - 사이먼 사이넥, 리더는 마지막에 먹는다 -

안전문화와 안전분위기 조성의 필요성

안전문화는 1986년 체르노빌 원자력발전소 방사능 누출사고 보고서에서 처음 소개되었으며 유럽에서는 안전문화 용어의 모호함 때문에 의미가 더 구체적인 예방문화Culture of Prevention로 불린다. 조직에서 안전문화는 조직문화를 구성하는 하위 문화중의 하나로서, 여타의 다른 조직문화와 상호작용을 통해서 형성된다. 예방문화는 안전이 사회 구성원에 의하여 습득, 공유, 전달되는 행동양식이나 생활양식의 과정과 그 과정에서 이룩한 물질적·정신적 소산을 총칭한다.

경영학에서도 조직문화의 중요성을 '전략에서 문화로', 또는 '문화가 성과다'[9]라고 하여 문화의 중요성이 강조되고 있다. 조직 문화에서 가장 먼저 생각해야 할 일은 그 일을 해야할 사람들이다. 실무에서는 그 일을 해야 할 사람들까지 고려 대상이 되는 경우는 아주 드물다. 실효성이 부족한 안전대책은 난무하는데 정작 이러한 일을 해야 할 사람에 대한 대책은 찾아보기 어려운 것이 현실이다.

안전에서는 조직문화의 하위 문화 중 하나로 예방문화를 말한다. 조직에서 문화를 정착시키는 데는 보통 5년에서 10년까지 소요되는 것으로 본다. 건설현장의 경우는 일시성과 유동성으로 인하여 예방문화를 형성하는 것은 매우 어려우며 유지하는 것 또한 어려울 수밖에 없다. 안전문화의 구성요소는 기본 가정, 가치, 신념, 조치와 평가, 행동, 가공물 등이 있다(**그림 14.4**). 깊은 차원의 비가시적인 요소일수록 측정이 어려우며 변화시키기도 어렵다. 빙산의 일각처럼

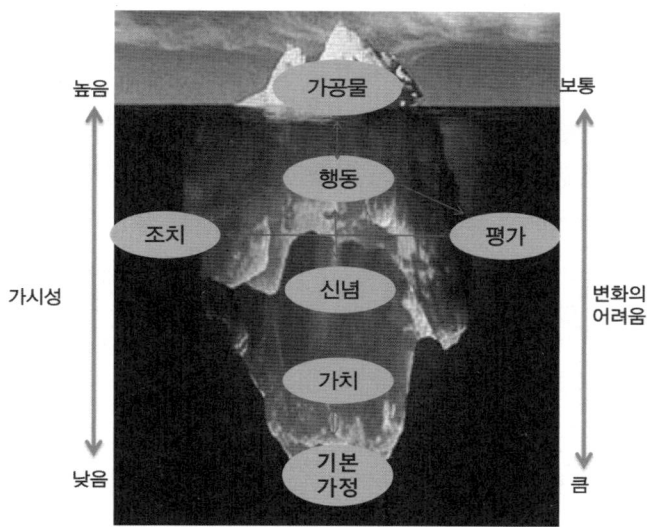

그림 14.4 문화의 요소

보이는 것은 가공물이 대부분으로서, 행동, 조치, 평가도 자세히 관찰하기 전에는 잘 보이지 않는 요소들이며, 신념과 가치를 결정하는 기본 가정은 측정하기에 가장 어려운 소요이다. 안전문화의 실무 적용에는 많은 논의가 필요하므로 여기서는 건설사업에 더 쉽게 적용이 가능한 안전분위기에 대하여 소개한다.

예방문화와 함께 논의되고 있는 것이 안전 분위기Safety Climate다. 문화는 사람들이 "왜"하는지에 집중하는 반면에, 분위기는 "무엇"이 일어났는지를 설명하는 것이다. 안전문화는 사회적으로 생성되었으며, 쉽게 측정하거나 나타내기 어려운 것으로서, 조직적인 형태나 행동을 통제하는 기능이 있다. 또한 안전문화는 조직 내에서 기본적이고 보편적인 진리로 여겨진다. 안전분위기는 조직의 상황 또는 어떠한 사실의 발생 사실에 대하여 사람들이 보고 기록하는 것으로서, 조직의 실행, 정책, 절차, 그리고 보상 등 일련의 사실에 대한 구성원의 상황과 인식에 초점을 둔다. 문화변화는 분위기 변화에 비해서 장기적인 과정으로서, 예를 들면 연말 보너스는 근로자의 분위기에 영향을 미치나, 장기적 문화에는 영향력이 약하다. 조직문화 변화는 장기적인 관점에서 추구해야 하며 이를 위한 기반으로 단기적으로 긍정적인 조직분위기 조성을 위한 활동의 전개가 선행되어야 한다. 지속적인 변화를 위하여 안전보건전문가는 단기적인 변화를 이끌어내는 새로운 정책, 제도 등 분위기 요소에 집중하는 동시에 장기적인 조직문화 구축을 위해 노력을 경주할 필요가 있다.

안전 분위기는 안전문화보다 상대적으로 단기에 쉽게 조성이 가능하는 장점이 있다. 안전 분위기는 안전 풍토라고도 하는데 안전문화보다 더 구체적인 개념으로 한시적, 유동적 특성이 있는 건설현장에 안전문화보다 더 효과적인 접근 방법이다.

조직은 다양한 구성요소들이 얽혀있는 복합적인 단위로서 구성요소 간 지속적인 상호작용을 통해 변화 중이다. 이러한 조직의 특성 때문에 기존의 많은 안전계획들이 성공하지 못하고 사장되어 왔기에, 조직의 안전활동을 활성화하기 위해서는 조직 내 안전분위기를 우선적으로 조성할 필요가 있다. 특히 한시적이고 유동성이 극심한 건설현장의 경우는 안전문화 이전에 안전한 분위기를 조성하는 것이 훨씬 효과적이다. 안전 분위기 조성의 3대 혁신 요소는 인적 안전자원 확보Make safety personal, 선행자료 분석 및 활용Use safety analytics, 신뢰 구축Build trust으로서 구체적인 단계별 실행방법은 다음과 같다.**10)**

1) 안전조직 구축(인적 자원 확보)

사고자수, 재해율 등 숫자에 집착하면 조직의 안전은 실패한다. 수치와 지표들은 안전활동 평가를 위한 것이지만 조직의 안전활동에 대한 이해나 문화의 평가에는 부적절하다. 근로자는 재해율과 같은 수치를 위하여 산재 은폐나 미보고하도록 압박을 받으며, 무재해와 같은 목표부여는 안전 분위기에는 긍정적이나 안전문화 조성에는 별로 기여하지 못한다. 성공적인 안전활동 추진을 위해서는 인적 안전자원(조직) 확보가 중요하며 사고발생 시 동료에게 책임전가가 아닌 학습의 기회로 인식시키는 대응방식이 필요하다.

2) 선행자료의 분석 및 활용

단순한 선행지수와 같은 숫자에 의존해서는 기업의 안전분위기를 개선하기 어렵다. 역동적인 변화를 위해서는 기업 내부에 축적된 빅데이터를 활용하여 안전경영시스템에 적극 적용하기 위한 데이터 활용계획의 수립이 필요하다. 또한 분석된 자료와 활용계획은 경영진 회의 안건에 상정하여 중요한 이슈로 부각되도록 노력할 필요가 있다.

3) 신뢰구축

데이터에 근거한 활동이 아닌 검사 수치와 같은 숫자에 집중한다면 데이터 자체에 대한 신뢰를 상실하게 되며 이는 근로자 중심의 안전활동이 되기 어렵다. 근로자의 안전활동이 감시를 당하고 있다고 생각하면 본인의 임무에 최선을 다하지 않을 것이고 보여주기 위한 노력을 할 가능성이 높아지질 수 있다. 따라서 수집된 자료가 근로자의 안전보건 증진에 사용된다는 믿음을 주면 신뢰는 향상될 것이다. 이를 통해 조직 내 프로세스가 성숙하고 문화가 혁신을 지속하게 될 수 있다.

CPWR 건설현장 안전 분위기 강화법

미국의 CPWRThe Center for Construction Research and Training에서는 선행지표를 활용한 건설현장 안전 분위기 강화법[11]을 실행이 가능한 워크 시트 형태로 보급하고 있다. 단기(1-2달). 중기(6-12달), 장기(1-2년)로 구분하여 자사의 수준별로 실행할 수 있도록 구체적인 활동을 제시하고 있다. 이미 실행중인 활동도 있겠으나 단기, 중기 및 장기로 구분하여 접근하는 방법은 모든 것을 한꺼번에 비꾸려는 기존의 방식을 탈피하는데 도움이 될 것이다. 실무 차원에서 자사의 안전수준을 5단계로 평가해 볼 수 있을 뿐만 아니라 수준에 적합한 개선 방안의 도출에도 도움이 될 것으로 사료된다. 손에 잡히지 않는 안전문화보다 훨씬 실용적인 수단들을 포함하고 있어 초판에서는 전문을 번역하여 부록으로 제시하였지만 정보의 획득과 번역이 자동으로 이루어질 수 있어 재판에서는 삭제하였다. 안전분위기 강화 항목 8 가지는 다음과 같다., 마지막 항목인 '8) 발주자/건축주의 참여 권장'은 우리나라의 현행 법령에도 일부 반영되어 있으며 건설안전특별법이 재정되면 가장 중요한 수단으로 활용될 수 있을 것이다.

1) 사업주의 책무 입증
2) 안전의 중요성 정리 및 통합
3) 모든 단계에서의 책임 보증
4) 현장 안전 리더십 개선
5) 근로자에게 권한 부여 및 참여 유도
6) 의사소통 향상
7) 모든 단계에서의 교육
8) 발주자/건축주의 참여 권장

건설사의 경우는 안전문화의 형성이 가능하나 건설현장은 한시적 유동적 속성으로 장기간이 소요되는 안전문화 형성이 매우 어렵다. 따라서 공사현장에서는 장기간이 소요되는 안전문화보다는 단기간에 가능한 안전분위기를 먼저 조성하여 시간의 흐름에 따라 안전분위기가 안전문화로 굳어질 수 있게 하는 전략이 필요하다. 건설업에서는 안전문화보다 안전분위기가 더 효과적일 수 있다.

9. 문화를 넘어서

안전문화와 분위기, 무엇이 다른가? 문화는 추상적이어서 보이지 않고, 성과는 가시적이어서 잘 보인다. 비가시적인 요인과 가시적인 요인의 인과관계는 없거나 느슨해 보인다. 따라서 단기적 성과를 추구하는 경영자에게는 비가시적 요소는 우선순위에서 쉽게 밀린다. 이 일을 해야 할 사람들부터 적정한 역량과 인원을 확보하지 못한다면 다시 말해, 이들이 불안전하다면 결코 이들이 하는 활동이 안전하기 어려울 것이다. 일차적 보호 대상인 건설기능인과 시민 이전에 건설기술자부터 안전해야 한다. 이들이 병들고 지치면 어느 것도 이루기 어렵다. 공사현장 안전확보를 위해 건설기술자의 희생이 있어서는 안된다. 제도는 제도를 준수할 사람들이 있을 때만 제대로 기능할 수 있다. 일을 해야 할 조직이 먼저 건강해야 한다.

대부분의 논의는 '무엇을 목표로 하고 있고, 무엇을 이룰 계획이고, 무엇을 성취해야 한다', 조금 더 나아가면 '누가 해야 한다' 정도의 수준에서 멈춘다. 일할 사람들의 작업 여건, 휴식과 재충전, 정신건강과 마음에 대해서는 대책이 없는 경우가 대부분이다. 일을 해야 할 사람들에 대한 대책은 안전대책과 함께 세워야 할 더 근본적인 대책이 될 수 있다. 서두에 건설산업을 구조적 위기로 규정한 근거로 안전을 이행해야 할 사람들의 열악한 업무 수행 환경을 제기한 바와 같이 공사현장의 실상은 수많은 안전조치나 활동을 수용할 여력이 매우 부족하다. 실질적으로 안전활동을 해야 할 사람들의 실상을 조직문화 차원을 넘어서 산업차원에서 인식하고 근본적인 개선책을 찾아야 한다.

영국의 경우 사고방지활동은 작업 설비와 같은 하드웨어 개선(1940년대), 교육을 통한 작업자의 태도 개선(1960년대), OHSMS와 같은 시스템적 접근(1980년대)으로 발전하여 왔다. 안전수준의 진단에 보편적으로 이용되는 도구로는 1995년부터 듀퐁사에서 활용한 브래들리 모형[12]이 있다. 이 모형은 조직의 안전수준은 주체성에 따라 네 단계의 성숙 과정을 거치면서 발전하는 것으로 보았다. 네 단계는 반응적 단계(자연적 본능인 무의식적 불안전), 의존적 단계(감독·규제에 의한 의식적 불안전), 독립적 단계(개인차원의 의식적 안전), 상호의존적 단계(팀 차원의 무의식적 안전)로 구성되어 있다(**그림 14.5**).

안전문화를 동기에 따라 두 가지 차원으로 나누면 기준, 절차, 주의 등 요건의 준수를 위한 '외적extrinsic 동기부여 단계'와 피부로 느끼는 리더십, 역할 모델 되기, 영향 미치기, 약속된 업무 등 헌신하는 '내적intrinsic 동기부여 단계'가 있다. 낮은 단계는 '기준을 지켜야 하기 때문에' 이행하는 수준이며, 높은 단계는 '내가 원하기 때문에 기준을 따르는' 수준이다. 이 모델에서는 안전 수준/문화가 다음과 같이 낮은 단계에서 높은 단계로 발전하는 것으로 보았다. 안전수준

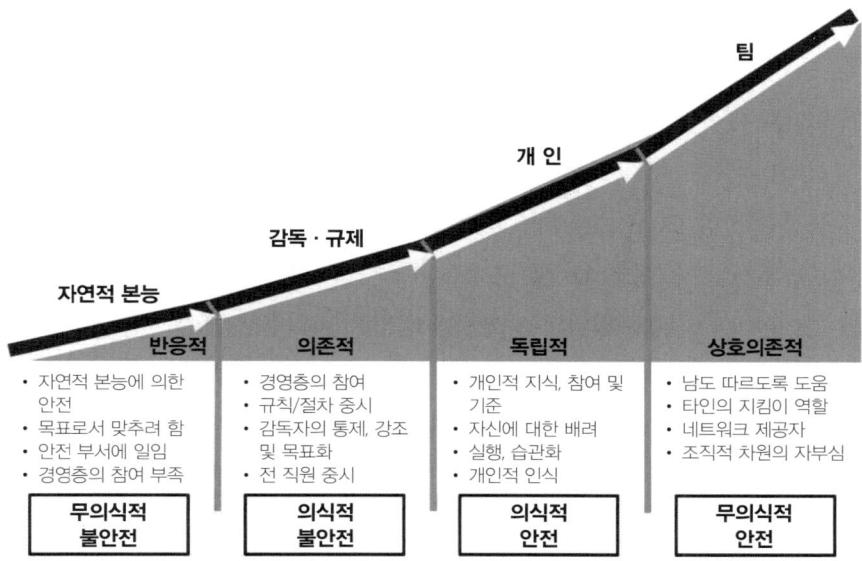

그림 14.5 브래들리 4단계 안전수준 모델

을 나타내는 다양한 모형이 있지만 이 모형도 자사의 안전수준을 평가하는데 효과적인 도구가 될 수 있을 것이다.

- 해야 하는 의무감에서 원해서 하는 것으로
- 주체성에 따라 본능에 따라, 감시하므로, 자주적으로, 팀 수준으로
- 활동의 수준은 반응적, 의존적, 독립적, 상호의존적으로
- 동기부여 측면에서는 반응적에서 주도적으로
- 리더십 측면에서는 권위적에서 코칭으로

우리 건설업의 경우는 상하위 건설사 사이의 격차가 심하여 영국의 1940년대부터 1980년대까지 상태가 공존하고 있다고 본다. 안전문화 수준은 각 단계를 거치는 데 소요 시간을 줄일 수는 있겠지만 특정 단계를 뛰어넘을 수는 없다. 따라서 다양한 접근방법의 통합적 활용이 효과적일 것이다. 경쟁력 있는 조직문화의 중요성은 "문화가 성과다.", "문화가 경쟁력이다."로 압축할 수 있다. 기업문화는 경영자의 가치관과 철학으로서 경영자가 보여주는 모습 그대로 일상에 투영되기에 말이 아닌 솔선수범이 필요하다. 알코아의 사례와 같이 안전은 건강한 조직문화를 형성하는 지름길이 될 수 있다. '강력하게 돌아가는 조직으로 혁신하라'의 저자 찰스 다이저트 Charles B. Dygert는 조직문화의 중요성을 다음과 같이 정리하였다.

"부정적 기업문화를 긍정적인 문화로 바꾸는 데는 2-6년이라는 시간이 걸린다. 반면 직원들의 사기와 생산성을 떨어뜨리는 데는 5분도 채 안 걸린다. 또한 고객만 족이 아니라 상사만족을 중시하는 문화가 정착하는 데는 백만분의 1초면 된다." [13)

최근 안전보건경영시스템은 사회심리적 안전보건을 위한 ISO 45003까지 진화하였다.[14) 우리 건설산업 물리적인 위험뿐만 아니라 고용불안 등 사회심리적 요인까지 치유하는 수준으로 발전하기를 기대한다. "미래를 대비하는 최선의 방법은 바라는 미래를 만들어 가는 것이다.(피터 드러커)." 모두가 건설기술인의 몫이다.

15장
안전; 건설 이상 구현의 지름길

"Omnia videre, multa dissimulare, pauca corrigere."
모든 것을 보고, 면밀히 식별하고, 작은 핵심을 시정하라. - 교황 요한 23세 -

1. 진정한 건설산업진흥의 목표와 조건

건설산업진흥의 궁극적 목적

건설업은 거의 모든 여론조사에서 정치권과 함께 가장 신뢰할 수 없는 집단의 대표 자리를 고수하고 있는데, 이는 건설산업이 이면 질서에 지배되는 산업임을 의미한다. 건설산업의 이면 질서의 이면에는 책임은 없으면서 속칭 '갑질'을 하는 발주자가 있으며, 그 위에는 부지불식간에 '갑'의 대부역이 된 재정부처가 자리잡고 있다. 기존의 건설산업을 바로 세우기 위한 노력은 이 두 집단이 바로 세우기를 실패한 데서 비롯된 것임에도 하수인에 불과한 시공사, 그 안에서도 불리한 직무수행 여건에서 최선을 다한 건설기술자만 처벌하는데 급급해왔다. 원가절감을 위한 비정규직 채용, 인력 절감 등은 경영자의 방침과 재량으로서, 부적절한 업무 수행 여건 하에 발주, 설계, 시공, 감리 등 건설실무에 종사하는 건설기술자들에게 부실이나 사고의 책임을 돌리는 것은 불합리하고 불공정하며 벌칙의 형평성에도 어긋난다. 발주자는 수급인에게 공사비, 공기 등 적정한 공사조건을 제공해야 하며, 건설업은 고객인 발주자에게 투명해져야 하는데, 이는 건설기업 경영자 공동의 노력이 필요하다고 본다.

앞에서 제기한 것처럼 현대 조직인은 모두가 어느 정도는 학습된 무기력 상태에 있으며, 피터 센게가 지적한 것처럼 '자신의 위치에만 충실하면 된다'는 사고방식은 피터 센게의 '첫 번째 학습장애에 해당한다. 나아가서 한나 아렌트Hannah Arendt가 '예루살렘의 아히히만'에서 악의 평범성이 사고思考의 무능無能에 있음을 밝힌 대로 유태인 홀로코스트의 주역 아돌프 아히히만을 상기할 필요가 있다.

건설산업에는 '건설산업진흥법'이 있으므로 진정한 건설산업 진흥의 의미를 정립할 필요가 있다. 사고는 생산과정에 문제가 있다는 것이며, 문제를 해결하는 것은 사업주, 종업원, 시민 모두에게 유익을 가져온다, 사업주는 종업원의 헌신으로 일류기업으로 경쟁력을 갖게 되며 결국 사회에 더 기여할 수 있게 되기 때문이다. 이제 건설 관련 종사자 모두가 건설을 왜 하는지를 되돌아보고, '안전을 통하여' 발주자부터 바로 세움으로써 근로자를 포함한 건설인 모두가 행복한 건설, 상생의 건설, 정의로운 건설, 존경받는 건설, 지속성장이 가능한 건설로 거듭날 기회이다. 지금이 구조적 위기에 처한 건설산업을 지속가능 발전이 가능하며 모두가 행복한 건강한 산업으로 바로 세울 수 있는 기회이다.

앞에서 기술한 바와 같이 건설사업 참여자들에 대한 역할, 책임 및 권한의 불균형으로 일방적으로 기술자들이 불합리한 책임을 감당하는 경우가 많았다. 우리나라에서 유독 심한 우월적 지위의 남용(소위 갑질)으로 건설기술자는 책임은 있되 권한과 자원이 부족한 상태에서 고군분투해온 경우가 많았다. 최근의 제도 개선은 이러한 불합리를 시정하기 위한 것이다. 당면한 현업도 수행해야겠지만 상위 기술집단인 기술사부터 안전의 원칙을 제대로 세우고 원칙에 입각한 합리적인 제도를 만드는 데 힘과 중지를 모을 때다. 중대재해처벌법에 대한 최근 사업주나 경영자의 적극적인 관심은 분명 경제수준에 비해 후진적인 우리나라의 안전수준, 특히 개선이 더딘 건설사업의 안전수준이 획기적으로 개선될 가능성을 보여주고 있다. 건설안전의 혁신이 현재의 건설인들이 은퇴할 때 가장 자랑스러운 일로 꼽힐 수 있을 것이다.

보호받고 육성되어야 할 건설기능인과 건설기술인

건설기능인과 건실기술인은 고용측면에서 일용직의 신분을 전전해야 하는 것은 기본이지만, 작업환경 측면에서도 인간적인 대접을 받지 못하고 있다. 최근 일부 현장에서 건설기능인을 '기술인'으로 불러 자존감을 세워주고 있지만, 건설산업에서 건설기능인은 일용직의 신분으로 공사를 위한 도구로 간주되다시피 해온 것이 관행이다. 10여년 전부터 시작된 '감성안전'은 이제까지 도구로만 취급되어왔던 기능인에게 인간적인 대우를 해주는 운동의 시발점이 되었다. 취지는 좋지만 감성안전이라는 용어 자체가 인간적인 권리를 보장하기 위한 최소한의 조건이라기 보다는 기능인의 마음을 사기 위한 수단으로 쓰였다는데 아쉬움이 있다. 많은 건설현장은 생리적으로 필요한 최소한의 위생시설을 갖추지 못하고 있으며, 갖추었더라로 청결하게 관리되지 못하는 경우가 많다. 가혹한 작업 환경에 노출된 건설기능인에게는 더 쾌적한 위생시설이 제공되어야 한다. 일본의 경우 방문한 현장이 전체라고 말하기는 어렵지만 어느 정도 마감공사에 들어서면 공사중인 건물과 사용 중인 건물인지 구별이 어려울 정도로 현장이 청결하며 위생시설도 양호하였다.

일하는 여건의 개선은 지지부진하지만 책임을 지우는 데는 적극적인 것도 반성이 필요하다. 작업실명제로 건설기능인을 압박하기 전에 일에 진심을 담을 수 있게 제대로 대우하고 있는지부터 살펴야 할 것이다. 일회용 대일밴드처럼 필요할 때만 일용직으로 고용하면서, 혼을 담아 최선을 다하기를 바라는 것은 염치없는 일이다.

최저가 입찰의 대물림으로 을 중의 을에게 실명제로 책임을 묻는다는 것은 공정하지 못하며 또 다른 갑질이다. 먼저 제대로 일할 수 있는 여건을 마련해주고 일의 책임있는 수행을 요구하는 것이 순서일 것이다.

2. 건설안전 혁신이 건설산업 혁신이다

안전책무 합리화의 진전

건설안전의 혁신이 건설산업의 혁신이다. 안전만이 건설산업 혁신의 유일한 길이 건설산업의 고질인 공사비와 공기 부족 문제는 안전이 아니고는 보장할 명분이 없기 때문이다. 문재인 정부에서 기획재정부가 주도했던 공공부문의 변화는 이러한 가능성을 보여주고 있다. 기존 제도에서는 최근까지도 공공과 민간을 불문하고 철저하게 발주자는 책임의 영역에서 배제되었는 데, 그 선두에는 국가 재정을 관장하는 기획재정부가 있었다. 기획재정부는 '공사기간 연장, 간접지 지급, 제도 손질 필요' 등에 대한 감사원의 지적에 총사업지 관리지침 개선을 외면하였다.[1]

심각한 것은 이러한 불공정한 제도의 개선 요구는 어제오늘 일이 아니었다는 것이다. 기획재정부가 공공분야의 최상위에서 불합리한 제도를 운영하니 공공분야 발주자는 따라갈 수밖에 없었다. 소위 공공분야의 '갑질'도 오래된 관행이었으나 얼마 전까지도 수급자의 입장에서는 언급조차 하기 힘든 일이었다. 최근에 국무조정실에서 공사비 후려치기, 비용전가 등 공공분야 '갑질' 근절 종합대책을 마련하였지만[2] 아직 공공분야의 발주가 공정하다고 인정하는 건설사는 별로도 없을 것이다. 앞의 사례는 빙산의 일각으로서 불공정한 건설제도에 대한 논의는 끊임없이 제기되었지만 시정되지 못하였다.

하지만 앞에서 기술한 기획재정부에서 주도하는 공공기관 안전강화대책은 건설산업에 지각

변동 수준의 변화를 가져오고 있다. 최근의 보도[3])에 의하면 기획재정부에서는 '공공 공사입찰 시 안전평가를 대폭 강화하여 근로자의 생명과 건강을 보호'하고자 국가계약제도를 개선하기로 한 것이다. 낙찰자 결정 기준을 '입찰 가격이 낮은 자'에서 '균형가격에 근접한 자'로 개선하기로 한 것은 기존의 최저가 낙찰 관행을 탈피하기 위한 노력이지만 기술역량으로 공사비를 낮춰야 한다는 원칙에는 못미친다. 이러한 변화는 원수급자의 하수급자에 대한 최저가 낙찰을 자제시켜 건설산업을 선순환으로 전환하는 계기가 될 것이다. 중요한 사실은 견고했던 과거의 불합리한 관행이 개선된 것은 안전의 힘 때문이라는 것이다. 문재인 정부에서 국민생명 지키기에 치중하면서 기존의 불합리한 제도에 대한 개선이 활발하게 논의되고 개선되어가고 있는 것은 큰 진전이 아닐 수 없다. 하지만 안전이 핵심 책무가 되면서 이러한 불공정한 제도가 사회적 화두가 된 안전의 걸림돌임이 인식되면서 개선하지 않을 수 없는 상황이 조성되고 있다. 이제까지는 발주자에게는 인명사고에 대한 책임을 물을 수 없었기에 공공발주자의 상위에 있는 기획재정부도 책임이 없었다. 하지만 공공기관 안전관리 지침, 중대재해처벌법, 산업안전보건법, 건설안전특별법안 등에서 발주자에게도 안전책무가 부과되면서 예산, 입낙찰 제도 등 건설사업 관련 제도의 개선을 피해갈 수 없게 되었다. 이제까지 지체되었던 비합리적이고 불공정했던 건설산업의 제도들이 시정되어가고 있다.

국토교통부에서도 설계단계에서부터 적정 공기 산정을 의무화하고 있다.4) 공기 부족은 사고의 근본원인 중의 하나로써 적정 공기의 산정이 부실 방지가 목적이지만 부실 방지 이전에 안전을 위한 목적이 선행한다. 건설안전의 최대 걸림돌이었던 공사비와 공사기간의 합리화에도 많은 진전이 있었다.

구조적 위기에 처한 건설산업을 지속가능한 산업으로 바로 세울 수 있는 관건은 안전에 있다. 절대가치이자 사회적 가치인 안전만이 규제의 대상이 될 수 있으며 경제적 과욕을 자제시킬 수 있는 유일한 조건이다. 즉, 건설산업을 바로 세울 수 있는 유일한 관건은 이제까지 책임체제에서 배제되었던 '발주자'도 자신의 의사결정 권한에 따라 '안전'책임을 합리적으로 분담하는 것이다. 불합리한 발주자가 존재하는 한 결코 건설기업이 먼저 투명해지기는 기대할 수 없다. 발주자부터 바로 세워야 건설산업이 건강해질 수 있으며, 발주자는 사회적 책무인 안전으로만이 바로 세울 수 있다.

이제 하수급자인 시공자나 건설기술자 중심의 불합리한 안전책임체제가 발주자를 정점으로 한 합리적인 책임체제로 정상화되는 지각변동이 시작되었다. 건설기업의 경영자는 안전부터 바로 세워야 구성원이 안심하고 일할 수 있으며 탁월한 성과를 내고 발주자의 선택도 받을 수 있을 것이다.

분명 기존 제도나 중대재해처벌법에는 미비한 부분이 있으므로 적극적으로 참여하여 기존의 제도들이 본래의 취지를 살려 기술자와 국민 모두의 복지가 달성될 수 있도록 해야 한다. 지금이 잘못된 제도를 바로잡을 적기이다. 중대재해처벌법이 경제활동을 위축시킬 것이라는 우려도 있지만 기존의 관행이 오늘의 패러다임에 수용이 가능한 것인지를 원점에서 재검토할 필요가 있다. 안전해서 안심하고 일할 수 있어야 일에 몰입할 수 있으며, 생산성이 높아지고 경쟁력도 강화되기 때문이다.

이제 건설기업과 경영자들도 우리가 건설을 왜 하는지, 진정한 건설산업진흥의 의미는 무엇인지를 되돌아보고 근로자를 포함한 건설인 모두가 행복한 건설, 상생의 건설, 정의로운 건설, 존경받는 건설, 지속성장이 가능한 건설로 거듭날 기회이다. 건설종사자, 특히 건설기업의 경영자는 자신이 현업에서 은퇴했을 때 건설인으로서 다음 세대에 무엇을 남기기를 원하는지, 가장 후회되는 일은 무엇이 될 것이라고 생각하는 지 자문해 볼 수 있다면 안전에 기본을 둔 경영이 가능해질 것이다.

안전의 신비한 힘

안전에는 건설산업을 정화시키는 신비한 힘이 있다. 안전은 어떠한 경제 논리로도 피해갈 수 없는 절대 가치이기 때문이다. 이제 안전과 여타의 건설사업 관련 제도가 별개라는 낡은 관점을 버려야 한다. 안전을 바로 세우면 건설이 바로 설 수 있다.

경영학에서도 탁월한 조직과 성과에 대한 정의가 진화를 거듭하고 있는데, 건강한 조직, 안전문화가 있는 조직이 탁월한 성과를 내기에 조직문화 자체를 바로 성과로 정의하고 있으며, 건강한 조직문화의 핵심에는 안전문화가 있다. 9·11 사태에서 '스탠리 모건'을 구한 '릭 레스콜라Rick Rescorla', 위기의 '알코아'를 안전 하나로 성장시킨 '폴 오닐' 등이 이를 증명하고 있다. 안전 리더십이 있는 기업의 이익률은 그냥 우수한 기업보다 이익률이 세 배 이상 높게 나타나 안전문화가 초일류기업의 조건임이 증명되고 있다.

위기의 알코아를 안전 하나로 구한 폴 오닐 사장은 '모든 것은 안전문제다It's all about safety.'라고 하였다. 폴 오닐은 근본적 물음으로서 "모든 사람을 존엄과 존중으로 대우하고 있는가?", "매일 필요한 자원을 제공하여 공헌함으로써 삶의 의미를 갖게 하고 있는가?", "경영자로서 자신이 한 일의 가치를 인지하고 있는가?"의 세 가지를 제시하였다.

안전에는 건설산업에 뿌리깊은 비리나 부조리를 치유할 수 있는 신비한 힘이 있다. 문재인 정부에서는 기획재정부를 중심으로 한 정부 조달 정책도 안전을 우선하는 방향으로 개선의 노력이 있었으나 윤석열 정부에서는 후퇴한 것으로 보인다. 사고가 발생할 때마다 부실과 사고방

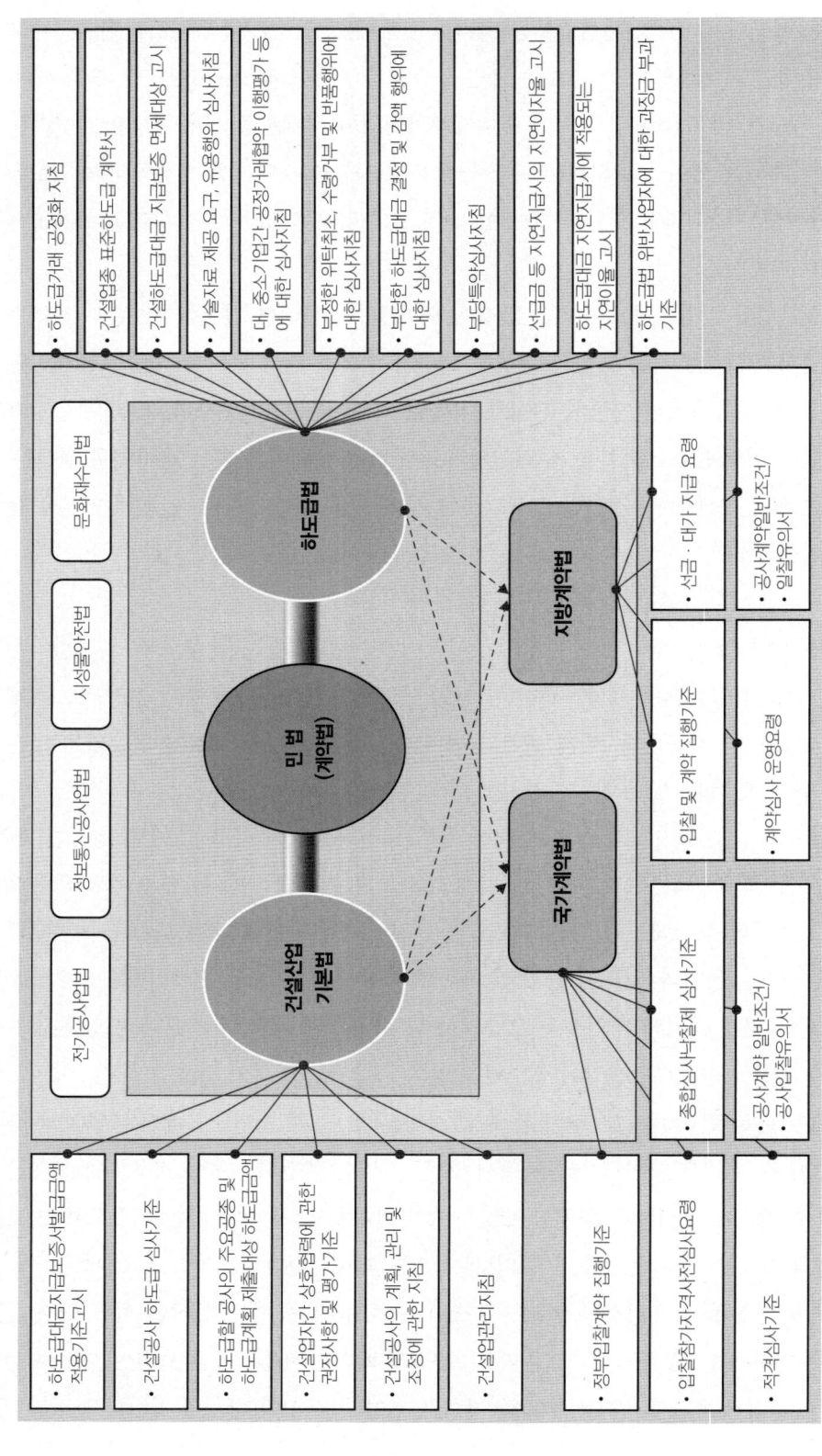

그림 15.1 복잡한 건설 하도급 관련 법령

지를 위한 제도와 정책들이 시행되었지만 대부분의 시민과 생산현장의 근로자들은 아직 안심하지 못하고 있다. 부실이나 사고의 근원은 경제활동 속의 비리와 부조리로서 사고를 방지하기 위해서는 공정하고 투명한 거래가 가능해야 한다. 하지만 경제활동 자체에 대한 규제만으로는 비리나 부조리가 해결될 수 없음은 기존의 경험으로 충분히 증명되었다. 안전은 타협될 수 없는 절대가치이기 때문에, 안전을 바로 세움으로써 사회와 생산현장의 불합리한 관행을 시정할 수 있다.

건설산업의 발전에는 전문건설사와 소속 건설기능인의 복지 향상이 있어야 한다. 하도급업체를 보호하기 위해 숱하게 많은 제도를 만들어 규제하고 있지만 하도급업체가 진정한 동반성장의 동료로서 대우받고 있다고 느끼는 전문건설사는 드물 것이다(그림 15.1).[5]

이는 최대 이익을 취하고자 하는 욕구를 경제적 규제로 제어하는 데는 한계가 있음을 시사한다. 하도급업체의 보호 논리는 수급인인 원도급사에도 동일하게 적용되어야 하나 발주자의 과욕으로부터 원도급사를 보호할 수 있는 장치는 아직 미비하다. 부실과 사고방지를 위한 기존의 무수한 제도와 정책들도 유사한 한계를 가지고 있었다. 기존의 대책들이 조금이라도 실효성이 있었다면 건설산업이 오늘과 같은 모습은 아닐 것이기 때문이다. 우물 안에서 우물물을 바꾸려 하기 보다는 '상자 밖 사고'로 우물(제도)의 밖에서 이해당사자에게 더 큰 영향을 미치는 요인을 찾아 개선하는 것이 근본적인 대책이 될 수 있다. 불공정한 하도급 문제도 안전을 바로 세우면 쉽게 해결될 수 있다.

사회적 책무인 안전만이 상위 권력자의 위험 전가를 억제할 수 있는 힘이 있다. 건설사업을 안전하게 수행하려면 모든 것이 투명해져야 한다. 업무에 적절한 역량을 보유한 직원을 고용해야 하고, 비정규직의 고용으로 인한 위험을 피하려면 가능한 한 정규직으로 고용해야 하므로 유동성이 극심한 고용구조가 개선된다. 이러한 여건을 갖추려면 우선 적정한 비용을 도급으로 주고받아야 할 뿐만 아니라 받은 비용은 고객을 위해 오남용이 없이 투명하게 집행해야 한다. 한 마디로 이제까지의 부조리한 관행들이 더 이상 지속되기 어려워지기 때문이다. 기본으로 자리잡아가고 있는 ESG에서도 안전은 필수 요건이기 때문에 건설산업이 혁신할 절호의 기회가 될 수 있을 것이다. 안전하기 위해서는 먼저 불공정, 부조리, 비리가 치유되어야 하기 때문이다.

건설산업과 안전의 이상향

건설의 목적은 시설물 사용자의 복지 이전에 건설인의 행복 추구가 우선하여야 한다. 건설사고에 대한 벌칙의 강화는 이러한 가치에 대한 사회적 요구가 반영된 것이다. 여전히 사각지대로 남은 소규모현장은 앞으로 해결해야 할 과제이지만, 공공부문부터 건설사업의 수행에 필요한 제반 여건은 크게 개선될 것으로 기대된다.

앞에서 언급한 바와 같이 안전에만 비리나 부조리를 치유할 수 있는 신비한 힘이 있다. 안전을 바로 세움으로써 더 이상 건설기술인과 건설기능인이 도구로 희생되지 않아야 한다. 건설사고의 근본원인은 비리와 부조리임은 과거 사고로 증명되었다. 건설기술인은 부도덕한 발주자나 사업주의 하수인이 되는 것을 거부해야 한다. 건설기술진흥법이 있지만 진정한 건설기술진흥은 건설인에 대한 올바른 대우를 통해서 건설기술인과 건설기능인의 긍지를 높이는 것이다. 건설종사자의 행복이 건설의 목적이 되어야 한다. 건설종사자의 궁핍한 일과 삶의 질을 개선하지 못하는 건설기술이나 건축서비스산업의 진흥은 오늘을 사는 건설기능인의 생명을 담보로 한 건설처럼 무의미한 것이다. 건설산업의 성장 여부는 기존의 양적 성장이 아닌 건설종사자의 삶의 질이 되어야 한다. 국가가 국민생명 지키기에 진력하는 지금이 주객이 전도된 건설산업을 바로 세울 적기이다. 건설기술인이 주체가 되어 발주자로부터 현장 노동자까지 모두가 서로를 진정한 동료로 대우할 때 건설의 빛나는 이상이 실현될 것이다.

건설인의 행복지수 향상이 없는 건설산업의 발전은 허구다. 발주자부터 현장 기술인에 이르기까지 모두가 서로 동료와 가족으로 대우하고 존중받을 때 건설인의 복지가 달성될 것이며, 건설인의 복지가 달성될 때 건설의 이상인 시민의 복지도 달성될 것이다.

현장의 기능인은 보호되어야 하며 보호 역할을 담당해야 할 건설기술자들의 위상과 역할을 바로 세워 건설인으로서 긍지를 회복해야 한다. 건설산업의 선배들은 후배들에게 지금보다 더 나은 건설산업을 물려줄 의무가 있다

더 이상 시민과 근로자가 경제활동의 도구로 전락하여 희생되지 않아야 한다. 일선에서 이들의 안전을 지켜야 할 사람은 기술자들도 적절한 인원, 역량, 근무 여건 등을 보장받아야 한다. 이번 기회에 기술인의 위상과 권한을 함께 확보함으로써 기술인이 객체에서 주체로 자리매김될 수 있어야 한다. 건설기술자들이 사업주와 경영자를 올바르게 보좌함으로써 행복을 위해서 일하는 본연의 모습을 조기에 되찾을 수 있기를 기대한다.

3. 마지막 요소: 건설안전 전문가

건설안전 전문가의 소요 역량

조직의 안전수준은 안전전문가의 역량에 좌우된다. 노동안전, 범위를 좁혀 건설안전의 발전이 더딘 것은 실효성 있는 해결책을 제시하지 못한 전문가의 역량 탓이 크다. 능숙함과 역량의

다른 점은 능숙함이 과거에 기반해서 현재를 실현시키는 능력이라면, 역량은 미래를 상상하고 실현시킬 수 있는 능력이라는 점이다. 능숙함은 역량의 필요조건이며, 역량보다 넓은 의미라고 할 수 있다. 역량은 자신감과 적응력을 의미하며, 아직 경험해보지 못한 문제를 포함해서 빠르게 변화하는 복잡한 환경에 적용할 수 있는 지식과 기술을 개발하고 적절하게 활용하는 능력이다. 역량이 있는 사람은 자신의 개인적인 능력에 자신감을 가질 수 있는 지식, 기술, 자부심, 가치를 가지고 있으며, 복잡하게 변화하는 사회에서 타인과의 교류에도 자신감을 가지고 임할 수 있다. 따라서 능숙함도 산업안전보건 실무에서 중요하지만, 역량의 개념을 도입한다면 필요한 지식과 기술에 대한 이해와 그 지식과 기술이 향후 산업안전보건 관련 전문가 및 실무자의 위치에서 어떻게 적용되어야 하는지에 대한 이해의 차원을 넓혀줄 수 있을 것이다. 역량이 있는 사람의 특징은 다음과 같다.

- 효과적이고 적절한 조치를 취한다.
- 자신이 하려는 일을 쉽게 이해시킬 수 있다.
- 타인과 효과적으로 함께 생활하고 일할 수 있다.
- 자신의 경험으로부터 계속해서 배우는 것이 있다.

건설사업의 안전을 지도·보좌·감리(감사audit)하는 건설안전 전문가의 역량은 두 가지 차원에서 논의될 수 있다. 먼저 일반적인 안전전문가의 역량으로서 미국 안전공학회ASSP의 규정[6]에 의하면 안전전문가는 다음 네 가지 기능을 통합적으로 수행할 수 있어야 한다(**그림 15.2**).

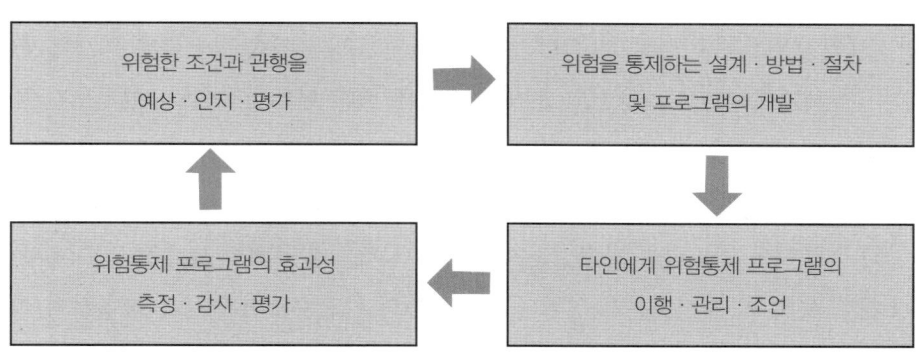

그림 15.2 안전전문가의 직무 범위와 역할

1) 위험한 조건과 관행의 인지 및 평가

2) 위험을 통제하는 방법, 절차 및 프로그램의 개발

3) 위험제어정보의 소통과 제어 수단의 이행, 관리 및 조언

4) 통제 수단의 효과성 평가

위 규정에 의하면 안전전문가는 12개 분야의 기초 학문 소양과 20여 개 분야의 전문영역에 대한 교육 훈련과 경력이 필요하다고 규정하고 있다. 원문을 옮기면 다음과 같다.

> "전문가 기능을 수행하려면 실무에서 안전직에 있는 사람은 공통 지식체계com-mon body of knowledge에 대한 교육, 훈련 및 경험이 있어야 한다. 이들에게는 물리학, 화학, 생물학, 생리학, 통계학, 수학, 컴퓨터 과학, 기계공학, 산업공정, 경영, 의사소통, 심리학 등에 대한 기본적인 지식fundamental knowledge이 요구된다. 전문적인 안전 연구에는 산업위생 및 독성, 공학적 위험통제 수단 설계, 화재 방지, 인간공학, 시스템 및 공정안전, 안전보건프로그램 관리, 사고조사 및 분석, 제품안전, 건설안전, 교육훈련 기법, 안전성과 측정, 행동과학, 안전보건환경과 안전보건환경 관련 법령과 기준 등이 포함된다. 많은 사람들이 경영회계, 공학, 교육, 자연과학 및 사회과학 등 다른 분야의 배경이나 최신 연구경력을 보유하고 있다. 그밖의 사람들도 안전에 대한 최신의 역량을 가지고 있으며, 이러한 부가적 배경으로 이들의 전문성은 안전직의 기본적 소양을 초월한다."

국제안전보건전문조직 네트워크INSHPO에서는 안전문화의 성숙도에 따른 역량체계를 제시하고 있다. 이 체계에서는 안전보건의 문화적 수준에 따른 단계별 증상과 안전보건 종사자의 역할을 병리학적, 반응적, 관료적, 주도적 및 생성적 등 5단계로 나누고 있다(그림 15.3).[7] 조직의 안준수준에 적합한 안전관리활동이 수행되어야 하므로 안전수준의 단계별로 안전보건 실무자의 수준과 실무자를 지도하는 안전전문가의 수준과 역할에 유의할 필요가 있다. 실무에서는 앞에서 소개한 ASSP의 안전전문가 역할과 INSHPO의 안전수준별 역량을 통합하여 이행하는 것이 효과적일 것이다.

다음으로 안전전문가 중 건설안전 전문가에게 소요되는 역량이다. 건설안전분야가 여러 안전분야 중의 하나로 취급되어 누구나 건설안전을 할 수 있는 것으로 오인되고 있다. 이는 건설공학의 밖에서 출발한 안전을 건설사업에 적용하는 과정에서 안전관리 업무를 건설기술자가

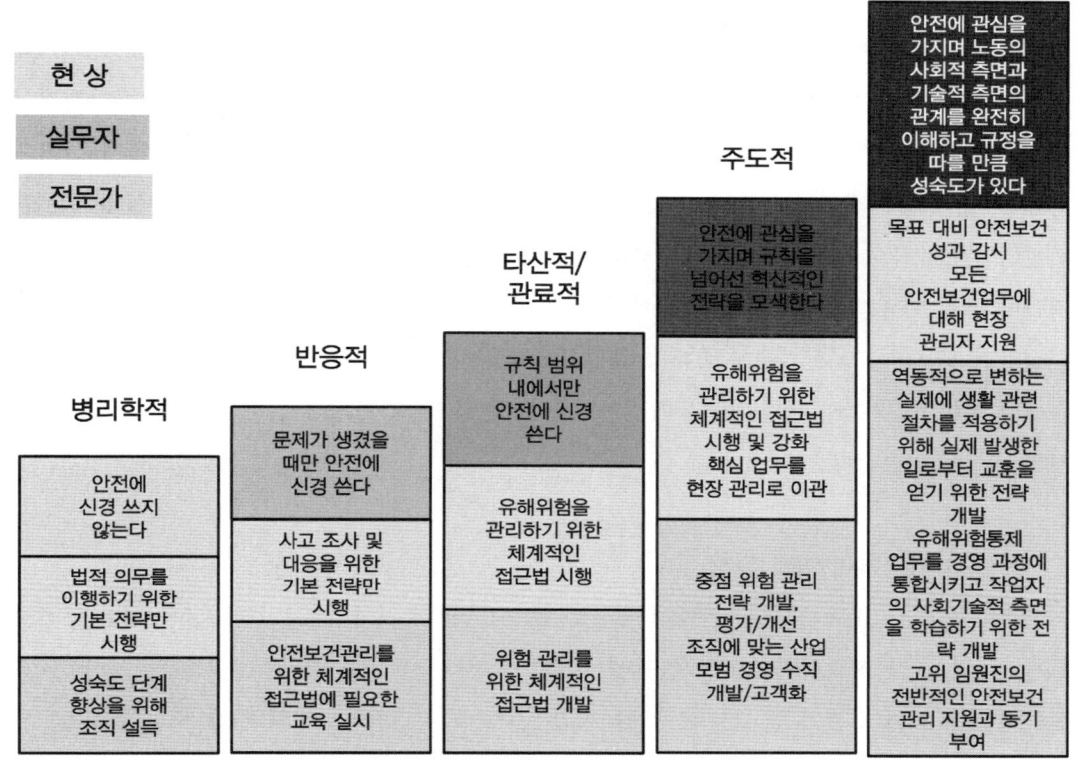

생성적

| | | | | 안전에 관심을 가지며 노동의 사회적 측면과 기술적 측면의 관계를 완전히 이해하고 규정을 따를 만큼 성숙도가 있다 |

현 상
실무자
전문가

주도적

타산적/
관료적

반응적

병리학적

안전문화 수준별 실무자와 전문가 역량 (그림 15.3)

병리학적
- 안전에 신경 쓰지 않는다
- 법적 의무를 이행하기 위한 기본 전략만 시행
- 성숙도 단계 향상을 위해 조직 설득

반응적
- 문제가 생겼을 때만 안전에 신경 쓴다
- 사고 조사 및 대응을 위한 기본 전략만 시행
- 안전보건관리를 위한 체계적인 접근법에 필요한 교육 실시

타산적/관료적
- 규칙 범위 내에서만 안전에 신경 쓴다
- 유해위험을 관리하기 위한 체계적인 접근법 시행
- 위험 관리를 위한 체계적인 접근법 개발

주도적
- 안전에 관심을 가지며 규칙을 넘어선 혁신적인 전략을 모색한다
- 유해위험을 관리하기 위한 체계적인 접근법 시행 및 강화 핵심 업무를 현장 관리로 이관
- 중점 위험 관리 전략 개발, 평가/개선 조직에 맞는 산업 모범 경영 수직 개발/고객화

생성적
- 안전에 관심을 가지며 노동의 사회적 측면과 기술적 측면의 관계를 완전히 이해하고 규정을 따를 만큼 성숙도가 있다
- 목표 대비 안전보건 성과 감시 모든 안전보건업무에 대해 현장 관리자 지원
- 역동적으로 변하는 실제에 생활 관련 절차를 적용하기 위해 실제 발생한 일로부터 교훈을 얻기 위한 전략 개발 유해위험통제 업무를 경영 과정에 통합시키고 작업자의 사회기술적 측면을 학습하기 위한 전략 개발 고위 임원진의 전반적인 안전보건 관리 지원과 동기 부여

그림 15.3 안전문화 수준별 실무자와 전문가 역량

아닌 노무관리자가 산재처리 업무의 일부로 수행하기 시작하면서 초기부터 안전관리업무의 전문성이 확보되지 못했기 때문으로 사료된다. 이후에도 안전관리자는 건설기술자의 일이라기보다는 일반 안전전문가의 일로 간주되어 하나여야 할 안전과 공사의 거리는 더 멀어졌다. 초기에 잘못 설정된 건설안전 전문가의 역할과 역량이 지금도 여전히 정상으로 오인되고 있는 것이다. 노력에도 불구하고 건설사고가 기대만큼 줄지 않고 있는 중요한 이유 중의 하나는 앞에서 제기한 대로 건설사업의 안전관리체제는 시공단계에 제조업 방식을 답습하여 건설안전 전문가의 역할과 역량에 근본적인 문제가 있기 때문이다.

건설사업 생애주기에 걸쳐 안전분야에 대하여 참여자들을 지도하고 조언하려면 건설안전 전문가는 안전전문가가 갖추어야 할 이러한 역량 이전에 건설사업의 수행에 필요한 시공법, 재료, 적산, 공정, 원가 등에 정통해야 한다. 건설사업의 수행에 필요한 기술과 관리 역량은 4년간의 건설관련 학과의 수학을 통해서 습득될 수 있으며, 졸업 후 실무를 통해서 기초가 완성된다. 하지만 기존의 제도와 관행으로는 건설기술에 정통한 안전전문가의 육성이 어렵다. 잘못된 명칭과 위상의 설정에다가 시험으로만 안전자격을 부여하고 산업안전과 건설안전을 혼용하다 보니 건설사업에 정통한 건설안전 전문가를 길러내기 어려운 환경이다.

건설시공 등 건설사업에 관한 기본적인 지식을 충분히 습득하지 못한 사람들을 건설안전 전문가로 채용하다 보니 작업안전 수준의 관리에 머물러 유해위험방지계획서나 안전관리계획서를 작성하고 지도할 역량이 부족하여 공사현장에서도 실질적으로 공사팀을 지도하기 어렵게 되었다. 결국 공사팀은 안전을 안전관리자에게 떠맡기면서 공사관리의 일부로서 실질적인 안전관리업무를 해야 할 공사팀의 안전역량은 별로 개선되지 못하고 있다. 안전관리자는 본연의 역할이 아닌 서류작성 업무에 매몰되어 현장의 안전은 임시직인 안전감시단에 넘어가고 있다. 건설안전 전문가는 건설기술자 중에서 양성되어야 공사팀을 지도하고 조언하는 역할의 수행이 수월할 것이며, 당연히 안전직을 우대하여 유능한 건설기술자가 안전업무를 선호하게 하는 환경의 조성이 필요하다.

건설안전 전문가의 역량 규정

현재 기술자격 제도 상으로 건설안전 전문가는 건설안전기사, 건설안전기술사, 산업안전지도사 중 건설안전지도사가 있다. 국가직무능력표준NCS; National Competency Standards에는 건설안전분야는 24개 분야 중 '23. 환경에너지안전(대분류)'의 하위 6개 영역 중 '06. 산업안전(중분류)'에 속해있다. 산업안전은 산업안전관리, 산업보건관리 및 비파괴검사(소분류)의 세 영역으로 구성되며, 이중 '01. 산업안전관리'는 기계, 전기, 건설, 화공, 가스, 방사선 측정평가 및 원자력발전소 해체방사성 폐기물 관리의 7개 영역(세분류)으로 나뉘어진다.[8]

이 세분류 항목별로 능력단위가 설정되는데 '03.건설안전'의 능력단위는 모두 24 가지로서 관리분야와 기술분야의 내용으로 구성되어 있다. 건설안전기사 시험과목은 이러한 능력을 6개 과목으로 모은 것이다. 여기서 건설분야 기본지식인 건설시공학과 건설재료학은 기본지식으로서 별도로 정의되지 않고 있으며, 나머지 4개 과목으로 평가하여야 한다. NCS 건설안전분야 능력단위는 국가직무능력 홈페이지를, 건설안전기사나 기술사의 출제기준은 큐넷[9]을 참고하기 바란다.

건설안전기사 자격의 경우 시험과목은 산업안전일반과 건설분야 각각에 세 과목에 해당되는 산업안전관리론, 산업심리 및 교육, 인간공학 및 시스템 안전공학과 건설분야 전공과목인 건설시공학, 건설재료학 및 건설안전기술(기술적 측면)로 구성되어있다. 건설안전분야가 다른 안전자격과 다른 점은 건설관리기술Construction Management and Engineering에 대한 기본적인 지식과 실무가 필요하다는 점이다. 건설관리기술은 경영관리Management와 공학Engineering으로 구성되며, 두 영역에 균형있는 역량이 필요하다. 경영관리에는 공정관리, 원가관리, 품질관리, 안전관리, 행정관리 등이 포함되며, 공학에는 구조, 시공, 재료, 건설기계 등이 포함된다. 건설안전기술은 건설시공학이나 건설재료학의 안전측면으로서 실무에서는 분리될 수 없는 성질의 것이며, 일반 안전역량인 기계, 전기, 화공, 보건 등 다른 영역을 모두 포괄하고 있다는 점이다. 건설사업에서 현재와 같이 작업안전과 기술안전으로 이원화된 안전관리업무를 통합적으로 수행하려면 두 분야 모두의 역량을 보유하여야 한다. 건설안전기사의 출제기준으로 산업안전일반 18개 항목, 건설안전기술 7개 항목, 총 25개 항목으로 이러한 역량을 평가해야 하며, 건설시공학과 건설재료학의 주요항목은 8가지로서 모두 34개 주요항목(출제기준)으로 평가하도록 되어 있다. 건설안전지도사의 자격과 검정 방법은 산업안전보건법 제142조~제154조와 한국인력공단 홈페이지를 참고 바란다. 실무차원에서 안전참모로서 건설안전 전문가의 역량 점검을 위한 자가질문을 몇 가지 제안하면 다음과 같다.

✓ 산업안전보건법상 직무 수행 역량으로 충분한가?
✓ 사업주/경영자ECO 지원 역량은?
✓ 기술적engineering 대책과 관리적management 대책의 통합 역량은?
✓ 안전보건경영의 선행요소와 지원 역량은?
✓ 안전수준 양극화의 대책은?
✓ 새로운 위험emerging risks에 대응 역량은?
✓ 재난 대응 역량은?
✓ 위험관리Risk Management 역량은?
✓ 최고의 사고예방 전략은?
✓ 탁월한 경영성과와 안전문화의 요건은?
✓ 안전(예방)문화를 강화시킬 도구와 역량은?
✓ 전략은 효과적이며 우리는 탁월한 전문가인가?
✓ 안전문화에 리더십은 발휘하고 있는가?

한 걸음 더 나아가서 실무자와 전문가의 역량도 구별할 필요가 있다. 아직 건설산업과 정부정책 모두 라인조직에 있는 건설기술자가 기본적으로 갖추어야 할 역량과 참모 역할을 하는 건설안전 전문가의 역할과 역량에 대한 구분이 모호한 편이다. 가장 심각한 문제는 산업안전보건법 등 안전관련 법령에 규정된 대부분의 의무가 생산라인에 속해있는 건설기술인의 몫으로서 법과 기준에 대한 충분한 숙지가 필요함에도 안전관리자의 역할로 착각하고 있다는 것이다. 법적 의무의 위반이 문제가 될 경우 처벌의 대상은 라인상의 건설기술인이며 안전관리자를 비롯한 안전전문가는 참모역할로서 처벌의 대상이 아닌데도, 강화되는 벌칙에도 불구하고 필수 요건인 안전역량에 대한 건설기술인의 자각은 아직도 미약한 것으로 보인다.

건설안전 전문가의 육성과 역할의 혁신

용어/개념이 모든 것을 지배한다. 건설안전분야에서는 안전전문가의 역할과 명칭이 부적절하여, 생산라인에서 수행해야 하는 안전관리업무를 참모 역할인 안전전문가 업무로 오해하게 만들었다. 모든 학문은 본질적으로 언어학이며, 적확한 용어라야 본래의 취지를 제대로 전달할 수 있다. 하지만 이러한 근본적인 오류에 대한 인식과 시정하려는 노력은 미흡한 것으로 보인다. 안전 관련 법령이 강화되고, 안전관리자 선임대상 공사가 연차적으로 확대되면서 '안전관리자 수급대란 초비상' 상황에 진입하였다고 하였다.[10] 이 기사에서는 '연간 안전관리자 배출이 500명뿐으로 인력이 턱없이 부족'하다고 우려했다. 산업안전보건법에서는 안전관리자 선임대상 공사를 기존에 공사금액 120억원(토목은 150억원)에서 이미 100억원 이상으로 확대하였으며, 2021년 7월부터는 80억원, 2022년 60억원, 2023년 50억원까지 단계적으로 확대되었지만 큰 문제는 없었다. 경기에 따라 증감이 있지만 2021년 4월 기준 100억원 이상 공사는 9,468개소, 50-100억원 미만 공사는 5,876개소로서, 매년 500여명을 배출한다면 2023년에는 4,300명이 모자랄 것으로 예측하였으나 일시적으로 안전관리자의 이동과 임금 상승이 있었지만 별 어려움은 없었다. 근본적인 문제는 건설산업의 경우 안전전문가의 배치 의무를 발주자가 아닌 시공자에게 부여하고, 건설현장에서는 건설기술자를 육성하여 해결하지 않고 외부에서 비건설전공자를 찾고 있다는 것이다. 건설업에서 안전관리자의 문제는 앞에서 기술한 바와 같다.

원칙을 충실하게 구현하지 못한 제도가 근본원인이기는 하지만, 건설기업의 사업주는 원칙보다는 경영상의 편의로 싸구려 대책을 선호해왔다. 안전분야를 포함해 관련 기술자격 요건이 강화될 때마다 인력부족 문제가 대두되었으며, 그때마다 양성교육 등으로 충당해왔다. 기술등급도 정상적인 자격자가 부족할 경우 경력만 있으면 인정하는 인정기술자 제도를 한시적으로 운영하곤 했다. 그러나 역량있는 기술자 육성보다는 한시적 조치를 연장하는 소극적 대응이 우세하여 이러한 임시 조치가 장기간 연장되곤 하였다. 기술자격에는 타협이 있어서는 안되며, 안전전문가의 자격에는 기술자격에 실무경험이 추가되어야 한다. 기존에 산업인력공단의 검정을 거친 안전자격자도 역량이 부족하여 공사팀이 아닌 참모로서 역할을 제대로 수행하려면 3년 정도의 실무 경력을 거치도록 해야 한다. 앞에서 기술한 바와 같이 건설사고의 근본원인은 현장에서 필요한 기술이 실종된 것이며, 이는 건설기술자의 역량과 인원 부족이 근본 원인이다.

참모 역할의 안전전문가 과정은 원래 석사 수준의 과정임에도 우리나라에서는 학부에서 전문가를 배출하고 있다. 이러한 안전전문가 육성 방식은 제조업에는 효율적일 수 있으나 건설사업에는 부족한 부분이 있다. 라인조직을 지도하고 감독하려면 라인조직보다 역량이 한수 위여야 한다. 즉, 라인 조직이 보유한 생산기술에 더하여 안전 역량이 필요하다. 하지만 건설산업에서는 안전업무를 초기에는 산재보험을 처리하는 노무관리자가 담당하였으며, 이후에 안전공학과가 학부에 신설되면서 학부에서 배출된 학사급 인력이 건설현장의 안전전문가로 진출하였다. 우리나라의 기술자격 제도는 시험만 통과하면 자격이 주어져 대부분 실무 경험이 없이도 법정 안전업무의 수행이 가능하다. 먼저 전공분야에 대한 학사 수준의 지식이 있어야 여기에 안전관리분야를 학습시킴으로써 건설안전 전문가로 완성될 수 있다.

미국의 경우 안전전문가는 실무경험이 있는 학사 학력의 소지자가 안전전문과정을 이수하기에 일반직보다 급여가 1~2만 불 이상 높아 대우받고 선호하는 직업이다. 하지만 우리나라, 특히 건설업의 경우는 대다수가 비정규직으로 공사팀의 보조 역할에 머무르고 있다. 급여 수준이 대우를 말해주는데 이러한 역할을 하다보니 안전분야에 유능한 인력이 유입되기 어려웠다.

우리나라의 경우 라인업무과 참모역할을 구별하지 못하여 산업안전보건법의 제정시부터 잘못된 역할과 위상 설정으로 기피 대상이 되어왔으며, 최근까지도 대우와 위상은 열악하기 그지없다. 공공발주기관에서도 안전부서는 기피 대상이다. 안전 수준이 발전하기 어려운 근본적인 이유이다. 국가의 역할은 복잡한 제도를 양산할 것이 아니라 어떻게 하면 적격의 유능한 사람들이 안전전문가로 활동하게 할 수 있을까를 고민해야 하는 것이다.

학부의 안전공학전공자는 안전을 폭넓게 공부한다는 장점이 있기에 작업안전에는 적합하다. 하지만 건설사업의 경우는 시공법을 바탕으로 한 공정, 품질, 원가(적산) 등 기본적인 건설사업 관리기술이 없이는 안전관리가 어렵다. 시행된지 30여 년이 경과했음에도 대다수 건설사와 안전관리자가 유해위험방지계획서조차 작성하지 못하고 있는 실정이다. 제도 자체의 문제도 있지만 계획서는 이행의무자가 작성해야 한다는 기본 원칙을 벗어났다. 따라서 이천물류센터 참사에서 증명된 바와 같이 유해위험방지계획서는 제 기능을 하지 못했다.

건설안전 전문가 양성 방법은 일반 안전전문가에게 건설을 가르치는 것 보다 토목, 건축, 플랜트 등 기술분야 전공자를 기업 내부에서 선발하여 안전관리론을 가르치는 것이 빠르고 효과적이다. 생산과 안전은 분리될 수 없기 때문에 원칙대로 라인에서 안전관리 업무를 수행하기 위해서는 현재 라인업무, 공사팀에 종사하는 건설기술인들에게는 현재의 안전관리자 수준의 안전지식이 필요하기 때문이다.

제도에서는 기술안전과 작업안전이 비효율적으로 분리되어 있지만, 개별 건설사업에서는 통합적으로 수행되어야 한다. 특히 공사 규모가 작을수록 기술, 안전, 보건 등 분야별로 전문가를 배치할 수 없기 때문이다.

건설업에서는 '안전관리자' 명칭부터 라인조직의 명칭인 '관리자'라는 명칭을 폐기하여 안전관리업무가 안전전문가의 역할이라는 오해부터 불식시켜야 한다. 건설사업의 안전관리체제를 건설사업의 수행방식에 맞게 혁신하는 것이다. 안전전문가는 감리단의 역할로서, 발주자가 선임하는 안전보건조정자 역할로 통일되어야 하며 시공사의 안전은 공사팀이 책임지게 하는 것이 안전의 정도이다. 지금과 같이 공사팀의 보조 기능만으로는 투입한 비용 만큼 안전이 확보되기는 어렵다.

건설사업 관리체제에는 규모에 불문하고 이미 감리기능이 내재되어 있으므로 이러한 감리기능을 제대로 활용하면 해결될 일이다. 감리제도 도입의 초기부터 감리자의 역할에서 안전을 배제시킨 오류도 함께 바로 잡아야 한다. 발주자에게 최악의 손실은 사고비용으로서, 감리자 본연의 역할인 발주자의 이익을 대변하기 위해서는 안전부터 감시하는 것이 감리자의 일차적 역할이다. 해외공사의 경우 안전전문가는 감리단의 부단장 이상의 수준에서 담당하며, 현장 확인으로 불안전한 상태가 감지될 때는 즉시 공사중지명령이 내려진다. 건설사업 안전관리체제의 혁신이 선결과제이다.

탁월한 보안책임자 릭 레스콜라Rick Rescorla

테러(2001.9.11.)로 세계무역센터건물이 붕괴되었을 때 릭 레스콜라의 철저한 비상대피훈련 덕분에 최악의 위험으로부터 모건스탠리 직원은 대다수가 생존하였다(그림 15.4). 다른 회사들의 엄청난 피해에도 불구하고 모건스탠리에서는 직원 2,687명이 생존하고 13명만이 사망한 것이다. 보안책임자 릭 레스콜라의 강력한 주장으로 임원들의 반대에도 불구하고 매뉴얼대로 연 4회 비상대피훈련을 실시한 결과였다. 하지만 자신은 남아 있는 사람이 있는지 확인하러 들어갔다가 탈출하지 못하고 유명을 달리하였다. 훌륭한 안전전문가는 회사를 위기에서 구한다. 안전은 최고경영자로부터 시작되어야 하지만 안전수준을 마무리할 사람은 안전전문가이다.

그림 15.4   릭 레스콜라

4. 안전을 넘어서

가장 무서운 말; '관행이었다'

세월호 참사 등 대형사고 때마다 등장하는 말이 "관행이었다." 이다. 이천물류창고 참사도 관행이 반복된 것이다. 삼풍백화점 붕괴 참사, 판교 환풍구 붕괴사고, 세월호 참사 등 거의 모든 사고는 기존의 잘못된 관행을 답습하여 발생하였다. 앞에서 언급한 바와 같이 관행은 표면 질서라는 원칙을 무력화시키는 이면 질서의 일부로서 대부분의 관행은 건전하거나 정의롭지 못하다. 건설산업에서의 관행은 청산되어야 할 비리나 부조리와 동의어에 가깝다고 할 수 있다. 건설산업은 아직도 5대 암이라는 중병에 걸려있으며, 5대 암은 우선적으로 근절되어야 할 관행이다. 따라서 "관행이었다"는 말은 다음 사고에서 또 반복될 것이다.

하지만 불합리하거나 불공정한 관행은 자각이 없을 때는 당연한 것으로 받아들여지기 쉽다. 정치, 부동산, 교육, 성문제 등 사회 전반에서 낡은 관행으로 무너지는 조직이나 개인을 숱하게 보아왔지만 정작 당사자가 스스로 인지하고 시정하기를 기대하기는 어려운 사안이다. 건설산업에서는 더 이상 "관행이었다"는 말이 나오지 않도록 기존의 모든 관행을 원리와 원칙에 따라 원점에서 검토하여 사고가 발생하기 전에 불합리한 관행을 바로잡을 필요가 있다.

개인이건 집단이건 어느 날 갑자기 낡은 관행으로 추락하지 않으려면 '당연한 것이 아니면 기대하지 않는다.'는 평범한 원칙을 따라야 한다. 대부분의 관행은 불공정한 편의나 이득을 위한 것이기 때문이다. 또한 조직의 경우 혼자만의 노력으로 불공정한 관행을 탈피하기 어려울 수 있기에 개인 차원의 각별한 주의가 요구된다.

안전을 표현하는 용어도 더 신중하게 사용할 필요가 있다. 흔히 사고의 원인을 '안전 불감증'이라 하는데 이는 '안전 무시증'으로 바로잡아야 한다. 대중의 지식 수준은 결코 위험을 의식하지 못하는 불감증 수준은 아니다. 과욕으로 무엇인가를 더 얻기 위하여 위험을 무시하였기 때문이다. 안전불감증이라는 용어는 몰라서 그랬다는 논리로 사고유발자의 책임을 희석시키는 역기능도 있음에 주의해야 한다. 사고의 원인을 제공한 자가 있음에도 잘못된 용어를 사용하여 사고의 책임을 개인의 것으로 사사화私事化, privatization되는 것을 막아야 한다.

'위험의 외주화'라는 용어도 제대로 사용해야 한다. 어쩌다 하는 일을 위해 해당 전문가를 상시 고용할 수는 없는 노릇이다. 어쩌다 발생하는 위험한 작업일수록 전문가에게 부탁해야 한다. 하지만 위험은 위험을 제대로 통제할 능력이 있는 사람에게 외주를 주는 것이 맞다. 다만 위험관리의 역량도 확인하지 않고 싼값에 위험작업을 도급하는 것이 문제다. 위험한 작업일수록 역량있는 자에게 적정한 비용으로 도급될 수 있는 장치를 만들어야 안전한 사회가 될 것이다.

공공부문에서는 청렴교육 등이 의무화되어 지속적으로 실시되고 있으며, 최근 기업에서 앞다투어 도입하고 있는 ESG도 기본은 안전으로서 근로자와 공중의 안전을 지키는 것이며, 기존의 낡은 관행을 타파하기 위한 노력의 일환으로 볼 수 있다. 건설기능인을 포함한 전문건설사와의 동반성장이 필요하다.

청부과학을 경계해야 한다

우리는 다방면에서 왜곡된 정보의 위협을 받고 있다. 특히 전문 연구자가 특정 조직의 사익을 위해 한 연구를 청부과학請負科學이라 한다. 미국 안전보건청장이었던 데이비드 마이클스 David Michaels는 '기업과 장사꾼들이 건전과학이라는 이름으로 포장하여 사익을 추구하고 공공 연구조직조차 이해관계자의 편을 들어주는 일이 자연스럽게 이루어지고 있다'고 하였다.[11] 그는 최근 면담[12]에서도 "기존의 시스템을 재구축하는데 비용을 들이는 것은 실수가 될 것이며, 미국의 노동안전보건시스템은 재상정reimagine해야 할 때"라고 하였다.

우리는 원천적으로 자본가와 정치가 주도하는 기울어진 운동장 위에 있다. 거의 대부분의 연구는 자본가가 공중의 이익보다는 자신의 이익을 위해서 투자한 결과이기 때문이다. 우리 사회가 위험사회를 넘어 사고사회로 치닫는데 언론과 학문의 역할이 크게 작용했기 때문에 정치의 타락만을 비난하며 언론과 학문의 타락을 무시하는 것은 그 자체로도 큰 문제라 하였다.[13] 전문 연구자는 동일한 사안에 대해서 얼마든지 정반대의 결론을 도출내 낼 수 있는 능력을 가지고 있다. 많은 연구자들이 자료조사, 설문, 전문가 면담 등 그럴듯한 방법을 동원하여 두꺼운 보고서를 양산했지만, 문제의 해결에 기여할 정도로 유익한 결과를 제시한 경우는 많지 않았다.

돈과 권력을 추구하는 어용학자 또는 업자 학자를 경계해야 한다. 불편함을 무릅쓰면서까지 구체적인 사례를 들지는 않겠지만, 학회 활동도 금전적 지원 등 기업의 영향력을 벗어날 수 없기에 중립을 유지해야 할 학회조차 특정 이익집단의 편을 드는 경우가 많아졌으며, 기업이 불편할 발언은 꺼리는 경향도 있다. 공공연구기관이나 이익단체 소속의 연구자들은 자신들의 목소리를 낼 여지가 거의 없음을 감안하고 이들의 목소리를 들어야 할 것이다. 건설안전분야의 경우도 필자를 포함하여 연구자들이 목소리를 높였더라면 지금보다는 더 나은 건설산업이 되었을 것이다. 끝에 기술한 '약간의 용기'가 마지막 요소로 필요한 이유이기도 하다.

가치관의 재정비

앞의 "관행이었다."는 덫에서 탈출하려면 우리의 가치관부터 다시 살펴야 한다. 영혼이 있는 건설기술인, 영혼이 있는 건설기업이 되어야 한다.[14] 인간은 자원이 아니다.[15] 인도의 수도 뉴

델리에 간디의 화장터인 라즈 가트가 있다. 그 곳 추모공원 기념석에는 간디가 말한 사회를 병들게 하는 일곱가지 악Seven Blunders of the world이 새겨져 있다. 간디가 손자 아룬 간디에게 남긴 글이다. 시간이 흘렀지만 현대사회가 직면한 일곱 가지 도전으로 손색이 없으며, 5대 암을 치유하지 못하고 있는 건설산업의 경우는 더욱 그렇다.

1) 원칙 없는 정치Politics without Principles

원칙없는 정치는 철학이 없는 정치를 말한다. 앞에서 언급했듯이 사고방지는 원칙의 문제, 철학의 문제이다. 원칙없는 정치는 사회를 혼란에 빠뜨리며 불신을 키운다. 사고방지를 위한 제도에도 원칙이 제대로 반영되지 않으면 낭비된 노력이 될 수밖에 없다.

2) 도덕 없는 경제Commerce without Morality

건설업이야말로 건설의 높은 이상에도 불구하고 인명을 담보로 생산을 영위하는 대표적으로 도덕 없는 경제활동이다. 경제는 모두가 인간답게 살기 위한 것이다. 나만 잘사는 것은 결코 오래 지속되지 못한다. 건설업처럼 거래를 통해 손해를 보고 피눈물 나거나 생명을 잃는 사람이 생겨서는 안된다. 발주자와 상위 수급자의 탐욕은 절제되어야 한다.

3) 노동 없는 부富Wealth without Work

이를 불로소득이라 한다. 열심히 일해 소득을 얻는 이들의 근로의욕을 말살시키고 노동가치를 떨어뜨리는 부의 창출이 방치되지 않아야 한다. 건설사업에는 노력 없이 자기몫만 챙겨가는 기생충들이 너무 많다. 건설사고의 근본원인 제공자들이다.

4) 인격 없는 지식Knowledge without Character

대부분의 경영자들은 종업원들을 쥐어짜기에 혈안이 되어 있다. 여기에 학자나 연구자들이 편승하여 쥐어짜는 논리와 도구를 제공하고 있다. 교육이 오로지 실력 위주로만 집중될 때 천박한 인간들이 양산된다. 교육은 '난 사람' 이전에 '된 사람'을 키워야 한다. 인격없는 교육은 사회적 흉기를 양산하는 것만큼 위태롭다.

5) 인간성 없는 과학Science without Humanity

현대사회는 돈벌이만 되면 무엇이든지 할 수 있는 사회이다. 자연환경에 대한 무분별한 개발과 AI 등 몰인간적 과학기술은 인류를 결국 파멸의 길로 인도할 위험이 크다.

6) 윤리 없는 쾌락Pleasure without Conscience

삶의 즐거움은 행복의 기본 선물이다. 하지만 자신의 행복만을 위해 추구하는 무분별한 쾌락은 타인에게 혐오와 수치를 준다.

7) 헌신 없는 종교Worship without Sacrifice

여기서 종교는 특정 교리보다는 개인의 믿음에 관한 것이다. 종교는 타인을 위한 헌신과 희생, 배려와 봉사를 가르친다. 인간으로서 최고의 가치다. 하지만 종교에 헌신이 빠지면 도그마가 되고 또 하나의 폭력이 된다. 순결한 영혼에 대한 폭력이다. 요즈음 사회가 종교를 걱정하게 되었다.

이상 일곱 가지는 발전돼가는 물질문명에도 불구하고 퇴조해가는 정신문명의 기준으로 손색이 없다. 경영자뿐만 아니라 사회인이라면 누구나 자가 진단의 기준으로 삼아야 할 것이다. 이후 그의 손자는 이 목록에 '책임 없는 권리Rights without Responsibilities를 추가했으며, '노동 없는 부'와 '양심 없는 쾌락'은 상호 연관적이다고 했다. 이상은 건설에 종사하는 모든 사람들이 다시 생각해보아야 할 덕목들이다. 특히 산업에서 중추적 역할을 하는 건설기술인이 명심하여 기술을 거래하지 않는 진정한 건설기술자가 되어야 한다.

마지막 요소; 건설기술자와 건설안전 전문가의 각성

건설안전 전문가들의 각성과 역량 개발이 필요하다. 건설안전에서 궁극적인 문제이자 가장 큰 문제는 대다수 건설안전 전문가조차 이제까지 언급한 건설안전의 근본적인 문제점을 제대로 인식하지 못하고 있다는 것이다. 인지하고 있다고 해도 집단적으로 개선할 노력은 별로 없었다. 간담회, 자문회의 등을 통해서 의견이 수렴되고 있기는 하지만 대부분이 각자의 입장을 대변하기 위한 것으로서 산업차원에 근본적인 문제점을 해결하는 토론에까지는 이르지 못하고 있다. 제도상의 문제로 치부하기 전에 건설안전 전문가들이 제대로 역할을 했다면 지금처럼 기능인들이 매일 생명을 잃는 일은 없었을 것이다. 작업안전과 기술안전을 따로국밥으로 할 것이 아니라 공사팀이 동시에 할 수 있도록 지원해야 한다.

작금의 상황은 영업을 위한 관계 맺기에 매몰되어 싸구려 용역비 과당경쟁으로 수지를 맞추기 위해 저임금으로 격무에 시달리게 하고 있는 안전전문업체의 사업주도 반성이 필요하다. 안전분야조차도 건설사처럼 상한 음식(공사)을 탐닉해서는 안될 것이다. 무엇이 문제인지도 모르고 잘못 짜여진 프레임 속에서 도구로 전락하여 희생양이 된 건설안전 전문가가 오늘의 실상이다.

경력이나 경험은 고려하지 않고 최소 요건인 기사자격만 있으면 안전관리자로 선임되는 것은 바람직하지 않다. 극소수 상위 종합건설사는 예외가 될 수 있겠지만, 안전직은 대표적 비정규직 자리로서 과장까지 승진하면 인건비 절감을 위해 이직을 준비해야 하는 상황이었다. 공사팀에 기술역량이 밀리다 보니 현장에서는 당연히 대우받기 어렵다. 안전직은 종합건설사에서도 열악한 대우로 건설기술자가 맡기를 꺼리는 직무이며, 현장에서도 공사팀으로부터 상위 감독자로 대우받지 못하고 있다. 건설사고를 효과적으로 줄이고자 한다면 안전전문가의 위상 정립이 정책의 핵심 과제가 되어야 한다. 안전을 바로 세우기 위해 근본적으로 개선이 필요한 사안이다.

앞에서 논의한 바와 같이 건설사업에는 부적절한 제조업 방식의 안전관리체제를 답습하여 참모 기능을 하는 안전전문가에게 생산조직에 소속된 '관리자'라는 명칭을 똑같이 부여하여 라인에서의 안전관리활동과 참모로서 안전감시기능을 구분하지 못하게 만들었다. 결국 라인에서 수행해야 할 안전관리업무가 안전참모에게 전가되어 생산조직의 자율안전역량은 개선되지 못하고 안전전문가는 생산조직의 시녀로 전락한 것이 오늘의 현실임에도 이러한 근본적인 문제를 개선할 의도는 미약한 것으로 보인다. 대부분의 건설안전 전문가는 안전관리자라는 명칭부터 잘못되어 있다는 것을 인지하지 못하고 있으니 당연히 개선의 노력도 기대하기 어려운 실정이다. 공사팀의 실질적인 안전역량의 개선 없이는 결코 건설사고의 효과적인 예방을 기대할 수 없다. 건설사업에 종사하는 사람이라면 내 밥그릇(업역)만 볼 것이 아니라 칸막이를 너머 이전 단계와 이후단계까지 돌아볼 필요가 있다. 이제 각자도생 관행에서 벗어나 공동으로 음식(건설사업)의 질을 높이는 일에도 관심을 가질 때다.

"응당히 머무는 바 없이 그 마음을 내라 應無所主 而生其心." - 금강경 -

나에게 묻는다; 작은 용기가 있는가?

용산 전쟁기념관에 들어서면 기념관을 소개하는 동영상부터 시청하게 된다. 동영상의 마지막 문구는 "자유는 거저 주어지는 것이 아니다.Freedom is not free."로 마무리 된다(그림 15.5). 안전도 마찬가지로 부단한 노력을 통해서만 달성될 수 있으므로 "안전은 거저 주어지는 것이 아니다Safety is not free."

노력에는 단순한 노력 외에 한 가지 더 필요한 것이 있다. 바로 '약간의 용기'이다. 비리와 부조리가 건설사고의 근본원인이며 기존의 불합리를 시정하려면 비난이나 불이익을 감당할 수 있는 용기가 필요하다. 우리 사회는 직장안에서나 사회적 자리에서 바른 말을 하기가 어려운 것이 현실이다. "당신들이 금에 열광하는 이유가 무엇인가?"라는 원주민 추장의 물음에 정복자인 에르난 코르테스는 "나와 내 동료는 금으로만 나을 수 있는 병을 앓고 있기 때문이다."라고 응답했다. 우리는 생계와 '돈의 향기'로 부터 자유롭지 못하기 때문에 종종 양심과 타협해야 하는 순간에 마주칠 수 있다. 우리는 증식을 본능으로 하는 자본에 자유를 부여한 살육적 자본주의사회Cannibal Capitalism 속에 살고 있기에 본능을 자제하기가 더 어렵다. 탁월한 조직은 건강한 조직이며 건강한 조직은 극도로 투명한 조직이어야 한다. 더구나 우리나라는 권력간격지수

그림 15.5　용산 전쟁기념관 소개 동영상의 마지막 자막

가 높은 수직적 위계질서에 기반한 문화로는 안전에 필요한 건강한 조직문화를 형성하기가 매우 어렵다.

효과적으로 안전수준을 개선해 나가려면 올바른 말을 할 수 있는 용기가 필요하다. 신학자이며 사회학자인 토니 캄폴로Tony Campolo 박사는 후회 없는 삶이 어떤 삶인가를 알기 위하여 95세 이상이 된 노인 50명을 대상으로 다음과 같은 질문을 하였다. "만일 여러분께서 다시 삶의 기회가 주어진다면 어떻게 살겠습니까? 세 가지만 기록하시오." 그 세 가지는 '첫째, 날마다 반성하며 살겠다, 둘째, 용기있게 살겠다, 셋째, 죽은 후에도 무엇인가 남는 삶을 살겠다'였다. 이 세 가지의 공통 점은 '바르게 살지 못한 것'에 대한 후회로서 '바르게 살기' 위해서는 용기가 필요하다. 용기는 후회 없는 삶을 사는 데 중요한 요소이며 기존의 일하는 방식을 바꿔야 하는 안전을 실행하는 데도 용기는 필수적이다.

'불편한 진실inconvenient truth'은 엘 고어Al Gore가 쓴 환경보고서의 제목이다. 발생 가능한 사고를 미연에 방지하고 발생한 사고로부터 올바른 교훈을 얻으려면 '불편한 진실'이 소통되는 문화여야 한다. 하지만 우리 사회는 전반적으로 아직 불편한 진실을 말할 수 있는 문화가 아니다. "아주 근본적인 것을 바꾸자고 제안하는 책은 위안이 되기보다는 마음을 불편하게 할 수 있다(프랜시스 콜린스Francis Sellers Collins)."**15)** 우수한 안전문화를 향유하려면 구성원 누구나 '불편한 진실' 말할 수 있는 투명하고 건강한 조직이 되어야 하며, 역으로 안전으로 이러한 건강함을 달성할 수 있다. 사고로 고통받는 사람을 구하는 일은 예수와 부처의 경지에 다다르는 일이다.

> "세상에 오직 내가 존재하니, 마땅히 내가 고통으로 가득찬 세상을 편안케
> 하리라天上天下 唯我獨尊 三界皆苦 我當安之" - 부처 -

후기

큰 그림을 겨냥하다 보니 아직 다듬어지지 않은 부분이 많으며, 하고 싶은 중요한 말들도 담아내지 못했지만 조금이라도 속히 공유하고 싶은 욕심에 출간하기로 했다. 초판은 전작인 두 권의 건설안전관리론과 단행본으로 출간된 삼풍백화점 붕괴사고 10주기와 20주기 연구보고서가 토대가 되었으며, 개정판에서도 골격은 동일하다. 호랑이를 그리려 했는데 고양이도 못 그렸을 수도 있지만 건설인에게 위안이 되고 건설산업의 현상을 개선하는데 조금이라도 기여할 수 있기를 기대한다. 개정판에서도 부족한 부분은 여전하지만 계속해서 보완하고자 한다.

안전에 입문하면서 하고 싶었던 일이 세 가지 있었다. 첫 번째 과제는 발주자가 배제된 건설사업 관련 제도와 안전분야 제도를 발주자 주도의 건설산업으로 합리화하는 것이었다. 본문에 밝힌 대로 건설안전을 바로잡을 기회들이 있었음에도 번번이 무산되었다. 30여 년의 노력 끝에 건설안전특별법으로 발의되었으나 폐기되었다. 하지만 정부가 바뀌면서 보완안까지 두번에 걸쳐 다시 발의되었으며, 노동안전 종합대책에도 핵심 과제로 채택되었으므로 조만간에 제정될 것으로 기대한다. 이 법도 완벽할 수는 없겠지만, 법 제정 자체만으로 기존의 불합리한 건설안전관리체제는 시정될 것이다. 아직 인지하지 못한 분들도 있겠지만 안전이 촉발시킨 건설산업의 지각변동이 가시화되고 있음에 보람을 느낀다. 또 하나의 의미있는 성과는 우리나라에서는 처음으로 주요 공공발주기관이 참여하는 발주자 협의회를 출범시켰다는 것이다. 최근 3년 동안 공공발주기관들은 국가의 안전정책을 따라가는데 많이 힘들었겠지만 국가의 기본 사명인 산업을 발전시키고 국민의 복지에 기여한다는 본연의 사명을 더 충실하게 달성하게 되었음에 긍지를 가질 수 있기를 기대한다.

두 번째 과제는 제조업 방식에 종속된 건설안전 분야를 학문적, 제도적으로 독립시키는 것이었다. 이 과제도 2017년에 사단법인 한국건설안전학회를 창립하여 4기째 운영함으로써 기반을 마련해가고 있다. 학회의 방침은 '정의로운 건설, 안전한 대한민국'으로서 관행과 타협하지 않고 안전을 통해 건설산업의 행복지수를 높이기 위해 오피니언 리더로서 역할을 해왔다.

세 번째 과제는 건설안전지식을 집대성한 책을 집필하여 백만 명 이상의 건설인에게 유익을

나의 사명

2006년 7월 8일
경기도 광주에서
안 홍 섭

나의 사명은 산업재해가 없는, 편안하
고 안전한 건설현장을 만드는 것이다.

나는 이 사명을 감당하기 위하여
2008년까지 안전지식을 집대성한
저서를 내놓을 것이며, 2016년까지
1,000명 이상의 건설안전 전문가를
코칭하고 2026년까지 100만명 이
상의 건설산업 종사자들에게 유익을
줄 것이다.

주는 것이다. 나의 직업 사명은 '노동재해가 없는, 편안하고 안전한 건설산업을 만드는 것'이다. 기존의 건설안전 분야 도서는 기사나 기술사 수험서와 공학분야 서적이 대부분으로서 실무자들이 빠르게 발전하는 최신의 이론이나 추세를 따라잡지 못하고 있다. 제도나 정책이 그렇듯이 건설안전 분야 도서 역시 제조업 틀을 탈피하지 못하고 있으며, 지식의 기반이 되는 원리나 원칙을 체계적으로 학습하는 데는 어려움이 있다. 아직 충분하지는 않지만 앞으로 기존의 건설안전 분야 도서가 미흡했던 부분을 계속 보완해 나갈 것이다. 건설안전 전문가 여러분의 아낌없는 질책을 바란다.

안전을 오래 들여다보다 보니 안전교安全教를 믿게 되었다. 안전한 건설을 위해서 뿐만 아니라 변화하는 사회적 요구에 부응하기 위해서도 건설산업은 혁신이 필요하다. 건설산업의 혁신은 안전으로만 달성이 가능하다고 믿는다. 건설사고의 근원은 기술적 실패가 아닌 비리와 부조리에 있으며, 이는 안전으로만 치유될 수 있기 때문이다. 건설기업의 경영자를 포함한 건설인 모두가 안전교의 신자가 되어 인류복지 창출이라는 드높은 건설의 이상에 걸맞게 여타 산업보다 사회적으로 존경받는 건설산업과 건설인이 되기를 염원한다.

평소에 격려와 후원을 아낌없이 베풀어 주시고 개정판에도 흔쾌히 추천사를 써주신 한미글로벌 김종훈 회장님께 충심으로 감사드리며, 출간을 맡아주신 진인진의 김태진 대표님과 직원들의 노고를 위로합니다. 오늘의 나를 있게 해주고 졸고를 끝까지 반복해서 교정해준 중전(아내)과 나의 보물(아들 재정)에게 이 책을 바칩니다.

미주

제1장 건설산업의 현실

1) 한국건설산업연구원(2007), (2007), 한국건설산업의 성공 키워드, 보성각, p.22.
2) 한국개발연구원 경제정보센터, 나라경제 2021.5.
3) 홍성태·안홍섭·박홍신(2018), 안전사회로 도약하는 길;삼풍백화점 붕괴사고 20주기 보고서, 진인진.

제2장 건설안전 혁신의 당위성

1) 고용노동부, '20년 산업재해사고사망통계발표, 2021.4.15.
2) [시론] 건설근로자 '행복지수' 높여야 한다, 건설경제.
3) 최수영(2020), OECD 국가의 건설업 산재 사망사고 실태 비교·분석, 한국건설산업연구원.
4) 연합뉴스, https://www.yna.co.kr/view/AKR20210128101900004
5) 관계부처 합동 산업재해 사망사고 감소대책, 2018.1.23.
6) 앞 자료
7) 원정훈(2025), 건설업 위험성평가제도 개선방안(원자료; 고용노동부, 연도별 산업재해분석)
8) 앞 자료
9) The fatal injury rate (1.64 per 100,000 workers) remains high at around four times the All industry rate. (출전)http://www.hse.gov.uk/statistics/industry/construction.pdf
10) 건설사고 예방하려면 '관행'을 깨야 한다, 안전신문, 2021.7.14.
11) 한국건설기술연구원·한국산업안전공단(2000), 중장기적 차원의 건설현장 안전관리 확보방안에 관한 연구, 국토교통부·노동부.
12) 안홍섭 외(2017), 건설업 발주자 안전보건 책무부여 제도도입 방안, 안전보건공단 산업안전보건연구원.
13) Rolf Dobelli(2014), The Art of Thinking Clearly, p.278.
14) 유발 하라리(2017), 호모 데우스, 김영사, pp.415-416.
15) 홍성태·안홍섭·박홍신(2006), 삼풍사고 10년, 교훈과 과제, 기문당, pp.182-187.
16) 앞의 책
17) 홍성태·안홍섭·박홍신(2018), 안전사회로 도약하는 길;삼풍백화점 붕괴사고 20주기 보고서, 진인진.
18) Frank E. Bird, Jr., Loss Control Management
19) S&P 500 지수: 국제 신용평가기관인 미국의 S&P(Standard and Poors)에서 작성한 주가지수
20) Tracking the Market Performance of Companies That Integrate a Culture of Health and Safety: An Assessment of Corporate Health Achievement Award Applicants; Journal of Occupational and Environmental Medicine (January 2016, Vol. 58. Issue 1, Pages 3-8) (http://ehstoday.com/blog/safety-profitability-and-data-driven-business
21) 데이비드 벳스톤(2003), 신철호 역, 영혼이 있는 기업, 거름.

제3장 건설안전 혁신의 전제

1) 박현모(2016), 세종의 적솔력, 흐름출판, p.274.
2) 홍성태·안홍섭·박홍신(2018), 안전사회로 도약하는 길;삼풍백화점 붕괴사고 20주기 보고서, 진인진.

3) 엘렌 뱅어, 마음챙김 학습혁명, 도서출판 길벗, 2016, pp.155-159.

4) "한국 공사비 미일의 '반값' 수준", 건설경제, 2018.5.2.

5) 안홍섭, 원리기반 건설안전관리론, 한울미디어, pp.59-62.

6) 하가 시게루(2001), 김승남 감역, 이제는 실패학이다, 연합뉴스.

7) 하가 시게루(2000), 이제는 실패학이다, 연합뉴스, p.144.

8) 메르스·세월호, 블로그·트위터 언급건수, 중알일보, 2015.6.16.

9) 피터 센게(2014), 학습하는 조직(The Fifth Discipline), 강혜정 역, 에이지, pp.44-57.

제4장 건설과 사고원인 바로 보기

1) 국가기록원 기록물 생산기관 변천정보.http://theme.archives.go.kr/next/organ/viewDetailInfo.do?code=OG0031485&isProvince=&mapInfo=mapno1

2) 홍성태·안홍섭·박홍신(2006), 삼풍사고 10년, 교훈과 과제, 기문당.

3) 홍성태·안홍섭·박홍신(2018), 안전사회로 도약하는 길;삼풍백화점 붕괴사고 20주기 보고서, 진인진.

4) 한국건설기술연구원(2020), 건설공사 품질·안전관리 통합시스템 구축 연구, 국토교통부, p.315.

5) 유발 하라리(2015), 사피엔스. 김영사, p.248.

6) 치키런(2011), 자신의 머리로 생각하라, 북스넛, p.149.

7) 국토교통부 건설사고조사위원회(2018), 평택국제대교 거더 붕괴사고 사고조사보고서.

8) 한국건설안전학회(2020), 건설안전특별법 제정안 마련 연구, 국토교통부,

9) 김상범(2016), 공사비 적정성 확보를 위한 정책제안 연구.

10) 김한수·한미파슨스(2008), 발주자가 변하지 않고는 건설산업의 미래는 없다, 보문당, pp.30-31.

11) 노동안전위생법(1972) 제1조(목적) 이 법률은 노동기준법에 상응하여 노동재해의 방지를 위한 위해방지기준의 확립, 책임체제의 명확화 및 자주적 활동의 촉진 조치를 강구하는 등 이의 방지에 관한 총합적 계획적 대책의 추진에 의하여 직장에서 노동자의 안전과 건강을 확보하는 한편 쾌적한 직장환경의 형성을 촉진하는 것을 목적으로 한다.

12) 정진우(2015), 산업안전보건법 국제비교, 리걸플러스.

13) 정진우, '우리나라, 미국, 일본 공공기관 산재예방 직원수 및 산업안전보건 감독관수 비교'에서 인용.

14) CONIAC: https://www.hse.gov.uk/aboutus/meetings/iacs/coniac/index.htm

15) 공무원 改造가 먼저다 (1)전문성 없는 시스템, 조선일보, 2014.5.14.

16) 고 김용균 사망사고 진상규명과 재발방지를 위한 석탄화력발전소 특별노동조사위원회(2019), 고 김용균 사망 사고 진상조사결과 종합보고서, pp.479-490.

제5장 외국의 건설안전제도

1) 김한수·한미파슨스(2008), 발주자가 변하지 않고는 건설산업의 미래는 없다, 보문당.

2) 이상호 외(2007), 일류 발주자가 일등 건설산업 만든다, 보문당.

3) The fatal injury rate (1.64 per 100,000 workers) remains high at around four times the All industryrat,e, http://www.hse.gov.uk/statistics/industry/construction.pdf

4) 윤조덕 외(1997), 종합안전관리자제도 도입방안에 관한 연구, 한국노동연구원.

5) 안홍섭 외 2인(2006), 발주자를 활용한 건설현장 안전관리체계 구축 연구, 한국산업안전보건공단 산업안전보건연구원.

6) 앞의 책, pp.84-85.

7) The Construction (Design and Management) Regulations (1994, 2007, 2015) (http://www.hse. gov.uk/pubns/books/l153.htm)

8) 앞의 책, p.80.

9) (2020), 건설안전특별법 제정안 마련 연구, 국토교통부.

10) [영국 현지 취재] "기업살인법은 위험의 외주화를 줄일 수 있다?"…팩트체크 5문5답, 시사저널, 2020. 1.22. https://www.sisajournal.com/news/articleView.html?idxno=194716

11) 고길곤(2017), 싱가포르 다시 보기, 문우사.

12) 강승문(2014), 싱가포르에 길을 묻다, 매일경제신문사.

제6장 건설안전 혁신의 과제

1) https://visualisation.osha.europa.eu/esener#!/

2) HSE(2004), Investigating accidents and incidents, p.4.

3) Michael Quinlan(2014), Ten Pathways to Death and Diaster, The Federation Press.

4) 매일경제, 2021.3.29.

5) 건설안전특별법(발의안), 2020.9.11.(http://pal.assembly.go.kr/search/ popup View)

6) 한국건설안전학회(2020), 건설안전특별법 제정안 마련 연구, 국토교통부.

7) 법률안 제2조(정의)제7호에 정의를 담고 있으며, 법령해석 및 적용의 통일성을 위해 건설산업기본법 제2조 제 7호와 동일하게 구성함

8) 사용자는 근로계약에 수반되는 신의칙상의 부수적 의무로서 피용자가 노무를 제공하는 과정에서 생명, 신체, 건강을 해치는 일이 없도록 인적·물적 환경을 정비하는 등 필요한 조치를 강구하여야 할 보호의무를 부담하고, 이러한 보호의무를 위반함으로써 피용자가 손해를 입은 경우 이를 배상할 책임이 있다." 대법원 2001.7.27. 선고 99다56734 판결

9) 상법 제724조(보험자와 제3자와의 관계) ②제3자는 피보험자가 책임을 질 사고로 입은 손해에 대하여 보험금액의 한도내에서 보험자에게 직접 보상을 청구할 수 있다.

10) 구체적으로 보완이 필요한 사항에 대해서는 '한국건설안전학회(2020), 건설안전특별법 제정안 마련 연구' 참고

제7장 국가의 책무

1) 산업안전보건연구원(2009), 위험성 평가제도의 구체적인 도입방안에 관한 연구, pp.27-33.

2) 한국시설안전공단·한국건설안전기술사회(2013), 건설현장 안전사고 감소방안 마련을 위한 연구, 국토교통부.

3) 이재현(2019), 본질은 조직문화다, 바른북스, 257쪽.

4) 데이비드 와일(2014), 균열 일터(Fissured Workplace), 황소자리.

5) 안홍섭 외(2006) 발주자를 활용한 건설현장 안전관리체계구축 연구, 산업안전보건연구원.

6) 우석훈(2019), 민주주의는 회사 문 앞에서 멈춘다, 한겨레출판.

7) 1997.8.7. 대한항공 801편이 괌공항 인근 니미츠힐에 추락한 사고로서 사망자 228명, 생존자 26명이었음.

8) 말콤 그래드웰(2009), 아웃 라이어, 김영사

9) 이상호 외(2007), 일류 발주자가 일등 건설산업 만든다, 보문당.

10) 김한수 외(2007), 발주자가 변하지 않고는 건설 산업의 미래는 없다, 보문당.

제8장 발주자의 안전책무 이행 방안

1) 김한수 외(2007), 발주자가 변하지 않고는 건설산업의 미래는 없다, 보문당.

2) 앞의 책

3) 안홍섭 외(2006) 발주자를 활용한 건설현장 안전관리체계구축 연구, 산업안전보건연구원.

4) 안홍섭, "건설공사 안전관리체계 개선 방안",「대한건축학회논문집 構造系」21권 9호 (2005.9), p.137.

5) ASCE′s Policy Statement 350 on Construction Site Safety.

6) CABE, Creating Excellent Buildings; A Guide for Clients, 한미글로벌 건설전략연구소 역(2011), p.1.

7) 김종훈(2020), 프리콘:시작부터 완벽에 다가서는 일, MID.

8) 환경경영신문, 2019.7.31.

9) 한국건설안전학회(2020), 건설안전특별법 제정안 마련 연구, 국토교통부, pp.149-154.

10) "LH 내부위원 평가 배제…전문성 약화 등 부작용 우려", e대한건설, 2021.7.22.

11) Herbert William Heinrich et al.(1980), Industrial Accident Prevention, R. R. Donnelley & Sons Company, p12.

제9장 안전감리 기능 정상화

1) 안홍섭 외(2013). 안전보건관리자 선임기준에 있어 공사금액과 근로자수 간의 적정 비교기준 연구, 안전보건공단 산업안전보건연구원.

2) 한국시설안전공단·한국건설안전기술사회(2013), 건설현장 안전사고 감소방안 마련을 위한 연구, pp.146.

제10장 설계자의 안전 책무

1) 홍성태·안홍섭·박홍신(2018), 안전사회로 도약하는 길;삼풍백화점 붕괴사고 20주기 보고서, 진인진, pp.67-68.

2) 손영진, 한국건설감리협회지, 2014년 3, 4월호.

3) 앞의 책, p.115.

4) 안홍섭, 원리기반 건설안전관리론, 한울미디어, p.281.

5) 국토교통부(2017), 설계 안전성 검토 업무 매뉴얼.

제11장 종합건설사의 안전경영 혁신

1) 사이먼사이넥(2014), 리더는 마지막에 먹는다(Leaders Eat Last).

2) 찰스 두히그, 강주헌 역, (2012), 습관의 힘, 갤리온.

3) 오세진(2106), 행동을 경영하라, 학지사.

4) www.balfourbeatty.com

5) 2019 전국 사업장 작업환경실태조사 보고서

6) David V. MacCollum, Construction Safety Engineering Principles; Designing and Managing Safer Job Sites, Mc Graw Hill, 2007.

7) https://www.ioshmagazine.com/2021/04/29/12-top-tips-how-avoid-common-risk-assessment-mistakes

8) 안홍섭(2020), 원리기반 건설안전관리론, 한울미디어, pp.204-206.

9) 안홍섭 외(1999), 건설안전경영 가이드북, 한국산업안전공단, p.14.

10) Frank E. Bird Jr., George L. Germain(1985), Practical Loss Control Leadership, International Loss Control Leadership Institute, Inc, p.25.

제12장 전문건설과 건설기능인 육성

1) e대한경제, 2012.5.20.
2) 안홍섭, 전문건설의 혁신이 필요한 시기, 대한건설정책연구원 뉴스레터, 리더칼럼, 2020.2)
3) 폭염보다 무서운 노조...건설현장이 떤다, e대한경제, 2021.7.22.
4) 심규범(2019), 한국건설안전학회 세미나 발표 자료.
5) 일본 건설업 취업 최강의 스펙은 '다능공(多能工)', https://blog.naver.com/hkc0929/221382844143
6) https://bizhint.jp/keyword/27850

제13장 건설기술인의 역할 · 책임 · 인식

1) Frank E. Bird Jr., George L. Germain(1985), Practical Loss Control Leadership, International Loss Control Leadership Institute, Inc, p.2.
2) 적정가 산정 애쓰는 조달청 비용깎기 열올리는 경기도, e대한경제, 2021.7.1.
3) 이복남, 외국기술자의 눈에 비친 한국의 건설현장, e대한경제, 2020.8.19.

제14장 건설안전 당면 과제의 해법

1) HSE(2004), Investigating accidents and incidents, p.6.
2) 안홍섭, 폴리우레탄에 기인한 건설현장 화재예방 대책의 한계와 개선 방안, 한국건설안전학회 논문집, 2018.6.
3) 안홍섭, 건축주를 바로 세워야 사고 막을 수 있다, e대한경제, 2021.7.16.
4) '공기 단축하려 철거 순서 무시하고 부셨다', 매일경제, 2021.6.11.
5) 안홍섭 외(2018), 건설현장 작업발판과 안전통로의 안전성 확보를 통한 사고사망 감소방안 연구, 안전보건공단 산업안전보건연구원.
6) 난간 선조립 시스템 비계도입 시급, 건설경제, 2019.6.24.
7) 싱가포르 MOM(2011), Curriculm Development Advisory, Construction Safety Course for Project Managers(CSCPM).
8) 호주(2006), A Construction Safety Competency Framework : Improving OH&S performance by creating and maintaining a safety culture, Cooperative Research Centre for Construction Innovation.
9) 제임스 해스켓(2013), 문화가 성과다(The Culture Cycle), 유비온.
10) http://ehstoday.com/safety-leadership/
11) CPWR(https://www.cpwr.com/sites/default/files/research/Safety_Climate_Workbook_ and _ SCAT_ 092116.pdf)
12) DuPont Sustainable Solutions; Improving Safety Culture through Operational Transformation
13) 오늘의 행경, https://www.happyceo.or.kr/Story/ContentsView?num=1014
14) ISO 45003:2021(en) Occupational health and safety management ·Psychological health and safety at work ·Guidelines for managing psychosocial risks; https://www.iso.org/obp/ui/#iso:std:iso:45003:ed-1:v1:en

제15장 건설안전 혁신이 건설산업 혁신이다

1) 안홍섭, 답은 우물 밖에 있다-건설산업 재탄생의 두 가지 키워드, 글로벌 건설리더스 (http://kfcc.or.kr/), 2018.2.

2) "공공분야 '갑질' 근절 종합대책 내달 나온다", 건설경제, 2018.5.2.

3) 기획재정부, 제2차 공공조달 제도개선위원회 개최, 2021.8.11.

4) "설계단계 '첫 단추'부터 적정 공기산정 의무화", 건설경제, 2018.3.7.

5) 김종훈(2020), 프리콘:시작부터 완벽에 다가서는 일, MID, p.66 재인용.

6) ANSI/ASSP Z 590.2.-2003(R2012) Criteria for Establishing the Scope and Functions of Professional Safety Position

7) INSHPO, The Occupational Health and Safety (OHS) Professional Capability Framework: A Global Framework for Practice, November 2016.

8) https://www.ncs.go.kr

9) http://www.q-net.or.kr

10) e대한경제, 2021.5.20.

11) 데이비드 마이클스(2009), 청부과학Doubt Is Their Product, 이마고.

12) https://cen.acs.org/safety/industrial-safety/Former-OSHA-head-David-Michaels/99/i24

13) 홍성태(2014), 위험사회를 진단한다, 아로파, pp.108-110.

14) 진성철 외(2013), 가치관 경영, 쌤엔파커스.

14) 최동식(2013), 인간의 이름으로 다시 쓰는 경영학, 21세기북스. Professional Safety Position

15) 앞의 책, p.10.